# 老芒麦种质资源研究与利用

白史且　鄢家俊　主编

科学出版社

北　京

## 内 容 简 介

老芒麦是一种具有较高经济价值和生态价值的优良牧草，也为披碱草属中饲用价值最高的一种牧草，广泛用于我国青藏高原地区的人工草地建植、草地补播改良和草地生态恢复，是高寒草地的主要建群种之一。本书以四川省草原科学研究院等单位的老芒麦课题组多年老芒麦种质资源研究成果为核心材料合编而成，全面系统地介绍了老芒麦的起源、分布与分类，生理特性、遗传多样性、近缘种不育材料鉴定、转基因与育种研究，近红外光谱品质模型、种子生产技术、人工草地建植技术与免耕草地培育技术研究，青贮产品加工与利用及青干草调制与贮存研究，最后对老芒麦的国家牧草种子基地建设与产业化示范等相关内容进行了介绍。

本书理论联系实际，对老芒麦畜牧科研具有重要指导意义，可供老芒麦研究人员与专家学者及进行老芒麦饲草生产等专业技术人员参考。

**图书在版编目(CIP)数据**

老芒麦种质资源研究与利用 / 白史且，鄢家俊主编.—北京：科学出版社，2020.1

ISBN 978-7-03-050349-7

Ⅰ.①老…　Ⅱ.①白…　②鄢…　Ⅲ.①禾本科牧草-研究-中国　Ⅳ.①S543

中国版本图书馆 CIP 数据核字（2016）第 259633 号

责任编辑：莫永国　孟　锐 / 责任校对：彭　映
责任印制：罗　科 / 封面设计：墨创文化

科学出版社出版
北京东黄城根北街16号
邮政编码：100717
http://www.sciencep.com

成都锦瑞印刷有限责任公司印刷
科学出版社发行　各地新华书店经销
*
2020年1月第　一　版　开本：787*1092　1/16
2020年1月第一次印刷　印张：20
字数：462 千字

**定价：248.00 元**

（如有印装质量问题，我社负责调换）

# 编 委 会

**主　编：** 白史且　鄢家俊

**副主编：** 李达旭　马　啸　游明鸿　常　丹

**编　委：**（以姓氏笔画为序）

刘文辉　严　旭　严学兵　李　平

张　玉　张　超　张昌兵　张建波

闫利军　季晓菲　吴　婍　陈莉敏

陈立坤　陈丽丽　郭旭生　谢文刚

苟文龙　张蕴薇

# 白史且研究员简介

白史且，男，1964年生，彝族，博士，博士生导师，二级研究员，主要从事草种质资源创新与育种利用工作。现任四川省草原科学研究院院长，首批万人计划天府杰出科学家，四川省学术和技术带头人，享受国务院特殊津贴专家。四川省畜牧兽医学会副理事长兼草学分会理事长，中国草学会常务理事，国家林业和草原局第一届草品种审定委员会委员，国家林草局首批科技创新团队首席科学家，国家牧草产业创新战略联盟专家委员会主任，国家牧草产业技术体系阿坝综合试验站站长，国家公益性农业行业科研专项首席科学家。获国家科技进步二等奖2项(第一、第五)，省部级一等奖3项和二等奖2项，选育草品种11个，制定标准38个，发表论文200余篇，出版专著10部。培养硕、博士生、博士后近40人。

# 鄢家俊副研究员简介

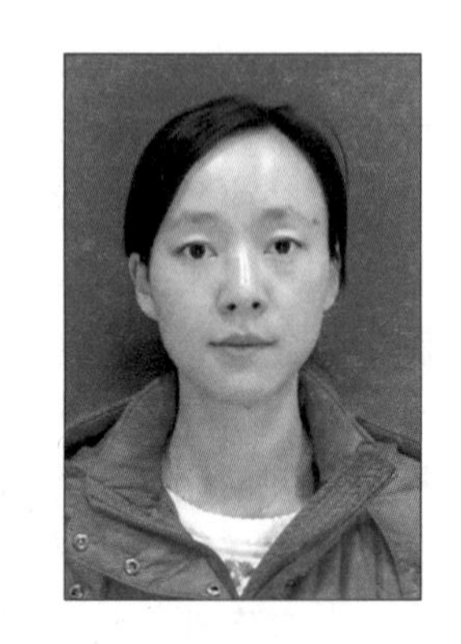

鄢家俊，1983 年 05 月出生，博士，副研究员，主要从事草种质资源评价与育种工作。四川省第十一批学术和技术带头人后备人选，四川省第十四届青年科技奖获得者，获农业农村部 2018 年度“杰出青年农业科学家”资助项目。

主持自然基金、“863”计划等国家和省部级项目 6 项，参与国家重点研发、国家科技支撑、国家现代农业产业技术体系等重大项目 13 项；获国家科技进步二等奖 1 项，四川省科技进步一等奖 1 项、三等奖 1 项，中华农业科技奖二等奖 1 项；登记牧草新品种 2 个；获国家发明专利授权 3 件；发表论文 64 篇，其中 SCI 收录 13 篇，编制地方标准 5 个。主编《生物质能源工程——能源草概论》、副主编《四川牧区人工种草》，参编著作 5 部。

# 序

在人类社会漫长而曲折的历史进程中，我国的农业历经数千年而长盛不衰，在相当长的时期内，引领了世界农业的发展，谱写了中华民族光辉灿烂的篇章。草地畜牧业和农耕业都是农业的重要组成部分，在农业发展的历史长河中二者几经嬗替，最终以粮食作物为主的农耕业成为主导产业，草地畜牧业的比重不断减少。到 20 世纪 30 年代，牧地在我国农业用地面积中所占的比例仅为 4.6%，而同期德国、英国和美国等国家分别为 17.4%、56.8%和 35.1%。当时，我国栽培草地面积在农业用地中仅占 0.1%，而德国、英国和美国的这一比例分别为 34.6%、53.7%和 47.1%。近半个多世纪以来，作为我国最大陆地生态系统的草原更是屡遭开垦，面积不断减少，幸存的草原也严重退化，由此产生了一系列经济、社会、生态问题。

值得庆幸的是，目前，绿色发展和可持续发展的理念逐渐成为全社会的共识，草原的多功能性及其在经济社会发展中的重要性逐步得到认同。大量的科学研究和生产实践均证明，实施草地农业，建设栽培草地，是遏制草地退化、提高草地生态系统服务功能的有效途径。但我国现存的草原主要分布在高寒、干旱、盐碱等生境严酷的区域，且从国外引进的牧草品种多难以适应，缺少抗逆的优良牧草品种是我们面临的重要挑战之一。

我国野生牧草种质资源丰富，在青藏高原、西北内陆干旱区等区域，植物与环境长期协同进化，形成了适应当地严酷条件的种种优良特性。仅川西北高原便有各种野生牧草 400 余种，这是极其宝贵的生物资源。挖掘、利用野生植物资源的种种优良特性，创制新种质，驯化选育牧草新品种是解决缺少抗逆优良牧草品种的重要和快捷途径，这已成为国内外牧草学研究的主要领域之一。由四川省草原科学研究院白史且和鄢家俊主编的《老芒麦种质资源研究与利用》便是这种成功实践的系统总结。

老芒麦是分布于我国北方的优良禾本科牧草，在我国甘肃、青海、四川、西藏等省(区)的青藏高原、东北、华北等地区，以及俄罗斯、哈萨克斯坦、蒙古国、朝鲜、日本等国均有广泛的分布。其适口性好，马、牛、羊等家畜均喜食，抽穗期刈割调制青干草，适口性可与青刈燕麦媲美。更为重要的是，其种子产量高，在青藏高原地区平均亩产为 50kg，最高可达每亩 150kg，种子发芽率平均在 85%以上。老芒麦这些优良的特性，使得其成为我国青藏高原地区建设栽培草地的当家草种之一，在改良退化草地、解决家畜冬春饲草不足、改善草地生态系统服务功能等方面，发挥着越来越重要的作用。

老芒麦和我有着不解之缘。1969 年我作为知青，从北京下乡到素有亚洲最大军马场之称的山丹军马场，开始了我的草业生涯。从那时到 1978 年，我先是作为农业工人和拖拉机手，参与了野生老芒麦的种子采集、栽培、驯化及建立大面积草地。后是作为草原技术员开展了老芒麦优良品种的选育，在老一辈技术人员的指导下，根据其形态特征及多叶等特性，分别命名了 1 号、2 号、3 号、4 号老芒麦，形成了 4 个不同特性的栽培群体。特别使我难忘的是，在中国农业科学院黄文惠老师的指导下，我将对老芒麦的实践总结成一短文，以“老芒麦的栽培与利用”为题发表在《农业科技通讯》杂志上，这是我从事草业生涯以来发表的第一篇论文。我们建立的老芒麦种子生产基地，当时年产种子 5 万余千克，供应我国北方和青藏高原诸多地区。通过和各地前来调种的技术人员交流，提高了我对牧草重要性的认识，增加了我对草业的感情，丰富了我对牧区的了解。其中至今令我记忆犹新的有来自兰州军区青海同德军马场、甘肃省甘南藏族自治州和肃南裕固族自治县、四川省若尔盖县、青海省玉树藏族自治区和果洛藏族自治州的同事。1978 年以后，我不再专门从事老芒麦的研究和生产，但我仍然密切关注着各地的有关工作。我高兴地看到，青海同德军马场由兰州军区交给青海省以后，改为牧草种子生产场，专门从事老芒麦等牧草种子生产。中国科学院西北高原生物研究所、青海省畜牧兽医科学院和四川省草原科学研究院等单位在老芒麦的品种选育、草地建植、畜牧生产等方面做了大量的工作，取得了突出的成果。呈现在读者面前的、由白史且和鄢家俊主编的《老芒麦种质资源研究与利用》一书，便是众多成果中一颗璀璨的明珠。

我和史且同为国家牧草产业技术体系的成员，十余年来，我们在为实现我国的牧草产业现代化这一目标共同努力的进程中，建立了深厚的友谊。史且是从彝族山寨走出来的科学家，彝族儿女的优秀代表，四川省草业科学技术带头人。早期他在四川农业大学专攻草业科学，先后获得了学士和硕士学位，后通过在职学习，获得了四川大学遗传学专业博士学位。自 1992 年以来，他一直工作在草原科研与生产一线，脚踏实地，从小事做起，从生产的需求做起，逐渐积累了丰富的实践经验和理论储备，取得了突出的成绩。

该书是四川省草原科学研究院的同事，从 20 世纪 80 年代起，在川西北高原系统开展老芒麦各项研究工作的结晶。全书共分为十三章，依次介绍了老芒麦的分类学、生物学、生理学、遗传学、育种和细胞学、转基因、品质测定、种子生产、草地建植、草地培育、草产品青贮与利用、干草调制与贮存及种子基地建设与产业化，书末附有老芒麦新品种的牧草生产和种子生产技术规程及川草 2 号老芒麦转抗虫技术专利说明书。

纵观全书，系统性强是该书的一大特点。从种质资源研究的角度，该书介绍了老芒麦这一优良的牧草种质资源的收集、保存、鉴定、研究、创新和利用的各个环节。从生产的角度，该书覆盖了老芒麦全产业链的生产过程，包括生产、加工和利用。

该书的第二个特点是实用性强，其从种子生产到草地建植、培育、收割、青贮、干草调制、利用等全过程，对在生产一线工作的科技人员与管理者将有很大的指导作用。

当前，生命科学研究的先进技术不断涌现，为牧草科学的发展与创新提供了有利的手段与支撑。该书作者不失时机地利用这些先进技术，对老芒麦从细胞、分子、基因等尺度进行了深入的探讨，并开展了野生牧草的驯化选育，审定通过了 4 个老芒麦新品种，因此，创新性强是该书的第三个特点。

据我所知，这或许是我国、甚至是全世界，以老芒麦为研究内容的第一部系统性著作。作为一个和老芒麦建立了深厚感情的草业老兵，我高兴地看到这一牧草得到了众多学者的重视，并且该牧草在生产中发挥着越来越重要的作用。我感谢白史且研究员等作者将他们的研究成果总结成书，与大家分享。不积跬步，无以至千里；不积小流，无以成江海。我们需要更加脚踏实地工作，对主要的优良牧草逐种进行深入研究和创新，丰富和发展草业科学，促进草产业快速发展。

谨以此祝贺《老芒麦种质资源研究与利用》的出版，并期待着更多优秀的研究成果问世。

南志标
中国工程院院士
兰州大学草地农业科技学院教授
2018年8月28日

# 前言

畜牧业是农业生产的一个重要分支，在一个国家或地区的农业经济发展中发挥着举足轻重的作用。牧草是草食动物的主要饲料来源，也是发展畜牧业的前提，优质牧草在保障畜产品质量、节约饲料粮、降低养殖成本等方面具有重要作用。牧草经济学特性的研究，不仅是牧草合理栽培与利用的基础，也是制定农业措施的依据，对于育种工作更是必不可少的。

牧草种植不仅有利于推动畜牧业的发展，提高农民的收入，而且还产生了明显的生态效益。老芒麦是在北半球寒温带分布较广的一种野生牧草，是禾本科牧草中一个比较古老的草种，研究发现野生老芒麦经栽培驯化后对土壤要求不严，根系入土可深达 1m 以上，其抗旱性与鹅观草相近，远超过无芒雀麦，抗寒性也更强，且茎叶细软，叶量较多，各种家畜均喜食。

川西北高原牧草资源非常丰富，常见牧草有 400 余种，其中优良牧草和饲用价值中等的牧草约有 100 种，野生老芒麦在该地区分布广泛，生态类型多样，是该地区的优势种。近年来，随着草地畜牧业的迅猛发展和西部退牧还草工程的开展，对老芒麦等优良牧草的需求也日益扩大，四川省草原科学研究院从 20 世纪 80 年代开始在川西北高原开展关于老芒麦的各项研究工作，已取得了一些重要研究成果与阶段性进展。现将老芒麦这些年的研究成果与进展以专著的形式呈现出来，供畜牧科研人员和生产管理人员使用参考。本书内容包括：老芒麦的起源、分布与分类，生理特性研究，遗传多样性研究，近缘种不育材料鉴定研究，转基因研究，育种研究，近红外光谱品质模型研究，种子生产技术研究，人工草地建植技术研究，免耕草地培育技术研究，青贮产品加工与利用研究，青干草调制与贮存研究，以及国家牧草种子基地建设与产业化示范。

本书在编写过程中，得到了科学出版社的支持与同仁们的鼎力相助，谨表衷心感谢！
由于编者水平有限，书中不足之处在所难免，敬请读者批评指正。

# 目　录

# 第一章　老芒麦的起源、分布与分类

## 第一节　老芒麦的起源与分布

### 一、老芒麦在全球的分布

老芒麦(*Elymus sibiricus* L.)，别名西伯利亚披碱草(Siberian wildrye)或重穗大麦草(squirreltail barley)，是禾本科(Poaceae)小麦族(Triticeae)披碱草属(*Elymus*)植物，是披碱草属的模式植物(郭本兆，1987)。老芒麦在北半球温带地区分布较广，是欧亚大陆的广布种，集中分布在欧洲东部、西伯利亚、俄罗斯远东地区、中亚地区、西亚地区、中国、蒙古国、朝鲜、日本及印度；在北美洲也有少量分布，主要集中在亚北极地区，即美国阿拉斯加州和加拿大北部地区。老芒麦模式标本采自于西伯利亚(郭本兆，1987)。

### 二、老芒麦在我国的分布

我国野生老芒麦资源非常丰富，主要分布于青藏高原(包括青海、西藏、四川西部、甘肃东部)、新疆、东北(包括黑龙江、吉林、辽宁)、内蒙古、河北、山西、陕西、宁夏等地，这为老芒麦种质的收集、评价和育种提供了极为便利的条件(郭本兆，1987)。

### 三、老芒麦在青藏高原的分布特点

根据鄢家俊等(2006)考察发现，青藏高原东南缘地区的野生老芒麦主要分布在北纬28°41.022′～36°34.144′，东经89°30.022′～103°36.874′，海拔2821～4000m的范围内。分布范围广，生态类型丰富，根据采集地点的生态地貌特征，可以将原始材料的来源划分为高山峡谷、山地高原、丘状高原、丘状高原到平坦状高原的过渡带和平坦状高原几大生态地貌类群。在中部和东部的山原和高原河谷区域，水分充足、肥力较好的针阔混交林边缘和灌丛中，常分布有成片的野生老芒麦。由青藏高原东部向东南川西高山峡谷地域延伸，老芒麦的分布减少，在两地域之间存在明显的界限，该界限处于海拔2700～2900m，此界限地区内老芒麦分布零星。由此随着海拔的升高，老芒麦也逐渐增多，在海拔3300～3900m区域内分布最广泛，常以建群种和优势种或伴生种存在，海拔再升高，则分布又减少，多为偶见种。

从生境来看，老芒麦主要分布在水分比较充足的草甸、河边、田边、路旁、山坡灌丛和森林边缘，生境年均气温在-0.1～10.9℃，幼苗能耐-4℃的低温，冬季气温下降至-40～-36℃能安全越冬，最适湿度是45%～60%。老芒麦对土壤要求不严，在瘠薄、弱酸、微碱或含腐殖质较高的土壤中均生长良好。根据野外实地调查结果可以初步把老芒麦的自然生境划分为以下几种类型：河谷草地型(河边、田边、路旁)(图 1-1)、疏林草地型(图 1-2)、森林灌丛型(疏林、针阔混交林边缘、灌丛中)(图 1-3)、高山亚高山草甸型(高山草甸、亚高山草甸)(图 1-4)。

图 1-1 河谷草地型

图 1-2 疏林草地型

图 1-3 森林灌丛型

图 1-4 高山亚高山草甸型

从群落组成来看，在有老芒麦自然种群分布的植物群落中，优势物种主要有：老芒麦(*Elymus sibiricus*)、冷杉属(*Abies*)、高山红柳(*Salix cheilophila* var. *microstachyoides*)、沙棘(*Hippophae rhamnoides*)、锦鸡儿属(*Caragana*)、高山杜鹃(*Rhododendron lapponicum*)、蒿属(*Artemisia*)、苔草属(*Carex*)、垂穗披碱草(*Elymus nutans*)、紫穗鹅观草(*Roegneria purpurascens*)、垂穗鹅观草(*Roegneria nutans*)、发草(*Deschampsia caespitosa*)、早熟禾属(*Poa*)、羊茅属(*Festuca*)、针茅属(*Stipa*)、多节雀麦(*Bromus plurinodes*)。野外观察表明，青藏高原常见的老芒麦群落组成有 4 种类型：高山红柳+老芒麦+发草、沙棘+老芒麦+蒿类、老芒麦+锦鸡儿+鹅观草、老芒麦+披碱草+多节雀麦(鄢家俊等，2006)。

## 第二节 老芒麦的分类

老芒麦是披碱草属(*Elymus*)的模式种，在披碱草属物种的分类学上具有重要意义。关于披碱草属的分类在历史上有过多次变动，属的界限也有很大差异，主要存在广义和狭义披碱草属之分。目前分歧较大的分类处理是将鹅观草属（*Roegneria* C. Koch）归类于披碱草属，还是将披碱草属和鹅观草属划分为两个独立的属。欧美学者曾一度倾向 Löve（1984）和 Dewey（1984）对披碱草属基于染色体组的分类处理，即披碱草属形态特征表现为每穗轴节含 1 至多个小穗，颖呈披针形或卵状披针形，每小穗含多枚小花、小花药，属自花授粉的多年生物种。在该分类方法定义下，披碱草属在全世界范围内共计有 150 余种。在我国，大多数禾草学者接受狭义披碱草属的概念，支持鹅观草属（*Roegneria*）、仲彬草属（*Kengyilia*）、猬草属（*Hystrix*）、偃麦草属（*Elytrigia*）等单独建属，狭义披碱草属在我国约有 12 种。由于倍性复杂、分布广泛、形态变异幅度大、种间杂交广泛存在等，要基于染色体组型与形态学证据来对披碱草属各物种乃至整个小麦族各属作出完整的分类学修正，还有赖于将来更多的细胞遗传学及分子生物学方面的证据。

研究表明，青藏高原地区为老芒麦遗传多样性的起源中心。严学兵等（2005）采用形态学、等位酶和微卫星分子标记比较了我国大量披碱草属植物材料，发现在我国青藏高原蕴含着更丰富的披碱草属植物遗传资源，提出青藏高原可能是我国披碱草属植物的遗传多样性中心，应该重点加以保护与利用，同时提出了我国披碱草属种质资源的保护与利用策略。鄢家俊等（2007，2009a，2009b，2010a，2010b，2010c，2010d）、马啸（2008）及马啸等（2009a）从形态学、醇溶蛋白、基因组多个层次研究了老芒麦的遗传多样性，结果证明青藏高原地区老芒麦的遗传多样性丰富，也提出了我国青藏高原地区可能是老芒麦的起源中心。

在植物分类系统中，老芒麦在被子植物门（Angiospermae）单子叶植物纲（Monocotyledoneae）禾本目（Graminales）禾本科（Poaceae）早熟禾亚科（Pooideae）小麦族（Triticeae）披碱草属（*Elymus*）类别下（图 1-5），其分类检索目录详见老芒麦分类检索目录。

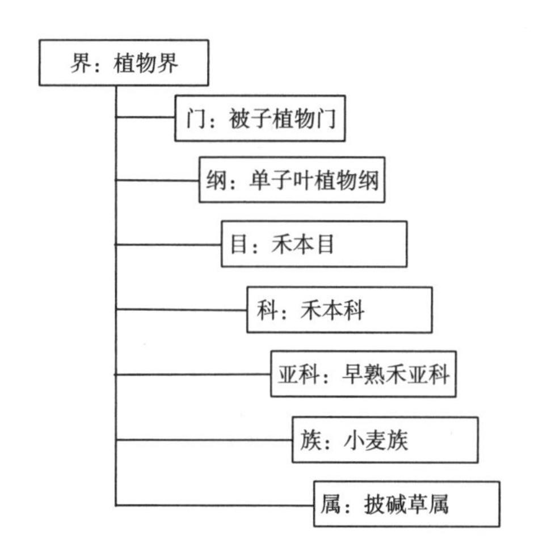


图 1-5　老芒麦在植物分类系统中的排位

## 老芒麦分类检索目录

（引自《植物分类学》第二版，内蒙古农牧学院主编，中国农业出版社，2006）

## 禾本目

形态特征与科相同。本目只有 1 科。

## 禾本科

草本，少木本。具地下茎或无。秆有明显的节，节间中空或实心。叶互生，两行排列，由包于秆上的叶鞘和通常狭长的叶片组成；叶片与叶鞘交接处有呈膜片状或毛状的叶舌，少无叶舌；叶鞘顶端两旁各有一叶耳。小穗排列组成花序，有穗状、总状、指状、圆锥状等。小穗含 1 至多数小花，2 行排列于小穗轴上，基部常有 2 枚颖片，下枚为外颖，上枚为内颖。花小型，退化，两性、单性或中性，位于外稃和内稃之间。颖果，种子有小的胚和丰富的胚乳。

### 禾本科分亚科检索表

1. 秆木质。多年生。主秆的叶与普通叶不同，秆箨的叶片小，无中脉，普通叶片有短柄，与叶鞘相连处有一关节，叶片易自关节处脱落……………(一)竹亚科 Bambusoideae

1. 秆草质。一年生或多年生。主秆叶即为普通叶，叶片中脉一般明显，通常不具叶柄，无关节，故叶片也不易自叶鞘上脱落。

  2. 小穗含多花乃至 1 花，大部两侧压扁，常脱节于颖之上，并在各小花间逐节脱落；小穗轴大都延伸至最上小花的内稃之后，而呈细柄状或刚毛状。

    3. 小穗 2 颖退化或仅在小穗柄顶端留有痕迹；成熟花的外稃、内稃以其边缘互相紧扣，内稃常有(2)3 脉，中脉成脊或无脊…………………………(二)稻亚科 Oryzoideae

    3. 小穗的 2 颖或 1 颖常存在；成熟花的外稃与内稃不互相紧扣，仅在针茅族等的外稃可紧包内稃，内稃具 2 脉，有 2 脊，少有多脉而无脊。

      4. 成熟花外稃多脉或 5 脉，或脉不明显，在芦亚族、沿沟草属、雀麦属、早熟禾属部分种可为 3 脉；叶舌无纤毛(芦竹族、鹧鸪草属、扁芒草属例外)……………………………………………………………………………(三)早熟禾亚科 Pooideae

      4. 成熟花外稃有 3 脉或 1 脉[冠毛草族、獐毛族有 7～9 脉，隐子草属有 3(5)脉]，叶舌有纤毛或为 1 圈毛代替……………………(四)画眉草亚科 Eragrostidoideae

  2. 小穗含 2 花，下部花为雄性，或退化仅余外稃时则小穗仅有 1 花，小穗背腹压扁或为圆筒形，少两则压扁，脱节于颖之下(野古草族例外)，小穗轴从不延伸，故成熟花内外稃后无 1 细柄或 1 刚毛存在……………………………………(五)黍亚科 Panicoideae

### 早熟禾亚科植物检索表

1. 小穗无柄或几乎无柄，排成穗状花序(Ⅰ、小麦族 Triticeae)。

  2. 小穗常单生于穗轴的节上。

    3. 外稃无基盘；颖果与内外稃相分离；栽培的谷类作物。

      4. 颖锥形，仅具 1 脉……………………………………………………黑麦属 *Secale* L.

      4. 颖卵形，具 3 至数脉………………………………………………小麦属 *Triticum* L.

3. 外稃具显著的基盘，颖果与内稃、外稃相黏着；野生禾草。

5. 颖及外稃两侧压扁，背部显著具脊；顶生小穗不孕或退化……………………………………………………………………………………冰草属 *Agropyron* Gaertn.

5. 颖及外稃的背部圆形或扁平；顶生小穗大都发育正常。

6. 植株通常无地下茎，或仅具短根头；小穗脱节于颖之上；小穗轴于各小花间断落…………………………………………………鹅观草属 *Roegneria* C. Koch

6. 植株具地下茎或匍匐茎；小穗脱节于颖之下；小穗轴不于各小花间断落…………………………………………………………………偃麦草属 *Elytrigia* Desv.

2. 小穗常以 2 至数枚生于穗轴各节，或在花序上、下两端可以单生。

7. 小穗含 1～2 小花，穗轴每节常具 3 小穗；穗轴具关节而逐节断落。

8. 小穗以 2～3 枚生于穗轴每节，均无柄，每小穗常含 1 或 2 小花，且均可发育……………………………………新麦草属 *Psathyrostachys* Nevski

8. 小穗以 3 枚生于穗轴每节，仅含 1 小花，中间者无柄，可育，两侧者有柄或无柄，不育或可育…………………………………大麦属 *Hordeum* L.

7. 小穗含 2 至数个小花，常以 2 至数枚生于穗轴每节；穗轴延续而无关节，故不逐节断落。

9. 植株不具根状茎，基部不为碎裂的纤维状枯叶鞘所包；穗状花序弯曲或直立；颖矩圆状披针形，具 3～5 脉……………披碱草属 *Elymus* L.

9. 植株具下伸或横走的根状茎，基部常为枯死纤维状的叶鞘所包；穗状花序劲直；颖锥形至披针形，具 1～3(5)脉……赖草属 *Leymus* Hochst.

1. 小穗具柄，少无柄或近无柄，排成紧缩或开展的圆锥花序。

10. 小穗常含 1 小花(少在野青茅属为 2 小花)，外稃多具 5 脉或稀更少。

11. 外稃大部都为膜质，常短于颖或与颖近等长，如长于颖时，则质地稍坚硬，成熟时疏松包裹颖果或几不包裹(Ⅱ、剪股颖族 Agrostideae)。

11. 外稃质地厚于颖，至少在背部较颖坚硬，成熟后与内稃一起紧包颖果(Ⅲ、针茅族 Stipeae)。

10. 小穗含 2 至多数小花，如为 1 小花时，则外稃具有 5 条以上的脉。

12. 第 2 颖大都等长或长于第 1 小花；芒若存在时，大都漆曲而有扭转的芒柱，通常位于外稃的背部或由先端 2 裂齿间伸出(Ⅳ、燕麦族 Aveneae)。

12. 第 2 颖通常较短于第 1 小花，芒如存在时劲直而不扭转，通常自外稃顶端伸出，有时可在外稃顶端 2 裂齿间或裂隙的下方伸出。

13. 外稃基盘延伸如细柄状，基上生有丝状柔毛；外稃具 3 脉，叶舌具一圈纤毛；高大或中型禾草(Ⅴ、芦竹族 Arundineae)。

披碱草属植物检索表

1. 颖狭小，近于长圆形或披针形，显著短于第 1 小花，穗状花序下垂。

2. 穗状花序紧密，长 3～10cm，小穗常具有短柄，排列多偏于穗轴的一侧……………………………………………………………………………………垂穗披碱草 *E. nutans*

2. 穗状花序疏松，长 10～25cm，小穗几乎扁平，排列不偏于穗轴的一侧……………………………………………………………………………………老芒麦 *E. sibiricus*

1. 颖宽大，近于条状披针形，约等长于第 1 小花，穗状花序直立。

3. 植株粗壮，叶片扁阔，常宽 8～16mm，外稃背面下部无毛……………………………………………………………………………………麦蕒草 *E. tangutorum*

3. 植株稍纤瘦，叶片窄狭，常宽 3～9mm，外稃背面遍生微小短毛……………………………………………………………………………………圆柱披碱草 *E. cylyndricus*

## 第三节 老芒麦的形态特征及生物学特性

### 一、老芒麦的形态特征

根：老芒麦为多年生草本，须根密集而发达(图 1-6)。

茎：秆单生或呈疏丛，高 50～100cm，直立或基部稍倾斜，下部的节稍呈曲膝状，茎秆颜色呈现出浅紫红色、紫红色、深紫红色、青紫红色、绿色等多种颜色。茎秆和叶鞘有光滑与具小刺两种。

叶：叶片扁平，内卷，宽 5～9mm，长 10～20cm。多叶老芒麦叶片长 15～35cm，宽 8～16mm，两面粗糙或下面平滑。叶鞘光滑，下部叶鞘长于节间，叶舌短，膜质。

图 1-6 老芒麦

左：1. 植株；2. 花序；3. 小穗；右：2008.08.18 拍摄于红原基地

花序：穗状花序疏松而下垂，长 15～25cm，具 34～38 穗节，每节通常有 2 枚小穗，顶端与基部有时只有 1 枚小穗，小穗颜色表现出浅紫红色、深紫红色、灰紫红色、青紫色、杏红色、绿色等不同的颜色，含 4～5 枚小花。外稃披针形，被短毛，具 5 脉；第 1 外稃长 8～11mm，顶端具芒，芒稍开展或反曲，长 10～20mm，内稃与外稃几等长，先端 2 裂，脊被微纤毛。颖果易脱落。颖狭披针形，长 8～10mm，具 3～5 脉。内外颖等长，长 4～5mm，具 3～5 脉。脉上粗糙，背部无毛，先端渐尖，具长达 4mm 的短芒(图 1-7)。

种子：黄色或褐色(贾慎修和史德宽，1987)。

图 1-7　老芒麦穗部形态图

## 二、老芒麦的生物学特性

老芒麦耐寒性很强，能耐-40℃低温，可在青海、内蒙古、黑龙江等地安全越冬。老芒麦自花授粉率较高，具有自花授粉占优势的繁育特点；开花授粉后很快形成种子，从返青到种子成熟，需大于等于 10℃有效积温 700～800℃。属旱中生植物，在年降水量为 400～600mm 的地区，可行旱地栽培，但干旱地区种植需有灌溉条件。老芒麦对土壤的要求不严，在瘠薄、弱酸、微碱或含腐殖质较高的土壤中均生长良好。在 pH 7～8，微盐渍化土壤中亦能生长。老芒麦春播当年可抽穗、开花甚至结实，从返青至种子成熟需 120～140 天。播种当年以营养枝占优势，几乎占总枝条数的 3/4；第 2 年后以生殖枝占绝对优势，达 2/3(贾慎修和史德宽，1987)。

# 第四节　老芒麦的经济生态价值

老芒麦是一种具有较高经济价值和生态价值的优良牧草，广泛用于我国青藏高原地区的人工草地建植、草地补播改良和草地生态恢复，也是该地区主推的多年生牧草之一。

## 一、饲草价值

老芒麦草质柔软，适口性好，各类家畜均喜食，特别是马和牦牛，是披碱草属中饲用价值最高的一种牧草。老芒麦叶量丰富，特别是多叶老芒麦的叶片多而宽大。一般占鲜草总产量的 40%～50%，再生草中叶量占 60%以上。一般亩产干草 200～400kg，高产可达 500kg 以上。营养成分含量丰富，消化率较高，夏秋季节对幼畜发育、母畜产仔和牲畜的增膘都有良好的效果。叶片分布均匀，调制的干草各类牲畜都喜食，特别在冬、春季节，幼畜、母畜最喜食。牧草返青期早，枯黄期迟，绿草期较一般牧草长 30 天左右，从而延长了青草期，对各类牲畜的饲养有一定的经济效果，不同生育期营养成分含量见表 1-1（贾慎修和史德宽，1987）。从表 1-1 可以看出，老芒麦粗蛋白含量在抽穗期最高，高达 13.90%，成熟期最低，仅有 9.06%，但经四川省草原科学研究院研究发现，材料 SAG205083（雅江高尔寺山）在初花期粗蛋白含量可高达 14.79%（表 1-2）。来自若尔盖县、红原县、甘孜县、道孚县等川西北高原地区的不同老芒麦材料遗传多样性丰富，各材料的生产性能见表 1-2。

老芒麦作为栽培牧草，在国外开始于 18 世纪末，19 世纪初期，俄、英、德等国都有研究的纪录。苏联作为新的牧草栽培开始于 1927 年。中国 20 世纪 60 年代开始在西北、华北、东北等地推广种植，是很有经济价值的栽培牧草。

**表 1-1　老芒麦各个生育期的营养成分含量**

| 生育期 | 水分 | 占干物质百分比/% | | | | |
|---|---|---|---|---|---|---|
| | | 粗蛋白 | 粗脂肪 | 粗纤维 | 无氮浸出物 | 粗灰分 |
| 孕穗期 | 6.52 | 11.19 | 2.76 | 25.81 | 45.86 | 7.80 |
| 抽穗期 | 9.07 | 13.90 | 2.12 | 26.95 | 38.84 | 9.12 |
| 开花期 | 9.44 | 10.63 | 1.86 | 28.47 | 42.81 | 6.99 |
| 成熟期 | 6.06 | 9.06 | 1.68 | 31.84 | 44.22 | 6.60 |

**表 1-2　供试老芒麦材料牧草生产性能指标**

| 材料编号 | 株高 $H$/cm | 分蘖 $T$ | 茎叶比 LS | 单株鲜重 FM/(g/株) | 单株干重 DM/(g/株) | 含水量 $W$/% | 粗蛋白 CP/% | 中性洗涤纤维 NDF/% | 酸性洗涤纤维 ADF/% |
|---|---|---|---|---|---|---|---|---|---|
| SAG205164 | 128.80 | 29.97 | 2.42 | 87.59 | 29.18 | 66.68 | 8.82 | 53.28 | 30.15 |
| SAG205165 | 138.30 | 23.12 | 2.24 | 63.97 | 19.02 | 70.27 | 10.96 | 57.09 | 30.73 |
| SAG205167 | 138.10 | 24.36 | 2.03 | 73.08 | 21.52 | 70.55 | 11.41 | 57.15 | 31.86 |
| SAG205170 | 131.90 | 17.13 | 2.33 | 40.02 | 13.14 | 67.16 | 9.45 | 56.62 | 31.66 |
| SAG204059 | 127.30 | 20.97 | 2.13 | 43.25 | 14.32 | 66.88 | 11.01 | 53.08 | 29.95 |
| SAG205171 | 140.70 | 16.50 | 2.28 | 42.80 | 14.21 | 66.81 | 10.01 | 51.86 | 28.01 |
| SAG205172 | 147.80 | 24.03 | 2.37 | 72.45 | 23.59 | 67.44 | 9.85 | 49.97 | 28.19 |
| SAG205173 | 126.90 | 19.76 | 2.29 | 42.24 | 13.77 | 67.41 | 10.23 | 52.56 | 28.91 |
| SAG205179 | 146.70 | 25.47 | 2.30 | 75.06 | 24.31 | 67.62 | 10.03 | 54.20 | 30.30 |
| SAG204089 | 142.40 | 24.03 | 2.11 | 74.85 | 24.26 | 67.59 | 11.15 | 54.44 | 30.41 |

续表

| 材料编号 | 株高 $H$/cm | 分蘖 $T$ | 茎叶比 LS | 单株鲜重 FM/(g/株) | 单株干重 DM/(g/株) | 含水量 $W$/% | 粗蛋白 CP/% | 中性洗涤纤维 NDF/% | 酸性洗涤纤维 ADF/% |
|---|---|---|---|---|---|---|---|---|---|
| SAG205230 | 131.90 | 24.30 | 1.95 | 70.91 | 22.00 | 68.97 | 12.27 | 52.16 | 30.16 |
| SAG205201 | 124.00 | 15.60 | 2.04 | 37.63 | 11.70 | 68.92 | 11.39 | 53.36 | 31.38 |
| SAG204119 | 124.90 | 15.24 | 2.71 | 35.66 | 11.56 | 67.59 | 8.27 | 53.65 | 30.32 |
| SAG204155 | 130.70 | 18.97 | 2.13 | 37.25 | 12.28 | 67.04 | 11.08 | 52.30 | 27.38 |
| SAG205083 | 125.60 | 24.94 | 1.84 | 62.60 | 18.44 | 70.54 | 14.79 | 52.42 | 27.96 |
| SAG205119 | 128.80 | 24.92 | 1.87 | 59.31 | 16.05 | 72.93 | 13.76 | 50.00 | 26.77 |
| SAG205124 | 130.00 | 25.03 | 2.02 | 72.04 | 21.81 | 69.72 | 11.86 | 52.18 | 29.79 |
| SAG205151 | 120.70 | 23.13 | 2.04 | 58.63 | 18.25 | 68.87 | 11.17 | 52.21 | 27.97 |
| SAG204251 | 119.20 | 26.94 | 1.89 | 61.09 | 13.34 | 78.17 | 13.74 | 52.32 | 29.92 |
| SAG204404 | 134.20 | 18.87 | 2.29 | 42.27 | 11.09 | 73.76 | 10.53 | 53.66 | 29.19 |
| SAG204451 | 137.40 | 25.09 | 2.00 | 74.67 | 22.40 | 70.00 | 11.65 | 57.74 | 31.99 |
| 最小值 | 119.20 | 15.24 | 1.84 | 35.66 | 11.09 | 66.68 | 8.27 | 49.97 | 26.77 |
| 最大值 | 147.80 | 29.97 | 2.71 | 87.59 | 29.18 | 78.17 | 14.79 | 57.74 | 31.99 |
| 平均 | 132.48 | 22.30 | 2.17 | 58.16 | 17.96 | 69.07 | 10.96 | 53.45 | 29.71 |
| 标准差 | 7.83 | 3.80 | 0.21 | 15.79 | 5.18 | 0.03 | 1.62 | 2.17 | 1.52 |
| 变异系数/(%) | 5.91 | 17.02 | 9.67 | 27.14 | 28.85 | 4.06 | 14.80 | 4.06 | 5.11 |

## 二、植被恢复和退化草地改良

老芒麦是我国青藏高原、内蒙古等牧区的主要牧草之一，也是有明显优势的乡土草资源，是高寒草地的主要建群种之一。在草地植被恢复和退化天然草地改良补播及生态环境保护方面具有举足轻重的地位。也是 2003 年开始实施的国家重大草原生态建设工程——天然草原退牧还草工程中使用的补播改良草地的主要乡土草种之一。同时，四川省草原科学研究院依托自主选育的川草 1 号、川草 2 号老芒麦国审品种，在国家育草基金项目的支持下，在四川红原县、阿坝县和若尔盖县建立的近 10 万亩[①]种子基地，生产的老芒麦种子广泛用于在川西北及青藏高原地区退化补播改良、沙化草地治理、鼠荒地治理中，对该区域草地生态保护起到十分重要的作用。

老芒麦叶量丰富、适口性好、粗蛋白含量高、易栽培，可用于建植人工草地和放牧草地。老芒麦为短期多年生牧草，一般寿命 8～10 年，可维持 3～4 年的高产，第 5 年开始

① 1 亩≈666.7m²

下降。在川西北(红原县)肥水好的栽培条件下，鲜草亩产量可达 1800kg 以上，干草产量可达 400kg 以上。一般粗放的免耕半人工草地鲜草产量可达 1000kg 以上。老芒麦牧草是披碱草属中品质最好的一种，叶量丰富，茎叶比低，粗蛋白含量在 8.0%～14.0%，老芒麦可调制干草和青贮料，为牦牛、藏羊等家畜所喜食。再生性中等，在川西北地区 8 月中旬，老芒麦种子田收种后，还可以利用再生草进行放牧。

## 三、人工草地建设

老芒麦人工草地建植需要选择地形较平坦、肥沃、水分条件好的土地，亩播种量 1.5～2.0kg，可春播和秋播，通常采用春播。在半荒漠地区无灌溉条件下种植老芒麦，还必须耕翻细作。在青藏高原东部的川西北地区用于建植老芒麦人工草地的草种主要是川草 1 号老芒麦与川草 2 号老芒麦，在青海主要是同德老芒麦。

影响老芒麦草地产草量及利用寿命的主要因素是降水量和降水的季节分布，4～10 月的降水量在 220mm 以上的年份，老芒麦草地可以正常生产，降水量在 280mm 以上的年份，能获得高产量。自然降水以其总量和时间分配两个方面影响人工草地，引起老芒麦草地退化的主要原因是春季持久干旱。引洪漫灌是解决人工草地干旱退化的有效途径，施肥能提高人工草地的产量，延长其利用年限。随着利用年限的增加，老芒麦人工草地生产性能急剧下降，表现为不同利用年限之间地上部生物量和种子产量下降；老芒麦各个生育期随着利用年限的增加一定程度地向后推移，生存年限久的老芒麦通过减少生殖生长的天数来达到完成整个生育期且生殖生长时间变少，营养生长时间变长；老芒麦的茎叶比、高度和密度随着利用年限的增加也呈现下降的趋势。

老芒麦作为三北(西北、华北、东北)地区农牧交错带人工草地建设的主要牧草，在退化草地改良和家畜利用过程中发挥着重要作用，是家畜舍饲和放牧利用的主要饲草，但长期以来，受传统养殖习惯的影响，家畜以自由放牧利用草地为主，往往导致草地利用过度和家畜生产性能低下。因此，在这些地区建植老芒麦人工草地，不仅可以弥补天然草地产草量低的不足，有效缓解草场放牧压力；还可以源源不断地为家畜提供量多、质优的饲草。老芒麦人工草地轮牧和自由放牧试验表明，划区轮牧在对牧草的恢复和持续性利用比传统的自由放牧制度表现出明显的优势。自由放牧小区由于家畜的自由采食抑制了再生植株的生长，但轮牧分区利用草地为再生植株形成生殖枝创造了条件。划区轮牧降低了家畜对草地的踩踏强度和频度，短期的踩踏和较长时间的恢复从总体上有利于牧草营养枝的生长。

# 第二章 老芒麦的生理特性研究

老芒麦饲用价值高且分布广，在生长发育过程中常会受到不良生物因子及非生物因子的影响，如干旱、高温、寒冷、盐碱、病虫害、紫外辐射等。逆境使老芒麦细胞脱水，膜系统被破坏，各种代谢活动无序进行，酶失活或变性，光合速率下降，同化产物形成减少，从而造成老芒麦减产，严重时会导致植株的死亡。因此研究逆境对老芒麦生命活动的影响，以及老芒麦对不良环境的抗御能力，对老芒麦的育种和利用具有重要意义。

## 第一节 老芒麦的抗旱性

随着全球性的气候异常和生态平衡的破坏，土地日趋沙漠化。据统计，目前世界上有35%以上的土地位于干旱和半干旱地区，干旱和半干旱地区土地占我国总土地面积的50%。水分在植物的生命活动中有着举足轻重的作用，全世界由于水分亏缺导致的减产超过了其他因素造成的减产的总和。水资源短缺已成为全人类面临的一个严重生态问题，因此植物的抗旱性研究就显得更为重要。

老芒麦广泛分布于北半球温带地区，也是寒旱环境下青藏高原黄土区的建群植物之一。干旱胁迫是老芒麦生长最普遍的限制因子，它的影响可以表现在老芒麦生长发育的各个阶段，如萌发、营养生长和生殖生长，包括生理代谢过程，如光合作用、呼吸作用、水和营养元素的吸收及运输、一些酶的活力和植物体内某些有机物的消长等。了解干旱胁迫下老芒麦抗旱性特征，揭示其抗旱能力，培育抗旱性强的老芒麦，对人工草地建植和草地生产力的提高都具有重要意义。

### 一、干旱胁迫对老芒麦种子萌发及植株生长发育的影响

老芒麦的抗旱性是一个复杂的综合特性，既发生在生长发育的各个阶段，又作用于构成株体的各个器官、组织，并最终决定产量。因此对老芒麦进行抗旱性鉴定不仅要考评产量，还要考察不同阶段的抗旱性，以采取适时的栽培管理措施，促进老芒麦的保收增产（曾怡，2009）。种子萌发阶段是老芒麦生长的重要阶段，其发芽状况、胚根和胚芽的生长等都为老芒麦以后的生长发育打下基础。研究干旱胁迫对老芒麦种子萌发的影响，为老芒麦种质资源的进一步搜集、保护与评价，以及优质老芒麦新品种选育提供科学理论依据。张晨妮等（2010）研究认为一定程度的干旱胁迫能刺激老芒麦种子活性提高，但当干旱胁迫超过其种子的耐受限度时，种子将不萌发。用聚乙二醇（PEG-6000）模拟干旱法，低浓度的

PEG-6000 促进老芒麦胚根和胚芽的生长，高浓度的 PEG-6000 抑制胚根、胚芽的生长，胚根/胚芽值随 PEG-6000 胁迫浓度的增加而增加，胚根/胚芽值增加的原因可能是在老芒麦缺少水分时，由于植物生长调节的规律，会优先满足于根部的生长，以保证通过根部吸收更多的水分(孙启忠，1990；张丽娟等，2000；王赞等，2008；辛金霞等，2010；余方玲，2012)。一些研究者认为高渗溶液下种子萌发率与苗期抗旱有关(孙启忠，1990；张晨妮等，2010)；另一些研究者认为发芽率不能代表苗期抗旱性(曾怡，2009；余方玲，2012)。曾怡(2009)以 9 份采自川西北高原的野生老芒麦种质资源为试验材料，以川草 2 号老芒麦和甘南垂穗披碱草为对照材料，通过对萌发期、苗期至开花期干旱胁迫条件下的生理生化、生长特性、生物量等指标的观测，发现干旱胁迫条件下野生老芒麦发芽率最大降幅在 20%左右(表 2-1)，大部分材料发芽势和萌发指数都随胁迫浓度的加强而下降，并且野生老芒麦在胚芽初期的生长受胁迫影响较大(表 2-2)。这些结论间的差异可能是由于使用了不同作物材料，其抗旱特性和途径不同，且不同的试验方法、测试时间、评价方法间也存在一定差异。

表 2-1 干旱胁迫对 9 份川西北高原的野生老芒麦种质资源、川草 2 号老芒麦及甘南垂穗披碱草发芽率的影响

| 材料编号 | 发芽率/% | | | 发芽率的 DRI/% | | |
|---|---|---|---|---|---|---|
| | CK | T1 | T2 | CK | T1 | T2 |
| SAG204059 | 76.67 | 95.56 | 96.67 | 100.00 | 124.64** | 126.09— |
| SAG204081 | 100.00 | 100.00 | 100.00 | 100.00 | 100.00** | 100.00** |
| SAG204155 | 100.00 | 100.00 | 100.00 | 100.00 | 100.00** | 100.00** |
| SAG205118 | 93.33 | 86.67 | 86.67 | 100.00 | 92.86** | 92.86** |
| SAG205158 | 100.00 | 98.89 | 100.00 | 100.00 | 98.89** | 100.00** |
| SAG205164 | 93.33 | 95.56 | 95.56 | 100.00 | 102.38** | 102.38** |
| SAG205171 | 95.56 | 98.89 | 82.22 | 100.00 | 103.49** | 86.05** |
| SAG205172 | 100.00 | 96.67 | 100.00 | 100.00 | 96.67** | 100.00** |
| SAG205190 | 98.89 | 100.00 | 98.89 | 100.00 | 101.12** | 100.00** |
| 川草 2 号老芒麦 *Elymus sibiricus* cv. ‘Chuancao’ No.2 | 100.00 | 98.89 | 100.00 | 100.00 | 98.89** | 100.00** |
| 甘南垂穗披碱草 *Elymus nutans* Gannan | 56.67 | 88.89 | 45.56 | 100.00 | 156.86— | 80.39** |

** $P < 0.01$；“—”标注值为相应水平下最值；DRI.干旱胁迫指数；CK、T1、T2 分别表示 PEG-6000 胁迫浓度为 0%、10%、20%的处理

表 2-2 干旱胁迫对 9 份川西北高原的野生老芒麦种质资源、川草 2 号老芒麦及甘南垂穗披碱草胚芽长的影响

| 材料编号 | 胚芽长/% | | | 胚芽长的 DRI/% | | |
|---|---|---|---|---|---|---|
| | CK | T1 | T2 | CK | T1 | T2 |
| SAG204059 | 19.83 | 29.33 | 23.67 | 100.00 | 152.00** | 121.23— |
| SAG204081 | 23.17 | 27.17 | 26.00 | 100.00 | 118.91** | 118.23** |

续表

| 材料编号 | 胚芽长/% | | | 胚芽长的DRI/% | | |
|---|---|---|---|---|---|---|
| | CK | T1 | T2 | CK | T1 | T2 |
| SAG204155 | 17.00 | 26.67 | 17.00 | 100.00 | 174.24** | 111.55** |
| SAG205118 | 38.50 | 34.83 | 27.17 | 100.00 | 91.47** | 71.35** |
| SAG205158 | 27.67 | 27.50 | 16.17 | 100.00 | 100.62** | 58.40** |
| SAG205164 | 30.33 | 26.67 | 22.50 | 100.00 | 88.97** | 74.76** |
| SAG205171 | 40.17 | 34.67 | 25.17 | 100.00 | 89.64** | 63.64** |
| SAG205172 | 32.67 | 26.00 | 24.33 | 100.00 | 80.33** | 74.79** |
| SAG205190 | 32.00 | 34.50 | 23.17 | 100.00 | 111.52** | 73.34** |
| 川草2号老芒麦 *Elymus sibiricus* cv. ‘Chuancao’ No.2 | 34.67 | 33.17 | 30.67 | 100.00 | 99.49** | 91.43** |
| 甘南垂穗披碱草 *Elymus nutans* Gannan | 12.00 | 25.17 | 13.33 | 100.00 | 256.44— | 153.70— |

** $P < 0.01$；“—”标注值为相应水平下最值；DRI.干旱胁迫指数；CK、T1、T2分别表示PEG-6000胁迫浓度为0%、10%、20%的处理

水分胁迫使叶片扩展受到抑制，影响总叶面积，叶面积是作物生长状况的重要指标，基本反映了光合有效面积的大小和光能截获量的多少，从而影响光合作用、蒸腾作用及最终产量。在水分亏缺严重时，老芒麦叶片和茎的幼嫩部分下垂，出现萎蔫现象(余方玲，2012)。刘锦川(2011)研究发现老芒麦叶片在干旱胁迫下出现不同程度的萎蔫，但老芒麦的抗旱指数与其并没有表现出较大的相关性，表明抗旱性强的老芒麦主要是通过调节植株高度来保证其地上生物量(表2-3)。老芒麦萎蔫叶片的多少与植物自身的新陈代谢及环境相关，能反映植株的健康状况，尤其在干旱胁迫环境下，水分亏缺对植株生理的影响更能直观地反映在叶片的萎蔫程度上(祁娟等，2009)(表 2-4)。水分不足时，不同器官不同组织间的水分，按各部位的水势大小重新分配。水势高的部位的水分流向水势低的部位(李子忠等，2005)。例如，干旱时，幼叶向老叶夺水，促使老叶死亡；胚胎组织把水分分配到成熟部位的细胞中去，使小穗数和小花数减少。水分不足使得叶片气孔关闭；叶绿体受伤，光合作用显著下降，最后则完全停止；光合产物从同化组织运输出去的速度亦受阻。汪新川等(2005)对干旱地区旱作条件下的牧草生产性能分析试验，通过产量的高低并结合年际间的稳产性，得出了供试牧草在青海省推广利用的抗旱适应性的大小，即多叶老芒麦＞无芒雀麦＞粉绿披碱草＞短芒老芒麦＞扁穗冰草。

**表2-3 不同干旱胁迫对老芒麦叶片失水率的影响**

| 处理 | 材料 | 失水率/% | | | | | |
|---|---|---|---|---|---|---|---|
| | | 4h | 8h | 12h | 24h | 36h | 48h |
| 对照 | 老芒麦 *Elymus sibiricus* | 36.7 | 45.1 | 75.6 | 85.7 | 97.3 | 100.0 |
| 轻度干旱 | | 32.8 | 40.5 | 68.9 | 78.4 | 90.5 | 94.6 |
| 中度干旱 | | 40.6 | 51.4 | 80.4 | 89.9 | 98.9 | 100.0 |
| 重度干旱 | | 45.7 | 56.8 | 87.9 | 97.1 | 100.0 | 100.0 |

表 2-4　干旱胁迫对野生老芒麦材料植株形态性状的影响

| 材料 | 株高 DI 值 | | | 植株叶面积 DI 值 | | |
|---|---|---|---|---|---|---|
| | 7d | 14d | FS7d | 7d | 14d | FS7d |
| SXD1 | 0.881 | 0.365 | 0.407 | 0.795 | 0.612 | 0.641 |
| XJD2 | 0.859 | 0.459 | 0.540 | 0.771 | 0.574 | 0.583 |
| NMD3 | 0.757 | 0.522 | 0.606 | 0.651 | 0.600 | 0.603 |
| NMD4 | 0.988 | 0.531 | 0.663 | 0.837 | 0.744 | 0.746 |
| GSD5 | 0.720 | 0.546 | 0.575 | 0.932 | 0.824 | 0.835 |
| NMD6 | 0.937 | 0.504 | 0.648 | 0.507 | 0.469 | 0.484 |
| GSS1 | 0.884 | 0.776 | 0.814 | 0.929 | 0.823 | 0.902 |
| JLS2 | 0.988 | 0.772 | 0.894 | 0.991 | 0.901 | 0.965 |
| SXS3 | 0.679 | 0.549 | 0.555 | 0.853 | 0.693 | 0.711 |
| NMS4 | 0.877 | 0.664 | 0.688 | 0.653 | 0.501 | 0.515 |

注：SXD1 采自山西沁源山坡；XJD2 采自新疆吉阜康白杨沟草甸割草场；NMD3 采自内蒙古黑城放牧场；NMD4 和 NMS4 采自内蒙古太仆寺旗草甸割草场；GSD5 采自甘肃民勤县沙生植物园路边草丛；NMD6 采自内蒙古阿盟贺兰山南寺雪岭山沟；GSS1 采自甘肃古浪县黄羊川农田路边；JLS2 采自吉林公主岭市路边草丛；SXS3 采自山西右玉路边草丛；DI.抗旱指数

## 二、老芒麦的抗旱性评价

开展老芒麦品种抗旱性评价和鉴定，不仅可以为牧草抗旱品种的选育提供理论依据，而且对引种、示范推广和牧草产业化实践也具有重要的指导作用。各单项指标的抗旱指数揭示了老芒麦品种对干旱胁迫的响应，仅从各单项指标的抗旱指数对老芒麦进行抗旱性评价，其结果具有一定的局限性，抗旱指数只能反映出老芒麦对干旱的敏感程度，不能反映其产量水平。目前研究老芒麦的抗旱性较为科学的方法是在干旱胁迫下测定植物的相关生理、生化及农艺性状指标，再对与抗旱性有关的指标进行综合分析，才能准确评价不同植物耐旱性(祁娟等，2009)(表 2-5)。

表 2-5　野生老芒麦材料各抗旱指标的抗旱指数隶属值与其隶属度分析

| 材料 | *x*1 | *x*2 | *x*3 | *x*4 | *x*5 | *x*6 | *x*7 | *x*8 | *y* |
|---|---|---|---|---|---|---|---|---|---|
| SXD1 | 0.840 | 0.000 | 0.268 | 0.656 | 0.295 | 0.188 | 0.809 | 1.000 | 0.507 |
| XJD2 | 1.000 | 0.293 | 0.494 | 0.460 | 0.08 | 0.247 | 0.648 | 0.747 | 0.497 |
| NMD3 | 0.241 | 0.403 | 1.000 | 0.237 | 0.627 | 0.035 | 0.198 | 0.984 | 0.465 |
| NMD4 | 0.496 | 1.001 | 0.743 | 0.217 | 0.205 | 0.000 | 0.358 | 0.191 | 0.401 |
| GSD5 | 0.657 | 0.643 | 0.644 | 0.383 | 0.135 | 0.116 | 1.000 | 0.076 | 0.457 |
| NMD6 | 0.000 | 0.473 | 0.627 | 0.000 | 0.570 | 1.000 | 0.000 | 0.000 | 0.334 |
| GSS1 | 0.434 | 0.750 | 0.283 | 0.595 | 1.000 | 0.243 | 0.282 | 0.726 | 0.539 |
| JLS2 | 0.308 | 0.885 | 0.367 | 0.981 | 0.434 | 0.132 | 0.839 | 0.839 | 0.598 |
| SXS3 | 0.203 | 0.318 | 0.000 | 1.000 | 0.343 | 0.223 | 0.529 | 0.210 | 0.353 |
| NMS4 | 0.069 | 0.540 | 0.605 | 0.402 | 0.000 | 0.553 | 0.011 | 0.091 | 0.284 |

注：*x*1. 叶面积；*x*2. 株高；*x*3. POD 活性；*x*4. SOD 活性；*x*5. 叶绿素含量；*x*6. 脯氨酸；*x*7. 相对电导率；*x*8. 相对含水量；*y*. 抗旱隶属度；

SXD1、XJD2、NMD3、NMD4、GSD5、NMD6、GSS1、JLS2、SXS3、NMS4 见表 2-4 注

老芒麦在干旱胁迫下的适应能力较强，能通过自身的生理代谢、结构发育和形态建造等方面适应干旱环境。对老芒麦抗旱性的研究一直以来都是牧草学的研究热点之一，研究领域也逐渐从形态水平发展到生理、生化及分子生物学等更深入的水平，并取得了很多有价值的研究成果。刘锦川(2011)研究发现干旱胁迫下老芒麦的最初反应是丙二醛含量增加，细胞膜功能及其结构破坏，电导率随之增加；清除过氧化物的保护酶(SOD、POD、CAT等)的活性增加，以增强活性氧的清除能力；细胞内脯氨酸及可溶性糖等一些可溶性的有机物质积累作为渗透调节物质进行调节，避免牧草脱水；同时干旱胁迫抑制了光合作用，随着干旱胁迫加剧，老芒麦光合能力下降，气孔关闭以减少细胞内水分的流失，抵御干旱伤害。老芒麦人工草地地上部生物量是净光合作用干物质的积累，地上部生物量的大小反映了可利用牧草的多少。干旱胁迫下老芒麦返青后牧草产量缓慢增长，随着环境温度的逐渐升高，水分条件的限制使得老芒麦牧草产量显著低于正常灌溉，但关键生育期时对老芒麦进行充分灌溉，水热条件的改善使得老芒麦牧草产量几乎呈直线增加，刈割期老芒麦牧草产量达到最大值，与正常灌溉相比无显著差异(李子忠等，2005)。不同灌溉处理之间地下部分生物量变化差异不显著，说明老芒麦利用有限的土壤水分首先满足地下部分的生长需求，使得老芒麦地下部分的生长对不同灌溉处理不能产生积极的响应，表明老芒麦在干旱和半干旱地区具有较强的抗旱性(李子忠等，2005)。在干旱胁迫下老芒麦出现适应干旱条件的形态特征，如根系发达而深扎，根冠比大(能更有效地利用土壤水分，特别是土壤深处的水分，并能保持水分平衡)(Davies，1987；Dong and Bergmann，2010；Du et al.，2011)，叶片细胞小(可减少细胞收缩产生的机械损害)，叶脉致密，单位面积气孔数目多(加强蒸腾，有利吸水)，细胞液的渗透势低(抗过度脱水)(Huang et al，2003；Latif，2014；Liu and You，2012；Pirasteh-Anosheh et al.，2013；Sankar et al.，2016)，在缺水情况下气孔关闭较晚，光合作用不立即停止，酶的合成活动仍占优势(仍保持一定水平的生理活动，合成大于分解)(Wang et al.，2007；Liu and You，2012；Lee et al.，2015；Yan et al.，2016)。研究表明，多叶老芒麦(*Elymus sibiricus*)表现出良好的生态适应性，能够忍耐夏季干旱、冬春寒冷的严酷条件，与干旱和半干旱地区的其他天然牧草相比，具有返青早、生长快、叶量大和产草量高等优良特性(陈功和贺兰芳，2004)。短芒老芒麦(*Elymus breviaristatus*)由于受适宜生长期较短的不利影响，种子成熟不稳定，但具有抗寒性强、返青早和草质优良等特点，可以作为干旱和半干旱地区以收获饲草为目的优良草种(陈功和贺兰芳，2004)。

## 三、干旱胁迫下老芒麦的抗旱性机制

植物对逆境的适应主要包括两个方面：避逆性和耐逆性。前者是指植物对不良环境在时间上或空间上躲避开，后者是指植物能够忍受逆境的作用。老芒麦具有各种各样抵抗或适应逆境的本领，在干旱胁迫下，老芒麦体内细胞在结构、生理及生化等方面发生一系列适应性改变后，最终在植株形态和产量上集中表现，属于受多基因控制，以加性遗传效应为主的综合数量性状，是遗传特性及外部环境条件共同作用的结果。老芒麦对干旱胁迫的适应是复杂的，要利用老芒麦自身的抗旱性，就要对抗旱性机制进行深入系统的研究，以合理提高和利用老芒麦的抗旱性。国内外对老芒麦的抗旱性研究也较多，包括对气孔调节、渗透调节、抗氧化系统、内源激素等抗旱性机制的分析等。

（一）干旱胁迫下老芒麦气孔调节的变化

老芒麦为单子叶植物，气孔位于叶片表面，是由一对特化的表皮细胞围成的孔径，其主要作用是控制老芒麦内部与外界环境的气体交换，叶片的气孔限制直接影响着蒸腾作用和光合作用的强弱（钱宝云和李霞，2013）。老芒麦通过自身对环境的适应调节气孔开闭程度，干旱胁迫下土壤中毛细管传导速度减小，植物根系吸水速率不断降低，引起叶片含水量减小，进而影响叶片蒸腾速率。干旱胁迫下老芒麦通过降低蒸腾速率以减少水分消耗，从而提高水分利用效率，老芒麦延迟脱水能力及抗旱能力较强（刘锦川，2011）。

干旱胁迫也是影响气孔运动的重要环境因素，当老芒麦收到外界干旱胁迫的信号时，将其转变为内部信号，调控气孔运动。Dong 和 Bergmann（2010）研究发现水力学信号和根源化学信号共同控制着干旱下的植物气孔运动，但无论是水力学信号还是化学信号都是干旱下的初级反应，涉及 $K^+$的作用、细胞内维管维丝的作用及钙调蛋白（calmodulin，CaM），产生的第二信使的作用（Dong and Bergmann，2010）。干旱情况下老芒麦体内就会积累脱落酸（abscisic acid，ABA），ABA 作为一种抗逆信号分子调节气孔运动，研究发现，ABA 可以引起胞液中游离钙离子浓度的迅速上升，同时钙离子浓度的升高可以诱导气孔关闭。上述众多研究多在室内控制条件下进行，与田间变动环境条件下的反应并不完全相同，如何将控制条件下的研究结果应用于半干旱地区多变低水环境下的大田生产中以提高多变低水条件下的作物生产及其水分利用仍是一个尚待研究的问题。这些问题的进一步研究和解决，不仅对揭示土壤缺水下根系变化如何调节地上部分气孔开度、生长发育和生理变化，植物在缺水时发生适应性变化和气孔优化调节植物水分消耗，植物适应干旱的机制等十分必要，而且对生产实际皆有重要意义。

（二）干旱胁迫下老芒麦渗透调节的变化

细胞膜是老芒麦细胞与环境发生物质交换的主界面，对干旱胁迫最为敏感，是干旱胁迫的原初反应位点。干旱条件下老芒麦细胞膜系统逐步被破坏，原生质膜的组成和结构均发生明显变化，导致细胞内容物大量外渗，电导率增大（Lee et al.，2015）；同时细胞膜系统的完整性和功能的受损与活性氧的大量累积直接相关（Yan et al.，2016）。在干旱胁迫下的质膜损伤和膜透性的增加是干旱伤害的本质之一。丙二醛（malonic dialdehyde，MDA）是膜脂过氧化重要产物之一，它可与细胞膜上的蛋白质、酶等结合、交联而使之失活，从而破坏生物膜的结构与功能，是有细胞毒性的物质，对许多生物大分子均有破坏作用。Yan 等（2016）研究表明 MDA 含量与细胞膜相对透性呈良好的正相关。随着干旱胁迫程度加大，老芒麦丙二醛的含量较对照水平大幅度上升；同时，干旱胁迫诱发活性氧大量积累，抗氧化系统与活性氧的产生之间的平衡体系就遭到破坏，自由基大量积累，破坏了细胞膜结构及其稳定性。

干旱胁迫下植物细胞内主动形成渗透调节物质，提高溶质浓度，从外界吸水，适应逆境胁迫这种现象称为渗透调节（osmoregulation）。渗透调节是植物在水分逆境下降低渗透势、抵抗逆境胁迫的重要方式之一。一般认为，渗透调节物质主要有无机离子、糖和有机酸。无机离子以 $K^+$和其他离子为主，主要调节液泡的渗透势，维持膨压等生理过程，以保护细胞。植物体中可溶性糖主要包括蔗糖、葡萄糖、果糖和半乳糖等，可溶性糖含量的累积是植物对干旱胁迫的一种适应性机制，是植物对干旱胁迫的适应性调节中，增加渗透性溶质的重要组成成分。在对老芒麦的研究表明，干旱胁迫下老芒麦的可溶性糖呈增加趋势，参与降低老芒麦体内的渗透压（刘锦川，2011）（表 2-6）。脯氨酸是植物体内最有效的一种亲和性渗透调节物质，溶解度很高，是一种偶极含氮化合物，在生理 pH 范围内不带静电荷，对植物无毒害作用。脯氨酸的积累变化是衡量植物抗旱能力的重要特征。Yan 等（2016）发现干旱胁迫下游离脯氨酸含量在老芒麦体内明显增加，脯氨酸的增加有助于保持细胞或组织的持水能力，提高老芒麦在干旱胁迫条件下的适应性。在干旱胁迫下脯氨酸含量的升高有利于植物对干旱胁迫的抵抗，耐旱品种通常比不耐旱品种具较强的积累脯氨酸的能力。

**表 2-6　干旱对老芒麦材料电导率、MDA 及脯氨酸的影响**

| 指标 | 材料 | 干旱胁迫 | | | |
|---|---|---|---|---|---|
| | | 对照 | 轻度干旱 | 中度干旱 | 重度干旱 |
| 电导率/% | 老芒麦 *Elymus sibiricus* | 11.0da | 14.5ca | 17.9ba | 20.8aa |
| 相对电导率/% | | 100.0da | 131.8ca | 162.7ba | 198.1aa |
| MDA/（μmol/g FW） | | 154.8da | 175.9ca | 198.6ba | 214.8aa |
| 相对 MDA/% | | 100.0da | 113.6ca | 128.2ba | 138.8aa |
| 脯氨酸/（mg/ml） | | 0.173da | 0.184ca | 0.209ba | 0.269aa |
| 相对脯氨酸/% | | 100.0da | 106.5ca | 121.1ba | 155.6aa |
| 可溶性糖/（mmol/L） | | 0.663da | 0.719ca | 0.793ba | 0.947aa |
| 相对可溶性糖/% | | 100.0da | 108.5ca | 119.7ba | 142.9aa |

注：同行不同小写字母表示差异显著（$P < 0.05$）

### （三）干旱胁迫下老芒麦抗氧化系统酶活性的变化

干旱胁迫时，细胞膜的组成和结构都发生了明显的变化，胁迫程度越强，细胞膜受到的伤害越大。一般认为，干旱条件下植物细胞膜系统的完整性和功能的受损与活性氧的大量累积有直接的相关性。通常情况下，植物组织通过各种途径产生超氧物阴离子自由基、羟自由基、过氧化氢、单线态氧，它们有很强的氧化能力，性质活泼，故称为活性氧（active oxygen）。活性氧对许多生物功能分子有破坏作用，包括引起膜的过氧化作用。然而，植物细胞内也存在清除这些自由基的一整套行之有效的抗氧化防御系统，降低或消除活性氧对膜脂的攻击能力。例如，超氧化物歧化酶（SOD）可以消除氧化还原反应中产生的超氧阴离子自由基（$H_2O_2$），而 $H_2O_2$ 可被过氧化氢酶（CAT）分解。老芒麦体内存在着酶促与非酶促两类活性氧清除系统。酶促系统主要包括超氧化物歧化酶（SOD）、过氧化物酶（POD）、抗坏血酸过氧化物酶（AsAPOD）、过氧化氢酶（CAT）、谷胱甘肽还原酶（GR）等抗氧化酶；非酶促系统主要包括维生素 E、维生素 C、类胡萝卜素及一些含巯基的低分子化合物等，这些物质称为抗氧化物质。干旱胁迫下，老芒麦活性氧清除系统中的 SOD 和 POD 增加，大分子碳水化合物和蛋白质的分解加强（曾怡，2009；祁娟等，2009；刘锦川，2011）（表 2-7），而合成受到抑制，使得蔗糖的合成更快；光合产物形成过程中不是转向淀粉，而是直接转向了低分子量的物质如蔗糖、有机溶质和氨基酸等。可溶性糖和可溶性蛋白除了可以降低细胞渗透势外，还可以提供碳素和氮素，以及物质和能量，以利于干旱胁迫下老芒麦的生存。

表 2-7 干旱对野生老芒麦材料酶活性的影响

| 材料 | SOD/［(U/g)FW］ | | | | POD$\Delta A_{470}$/［(U/g)FW］ | | | |
|---|---|---|---|---|---|---|---|---|
| | 0d | 7d | 14d | FS7d | 0d | 7d | 14d | FS7d |
| SXD1 | 273.984DFf | 467.89Bb | 545.14Dd | 276.885Ef | 3.332Aa | 3.755Ef | 4.962Bb | 4.018Aa |
| XJD2 | 234.95Gh | 404.39Hh | 453.42Gh | 255.61Fg | 2.431Bb | 4.011BCDdc | 4.898Bc | 2.456Cc |
| NMD3 | 450.47Aa | 451.38Cc | 532.51De | 440.29Aa | 1.215Ee | 4.268BAab | 4.338Cd | 3.891Bb |
| NMD4 | 388.4Bb | 406.28Gg | 488.19Fg | 295.58Dd | 1.981BCc | 4.119BACbc | 5.025Aa | 2.371Dd |
| GSD5 | 333.282Dd | 408.63Ff | 511.07Ef | 171Gi | 1.365DEde | 3.898DCde | 3.951Ef | 0.5815Jj |
| NMD6 | 262.5Fg | 307.13Ii | 320.67Hi | 255.15Fh | 1.346Dede | 4.326Aa | 3.9EFfg | 0.942Oo |
| GSS1 | 279.882Ee | 430.06Dd | 532.51De | 440.29Aa | 1.541CDcd | 2.275Fg | 3.339Gh | 1.936Ff |
| JLS2 | 233.26Gh | 486.05Aa | 576.61Bb | 276.27Ee | 2.111BCc | 3.82EDef | 4.158De | 2.096Ee |
| SXS3 | 234.95Gh | 408.282Ff | 582.33Aa | 334.914Cc | 0.964Ee | 1.917Gh | 2.025Hi | 1.361Hh |
| NMS4 | 378.789Cc | 426.426Ee | 553.21Cc | 395.78Bb | 1.29DEe | 1.807Gh | 3.809Fg | 1.687Gg |

注：SXD1、XJD2、NMD3、NMD4、GSD5、NMD6、GSS1、JLS2、SXS3、NMS4 见表 2-4 注；同列不同大写字母表示差异极显著($P < 0.01$)，同列不同小写字母表示差异显著($P < 0.05$)

在正常情况下，细胞内自由基的产生和清除两者形成平衡，对立统一，老芒麦因此不会受到自由基的伤害。可是当老芒麦受到干旱胁迫时，作为对胁迫最原初的反应之一，活性氧的产生和抗氧化系统之间的平衡体系首先被破坏，自由基的大量积累导致植物细胞膜系统受到伤害，细胞膜脂发生过氧化，丙二醛(MDA)含量增加，膜质透性加大，离子外流，引起一系列生理生化紊乱，导致老芒麦死亡。曾怡(2009)研究表明，干旱胁迫引起细胞膜透性的增加与膜质过氧化水平之间存在显著正相关，干旱加速脂质过氧化作用是导致细胞膜损伤的主要因素。干旱下活性氧的增加，启动了膜质过氧化和膜磷酸脂的脱脂化反应，活性氧伤害细胞膜的“原初机制”可能是干旱下活性氧首先启动了膜质过氧化，导致膜脂肪酸不饱和度降低，明显地溶解了细胞膜束缚着的酸性磷酸脂酶，进而促进了膜磷酸脂的脱脂化反应，加速破坏了细胞膜的结构和功能。

### (四)干旱胁迫下老芒麦内源激素含量的变化

逆境条件打破了植物体内激素产生和分配的平衡状况，导致代谢途径发生变化，使植物对逆境的适应性与抗旱性增强(俞玲和马晖玲，2014)；Davies(1987)研究发现，气孔是对植物激素变化最敏感的部位，并且认为脱落酸(ABA)和细胞激动素(CTK)的相互作用对气孔开闭产生影响进而增加其对干旱的适应性。玉米素(ZT)是植物体内最常见的细胞分裂素，其促进细胞分裂、扩大，侧芽发育，还促进营养物质移动和延迟衰老，与植物抗逆性密切相关。干旱胁迫下玉米素含量降低，导致植株生长速率减慢，从而缓解了干旱造成的压力，有利于植物保持较高的水分，是一种保护性的生理反应(Pirasteh-Anosheh et al.，2013)。Liu 等(2009)研究发现，轻度干旱胁迫下生长素吲哚乙酸(IAA)和脱落酸(ABA)

含量呈上升趋势，重度干旱胁迫下 IAA 和 ABA 含量下降，表明轻度干旱不足以对老芒麦的生长构成威胁，但随着胁迫程度的继续增加，IAA 和 ABA 的合成部位受损，无法继续合成 IAA 和 ABA，植物通过抑制自身的生长来抵御干旱。很多学者认为，品种的抗旱性与 ABA 的积累密切相关，抗旱性越强，ABA 含量增加速度越快，积累能力越强(Latif，2014；Sankar et al.，2016)；ABA 能够增加老芒麦根部的水分吸收，促使叶片气孔开度受抑或关闭，水分蒸腾减少，最终老芒麦的保水能力提高，然而 ABA 的积累又会引起叶片脱落，加速老芒麦植株衰老。因此，干旱胁迫下老芒麦体内积累的 ABA 并不是越多越好。孙志勇和季孔庶(2010)研究发现干旱胁迫下野生老芒麦叶片 ZT 含量下降最明显，只有对照的 37.55%，说明野生老芒麦对干旱的耐受性及自身调节能力均较强。

## 第二节　老芒麦的耐盐性

一些干旱和半干旱地区，土壤底层或地下水里的盐分(NaCl、$Na_2CO_3$ 等)随毛细管水上升到地表，水分蒸发后，使盐分积累在表层土壤中，土壤盐分过多，抑制作物的生长和发育，称为盐害，也称盐胁迫(salt stress)。土壤盐碱化是世界范围内限制作物生产的一种非生物逆境，全球大约有 9.5 亿 $hm^2$ 的土地已被盐化，而我国盐碱土总面积约有 1 亿 $hm^2$。由于环境污染的进一步加剧和农用灌撒水质的持续恶化，盐害对农业生产的威胁日趋严重。因此，开展作物盐胁迫的生理和遗传研究，揭示作物耐盐机制与培育作物耐盐新品种，是绿化盐碱地最经济的措施之一，也是开发和利用盐渍土地最有效的方法之一，具有重要的理论和应用价值。

充分开发利用盐渍土地资源和改良盐渍土地环境的主要途径有以下几种：①在盐渍土地上种植具有经济和生态价值的耐盐性植物或盐生植物；②推广和选育耐盐、抗旱的植物品种；③充分挖掘和利用植物自身的耐盐遗传基因，掌握其对盐碱的抗性机制，并广泛加以应用；④挖掘植物自身的耐盐潜力及培育新的耐盐品种。这些治理和研究措施都是提高盐碱土地利用、改良土壤，进而改善自然生态环境的简便易行、投入少、见效快的有效可行的办法。

老芒麦具有很强的抗寒、耐旱、耐盐碱等特点，对土壤要求不严，根系入土深，在 −36℃低温下可安全越冬，越冬率达 95%以上；且产量高，种子易繁殖，是寒牧区草地建设的建群品种。在盐碱地上种植耐盐碱的优良牧草老芒麦，既可以发展本土畜牧业，又可以绿化环境、防风固沙。因此，深入了解老芒麦的抗盐机制，进而培育耐盐老芒麦品种是有效开发利用盐渍化地区的前提，可更好地为天然草地植被恢复、畜牧业的可持续发展奠定基础。

### 一、盐胁迫对老芒麦种子萌发及植株生长发育的影响

老芒麦是青藏高原三江源区和环青海湖区人工草地建植过程中采用的主要草种之一。研究盐胁迫对老芒麦种子萌发的影响，为老芒麦耐盐性评价及苗期耐盐性快速准确鉴定提供理

论依据。目前，有关盐分对老芒麦种子发芽的影响研究较多，从现有文献可知，在研究盐胁迫对种子萌发的影响中，多数以 NaCl 等中性盐胁迫为主(陆开形，2008；何学青等，2010；李景欣等，2013；杨月娟等，2015；马晓林等，2016)，只有少数研究了 $Na_2CO_3$ 等碱性盐胁迫对老芒麦的影响(窦声云等，2010)(表 2-8)。盐胁迫对植物种子萌发的影响有以下几种可能：①阻止种子萌发，但不会使种子丧失活力；②延迟萌发但不阻止种子萌发；③当盐浓度高到一定程度或持续一定时间还有可能造成种子永久性失去活力。杨月娟等(2015)研究表明，随着盐浓度的增加，老芒麦的发芽率都显著降低，种子萌发也随着 NaCl 浓度的增加而降低。刘锦川(2011)研究发现，低浓度的 NaCl 胁迫促进了老芒麦的发芽，但随着盐浓度的提高，老芒麦发芽率逐步下降。低浓度的 $Na_2CO_3$ 胁迫已经显著影响到老芒麦种子的萌发，当盐胁迫程度加大时，则造成了种子部分或全部丧失活力，属于第 3 种作用方式。窦声云等(2010)研究发现同德老芒麦对 $Na_2CO_3$ 具有较强的耐受性，但过高浓度的 $Na_2CO_3$ 溶液抑制同德老芒麦胚根生长，其中下胚根生长严重受阻，而胚芽的生长受 $Na_2CO_3$ 溶液的影响不显著。$Na_2CO_3$ 对植物种子萌发的影响除了具有离子胁迫之外，还有高的 pH 胁迫。

**表 2-8 盐胁迫对老芒麦材料的相对盐害率**

| 处理 | 材料 | 盐浓度/% | | | | | | |
|---|---|---|---|---|---|---|---|---|
| | | 0 | 0.5 | 1.0 | 1.5 | 2.0 | 2.5 | 3.0 |
| NaCl 盐害率/% | 老芒麦 *Elymus sibiricus* | 0 | 0 | 12.9 | 27.96 | 35.48 | 60.22 | 79.0 |
| $Na_2CO_3$ 盐害率/% | | 0 | 30.11 | 55.91 | 70.77 | 78.49 | 100 | 100 |

盐胁迫通过抑制老芒麦组织和器官的生长及分化，提前老芒麦的发育进程，显著地影响植物个体发育。当老芒麦被转移到盐胁迫环境中短时间后，生长速率即开始下降(王晓龙，2014)。老芒麦遭受盐胁迫，根系细胞发生失水和收缩，细胞伸长受抑制，导致叶片和根的生长受阻。盐分条件下造成老芒麦生长下降的原因是叶片面积减少从而造成光合面积的减少，导致同化产物的供应不足，而不是由光合速率的下降导致的(王晓龙，2014；张小娇，2014；马晓林等，2016)。另外，盐胁迫会导致生理干旱，诱导老芒麦体内合成脱落酸，促进了叶片气孔的关闭，使叶片吸收 $CO_2$ 受阻。盐胁迫还在一定程度上对光合电子的传递产生影响，这些影响都使得盐胁迫干扰和破坏了新疆老芒麦的光合作用(张小娇，2014)。

膜系统是老芒麦受到盐害的主要部位。盐分在细胞中的积累对细胞膜系统和酶类会造成直接伤害，同时盐胁迫下形成的活性氧及盐分积累导致的渗透效应促进了老芒麦的衰老和死亡。盐胁迫对膜的破坏主要是由于 $Na^+$在细胞中的积累超过了所需要的量，置换掉了具有稳定和保护膜脂作用的 $Ca^{2+}$，结合到细胞膜上的 $Na^+$不仅对细胞膜起不到稳定作用，反而会降低细胞膜的稳定性，破坏细胞膜结构，使得细胞膜丧失了选择透性(马晓林等，2016)。盐胁迫还会破坏细胞内自由基产生和清除之间的平衡，出现了自由基的累积(马晓林等，2016)。如果不能及时清除盐胁迫诱导产生的活性氧，就会导致氧化损伤及损伤的转移(马晓林等，2016)。

生长在高浓度盐分环境中的老芒麦，会吸收过量的 $Na^+$、$Cl^-$等离子，从而抑制了 $K^+$、

$Ca^{2+}$等其他离子的吸收，导致老芒麦缺乏必需元素，从而阻碍了老芒麦生长发育(何学青等，2010；杨月娟等，2015；王晓龙，2014；张小娇，2014；马晓林等，2016)。$Na^+$在细胞内过量积累会导致老芒麦细胞膨胀变化，破坏了细胞膜选择透性，细胞内离子大量流出(马晓林等，2016)。许多细胞质中酶活性对$Na^+$都十分敏感，遇到$Na^+$后，非常容易失活，并且$Na^+$能够引起这些物质的进一步降解，干扰了老芒麦的正常代谢，导致老芒麦盐中毒(马晓林等，2016)。此外，叶片质外体盐分积累也是造成老芒麦受害的重要原因之一。少量的离子即可显著提高狭小的质外体空间离子的浓度，由于渗透效应使细胞失水，丧失膨压和破坏膜结构，产生了盐胁迫的次生伤害，抑制老芒麦生长发育(马晓林等，2016)。

## 二、老芒麦的耐盐性评价

作物的耐盐性是一种复杂的数量性状，孙兰菊等(2001)综述过作物耐盐性的鉴定方法和评价指标，包括发芽期耐盐性筛选、苗期盐胁迫测定植株农艺性状生理生化指标、大田全生育期盐胁迫鉴定。老芒麦的耐盐性是老芒麦在盐胁迫下，通过自身的遗传性和生理、生化等方面的反应，减弱盐害的影响而维持正常生长发育的一种特性。目前，有关盐胁迫对高寒草地牧草老芒麦种子、幼苗及植株生理指标的影响研究较多。杨月娟等(2015)等建立了一套客观评价老芒麦耐盐性的方法，包括老芒麦相对含水量，叶绿素质量分数，可溶性糖质量分数，脯氨酸质量分数，抗氧化酶、超氧化物歧化酶、过氧化氢酶活性的变化，对老芒麦种质资源的耐盐性进行综合评价，便于筛选植物耐盐性指标(表2-9，表2-10)。

**表2-9 盐胁迫下老芒麦生理指标间的相关性分析**

| 生理指标 | 相对含水量 | 叶绿素 | 可溶性糖 | 脯氨酸 | 超氧化物歧化酶SOD | 过氧化氢酶CAT |
|---|---|---|---|---|---|---|
| 相对含水量 | 1.000 | | | | | |
| 叶绿素 | −0.940** | 1.000 | | | | |
| 可溶性糖 | −0.611* | 0.714** | 1.000 | | | |
| 脯氨酸 | 0.774** | −0.970** | −0.731** | 1.0000 | | |
| 超氧化物歧化酶 | 0.689** | 0.851** | 0.659* | 0.633* | 1.000 | |
| 过氧化氢酶 | 0.853** | −0.873** | 0.785** | 0.653* | 0.947** | 1.000 |

注：$^*P<0.05$；$^{**}P<0.01$

**表2-10 盐胁迫下老芒麦生理指标权重的计算结果**

| 生理指标 | 相对含水量 | 叶绿素质量分数 | 可溶性糖质量分数 | 脯氨酸质量分数 | SOD活性 | CAT活性 |
|---|---|---|---|---|---|---|
| 权重 | 0.034 654 | 0.029 177 | 0.281 25 | 0.318 31 | 0.076 031 | 0.260 57 |

通过盐胁迫下新疆老芒麦种子的发芽势、发芽率、发芽指数等综合分析，张小娇(2014)发现盐胁迫下新疆老芒麦种子萌发受到抑制，但相比于其他供试牧草表现出较强的抗旱性。杨月娟等(2015)研究盐胁迫下老芒麦幼苗期的抗性，通过对老芒麦相对含水量，叶绿素质量分数，可溶性糖质量分数，脯氨酸质量分数，抗氧化酶、超氧化物歧化酶、过氧化氢酶活性等的综合评价，发现中度盐分胁迫下最有利于老芒麦调控各生理指标，老芒麦对

盐胁迫具有较强的适应能力。王晓龙(2014)研究发现生在盐碱环境中的老芒麦，叶片数量或叶面积减少，单位叶面积气孔数减少；叶表皮细胞排列紧密，叶表皮变肥厚，叶表面蜡质化；根的数量增多。白玉娥和易津(2005)以阿坝老芒麦、川草1号老芒麦和野生老芒麦为试验材料，对物候期、茎叶比、牧草鲜干重、种子产量进行了测定和比较，发现盐胁迫下阿坝老芒麦在适应性、牧草产量、种子产量等生产性能方面具有较强优势。

## 三、老芒麦的耐盐机制

为更好地适应盐等环境胁迫，老芒麦已在长期的进化过程中形成了一系列的生化和分子等多种保护机制，有关植物对盐胁迫的响应机制已成为作物科学中的热点问题，具体的耐盐机制包括：渗透物质的调控、对离子吸收的有效调控、抗氧化系统的诱导、植物激素的诱导等，盐胁迫诱导的这些抗性机制往往是相互促进并具有协同作用的。

### (一)盐胁迫下老芒麦通过渗透调节减轻盐害作用

渗透调节是老芒麦适应盐胁迫的重要机制之一。盐胁迫下，老芒麦细胞通过渗透调节使细胞内水势降低，水分向有利于生长的方向进行跨膜运输流动。细胞内有两类物质参与渗透调节：无机盐离子和有机物质，通常情况下它们共同作用。无机盐类主要是$Na^+$、$Cl^-$、$K^+$、$Ca^{2+}$等(周志红，2014；马晓林等，2016)。老芒麦对土壤中的无机离子可以进行选择性吸收，特别是对$Na^+$和$K^+$的选择性吸收，这也可能是老芒麦减轻盐害作用的一个重要因素(周志红，2014)。有机可溶性渗透调节物质主要包括糖类、多醇类、季铵盐、氨基酸及其衍生物、含硫化合物等。

可溶性糖是很多非盐生植物的主要渗透调节剂，它也是合成其他有机溶质的碳架和能量来源，起到稳定细胞膜和原生质胶体的作用，还可在细胞内无机离子浓度高时起保护酶类的作用。杨月娟等(2015)研究表明，老芒麦在轻度盐分胁迫下，可溶性糖质量分数增多，可溶性糖质量分数升高可以调节渗透势，降低细胞内的水势，而达到从周围吸水的目的，缓解盐害。但随着盐胁迫程度的增加，可溶性糖质量分数逐渐减少，盐害破坏了老芒麦的正常生理活动。还有一种受到广泛关注的有机渗透调节物质是甜菜碱。甜菜碱是一种小分子物质，积累在原生质中，形成高渗透势，可以与细胞液泡中的盐分保持平衡，调节细胞渗透势，维持水分平衡。老芒麦受到盐胁迫时，体内甜菜碱含量大幅度增加。老芒麦体内甜菜碱的积累不但不会对组织产生毒害，还可以储存氮素，解除氨的毒害(周志红等，2015)。脯氨酸在抗逆中有两个作用：一是作为渗透调节物质，保持原生质与环境的渗透平衡；二是保持膜结构的完整性。但目前对于脯氨酸的积累和抗盐性的关系存在两种观点：第一种观点认为，脯氨酸的积累可对细胞膜和离子泵均起到保护作用，降低电解质外渗，从而维护细胞正常的代谢活动；第二种观点认为，脯氨酸的积累与植物的耐盐性成负相关(戴高兴等，2015)。刘锦川(2011)在试验中发现在盐胁迫下游离脯氨酸变化与胁迫强度存在正相关关系。随着盐浓度的升高，老芒麦脯氨酸含量增大(图2-1)。马晓林等(2016)认为，盐胁迫下脯氨酸质量分数的升高有助于提高老芒麦的耐盐性。脯氨酸在防止蛋白质的降解和变性，作为碳、氮和能量储备，清除自由基，调节内环境的pH，防止细胞的酸化中都起到了很重要的作用。

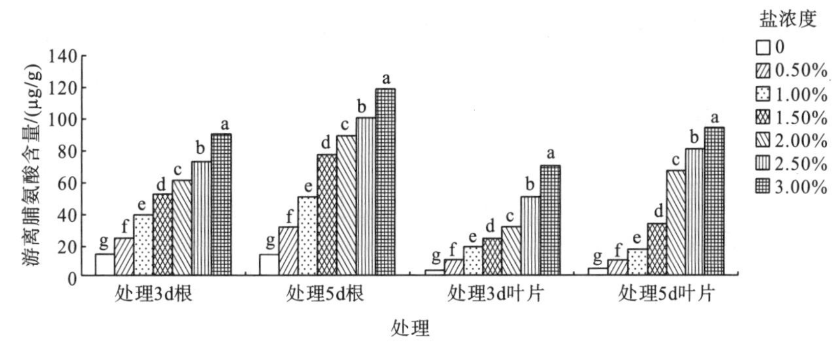


图 2-1　不同浓度 NaCl 处理下老芒麦根和叶片游离脯氨酸含量变化

注：不同小写字母表示差异显著($P<0.05$)

### (二)盐胁迫下老芒麦通过离子区域化减轻盐害作用

无机离子的运输和区域化与植物渗透调节密切相关，是植物避免 $Na^+$和 $Cl^-$毒害的重要方式之一。$Na^+$在液泡中积累，一方面，可以使过多的 $Na^+$离开代谢位点，减轻对细胞质中酶和膜系统的伤害；另一方面，植物还可以利用积累在液泡中的 $Na^+$作为渗透调节剂，以降低水势，利于植物从外界环境中吸收水分(刘锦川，2011)(表 2-11)。有研究表明，老芒麦通过积累有机溶质升高细胞质的水势来进行平衡(陆开形，2008)。植物的根系通过选择吸收盐分将离子区域化在器官、组织和细胞 3 个层次上。一方面，盐胁迫下根系大量吸收盐分，减少运送到地上部分的数量；另一方面，细胞吸收的盐分积累于液泡或排出细胞质。老芒麦通过减少对有害盐离子的吸收，同时将吸收的盐离子输送到老的组织，并将此作为盐离子的储存库，以牺牲老的组织为代价来保护幼嫩组织(何学青等，2010；窦声云等，2010；杨月娟等，2015)。老芒麦通过合成有机渗透调节物质平衡细胞内外的渗透势，但这样会使老芒麦植株的生长受到阻碍，而且液泡在细胞中密度大，依靠合成有机物质进行渗透调节难以抵御盐胁迫，故不能适应较高盐浓度的胁迫(刘锦川，2011；李景欣等，2013；马晓林等，2016)(表 2-11)。

**表 2-11　盐胁迫下老芒麦原生理反应生理指标的相对值比较**

| 处理 | 指标 | 相对值 |
|---|---|---|
| 低盐浓度胁迫 | 电导率 | 0.02 |
| | 丙二醛 | 31.5 |
| | SOD | 4.4 |
| | 脯氨酸 | 5.5 |
| | 叶绿素 | −33.0 |
| 高盐浓度胁迫 | 电导率 | 0.26 |
| | 丙二醛 | 89.3 |
| | SOD | 29.7 |
| | 脯氨酸 | 89.2 |
| | 叶绿素 | −368.1 |
| 相对伤害率 | 电导率 | 7.70 |
| | 丙二醛 | 20.27 |
| | SOD | 11.54 |
| | 脯氨酸 | 6.2 |
| | 叶绿素 | 8.9 |

(三)盐胁迫下老芒麦通过抗氧化系统清除多余的活性氧维持细胞膜系统完整性

细胞膜结构和功能的完整性是控制离子运输及分配的主导因素。维持细胞膜系统的完整性，使其正常发挥功能，对植物的代谢起到十分重要的作用。盐胁迫使老芒麦产生过多的活性氧，造成膜脂过氧化，使细胞膜受到破坏，从而对老芒麦造成伤害。老芒麦是否能维持其细胞膜系统稳定，关键在于其修复能力的大小。抗氧化保护与耐盐性之间的关系已在多种作物中得到佐证，包括棉花、水稻、小麦、大麦、大豆、豌豆、甜菜、高粱、番茄、芝麻和车前草等(陆开形，2008)。此外，通过拟南芥中过量表达抗氧化酶基因的研究，也证明这些抗氧化酶在清除活性氧上的作用，其结果增强转化拟南芥对渗透和氧化胁迫的耐性(陆开形，2008)。SOD、POD、CAT 等构成了老芒麦体内重要的保护酶系统，它们相互协调，共同协作，通过抑制细胞质中不饱和脂肪酸过氧化作用产物 MDA 的积累，共同起到保护细胞膜结构的作用，以维持细胞膜的稳定性和完整性，提高老芒麦对盐胁迫的适应性(表 2-11)。刘锦川(2011)研究表明，在 NaCl 胁迫下老芒麦叶片丙二醛含量显著增加，在 $Na_2CO_3$ 胁迫下，老芒麦叶片丙二醛含量增加且显著高于 NaCl 胁迫，从而加速膜质过氧化过程，使膜系统完整性降低，电解质及小分子有机物外渗，老芒麦细胞物质交换平衡受到破坏。SOD 是老芒麦体内清除活性氧的第一道防线，在防御系统中处于重要的地位。高的 SOD 活性维持时间越长，清除自由基的能力就越强，老芒麦的抗逆性也就越强。刘锦川(2011)研究表明，在盐胁迫下老芒麦 SOD 活性维持较高水平，且随着盐浓度的加大，其增加幅度较小(图 2-2)。

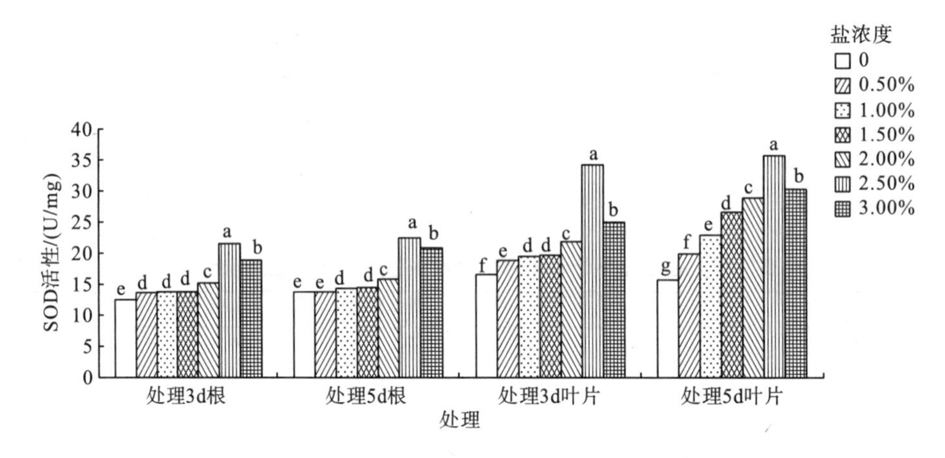


图 2-2 不同浓度 NaCl 处理下老芒麦根和叶片 SOD 活性变化

注：不同小写字母表示差异显著($P<0.05$)

(四)其他耐盐机制

除渗透调节、离子平衡和抗氧化保护这 3 个主要的耐盐机制外，老芒麦可能还有其他耐盐机制。植物激素在逆境中发挥着重要的作用，如脱落酸(ABA)在盐胁迫下作为细胞信号从根部向地上部传递，调节老芒麦的生长和气孔的开闭(白玉娥和易津，2005；何学青等，2010；李景欣等，2013)；赤霉素(GA)可以作为 ABA 的替代物，在多种植物中发现的 DELLA 蛋白作为生长的负向调控因子，通过调控 GA 发挥作用，DELLA 蛋白也可以协调多种激素与逆境之间的信号(周志红，2014；Yan et al.，2016)。因此，DELLA 蛋白被认为是植物生长对逆境胁迫响应的一个重要的协调因子(王宁，2009；Liu et al.，2010；杨月娟等，2015)。近年来，利用基因工程技术验证了一些激酶、渗透蛋白和转录因子在耐盐中的作用。NPK1 是一种促分裂原活化蛋白激酶(MAP 激酶)，在拟南介中，该蛋白激酶参与氧化胁迫响应，在盐胁迫下具有氧化保护作用(陆开形，2008)。胚胎晚期丰富蛋白(LEA 蛋白)具有较强的水合能力，盐胁迫下在营养组织中大量表达，可以维持细胞水分、保护蛋白质结构稳定(武俊英等，2011；马晓林等，2016；孙清洋等，2016)。此外，转录因子在耐盐途径中也发挥着重要的作用，它们通过调控下游基因的表达行使功能(何学青等，2010；陆开形，2008；马晓林等，2016；Yan et al.，2016)，在盐胁迫下诱导逆境响应蛋白(如 RD29A)的表达，保护细胞膜稳定、增强耐盐性(陆开形，2008)。

## 第三节 老芒麦的抗病性

老芒麦具有抗寒性强、适应性广、品质好、草籽产量高等优点，是我国青藏高原地区广泛栽培的优良牧草，同时是披碱草属中饲用价值较高的一种，适口性好，营养成分含量丰富，消化率较高，夏秋季节对幼畜发育、母畜产仔和牲畜的增膘都有良好的效果，在草地畜牧业及退化草地治理中发挥着重要作用。但禾草白粉病(*Erysiphe graminis* DC.)、禾草麦角病(*Claviceps purpurea* Tul.)、禾草香柱病(*Epichlos typhina* Tul.)、禾草冠锈病(*Puccinia coronata* Corda)、禾草秆锈病(*Puccinia giaminis* Pers.)、禾草叶锈病(*Puccinia recondita* Rob. et Desm.)等病害易引起老芒麦伤亡，严重影响产量，因此，培育优质抗病的老芒麦是老芒麦育种的重要目标。

### 一、病原微生物对老芒麦种子萌发及植株生长发育的影响

种子作为老芒麦的繁殖器官，能够携带大量危害病原，既是病害的载体，同时也是受害者。而在所有病原中，真菌是对种子质量影响最为严重的一类。种带真菌既可混杂于种子中间或黏附于种子表面，也可侵入种子组织内部，导致病害在时间上进行延续和空间上进行扩展。种带病原真菌不仅对种子的萌发、幼苗的生长产生负面影响，而且在贮藏期间还降低了种子的品质。陈焘和南志标(2015)对不同储存年限老芒麦种子种带真菌检测及致病性测定，发现燕麦镰孢、串珠镰孢、镰孢菌、离蠕孢和德氏霉 5 种真菌是老芒麦最主要的致病真菌，均显著地降低了老芒麦种子的萌发、抑制了幼苗的生长、降低了幼苗的生物量。细交链孢尽管对种子的萌发没有显著抑制作用，但是对幼苗的生长产生了较强的抑制作用，显著降低了老芒麦苗长和根长，以及干物质产量。

老芒麦根腐病(*Helminthosporium sativum* P. K. B)多发生在雨季，此时降雨量集中，低洼地块易积水，有利于病菌的侵入，老芒麦的发芽势和发芽率降低，播种后田间出苗不齐、不壮，抗病虫能力差，易被病害侵入和遭受苗期虫害，田间苗期病害发病率达 5%(贺丹霞等，2005)。

老芒麦感染病害后，其代谢过程发生一系列的生理生化变化。老芒麦染病后，首先表现出水分平衡失调，造成老芒麦植株出现萎蔫(盛宝钦等，1994；王德霞等，2004)。水分平衡失调的原因有3种：①有些病原微生物破坏根部，使植物吸水能力下降。②维管束被堵塞，水分向上运输中断。有些是细菌或真菌本身堵塞茎部，有些是微生物或作物产生胶质或黏液沉积在导管，有些是导管形成胼胝体而使导管不通。③蒸腾加强，因为病原微生物破坏作物的细胞质结构，透性加大，散失水分就快。老芒麦染病后呼吸作用显著加强。呼吸加强的原因，一方面是病原微生物本身具有强烈的呼吸作用；另一方面是寄主呼吸速率加快。因为健康组织的酶与底物在细胞里是被分区隔开的，病害侵染后间隔被打破，酶与底物直接接触，呼吸作用就加强；与此同时，染病部位附近的糖类都集中到染病部位，呼吸底物增多，呼吸就加强。因为病害引起呼吸加强，其氧化磷酸化解偶联，大部分能量以热能形式释放出来，所以染病组织的温度大大升高，反过来又促进呼吸。一般来说，染病组织的叶绿体被破坏，叶绿素含量减少，光合速率减慢。随着感染的加重，光合更弱，甚至完全失去同化二氧化碳的能力(陈焘和南志标，2015)。

## 二、老芒麦对病原微生物的抵抗

老芒麦病虫害的发生主要有3个原因(陈焘和南志标，2015)：一是牧草种子质量差、生活力低，易感病虫；二是近年来气候干旱、降雨少，降雨的时空分布不均，导致田间草地螟、跳甲等害虫大面积发生，导致苜蓿根腐病的发生；三是杂草过多，为害虫提供充足的食物和栖息地，为种群的发生创造了条件。病害引起老芒麦伤亡，影响产量甚大。老芒麦对病原微生物侵染的抵抗力，称为老芒麦的抗病性。老芒麦是否患病，决定于老芒麦与病原微生物之间的斗争情况，老芒麦取胜则不发病，老芒麦失败则发病。

在老芒麦病害综合防治体系中，农药的应用十分有限，老芒麦病害的防治更加注重于“防”，更加依赖于农牧措施，包括整地、播种、田间管理、利用与收获、储藏的全过程(贺丹霞等，2005)。老芒麦病害的防治一般有3种途径：①筛选、培育、引进抗病品种，抗病品种的利用是防治老芒麦病害最有效和最主要的措施。②采取牧草混播的模式，豆科与老芒麦牧草混播，由于豆科可提高土壤肥力，增加老芒麦产量并改善群落结构的稳定性，是草地生产中的常用措施。③杀菌剂拌种是发达国家防治种传和土传病害、提高牧草种子发芽和田间出苗率的有效措施。

龙兴发等(2014)采用混合选择法，育成抗寒、抗病、种子产量高的老芒麦新品种——康巴老芒麦。其牧草青绿期长、抗寒、耐旱、抗病、抗倒伏，种子成熟期集中。通过品种的育种过程、特征、特性和生产性能评价发现，其品种干物质较对照提高15%，种子产量高于对照川草2号品种20%，适应川西北高寒牧区及类似地区种植，是建立人工草地、改良天然草地和生态建设的优良牧草。温度和湿度对种带病害的发生和发展有着极为重要的影响。因此，老芒麦种子应选择在天气晴朗时快速收获，及时晒干，且储藏时注意通风透气，从而降低病原真菌对种子的侵染。王德霞等(2004)研究表明，苜蓿与老芒麦混播，可显著地降低老芒麦的发病率。陈焘和南志标(2015)对不同储存年限老芒麦种子种带真菌检测及致病性测定，从5个老芒麦种样中共检测出15属17种种带真菌，另有3种白色丝状真菌未产孢，这些真菌显著地降低了老芒麦种子的萌发、抑制了幼苗的生长、降低了幼苗的生物量，老芒麦种子播种时用杀菌剂拌种，对细交链孢等多种种带病原真菌有较好的抑制效果。当老芒麦地上部分普遍发生病害时，应提早刈割或放牧，以减少田间侵染原的积累，降低再生老芒麦的发病率，同时焚烧老芒麦残茬，减少生长季中初级侵染源。

## 三、老芒麦的抗病生理

在自然界中，作物总是受到各种病原物(如细菌、真菌和病毒等)的侵袭。在长期进化过程中，作物与病原物之间相互影响、相互适应、协同进化。作物为了生存，在进化中逐渐建立了一系列复杂的防御机制，能很好地协调对抗病原菌的侵染，使作物产生抗病性反应。了解老芒麦的抗病生理，对于防治病害是有参考价值的。

### (一)加强氧化酶活性

当病原微生物侵入老芒麦组织时，该部分组织的氧化酶活性加强，以抵抗病原微生物。老芒麦叶片呼吸旺盛、过氧化物酶及抗坏血酸氧化酶活性高，对真菌病害的抵抗力也较强(盛宝钦等，1994)。呼吸加强能减轻病害的原因是：分解毒素。病原菌侵入作物体后，会产生毒素(如黄萎病产生多酚类物质，枯萎病产生镰刀菌酸)，把细胞毒死。旺盛的呼吸作用能把这些毒素氧化分解为二氧化碳和水，或转化为无毒物质。病菌侵入作物体后，植株表面可能出现伤口。呼吸有促进伤口附近形成木栓层的作用，伤口愈合快，把健康组织和受害部分隔开，不让伤口发展。病原菌靠本身水解酶的作用，把寄主的有机物分解，供它本身生活之需。寄主呼吸旺盛，就抑制病原菌的水解酶活性，因而防止寄主体内有机物分解，病原菌得不到充分的养料，病情扩展就受限制(贺丹霞等，2005)。老芒麦组织在染病过程中，同时大量形成各种植物激素，其中以吲哚乙酸最突出(王德霞等，2004；陈焘和南志标，2015)，锈病能提高老芒麦植株吲哚乙酸含量，而老芒麦的抗锈特性与组织中较高的吲哚乙酸氧化酶活性有关，这种酶能氧化分解吲哚乙酸，因此，这种酶活性高，就能使染病组织的吲哚乙酸水平下降。

### (二)促进组织坏死

有些病原真菌只能寄生在活的细胞里，在死细胞里不能生存。老芒麦抗病品种细胞与这类病原菌接触时，受侵染的细胞或组织就很迅速地坏死，使病原菌得不到合适的环境而死亡。病害就被局限于某个范围而不能发展。因此，组织坏死是一种保护性反应。

### (三)产生抑制物质

老芒麦体内产生一些对病原微生物有抑制作用的物质，因而使老芒麦有一定的抗病性(王德霞等，2004；陈焘和南志标，2015)。植物防御素(phytoalexin)是植物受侵染后才产生的一类低分子质量的抗病原微生物的化合物。至今已在 17 种植物中发现 200 多种植物防御素，其中对萜类植物防御素和异黄酮类植物防御素两类研究最多。植物在受侵染前没有植物防御素，一旦受侵染后就会形成。植物防御素能抑制微生物生长。普遍认为，植物防御素的功能是专门起防御病斑扩展的作用。当病原菌入侵形成侵入点后，就在侵入点四周的组织形成坏死斑，限制病菌扩展。它产生的速率和积累的数量与抗病程度有关。植物感染病原微生物后，木质化作用加强，增加木质素以阻止病原菌进一步扩展。病原相关蛋白(pathogenesis-related protein)是植物感染后产生的一种或多种新的蛋白质，现已在20多种作物中发现。烟草有33种病原相关蛋白，玉米有8种病原相关蛋白，目前关于老芒麦的病原相关蛋白研究较少。

## 第四节 老芒麦的种子生理特性

种子是活的有机体，它具有起保护作用的种皮、贮存营养物质的胚乳或子叶及作为植物雏形的种胚，种胚具备发育成为植株所需要的遗传信息。因此，种子也是最完善的生殖器官。种子不仅在母体上与外界交换物质，脱离母体后，仍然是个半开放系统，同样要和外界环境进行物质交换，并表现出不同的种子活力特性。种子活力随种子老化而下降，当种子活力下降时，种用价值也随之下降，达到一定限度则完全失去其种用价值。

### 一、种子活力

#### (一)种子活力的概念

长期以来，人们多用发芽率来衡量种子的播种品质，但生产中常遇到发芽率与田间出苗率不相符的情况，为寻找一种能准确预测种子田间出苗情况的指标，人们提出了种子活力这一指标。种子生活力、种子发芽力、种子活力是种子质量中3个既有区别又互相联系的概念。

种子生活力(viability)指种子的发芽潜在能力和种胚所具有的生命力，通常指一批种子中具有生命力的种子数占种子总数的百分率，是生产上常用的术语。常用四唑法鉴别。以往常与种子生命力(vitality)混淆使用。种子生命力一般指种子有无生命活动的能力，即种子有无新陈代谢能力和生命所具有的属性。具有这些属性则称为有生命的种子(life seed)或活种子(living seed)；反之则称为无生命的种子(lifeless seed)或死种子(death seed)。但用生活力不能完全代表种子的品质，因为生活力只能说明种子能否发芽成苗，但并未反映能否发育成正常幼苗。

种子发芽力(germination capacity)指种子在实验室条件下发芽并长成正常幼苗的能力，通常以发芽势、发芽率表示。发芽试验的目的是测定一批种中活种子占的百分数。

种子活力(seed vigour)指种子与种胚在发芽和出苗期间活性强度及该种子特征的综合表现。种子活力关系着种子萌发后，植株在各个生长发育阶段的生命质量，是种子的重要品质。种子的代谢活性、发芽和生长能力是种子具有活力的重要表现。种子活力既是种子个体又是群体种子的一种潜在能力。对种子个体而言，种子活力通常意味着在田间条件下发芽成苗及种苗生长表现能力。对于群体种子而言，种子活力还意味着发芽及幼苗生长的整齐程度。高活力的种子一定具有高的发芽力和生活力，具有高发芽力的种子也必定具有高生活力；但具有生活力的种子不一定具有发芽力，能发芽的种子活力不一定高。因此，种子活力是种子所具有的生活能力的总表现，它不仅包含生活力，还包含能否发育成正常幼苗的含义。

（二）种子活力的特性和物质基础

种子活力的特性包括：贮存与运输后的表现，特别是发芽能力的保持；发芽期间的一系列生物化学过程与反应，如酶促反应与呼吸速率；种子发芽、出苗及种苗生长的速率和整齐度；在逆境下种子的萌发能力。种子活力是建立在物质基础上的生命活动能力和潜力。种子活力的物质基础包括：遗传物质，营养与贮存营养物质，构成种子或胚各部位细胞与细胞器的结构物质，以及可以产生生理活性的物质。

（三）影响种子活力表达的原因

一是来自自身，如种皮的机械阻碍和抑制发芽生长的化学物质，以及胚和胚乳的生理障碍等；二是来自环境，如由于种子得不到足够的水分、氧气及适宜的温度而使种子活力不能表达。当这些条件具备时，种子活力可以很快以代谢增强及萌发表达出来。由此可见，只有消除表达障碍并得到萌发需要的基本条件，种子的活力才能以发芽方式表达。种子活力的大小决定其萌发速度、整齐度和在不利条件下的萌发能力。

（四）影响种子活力的因素

影响种子活力的因素主要是遗传因素和环境因素两大方面。环境因素又包括种子发育中的环境因素和种子收获、加工及贮存中的环境因素。遗传因素决定种子活力高低的可能性，发育条件决定种子活力程度表达的现实性，收获、加工及贮存条件决定种子活力的保持性。

1. 遗传因素

种子活力的最大遗传潜力是由基因控制的。不同种及品种由于种子结构、大小、形态和生理特性等不同，其活力有很大的差异。

2. 环境因素

(1) 种子发育过程：种子发育过程中，凡是影响母株生长的外界条件对种子活力及后代均可造成深远的影响。开花、传粉和受精过程中，良好的天气状况，适宜的温度和湿度条件，有利于种子发育，形成的种子活力大。在胚珠发育为种子的过程中，温度、水分和相对湿度是影响种子活力的重要因素。良好的土壤肥力条件，母株营养充足，是形成高活力种子的基础。适宜的土壤水分条件，可促进母株的生长发育和提高种子饱满度，提高种子活力。种子形成时期，干旱缺水时，种子发育不良，体积和质量减小，种子活力降低。

(2) 种子成熟度：种子的活力随种子的发育而上升。未达到完全成熟的种子，物质积累不充分，种子达不到高活力水平。当种子达到形态和生理上完全成熟时，活力达到最高峰。在实际的种子采收过程中，由于采种期不适当常常人为导致种子活力下降。

(3) 种子干燥和贮存：种子采收后，干燥不及时，容易使种子活力降低。如果干燥方法不当，干燥温度过高，会使种子脱水过快，损伤胚细胞，也降低或丧失种子活力。贮存过程中温湿度过高，种子易老化和劣变，表现为活力渐渐丧失。低温、低湿、低氧环境有利于种子贮存。

(4) 微生物的侵染和病虫危害：微生物和病菌容易引起呼吸作用加强和有毒物质积累，加速种子劣变，使种子活力迅速下降。害虫在种子贮存期间活动，其危害性除了直接破坏种子完整性，造成胚的伤亡和贮存养分损失外，还由于害虫自身活动的结果，产生热能与水汽，促使种子呼吸代谢加强，加快了种子老化和劣变的过程。

## 二、种子休眠

休眠是植物生长极为缓慢或暂时停顿的一种现象，是植物抵抗和适应不良环境的一种保护性的生物学特性。种子休眠指具有生活力的种子由于本身的生理原因在适宜的发芽条件下不能萌发的现象。种子从收获到发芽率达到80%所经历的时间称为种子休眠期。

种子的休眠是牧草长期自然选择的结果，是植物在系统发育过程中所形成的抵抗不良环境的适应性。野生或栽培牧草种子以休眠的方式度过不良的环境，使其种质得以延续。种子休眠可保证收获季遇到发芽适宜的天气时不致在母株上发芽，造成种子损失。种子休眠也为保持健全的有生活力的种子和延长种子的寿命提供了方便，在贮存期间采取各种延长种子休眠期的措施，可以增加种子的寿命。

一般引起种子休眠的原因主要有：种皮的透气、透水性不良，种胚需要后熟，存在抑制萌发生长的物质，光效应等。游明鸿等(2011a)对不同栽培条件和不同贮存时间的老芒麦种子试验研究表明，老芒麦种子收获后就能吸涨，但发芽势和发芽率为0；收获后30d发芽势仅0～0.75%，发芽率0～1.25%；100d时发芽势为8.75%～32.25%，发芽率13.75%～46%；200d时发芽势为22%～44.75%，发芽率36.25%～89.5%(表2-12)。所以老芒麦种子具有休眠性，休眠期约200d，其经历时间终点刚好为翌年的适合播种期。老芒麦种子收获后就能吸涨，因此它休眠不是由种皮机械障碍引起的，不过具体作用机制待于深入研究。

表2-12 行距、播种量和施肥量对种子发芽指数与活力指数的影响

| 处理 | | | 发芽势/% | | | 发芽率/% | | |
|---|---|---|---|---|---|---|---|---|
| 行距/cm | 播种量/(kg/hm²) | 施肥量/(kg/hm²) | 30d | 100d | 200d | 30d | 100d | 200d |
| 30 | 22.5 | 90 | 0.09ABC | 12.30G | 36.05E | 1.23E-05B | 0.19 H | 4.28G |
| 30 | 30 | 135 | 0.07 ABC | 17.78FG | 42.78E | 8.5E-06B | 0.21GH | 5.77G |
| 30 | 37.5 | 180 | 0.02BC | 27.91BC | 55.41D | 3.16E-06B | 0.41C | 8.71E |
| 30 | 45 | 225 | 0.03BC | 26.01CDE | 56.01D | 3.45E-06B | 0.28EF | 10.10E |
| 40 | 22.5 | 135 | 0.11 ABC | 20.67EF | 55.67D | 1.94E-05B | 0.31EF | 9.80E |
| 40 | 30 | 90 | 0.18AB | 17.30FG | 59.80CD | 5.22E-05B | 0.18H | 10.64E |
| 40 | 37.5 | 225 | 0.03BC | 27.46BCD | 64.96C | 3.83E-06B | 0.23FGH | 13.73E |
| 40 | 45 | 180 | 0.03BC | 40.73A | 63.23C | 4.42E-06B | 0.48AB | 19.67D |
| 50 | 22.5 | 180 | 0.05ABC | 25.07CDE | 77.57B | 3.75E-06B | 0.301EF | 19.56D |
| 50 | 30 | 225 | 0.11ABC | 30.48BC | 82.98AB | 4.47E-05AB | 0.42B | 22.17C |
| 50 | 37.5 | 90 | 0.08ABC | 21.49EF | 81.49AB | 2.53E-05AB | 0.29EF | 24.54B |
| 50 | 45 | 135 | 0.19A | 26.38CDE | 83.88 AB | 7.81E-05A | 0.39CD | 26.59A |
| 60 | 22.5 | 225 | 0.00C | 27.98BC | 85.48A | 0B | 0.33E | 26.16AB |
| 60 | 30 | 180 | 0.00C | 21.47EF | 81.47AB | 0B | 0.25EF | 25.57AB |
| 60 | 37.5 | 135 | 0.00C | 21.85EFD | 81.85AB | 0B | 0.26G | 26.03AB |
| 60 | 45 | 90 | 0.00C | 32.75B | 82.75AB | 0B | 0.54A | 25.55AB |

注：同列不同大写字母表示差异极显著($P<0.01$)

## 三、种子寿命

母株上的种子达到完全生理成熟时，具有最高的发芽能力，收获后，随着贮存时间的推移，其生活力逐渐衰退，直至死亡。所谓种子寿命是指种子从完全成熟到丧失生活力所经历的时间，即种子所能保持发芽能力的年限。一批种子中的每一粒种子都有它自己一定的生存期限，并且由于母株所处的环境条件、种子在母株上的部位、收获后的贮存条件的不同，种子个体间生活力的差异很显著。因此，一批种子的寿命是指种子群体的发芽率从种子收获后至降低到50%发芽率所经历的时间，又称种子的“半活期”，即种子群体的平均寿命。

种子寿命除决定于牧草本身的遗传特性外，还与种子的生理状态、种子含水量、贮存环境的温湿度等有很大关系。因此，种子的寿命又是相对的。掌握影响种子寿命长短的关键性因素，创造和控制适宜的环境条件，控制种子自身状态，使种子的新陈代谢作用处于最微弱的程度，可延长种子寿命。反之，将会使种子劣变加速，缩短种子寿命。老芒麦种子在常温条件下的寿命为6年(王勇等，2012)。通过控制贮存条件、改进贮存方法可延长老芒麦种子的寿命。

Harrington(1972)提出两个准则：当种子含水量在5%～14%时，种子含水量每降低1%，种子寿命延长1倍。当温度在0～50℃时，贮存温度每降低5℃，种子寿命也可以延长1倍。

## 四、种子贮存

种子贮存包括种子在母株上成熟开始至播种为止的全过程。在贮存过程中，种子经历着活力不断降低且不可逆的变化，这些变化的综合效应称为劣变(deterioration)。种子劣变是不可避免的现象，劣变的最终结果是使种子丧失活力。劣变过程中，种子内部发生了一系列的生理生化变化，变化的速度取决于收获、加工和贮存的条件。种子贮存的基本目的是通过采用合理的贮存设备和先进的技术，人为地控制贮存条件，使种子劣变减小到最低程度，在一定时期内最有效地使种子保持较高的发芽力和活力，确保出苗时对种子的需要。

### (一)贮存种子的呼吸作用

有生活力的种子时刻进行着呼吸作用。种子呼吸过程中不断地将种子内贮存的物质分解，为种子生命活动提供所需的物质和能量，维持种子体内正常的生化反应和生理活动。贮存期间，种子本身不存在同化过程，主要是进行分解作用和劣变过程，所以呼吸作用是种子生命活动的集中表现。当有外界氧气参与时，种子以有氧呼吸为主。当种子处于缺氧条件时，则主要进行无氧呼吸。

### (二)影响种子呼吸的因素

#### 1. 种子本身状况

种类、成熟度、损伤和冻伤情况、种粒和种胚的大小等。

2. 种子含水量

种子含水量高，特别是游离水的增多，是种子新陈代谢强度急剧增加的决定因素。种子内游离水分多，酶容易活化，难溶性物质转化为可溶性的简单的呼吸底物，易加快贮存物质的水解作用，使呼吸作用增强。

3. 空气相对湿度

种子是一种多孔毛细管胶质体，有很强吸附能力。特别是干燥的种子，具有强烈的吸湿性。故种子含水量随空气相对湿度而变化。

4. 温度

在一定的温度范围内，种子的呼吸作用随温度升高而加强。温度高时种子的细胞液浓度降低，原生质黏滞性降低，酶的活性增加，促进种子代谢，呼吸作用旺盛。尤其在种子含水量较高的情况下，呼吸强度随温度升高而发生更加显著的变化。

5. 通气状况

空气流通的条件下，种子的呼吸强度较大；贮存于密闭条件下，呼吸强度较小。综合考虑温度、水分和通气状况时，水分和温度越高，则通气对呼吸强度的影响越大。含水量高的种子，呼吸作用旺盛，如果空气不流通，氧气不足，种子很快被迫进行无氧呼吸，会积累大量的醇、醛和酸等氧化不完全的物质，对种胚产生毒害。因此，含水量高的种子，贮存中要特别注意空气流通。含水量较低的干燥种子，由于呼吸微弱，对氧气消耗量较小，可进行密闭贮存。

6. 生物因子

种子贮存中，种子堆中微生物的活动会放出大量的热能和水汽，达到一定程度则间接导致种子呼吸作用增强。同时，由于微生物的活动消耗氧气，放出大量二氧化碳，使局部区域氧气供应相对减少，会间接地影响种子的呼吸作用的方式。

总之，从种子呼吸特性及影响种子呼吸的因素看，环境相对湿度小、低氧、低温、高二氧化碳及黑暗无光有利于种子贮存。

## 第五节　老芒麦的光合生理特性

### 一、光合作用概述

光合作用是地球上最重要的化学反应，同时也是地球上一切生命生存和发展的基础，同时也是农业生产的基础，农作物的产量和质量均取决于光合作用的状况，光合作用的过程如图 2-3 所示。光合作用大致可以分为原初反应、同化力形成和碳同化三大步骤(潘瑞炽等，2007)。原初反应包括光合色素吸收光能后将它传递到反应中心，引起光化学反应，产生电荷分离。碳同化包括许多酶反应，有的处于叶绿体内的间质中，有的处于叶绿体外的细胞质内，它们之间有复杂的调节联系，这与产物的转化或输出有关(沈允钢等，2003)。

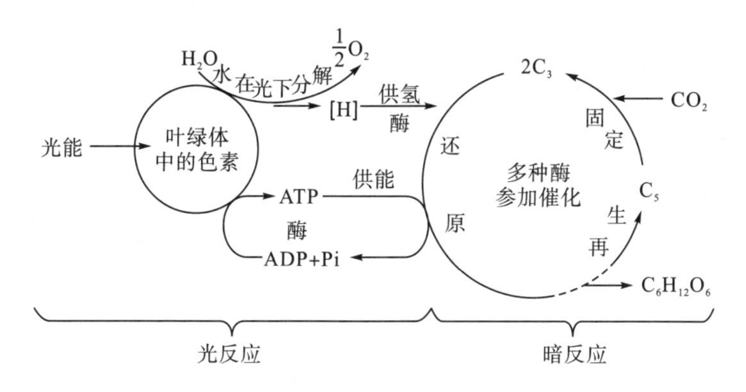


图 2-3　光合作用的过程

如果光化学反应后面的暗反应来不及利用传来的能量，这时多余的光能就会对光合机构造成抑制，严重时会造成光破坏。不过，植物的光合器官在进化过程中形成了各种各样的光保护机制来最大限度地减少强光可能造成的潜在伤害。这些光保护机制包括(王强等，2003)：①通过叶片角度的变化、叶绿体的运动和蜡质层的增厚等，可以使叶片直接减少对光能的吸收；②通过状态转换、环式电子传递、D1 蛋白的周转、抗氧化分子和酶系统等分子机制的保护进行保护性调节；③通过光系统非辐射耗散将过剩的光能以热能的形式消耗掉。第一种机制是植物本身的生理特性，可以进行长期的光保护；而后两种则是在光抑制条件下植物所做出的即时响应，可以在短期内为植物提供有效的光保护。植物通过所有这些光保护机制的协同作用，最大限度地避免和减少光抑制所造成的伤害。

## 二、老芒麦植株的光合作用

老芒麦具有抗寒、抗旱、耐盐碱等优良特点，不但是麦类作物遗传改良最重要的优异基因来源，也是中国北方地区重要的优良牧草，其野生种质资源具有分蘖性强、竞争力强等特点，也是天然草地很好的补播材料。

王岩春等(2008)与刘锦川(2011)研究发现川草 2 号老芒麦叶片净光合速率的日变化曲线呈双峰形，在上午 10：00 附近和下午 16：00 附近净光合速率分别有一个高峰，且下午的峰值高于上午的峰值，两峰之间有一低谷，最低值出现在 12：00 附近，即存在所谓的光合午休现象；但蒸腾速率的日变化趋势与净光合速率的日变化曲线不同，呈单峰形，但其最大值也是出现在下午 16：00 附近，二者最大峰值出现的时间基本一致；水分利用效率随着气温和太阳辐射的增加而下降；气孔是植物体与外界气体交换的“大门”，影响着蒸腾、光合、呼吸作用，叶片气孔导度的日变化趋势基本也呈双峰形曲线，这与净光合速率日变化趋势基本一致；叶片胞间 $CO_2$ 浓度和大气 $CO_2$ 浓度的日变化规律基本一致，均呈倒单峰形曲线，在太阳有效辐射和叶片温度最高的时段，导致气孔部分关闭，从而使外界 $CO_2$ 进入细胞的阻力增大，胞间 $CO_2$ 浓度很低。在高寒气候条件下，暖季高原气候具有夜间气温冷凉、白昼日照时数长、太阳辐射异常强烈及大气 $CO_2$ 浓度高等诸多特点，因此这一地区的老芒麦也具有一些独特的光合生理生态特性，如叶片光合能力较强且光合作用时间较长，存在“光合午休”现象。

## 三、外界环境对老芒麦光合作用的影响

老芒麦的光合作用涉及一系列复杂的光化反应过程，光合作用受到多种环境因素的影响，同时与植株生长状况及所处发育阶段密切相关。因此，探究不同光、温、$CO_2$、水及土壤因素下老芒麦的光合作用的能力，更具有理论和生产应用价值。

### (一)光照

光照是影响光合作用的主要因素之一，它是光合作用的原动力。光照对光合作用的影响表现在3个方面：①光照强度；②光质；③光照时间。在其他环境条件都适宜的情况下，在一定范围内，光合作用强度随光照强度提高而加强。当光照强度达到一定数值后，光照强度再提高而光合作用强度不再加强，这种现象称为光饱和现象。开始达到光饱和现象时的光照强度称为光饱和点。在光饱和点以下，随着光照强度减弱，光合作用强度也减弱，当光照强度减弱到一定程度时，光合作用吸收的$CO_2$量与呼吸作用释放的$CO_2$量处于动态平衡，这时的光照强度称为光补偿点。因此，从全天来看，老芒麦所需的最低光照强度，必须高于光补偿点，才能使植株正常生长。光质不同也影响老芒麦的光合作用强度。一般来说，在红、橙光下，光合作用强度最大，蓝、紫光次之，绿光最差。光质不仅影响光合作用强度，还影响光合作用的产物，对老芒麦的品质造成直接影响。

王岩春等(2007a，2007b)对高寒地区川草1号及川草2号老芒麦叶片光合日变化因素进行了通径分析，发现光照、温度是老芒麦光合的主要限制因子。对老芒麦在不同光照条件下的光合特性研究表明：老芒麦在光照强的生态区叶面积形成少于光照弱的生态区，这是老芒麦适应光照的一种形态的变化，光照弱时通过增加吸收面积来增强对光能的利用，而在光照强的地区叶片会变得厚而小(黄顶等，2003)。

### (二)温度

温度对光合作用的影响较为复杂。由于光合作用包括光反应和暗反应两个部分。光反应步骤不包括酶促反应，因此光反应部分受温度的影响小；而暗反应是一系列酶促反应，明显受温度变化的影响和制约。

老芒麦光合作用与环境温度的关系表现在两个方面：一方面老芒麦光合作用要求一定的温度范围；另一方面老芒麦光合机构对环境温度有一定的适应能力，温度较低时光合作用随温度增加而增强，超过最适温度后，温度对光合的影响由正效应转为负效应。在冷害温度下，老芒麦的光合速率明显下降，相比于正常温度，冷害导致老芒麦叶片光合速率下降达67%(Wang et al.，2007)。冷害温度之所以使植物光合速率如此大幅度下降，是因为低温冷害首先引起部分气孔关闭，增加了气孔对二氧化碳流动的阻力，造成二氧化碳供应不足，这必然导致光合速率降低。冷害温度还直接影响到叶绿体结构，使叶绿体内的较小基粒垛数目增加类囊体膜的生物组装受到抑制膜结构受损，结果使叶绿体的活性降低，表现出光系统Ⅱ(PSⅡ)、光系统Ⅰ(PSⅠ)和全链电子传递速率下降，叶绿体中负责把激发能从捕光色素蛋白复合体向反应中心传递的叶绿素活性受钝化，能量传递受阻。反应中心得不到充足的能量供应，这些都对植物正常的光合作用造成不良影响。植物体对光合作用

形成的碳水化合物的运输速度也会降低。光合产物不能及时外运，在叶肉细胞或叶绿体中积累，会反过来抑制光合作用。Liu 和 You(2012)发现当温度高于老芒麦光合作用的最适温度时，老芒麦叶片光合速率明显地表现出随温度的上升而下降，这是由于高温引起催化暗反应的有关酶钝化、变性甚至遭到破坏，同时高温还会导致叶绿体结构发生变化和受损，高温加剧老芒麦叶片的蒸腾速率增高，使其失水严重，造成气孔关闭，使二氧化碳供应不足。Zhang 等(2017)研究表明，高温可引起老芒麦光合效率降低。高温下通过 PSⅡ线性电子传递的能力几乎丧失，而 PSⅡ光化学效率下降较少，暗示 PSⅡ光合线性电子传递过程比光化学能转化对高温更敏感。

（三）二氧化碳

$CO_2$是光合作用的原料，随着环境中 $CO_2$浓度逐渐增加，Zhang 等(2015)研究发现，$CO_2$浓度的升高对青藏高原地区川草 2 号老芒麦光合作用具有显著影响。高 $CO_2$浓度(5801μmol/mol)下生长的川草 2 号老芒麦叶片的净光合速率、碳同化的表观量子效率和水分利用率明显高于普通大气下生长的川草 2 号老芒麦叶片。但是，随着大气 $CO_2$浓度升高与处理时间的延长，高 $CO_2$浓度对净光合速率的促进作用逐渐减小。在相同 $CO_2$浓度下测定时，大气 $CO_2$浓度升高条件下生长的川草 2 号老芒麦叶片净光合速率和羧化效率明显比普通空气下生长的对照低。目前研究的主要问题在于：一方面，环境 $CO_2$浓度升高能在多大程度上促进老芒麦的光合作用；另一方面，在长期高 $CO_2$浓度条件下生长的老芒麦是否通过改变自身光合器官的生物化学组成来适应高 $CO_2$浓度的环境条件，从而使得其在未来 $CO_2$浓度倍增条件下的光合速率下降至目前对照水平(Huang et al., 2003; Wang et al., 2007; Zhang et al., 2017; Liu and You, 2012)。

（四）土壤水分

叶绿素是老芒麦进行光合作用合成有机物的重要色素，杨月娟等(2015)研究发现，老芒麦叶绿素含量的高低可以直接反映植物光合能力的强弱，通过干旱处理影响叶绿素从而影响其光合能力，最终影响老芒麦的产量。王宁(2009)对叶绿素的测定结果表明，干旱胁迫可导致叶绿素的分解，在相同水分条件下，抗旱性强的植株应该维持更高的叶绿素。刘锦川(2011)研究发现，干旱胁迫对老芒麦光合特性有着显著的影响，干旱胁迫使叶绿素含量下降，破坏了叶绿体的结构，降低叶绿体对光能的吸收能力，从而使光合作用缺乏足够的能量供应，抑制光合作用的正常进行。

早期的研究认为，植株光合能力下降主要是由气孔因素导致的(Huang et al., 2003; Wang et al., 2007)，但是随后的研究却表明水分胁迫下光合速率下降主要是由非气孔因素引起的(Zhang et al., 2011; 刘锦川, 2011; Liu and You, 2012)。刘锦川(2011)研究发现，水分胁迫下老芒麦叶片光合能力下降，主要通过两个限制因素共同作用：一是气孔因素；二是抑制叶绿体活性从而抑制了老芒麦叶片光合作用。气孔因素即是在水分胁迫下，气孔阻力增加，表面气孔关闭，减少外界 $CO_2$ 向叶绿体的供应，从而降低蒸腾和水分损失，气孔因素可以看作延迟植物脱水的一种有效方式。非气孔因素即是水分胁迫减弱叶绿体的希尔反应，降低光系统Ⅱ的活力，抑制光合磷酸化和电子传递，使 RuBP 羧化酶和 PEP 羧化酶的活力下降，从而使叶绿素含量减少，使光合能力降低。水分胁迫对老芒麦净光合速率的影响较大，但净光合速率并不随叶片水势下降而立即下降，而是先有一个维持不变的过程，直到水势到达某一值时，净光合速率才迅速下降，直至为负；叶片此时的水势值即为阈值。干旱胁迫下，老芒麦叶片表观量子产量、光合电子传递速率、光合磷酸化活性、羧化效率、光系统Ⅱ活性及其转能效率等明显下降，执行光合作用重要功能的各种色素蛋白复合体含量减少，在光合碳同化过程中起着重要作用的 RuBP 羧化酶的含量及其活性都降低，叶肉细胞内的叶绿体排列出现紊乱、膜系统受到破坏等，都必然导致净光合速率的下降(Zhang et al.，2011；刘锦川，2011；Liu and You，2012)。

(五)土壤元素

土壤是老芒麦生存的物质基础，土壤的肥力水平、盐碱度、矿质营养、微量元素含量，特别是与光合器官及光合酶系统构成有关的元素会影响到老芒麦的光合作用。Zhang 等(2011)研究发现，低钾胁迫加剧老芒麦“午休”现象，这和低气孔导度相关。刘锦川(2011)研究发现，在低盐浓度胁迫下老芒麦首先表现出丙二醛含量的增加及 SOD 活性的增加。低盐浓度胁迫下的原初伤害是细胞膜受损，产生伤害物质，随之产生清除过氧化物的酶系统。紧接着老芒麦代谢失调，叶绿素发生降解，膜透性增加。Liu 和 You(2012)研究了缺磷条件下老芒麦的光合特性和细胞保护酶活性，发现随着老芒麦植株的生长，缺磷导致老芒麦的光合速率和水溶性蛋白质含量均不断下降，同时导致老芒麦叶片具有较高的 SOD 活性和较低的 MDA 含量。

## 四、如何利用光合作用的原理来提高老芒麦产量和质量

光合作用效率一般是指太阳能直接照到植物绿色器官上进行光合作用的效率。提高光能利用率就是通过植物光合作用将照射到单位土地面积上的太阳能尽可能多地用于把环境中的无机物同化成植物体中的有机物。人们一般将 5%当作光合作用效率的理论值(潘瑞炽等，2007)，要提高光合作用效率就得设法改善作物的光合作用，使实际光合作用效率更接近理论值。为了能更好地提高老芒麦牧草产量和质量，将利用光合作用原理来提高作物产量和质量的主要方式总结成以下几点。

(一)增加光合作用的面积

光合作用面积指老芒麦的绿色面积，主要是叶面积。合理密植是增加光合作用面积的一项重要措施，它能充分提高老芒麦的光能利用率。在进行老芒麦栽培时，合理的密度就会有较适合的光合作用面积，充分利用日光能和地力。种植密度过稀，个体发展较好，但群体得不到充分发展，光能就得不到充分利用；种植密度过大，叶片相互遮挡，特别是下层叶得不到充足的阳光，老芒麦也不能够茁壮地生长。

(二)增加 $CO_2$ 的浓度，保证光合作用原料的供应

二氧化碳是光合作用的主要原料之一，参与暗反应阶段的生物化学反应。在一定范围内，随着 $CO_2$ 含量的提高，光合作用逐渐增强，当 $CO_2$ 含量提高到一定程度时，光合作用的强度不再随着 $CO_2$ 含量的提高而增强。因此，经常保证老芒麦 $CO_2$ 供应，是提高老芒麦产量的重要措施。那么，如何才能保证老芒麦 $CO_2$ 的供应呢？主要有 3 个措施：一是合理密植，因地制宜选好行向，确保通风良好；二是增施有机肥料，使土壤微生物的数量增多、活动能力加强，分解有机物，放出 $CO_2$；三是深施碳酸氢铵肥料，这种肥料含有

约 50%的 $CO_2$。

（三）降低光呼吸，提高作物的光合效率

光呼吸是植物绿色组织在光下吸收氧气和释放二氧化碳的过程，其底物是乙醇酸。光呼吸是一个消耗有机物的过程，一般认为光呼吸对老芒麦的生长是不利的。根据相关文献了解到老芒麦的光呼吸消耗光合产物的 8%～15%。尤其在夏季，光呼吸作用因温度提高而急剧增强，从而严重影响光合产物的积累，影响老芒麦的产量。

（四）合理施肥与灌水，保证植物矿质元素及水分的供应

合理施肥就是指根据老芒麦的需肥规律，适时地、适量地施肥，以便使老芒麦茁壮生长，并且获得少肥高效的效果。施肥的目的主要是为老芒麦的生长提供必需的矿质元素。现在发现植物生长必需的矿质元素有 14 种，其中有很多种元素和光合作用都有密切的关系，例如，Mg 是合成叶绿素的原料，Fe 参与叶绿素的合成，N 是光合作用酶、ATP、$NADP^+$的成分。由此可见，保证老芒麦矿质元素的供应，是老芒麦光合作用正常进行的必要条件。王岩春等（2008）发现可以通过给川草 2 号老芒麦进行适时适量灌水的方式，改善相对湿度和植株体内水分状况，增大牧草叶片的气孔导度，减小气孔阻力，从而提高水分利用效率，以减少光合“午休”造成的光能损失，进一步促进净光合速率的提高，提高产量。

# 第三章　老芒麦的遗传多样性研究

遗传多样性(genetic diversity)或称基因多样性(gene diversity)，广义上指地球上所有生物携带的遗传信息的总和，也就是各种生物所拥有的多种多样的遗传信息。狭义的遗传多样性指种内个体之间或一个群体内不同个体之间的遗传变异(王伯荪和彭少磷，1997)。遗传变异体现在不同的水平上：群体水平、个体水平、组织和细胞水平及分子水平，遗传多样性的最直接表现形式就是遗传变异的大小，同时也包括遗传变异的分布，即群体的遗传结构(葛颂，1994)。

生物多样性包括3个水平上的多样性，即物种多样性、遗传多样性和生态系统多样性，而遗传多样性是物种多样性和生态系统多样性的基础。任何物种都有其独特的基因库和遗传组织形式，物种的多样性也就显示了遗传的多样性；另外，物种是构成生物群落进而组成生态系统的基本单元，生态系统的多样性离不开物种多样性，同样也离不开物种所具有的遗传多样性(陈灵芝，1993)。遗传多样性是一个物种对人为干扰进行成功反应的决定性因素，种内的遗传变异程度也决定其进化的潜势(张大勇和姜新华，1999)。一个物种的遗传多样性越高，对环境变化的适应能力就越强，越容易扩展其分布范围和开拓新的环境。无论生长在自然条件下还是人工栽培条件下，植物总是在环境的影响下发生变异，变异的大小取决于植物本身的特征和外界干预的强度。植物群体遗传结构的变异和因此带来的群体遗传多样性是遗传学研究的重要领域，它对了解植物的进化过程、引种驯化和基因保存均具有指导意义。就植物而言，适应环境的能力取决于其遗传多样性的数量和方式，多样性的测定对了解物种的起源、预测种源的适应性及估算基因资源的分布具有重要意义。植物遗传多样性研究属于群体遗传学研究的范畴，它的重要内容之一是描述植物群体内及群体间的遗传变异规律和解释其变异机制。植物变异可从地理种源、群体、个体和个体内变异4个水平上加以考察(张春晓等，1998)。

遗传多样性的测度是目前遗传多样性研究的一个核心问题，随着生物学研究水平的提高和实验手段的不断改进，遗传多样性的检测手段可以从不同角度和层次来揭示物种的变异性，从1860年孟德尔用纯表型性状分析遗传差异到今天多种多样的分子手段的出现，量化分析多态性水平已经成为一门庞杂的科学。目前对植物遗传多样性的研究主要是通过遗传标记的多态性来反映。遗传标记通常指在遗传学的研究中可识别的等位基因及其表现形式，主要用来研究基因遗传和变异规律(贾继增，1996)。根据检测技术和内容不同可分为：形态学标记、细胞学标记、生化标记和分子标记。理想的遗传标记应具备以下特点：①具有较强的多态性；②稳定性、重现性好；③表现为共显性，因而能鉴别出纯合基因型和杂合基因型；④在基因组中大量存在且分布均匀；⑤选择中性，不受环境影响；⑥信息量大，鉴定能力强，分析效率高；⑦经济、方便、容易观察记载(吴舒致和黎裕，1997)。目前，任何检测遗传多样性的方法，在理论或实际应用中都有自身的优势和局限性，还没有一种能完全取代其的方法。因此，在遗传多样性的研究中，需结合各种方法，对种质资源进行全面评价。

国内外对老芒麦遗传多样性研究较为广泛，涵盖其种质的形态学、细胞学、蛋白质和分子水平等不同方面。

## 第一节　老芒麦表型的遗传多样性研究

形态学标记是那些在植物的生长发育过程中，用肉眼能观察到的形态特征，是基因的表现型。从形态学或表型性状来检测遗传变异是最直接也是最简便的方法，长期以来，种质资源的分类、鉴定及育种材料的选择通常都是依据表型性状来进行的。通常利用的表型性状有两类：一类是符合孟德尔遗传规律的单基因性状(质量性状、基因突变等)；另一类是由多基因决定的数量性状，在种内品种间的鉴定和分类中应用较多。形态学标记具有直观易辨的优点，结合野外调查、标本采集、移栽和子代测定等手段，采用严密的数量遗传学分析方法，就可以在短期内对所研究物种的遗传变异水平有一个基本的认识。此外，形态学标记结合主成分分析，也是种质遗传多样性评价和优良种质筛选的一种重要手段。但是，植物的形态学标记很有限，而且数量性状较多，受环境的影响大，研究时需要设置多年多点实验，这在很大程度上限制了形态标记的使用，所以要更准确、细致地了解物种的遗传变异状况，就必须进行更深层次的研究，并与表型性状比较和验证(吴舒致和黎裕，1997；胡延吉和赵檀力，1994；王述明等，2000)。

### 一、老芒麦表型性状变异

老芒麦表型性状在不同材料之间变异较大，尤其是野生状态的老芒麦种质表型遗传多样性丰富。鄢家俊等(2010d)对来自青藏高原地区的野生老芒麦种质的30个植物学特征研究结果表明，测定的30个形态指标在材料间的差异均达到了极显著水平($P<0.01$)，表现出明显的形态多样性。从数量性状来看，变异幅度最大的是内颖芒长，变异系数高达35.04%；其次为单穗重，变异系数也达到33.70%；外颖芒长和穗中部节上每小穗的小花数的变异系数也较高，分别为26.73%和25.46%。而倒二叶片宽、茎节数、茎粗、倒二叶片长、外稃芒长、穗节数、外稃宽、穗中部节上的小穗数、穗中部节上的小穗长、内稃宽、外稃长、株高和内稃长变异较小，变异系数均小于15%。差异程度最大的15个指标为：旗叶宽＞倒二叶片宽＞穗长＞单穗重＞倒二叶片长＞旗叶长＞茎节数＞茎粗＞株高＞外颖长＞灰度＞茎秆颜色＞外颖芒长＞每小穗的小花数＞小穗长，可见，老芒麦野生种质与牧草产量和种子产量相关的形态指标变异较大，而与分类相关的指标则变异程度较小。

野生老芒麦在叶色、茎秆颜色、穗部颜色等质量性状的差异也较大(图3-1)。叶色呈现出浅绿色、中绿色、深绿色和灰绿色的变化，变异系数达28.08%。在成熟期，茎秆颜色呈现出浅紫红色、紫红色、深紫红色、青紫红色、绿色等多种颜色，老芒麦茎秆颜色的变异系数很大，达到43.57%；此外，野生老芒麦还出现了与《中国植物志》上对老芒麦形态特征描述不一致的表型性状，即茎秆和叶鞘光滑与有小刺两种，但《中国植物志》上对老芒麦的描述为叶鞘光滑，在野外观察发现这两种不同表型的老芒麦甚至还出现在同一居群的不同单株上，充分说明了青藏高原老芒麦具有丰富的表型多样性。野生老芒麦穗型在不同生境下表现为松散和紧凑两种类型，但在相同栽培条件下，这一性状差异表现不明显；老芒麦在穗色上也呈现出多样性，在蜡熟期表现出浅紫红色、深紫红色、灰紫红色、青紫色、杏红色、绿色等不同的颜色，变异系数也为26.60%。

图3-1 叶片、茎秆、穗部颜色不同的老芒麦植株

## 二、老芒麦表型性状与环境及各性状之间的相关性

生物的变异是与环境条件相结合的，而且某些性状之间的变异是相互联系的。鄢家俊等(2010d)对不同来源的老芒麦材料和它们各自的经度、纬度、海拔及30个形态指标之间的相关性分析表明，老芒麦植物学形态特征和地理位置及各性状间存在较为广泛的联系。其中，倒二叶片宽、旗叶宽、茎秆叶鞘有无小刺、内颖宽和单穗重都与海拔呈极显著负相关，相关系数分别为-0.542、-0.591、-0.597、-0.455和-0.518，说明随着海拔的升高老芒麦有叶片变窄、结实能力下降的趋势，而茎秆叶鞘上出现小刺的可能性增加，野外资源考察收集也发现，茎秆叶鞘上带小刺的材料都采集自海拔较高的地方。茎秆叶鞘有无小刺还与经度和纬度呈极显著正相关，相关系数分别为0.608和0.502。倒二叶片宽、旗叶宽、外颖芒长、内颖长、内颖宽、内颖芒长和单穗重也与纬度呈显著的正相关。旗叶宽、茎节数、内颖宽、单穗重和经度呈极显著的正相关，相关系数分别为0.543、0.540、0.557和0.512，而灰度与经度呈极显著的负相关，相关系数为-0.441。以上结果说明，地理位置对老芒麦的叶片宽度、种子产量潜力和内颖的变异影响很大，随着地理位置的改变，野生老芒麦容易出现一些特殊的性状，如茎秆叶鞘出现小刺、植株各部位不同程度地被白粉等，说明老芒麦形态性状上的变异受地理生态因子的一定影响。

营养器官各性状间，倒二叶片宽与旗叶宽、旗叶长、株高、茎节数呈显著相关，相关系数分别为0.934、0.409、0.606和0.480；而倒二叶片长与旗叶宽、旗叶长、株高、茎节数呈显著正相关，相关系数分别为0.386、0.863、0.485和0.328；旗叶宽与旗叶长、株高、茎节数呈极显著正相关，相关系数分别为0.608、0.675和0.460；旗叶长与株高和茎粗呈显著正相关，相关系数分别为0.562和0.338；株高和茎节数呈极显著正相关，相关系数为0.594；茎粗和茎节数呈显著负相关，相关系数为-0.36。表明老芒麦营养器官各性状间除茎粗外相互消长，即植株高大的老芒麦叶片长而宽，茎节数多，但茎秆较纤细。

在种子产量相关性状之间，穗长与穗节数、小穗长、小花数、穗轴节间长和单穗重呈极显著正相关，相关系数分别为0.432、0.606、0.624、0.760和0.441；穗节数与小花数和单穗重呈显著正相关，相关系数为0.332和0.408；小穗长与小花数和穗轴节间长呈显著正相关，相关系数为0.334和0.428；小花数与穗轴节间长和单穗重呈显著正相关，相关系数为0.418和0.566。

分类常用指标各性状间，外颖长与外颖宽、外颖芒长、内颖长、内颖宽、内颖芒长和外稃芒长呈显著正相关，而与外稃宽呈显著负相关，相关系数分别为0.416、0.940、0.935、0.508、0.884、0.329和-0.346；外颖宽与内颖长、内稃宽呈显著正相关，相关系数分别为0.373、0.735和0.428；外颖芒长与内颖长、内颖芒长和外稃芒长呈显著正相关，相关系数分别为0.895、0.439、0.933和0.347；内颖长与内颖宽和内颖芒长呈显著正相关，相关系数为0.548和0.954；内颖宽与内颖芒长和内稃宽呈显著正相关，相关系数为0.452和0.402；内颖芒长和外稃芒长呈显著正相关，相关系数为0.348；外稃长与外稃芒长和内稃长呈显著正相关，相关系数为0.901和0.383。由此表明，颖片发达的野生老芒麦稃片也发达，其附属物芒也更长。

综合营养器官与生殖器官的相关关系可见，营养器官表现为植株高大、茎节数多、叶片较宽的老芒麦，同时旗叶也较宽，花序和小穗较长(花序和小穗均测定了长度)，每穗节的小穗数和每小穗的小花数都较多，单穗更重，表现出更好的种子生产潜力。从而表明，通过老芒麦形态特征的早期选择可以获得种子生产潜力较好的种源。

## 三、老芒麦形态特征聚类

鄢家俊等(2010d)对来自青藏高原的37份老芒麦材料依据30个植物学形态特性进行聚类分析，可将其划分为三大形态类型(图3-2)。

第Ⅰ类包括10份材料，该类材料在形态学上表现的特征为：植株高大，叶片长而宽，穗子长，小穗数和小花数多，单穗较重，稃片和颖片发达，茎秆叶鞘均光滑无刺。第Ⅰ类材料的几乎所有性状都是参试材料中表现最好的，各性状的平均值高于所有材料的总体平均值，且该类材料各性状的最大值基本都是所有材料中的最大值，叶片、茎秆和种子产量相关性状均高于对照川草1号和川草2号，说明该类材料具有较大的开发潜力，在育种工作中可作为以牧草产量和种子产量为目标性状的基础材料重点观察。

第Ⅱ类材料基本来自海拔较高的地区，在形态学上表现的特征为：植株矮小、叶片窄而短、穗部性状表现较差、茎秆和叶鞘具小刺、叶灰绿色、植株大多被白粉。该类材料的各性状均表现不佳，平均值低于整体平均值，各性状的最小值也是所有材料中最小的，叶片、茎秆和种子产量相关性状远低于川草1号和川草2号。但是高海拔地区紫外线强、昼夜温差大、蒸发量往往大于降水量、环境干旱，生长在这种极端环境中的物种，由于生存竞争往往会产生一些抗逆基因。因此，在进一步的研究中可以将抗性研究作为该类材料的重点研究内容。

第Ⅲ类材料地理来源广泛，几乎涵盖了采集地所有范围，其形态学性状在所有参试材料中表现中等，各性状的平均值介于第Ⅰ类和第Ⅱ类之间，叶色深浅不一，除SAG205185外，所有材料茎秆叶鞘均光滑无刺。

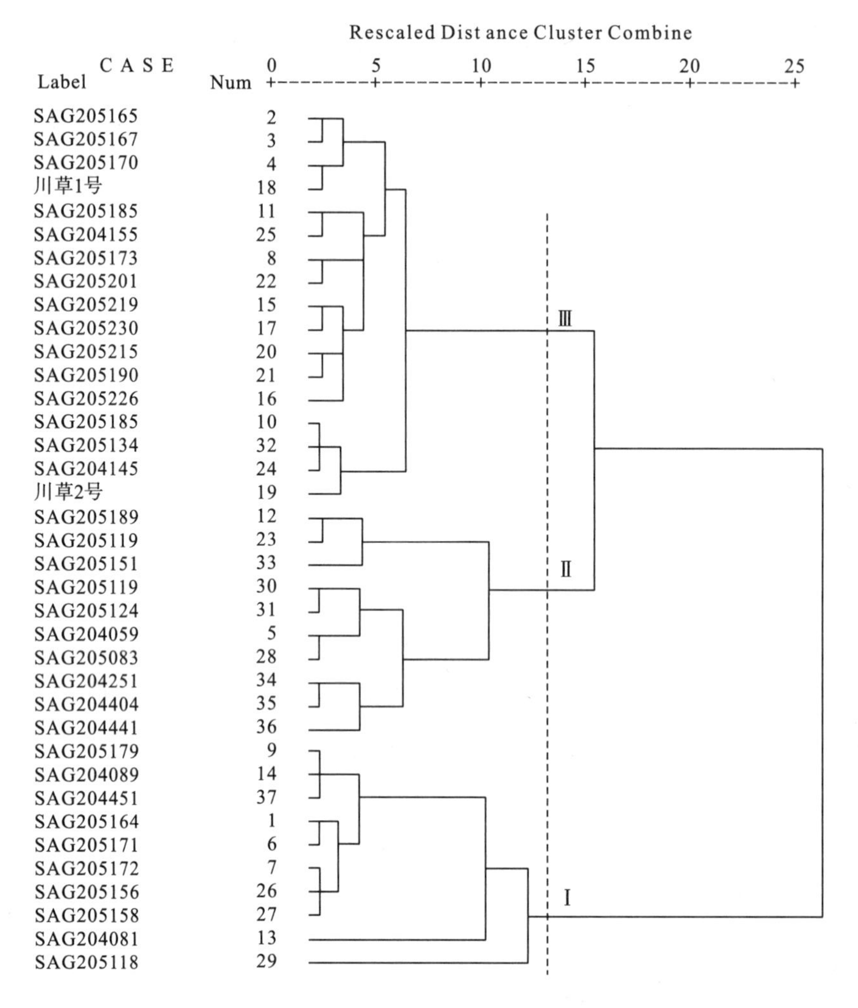


图 3-2 老芒麦种质资源形态学性状聚类图

从聚类分析结果可见，形态相似的老芒麦首先聚在一起，聚类结果与材料地理来源无明显一致性，但与海拔呈现出一定相关性，说明海拔对老芒麦的表型变异有一定影响。

## 四、老芒麦形态分化的主成分分析

形态学性状是植物一切外部性状的综合，植物表型性状的变异受很多因素的影响，且各个因素之间相互联系，给问题的分析带来很大的复杂性。因此利用主成分分析，从众多影响因子中抽取出起主要作用而又相互独立的几个综合指标，不仅能够简化分析过程，而且能够找出引起植物表型变异的本质因素。鄢家俊等(2007)对测定的 30 个老芒麦形态指标进行主成分分析发现(表 3-1)，前 10 个主成分反映总信息量的 86.505%，特征向量的总和为 25.952。所以，这 10 个主成分完全可以代表原始因子所代表的大部分信息。通过各形态指标在主成分中系数的大小，确定它们在形态分化中的作用大小和方向(表 3-2)。第 1 个主成分主要受外颖芒长(0.949)、外颖长(0.925)、内颖长(0.910)和内颖芒长(0.910)的影响，说明第 1 个主成分主要反映了颖片的特点，是与分类学相关的一个综合指标。对第 2 个主成分影响比较大的因素有旗叶宽(0.930)、倒二叶片宽(0.879)和株高(0.745)，说明第 2 个主成分主要反映了营养器官的一些信息。第 3 个主成分主要受外稃长(0.956)和外稃芒长(0.926)的影响，说明第 3 个主成分反映了外稃的信息。对第 4 个主成分影响较大的因素有穗中部节上每小穗的小花数(0.833)和穗长(0.749)，该主成分反映了花序的一些信息。第 5 个主成分主要受内稃宽(0.771)和内稃长(0.594)的影响，该主成分反映了内稃性状的一个综合指标。前 5 个主成分包含了 13 个形态指标，基本代表了近 70%的信息。由此可见，内外颖长、内外颖芒长、旗叶宽、倒二叶片长、株高、内外稃长、外稃芒长、内外稃宽、穗中部节上每小穗的小花数、穗长、叶色、茎粗、灰度、穗中部节上的小穗数和叶色是老芒麦形态分化的主要指标。

**表 3-1 老芒麦形态性状主成分分析的特征向量和贡献率**

| 主成分 | 特征向量 | 贡献率/% | 累积贡献率/% | 主成分 | 特征向量 | 贡献率/% | 累积贡献率/% |
|---|---|---|---|---|---|---|---|
| 1 | 7.840 | 26.135 | 26.135 | 16 | 0.278 | 0.928 | 96.558 |
| 2 | 4.398 | 14.659 | 40.794 | 17 | 0.228 | 0.760 | 97.318 |
| 3 | 3.415 | 11.383 | 52.177 | 18 | 0.177 | 0.590 | 97.908 |
| 4 | 2.685 | 8.948 | 61.125 | 19 | 0.153 | 0.509 | 98.417 |
| 5 | 1.728 | 5.761 | 66.886 | 20 | 0.127 | 0.422 | 98.840 |
| 6 | 1.612 | 5.374 | 72.260 | 21 | 0.111 | 0.368 | 99.208 |
| 7 | 1.309 | 4.362 | 76.623 | 22 | 0.092 | 0.306 | 99.514 |
| 8 | 1.120 | 3.733 | 80.356 | 23 | 0.045 | 0.152 | 99.666 |
| 9 | 0.976 | 3.252 | 83.608 | 24 | 0.030 | 0.101 | 99.767 |
| 10 | 0.869 | 2.898 | 86.505 | 25 | 0.026 | 0.085 | 99.853 |
| 11 | 0.697 | 2.323 | 88.829 | 26 | 0.019 | 0.064 | 99.917 |
| 12 | 0.572 | 1.908 | 90.737 | 27 | 0.011 | 0.038 | 99.955 |
| 13 | 0.550 | 1.833 | 92.570 | 28 | 0.008 | 0.026 | 99.981 |
| 14 | 0.493 | 1.644 | 94.214 | 29 | 0.004 | 0.012 | 99.993 |
| 15 | 0.425 | 1.416 | 95.630 | 30 | 0.002 | 0.007 | 100.00 |

**表 3-2 老芒麦 30 个性状对前 10 个主成分的负荷量**

| 性状 | 1 | 2 | 3 | 4 | 5 | 6 | 7 | 8 | 9 | 10 |
|---|---|---|---|---|---|---|---|---|---|---|
| 倒二叶片宽 | 0.073 | 0.879 | −0.073 | 0.009 | 0.198 | 0.094 | −0.043 | −0.125 | −0.184 | 0.004 |
| 倒二叶片长 | 0.226 | 0.479 | 0.516 | −0.134 | −0.157 | 0.209 | 0.146 | 0.277 | 0.410 | −0.010 |
| 旗叶宽 | 0.113 | 0.930 | −0.038 | 0.036 | 0.053 | 0.114 | 0.081 | −0.152 | −0.029 | −0.016 |
| 旗叶长 | 0.108 | 0.646 | 0.442 | −0.025 | −0.160 | 0.259 | 0.284 | 0.181 | 0.286 | 0.028 |
| 叶色 | 0.073 | −0.371 | 0.050 | 0.018 | 0.084 | −0.743 | 0.016 | 0.214 | −0.163 | −0.034 |
| 株高 | 0.122 | 0.745 | 0.194 | 0.309 | −0.040 | 0.104 | −0.092 | −0.026 | 0.147 | 0.018 |

续表

| 性状 | 1 | 2 | 3 | 4 | 5 | 6 | 7 | 8 | 9 | 10 |
|---|---|---|---|---|---|---|---|---|---|---|
| 茎粗 | 0.081 | 0.050 | 0.140 | 0.246 | 0.084 | −0.003 | 0.863 | 0.008 | −0.038 | 0.024 |
| 茎节数 | −0.052 | 0.506 | 0.246 | 0.063 | 0.263 | 0.154 | −0.526 | −0.237 | 0.369 | −0.147 |
| 茎秆颜色 | 0.471 | −0.232 | 0.117 | 0.385 | 0.174 | 0.101 | 0.461 | 0.320 | −0.085 | 0.005 |
| 茎秆叶鞘带刺 | 0.231 | 0.390 | −0.093 | 0.288 | −0.143 | 0.159 | 0.086 | −0.629 | 0.342 | 0.038 |
| 灰度 | −0.132 | −0.047 | 0.115 | 0.133 | −0.090 | −0.236 | 0.111 | 0.785 | 0.050 | 0.004 |
| 穗长 | 0.296 | 0.201 | 0.289 | 0.749 | −0.083 | −0.076 | 0.305 | 0.072 | 0.024 | 0.123 |
| 穗节数 | 0.162 | 0.346 | −0.180 | 0.374 | −0.154 | 0.119 | −0.101 | 0.080 | 0.011 | 0.583 |
| 小穗数 | −0.247 | 0.055 | −0.122 | 0.026 | −0.271 | 0.118 | 0.125 | 0.085 | −0.826 | −0.098 |
| 小穗长 | 0.108 | 0.037 | 0.744 | 0.430 | 0.113 | 0.222 | 0.092 | 0.133 | 0.071 | 0.180 |
| 每小穗的小花数 | 0.190 | 0.026 | −0.058 | 0.833 | −0.042 | 0.028 | 0.042 | −0.048 | −0.019 | 0.152 |
| 外颖长 | 0.925 | 0.157 | 0.154 | 0.095 | 0.125 | −0.122 | 0.086 | 0.016 | 0.009 | 0.083 |
| 外颖宽 | 0.263 | 0.599 | 0.050 | −0.135 | 0.515 | −0.351 | −0.150 | 0.106 | −0.113 | 0.068 |
| 外颖芒长 | 0.949 | 0.060 | 0.123 | 0.032 | 0.027 | −0.088 | 0.119 | −0.098 | 0.040 | 0.047 |
| 内颖长 | 0.910 | 0.202 | 0.144 | 0.217 | 0.059 | −0.061 | −0.026 | −0.087 | 0.112 | 0.060 |
| 内颖宽 | 0.455 | 0.531 | −0.140 | −0.003 | 0.470 | 0.028 | −0.179 | −0.034 | 0.164 | 0.181 |
| 内颖芒长 | 0.910 | 0.108 | 0.150 | 0.208 | −0.066 | −0.081 | 0.005 | −0.135 | 0.163 | 0.034 |
| 外稃长 | 0.141 | 0.051 | 0.956 | 0.044 | 0.144 | −0.053 | 0.003 | 0.040 | 0.056 | −0.001 |
| 外稃宽 | −0.260 | 0.051 | 0.161 | −0.052 | 0.013 | 0.825 | −0.031 | −0.119 | −0.234 | −0.104 |
| 外稃芒长 | 0.239 | −0.034 | 0.926 | −0.030 | −0.115 | 0.001 | 0.064 | 0.021 | 0.006 | −0.037 |
| 内稃长 | −0.057 | 0.158 | 0.325 | 0.100 | 0.594 | 0.298 | −0.236 | 0.267 | 0.288 | 0.021 |
| 内稃宽 | 0.103 | 0.089 | −0.049 | −0.215 | 0.771 | −0.157 | 0.317 | −0.200 | 0.153 | −0.081 |
| 穗中部节间长 | 0.019 | −0.012 | 0.346 | 0.624 | −0.282 | −0.170 | 0.379 | 0.135 | −0.094 | −0.256 |
| 单穗重 | 0.273 | 0.414 | −0.103 | 0.484 | 0.246 | −0.207 | −0.082 | −0.387 | 0.186 | 0.261 |
| 穗色 | −0.083 | 0.086 | −0.126 | −0.060 | −0.046 | 0.102 | −0.078 | 0.046 | −0.059 | −0.878 |

形态学性状既具有稳定性又具有变异性，主要受其本身遗传组成和所处生态环境两方面的影响。研究认为，尽管形态变异具有一定的遗传基础，但是物种改变环境的能力，即环境压力在导致形态变异中也起着重要的作用。植物很难处于生长发育最适的环境条件，尤其是对于不同的个体而言，无论是随着气候的变化，还是随着生长发育进程的群落条件，总是要产生或大或小的差异。不同来源的野生老芒麦存在广泛的形态变异，在农艺学性状上具有较大的可塑性，潜藏有很多与生产应用（牧草产量、种子产量）相关的优良性状，具有很大的开发利用潜力。

在研究中发现了一个与植物志关于老芒麦叶鞘光滑描述不一致的形态学特征，即茎秆叶鞘具小刺，且这类老芒麦都分布在海拔比较高的地方，推测可能与高海拔地区紫外线强、昼夜温差大和干旱等因素有关，这也是老芒麦对极端环境的一种响应策略。这一特殊性状的发现，也充分说明了青藏高原老芒麦在形态学上具有丰富的多样性，表明生境在老芒麦形态变异中起着重要作用。其实关于由生境造成老芒麦形态学性状变异的情况早有报道，也曾给老芒麦甚至是披碱草属的分类带来过困扰。例如，*E. sibiricus* 和 *E. nutans* 是我国最常见的 2 种披碱草，传统上对它们的识别和形态的划分通常是以穗状花序的形态、每穗轴节上着生小穗的数目及颖先端芒的有无等性状来进行的。然而，在野外进行标本的采集及对各植物标本馆蜡叶标本的观察中发现这 2 种植物的上述形态特征变异幅度很大，*E. sibiricus* 的穗状花序时常会紧密，颖先端的短芒也会变为芒尖，特别是分布在海拔较高地区的 *E. sibiricus* 更是如此。因此造成了不少学者对 *E. sibiricus* 和 *E. nutans* 的错误鉴定而误认为 *E. sibiricus* 有 2 种细胞型，即 $2n=4x=28$ 和 $2n=6x=42$（严学兵等，2006；Lu et al.，1990）。

在传统的植物分类学中，模式概念将模式标本与植物学名完全对等起来，把生物学种进行模式化和绝对化。但是由于模式标本采集的随机性，特别是广布种，其形态特征在不同的环境中可能差异很大，一个模式标本难以反映该种所有个体之间的变异幅度及变异规律。以模式标本为样板的分类学，把个体与整体的关系过于简单化、整齐化，忽略了环境因素的作用，不能把握住物种整体的变异范围。而居群的概念在生态学上强调了植物的适应和环境条件的作用，注重小群体与整体的关系，因此在现代的分类中更强调以居群代替模式标本来描述物种的特征，所以这些特殊性状的发现为描述极端环境中的老芒麦形态学性状提供了参考。

## 第二节　老芒麦细胞学遗传多样性的研究

细胞学标记是指能明确显示遗传多样性的细胞学特征，染色体的结构特征和数量特征是常见的细胞学标记，它们分别反映了染色体结构上和数量上的遗传多样性。染色体结构变异包括缺失、重复、倒位和易位 4 种类型，其特征可利用染色体的核型（kalyotype）和带型（banding）进行检测。染色体数量变异是指染色体数目的多少，包括整倍性变异和非整倍性变异，前者如多倍体，后者如缺体、单体、三体、端体等非整倍体。核型分析或染色体组型分析及染色体分带技术提供了染色体水平上的多态性，其灵敏度远非一般表型特征观察所能达到，克服了形态标记易受环境影响的缺点。细胞学标记虽然不受环境条件的影响，但产生这类标记材料费时费力，有些物种对染色体结构和数目的变异耐受性较差，常常伴有对生物有害的表型效应。对染色体数目相等、形态相似的物种或类群，或同一居群的不同个体来说，单纯用染色体资料研究遗传多样性就失去了分辨能力。而对一些不涉及染色体数目、结构变异或带型变异的性状，难以用细胞学方法检测，到目前为止，细胞学标记主要应用于种间或更高分类单位间的遗传变异研究。不过，近年来原位杂交方法的应用将有助于在染色体水平上揭示更加丰富的遗传多样性。

## 一、老芒麦细胞学遗传多样性研究的概况

对不同老芒麦种质材料或居群的染色体核型和带型的变异分析研究较少，更多地集中在生物系统学研究，即利用老芒麦与近缘小麦族物种杂交进行染色体组分析(genome analysis)，来确定未知染色体组物种的染色体组组成或亲本间的亲缘关系。

Dewey(1974)利用老芒麦与已知染色体组的拟鹅观草属物种 *Agropyron tauri*(2*n*=14)、加拿大披碱草(*E. canadensis*，2*n*=28)和犬草(*E. caninus*，2*n*=28)进行杂交，分析其 $F_1$ 杂种减数分裂染色体配对行为，首次确立了老芒麦的染色体组组成为 StStHH。Sakamoto(1982)将老芒麦、披碱草(*E. dahuricus*，2*n*=42，StStHHYY)分别与分布于日本的鹅观草物种 *Agropyron tsukushiense*(2*n*=42)进行人工杂交，基于杂种的减数分裂分析，确立了 *A. tsukushiense* 的染色体组组成为 StStHHYY。Lu(1993)利用已知染色体组组成的老芒麦等披碱草属物种与 4 个中国特有的披碱草属物种 *E. brevipes*、*E. yangii*、*E. anthosachnoides* 和 *E. altissimus* 杂交，染色体组分析的结果表明，4 种披碱草属物种均是严格的异源四倍体，它们之间的亲缘关系非常接近，染色体组均为 StStYY。云锦凤等(1997)研究了加拿大披碱草(*E. canadensis*)和老芒麦及其种间杂交 $F_1$ 代的染色体构型，指出尽管 *E. sibiricus*、*E. canadensis* 拥有相同的基本染色体组组成(StStHH)，但这两个种的两个染色体组之间，或至少在一个染色体组之间已发生了某种结构变异，这反映在其杂种高度不育即两物种间的生殖隔离十分明显上。杨瑞武等(2003)分析了 *E. sibiricus*(披碱草属模式种)、*Roegneria caucasica*(鹅观草属模式种)和 *Hystrix patula*(猬草属模式种)3 个小麦族物种的染色体在 Giemsa C 带带型上的差异。发现 *Elymus*、*Roegneria* 和 *Hystrix* 模式种的 C 带带纹主要分布在染色体的末端和着丝粒附近，而中间带相对较少。*E. sibiricus*、*R. caucasica* 和 *H. patula* 之间不存在 C 带完全相同的染色体，仅 *E. sibiricus* 的 6St 染色体与 *R. caucasica* 的 6St 染色体，以及 *E. sibiricus* 的 2H 染色体与 *H. patula* 的 2H 染色体具有基本相似的 C 带带型，但 *R. caucasica* 的 6St 染色体比 *E. sibiricus* 的 6St 染色体多 1 条弱的长臂近端带，*E. sibiricus* 的 2H 染色体比 *H. patula* 的 2H 染色体多 1 条弱的短臂末端带，*E. sibiricus* 的 2H 染色体的短臂近着丝粒带十分宽大，并且与着丝粒带十分靠近。表明这 3 个属模式种的染色体的 Giemsa C 带带型存在明显的差异，说明 Giemsa C 带能够揭示这 3 个属模式种的种间特异性，从而支持这 3 个属可以相互独立。此外，刘育萍(1994)通过对晚熟老芒麦与披碱草种间天然远缘杂种的细胞学遗传研究发现，这两个种的远缘杂交种是一个真杂种，且雄性不育，为人工合成这两种牧草的远缘杂种提供了实践可能，并有望将天然远缘杂种经染色体加倍培育出可育的高产品种。虽然刘玉红(1985)与孙义凯和董玉琛(1992)先后报道过 *E. sibiricus* 的核型，但他们的研究结果存在明显的差异，分别观察到 *E. sibiricus* 具有 1 或 2 对随体染色体。

德英等(2014)对来自青海、四川、甘肃、新疆的 4 份老芒麦染色体核型进行了研究，发现 4 份老芒麦的核型模式均不同(图 3-3)，包括 1B 和 2B 两种类型，染色体组绝对长度变异范围 3.850～13.444μm，相对长度变异范围 4.040%～10.975%，平均相对长度均为

7.143%，核型不对称系数变异范围 58.390%～60.140%；4 份老芒麦相互间的核型似近系数范围是 0.913～0.994，平均为 0.955，即同一物种染色体同源性较高。

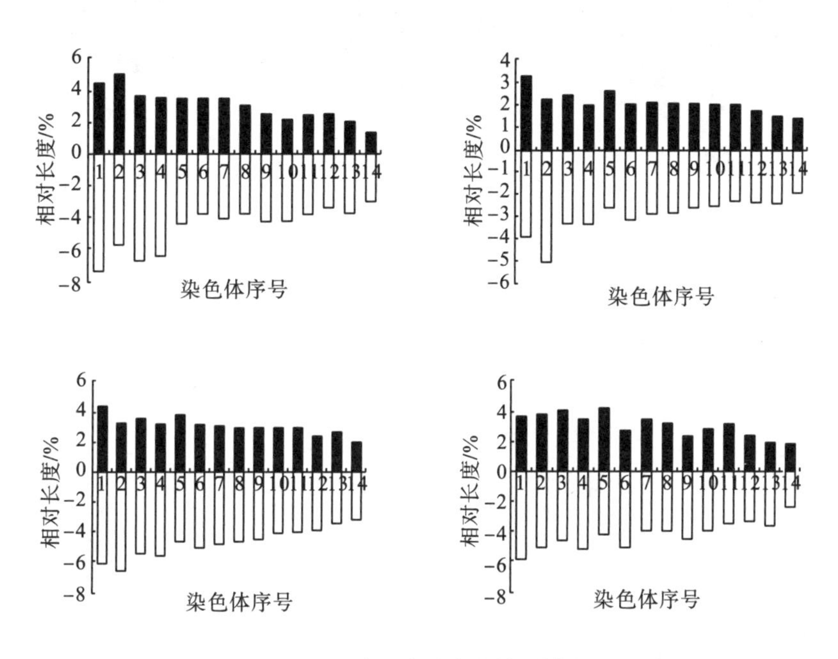


图 3-3 4 份老芒麦染色体核型模式图

郑慧敏等(2015)以老芒麦种子为材料，利用酶解—火焰干燥法来分析有丝分裂中期染色体核型。研究结果表明，老芒麦染色体数目为 28 条，13 号染色体上有 1 对随体，臂比值大于 2 的染色体占 7.14%，最长染色体与最短染色体比值为 2.04，核型公式是 $2n=4x=28=24m+4sm(2SAT)$，不对称类型为 2B(图 3-4)。细胞有丝分裂呈现出间期、前期、前中期、中期、后期 5 个不同的时期(图 3-5)。在分裂间期，细胞核染色均匀；到分裂前期时可以看到纤细状的网状染色体；进入分裂前中期，可辨别单个染色体；到分裂中期，染色体高度浓缩，姊妹染色单体及着丝点都清晰可辨；在分裂后期，姊妹染色单体分离。

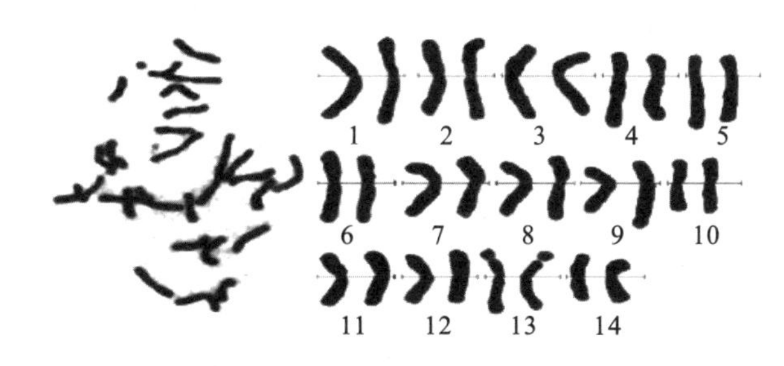

图 3-4 老芒麦染色体组型

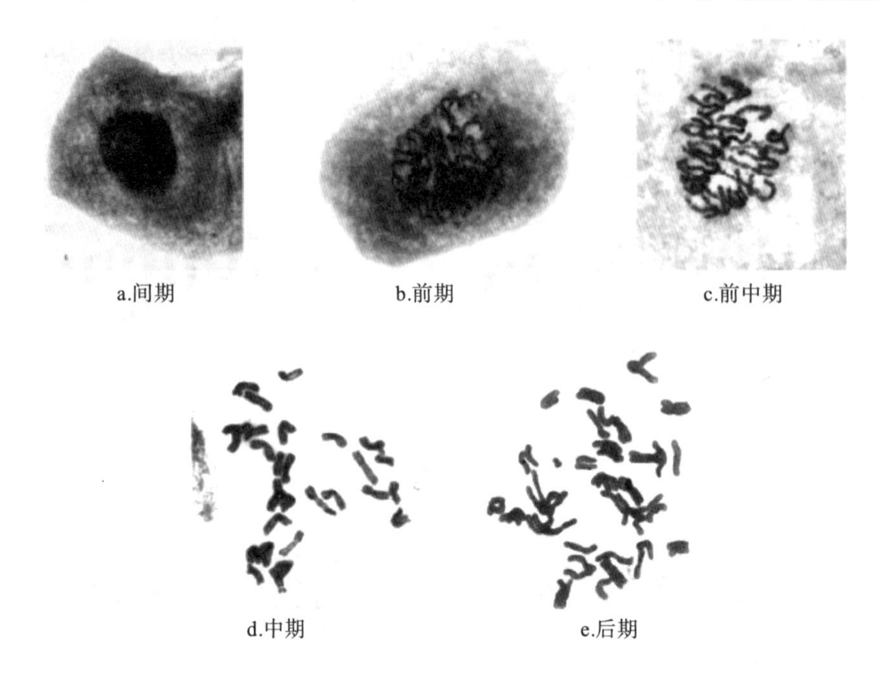


图 3-5　老芒麦有丝分裂过程

## 二、老芒麦优异基因的利用

老芒麦等野生披碱草属物种具有适应性强、抗寒、抗旱和耐盐等优良特性，同时也含有抗普通栽培小麦（*Triticum aestivum*）和大麦（*Hordeum vulgare*）的一些病虫害基因，如抗大麦黄矮病毒（BYDV）、小麦线条花叶病毒（WSMV）（Sharma et al.，1984）和抗大麦锈病（von Bothmer et al.，1995）等。Motsny 和 Simonenko（1996）的研究表明，老芒麦染色体上存在抑制小麦部分同源群染色体配对控制系统的基因，这有利于老芒麦染色体向小麦的转移，从而选育出含有老芒麦遗传物质的稳定小麦新品系，包括二体代换系、二体附加系和易位系等。因此，通过现代遗传和生物技术的方法将野生老芒麦中的优良基因转移到栽培小麦和大麦的遗传背景中来，以丰富小麦和大麦遗传多样性的基因资源库，为麦类作物的育种提供了更广阔的研究空间。

# 第三节　老芒麦蛋白质水平的遗传多样性研究

通常把用作遗传标记的蛋白质称为生化标记，生化标记一般分为种子贮藏蛋白（storage protein）和等位酶（allozyme）两种。禾本科植物种子谷蛋白和醇溶蛋白的含量很高，而豆科植物种子主要是球蛋白。主要采用聚丙烯酰胺凝胶电泳（PAGE）对种子贮藏蛋白进行分析，由于操作简捷、花费低、重复性极佳、不受种子产地、年限和种子活力等条件的限制，种子贮藏蛋白标记广泛应用于植物种质的遗传多样性评价、物种亲缘关系鉴定、种子纯度检测等方面。等位酶是同一基因位点的不同等位基因所编码的一种酶的不同分子形式，由于等位酶酶谱与等位基因之间明确的对应关系，使之成为一种十分有效的遗传标记。利用非变性淀粉凝胶电泳或聚丙烯酰胺凝胶电泳，可根据不同等位酶电荷性质的差异，将不同基因编码的酶蛋白分开，从而对植物基因型进行鉴定和分析。水平切片淀粉凝胶技术可以在同一块胶上，同时进行多种等位酶的染色分析，一次能检测大量个体，方便、省时、经济，而且不同的物种可以在同一基础上进行比较。生化标记鉴定可以通过直接采集组织、器官等少量样品进行分析，它首次突破了把整株样品作为研究材料进行分析的方式，并可以直接反映基因产物的差异，且受环境影响较小。基于这些优点，生化标记在过去的二三十年中得到相当的重视与发展。但是，由于翻译后的修饰作用、组织特异性和发育阶段性，特别是相对较少的多态性位点，以及其染色方法和电泳条件因酶而异，需逐个掌握与调整，使其在应用上受到一定的限制。另外，对酶谱的解释往往取决于所研究植物的倍性水平及酶或蛋白质的类型和结构。由于凝胶上的酶带是基因的表现型而不是基因本身，因此只有通过对它们正确地判断，才能确定哪些带代表着等位基因，哪些带代表着一个基因位点。对于多倍体植物，有时酶谱相当复杂，难以解释，限制了其利用。

## 一、老芒麦蛋白质水平遗传多样性研究的概况

对老芒麦蛋白质水平遗传多样性的研究主要集中在等位酶和醇溶蛋白分析。李造哲等(2000)对加拿大披碱草和老芒麦及其杂种 $F_1$ 的同工酶分析，结果显示加拿大披碱草和老芒麦亲缘关系相对较近，杂种 $F_1$ 的 POD 和 EST 同工酶谱有偏向母本(加拿大披碱草)遗传的倾向。杨瑞武等(2000)应用酸性聚丙烯酰胺凝胶电泳(APAGE)对包括老芒麦在内的披碱草属的 12 个物种进行了醇溶蛋白电泳分析，结果表明：披碱草属植物具有明显的醇溶蛋白多态性，并指出 *E. excelsus*、*E. submuticus* 和 *E. virginicus* 含有丰富的醇溶蛋白亚基，可作为麦类作物品质改良的理想种质资源。严学兵等(2007)采用等位酶分析法研究了老芒麦等 9 个披碱草属物种的 40 个居群的遗传多样性，结果发现每个物种居群内的遗传多样性远低于居群间，属水平上的遗传多样性主要存在于种间和种内居群间，而且各居群的遗传距离与海拔和经纬度相关显著。Agafonov AV 和 Agafonova OV(1990)发现老芒麦的醇溶蛋白由多等位基因编码。Kostina 等(1998)对 *E. caninus* 的 21 个欧洲生物型分析表明：胚乳贮藏蛋白存在较高多态性。Agafonov AV 和 Agafonova OV(1992)用 6 个 *E. sibiricus* 群体、8 个 *E. dahuricus* 群体和 7 个 *E. ciliaris* 群体进行贮藏蛋白电泳表明，醇溶蛋白和谷蛋白在种内和种间存在一定的差异，表明这些位点存在微进化过程。

## 二、老芒麦种质醇溶蛋白遗传多样性研究

鄢家俊等(2009a)(图 3-6)和马啸等(2009a)分别对来自青藏高原和亚洲及北美的野生老芒麦种质醇溶蛋白遗传多样性做了研究，结果均显示野生老芒麦在醇溶蛋白上存在较丰富的遗传变异。青藏高原地区野生老芒麦种质醇溶蛋白多态性条带比率 $P_P$ 为 92.86%，平均 Shannon 指数 $H_O$ 为 0.4627，平均 Nei' s 基因多样性指数 $H_E$ 为 0.3039，材料间遗传相似

系数(*GS*)变异范围为 0.2424～0.9767，平均值为 0.5822。亚洲和北美地区老芒麦种质的 $P_P$ 为 90.4%，$H_O$ 为 0.465，$H_E$ 为 0.305，*GS* 为 0.108～0.952，平均值为 0.382。

对野生老芒麦种质的聚类分析(图 3-7)和主成分分析发现，绝大部分来自相同或相似生态地理环境的材料聚成一类，说明醇溶蛋白图谱类型与材料的生态地理环境具有一定的相关性。基于 Shannon 多样性指数估算老芒麦地理类群内和类群间的遗传分化，发现青藏高原种质类群内遗传变异占总变异的 68.17%，而类群间的遗传变异占总变异的 31.83%；亚洲和北美洲种质地理类群内和类群间的遗传变异分别占总变异的 55.8%和 44.2%，表明野生老芒麦种质间存在较高水平的遗传多样性。对各地理类群基于 Nei' s 无偏估计的遗传一致度的聚类分析表明，各地理类群间的遗传分化与其所处的地理生态环境具有较高的相关性，且来源于青藏高原的种质与其他地理来源的种质具有较大的差异，这种聚类结果可能与老芒麦种质的生态适应性有关。

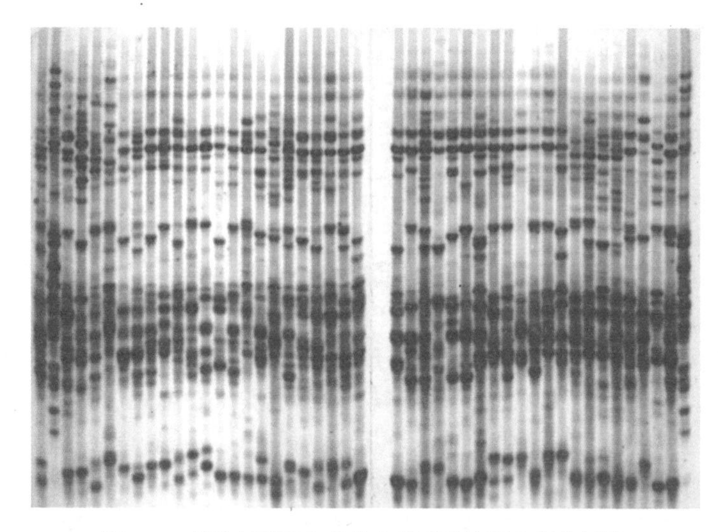

图 3-6 青藏高原野生老芒麦种质醇溶蛋白指纹图谱

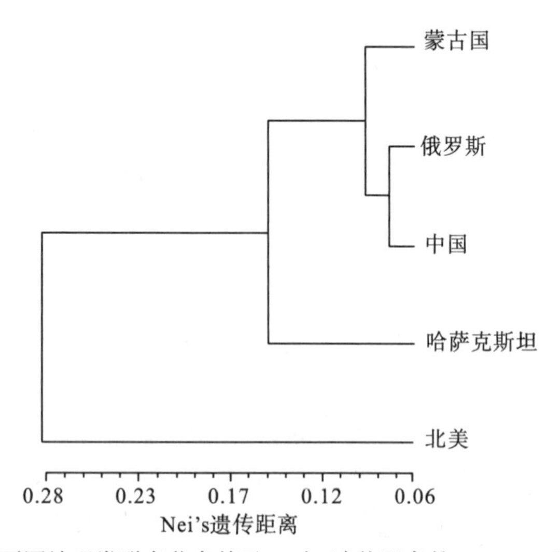


图 3-7 不同地理类群老芒麦基于 Nei' s 遗传距离的 UPGMA 聚类分析

青藏高原作为我国重要的高寒牧区，牧草生态类型多样，种内遗传多样性十分丰富。但是由于多种原因，很多优良的牧草种质资源处于自生自灭的状况，研究与保护工作的滞后致使该地区优质牧草品种少，不能满足生产的需要。作为披碱草属的优良牧草，老芒麦已成为整个青藏高原的当家栽培草种，醇溶蛋白标记在老芒麦多样性研究中具有多态性高、简单易行的特点，非常适合于大规模检测老芒麦种质遗传多样性及核心种质构建。来自青藏高原的老芒麦种质在蛋白质水平有明显区别于其他地区种质的遗传多样性，说明该地区老芒麦潜藏有大量可选择利用开发的优异性状和种质资源。在对老芒麦资源开展收集保护和深入研究工作时既要保证其生态型或地理来源的多样性又要充分重视样本数量的丰富度，并结合分子标记及形态学性状对其开展多层次全方位的系统研究。

## 第四节　老芒麦 DNA 分子水平的遗传多样性研究

生物的遗传信息存储于其基因组 DNA 序列之中，尽管在遗传信息的传递过程中 DNA 能够精确地自我复制，但诸如单个碱基的替换，DNA 片段的插入、缺失、易位和倒位等许多因素都能引起 DNA 序列的变异，这种 DNA 序列的变异一般称为遗传多态性，它是物种遗传多样性的基础。DNA 标记就是利用现代分子生物学技术手段来揭示和检测生物体间的 DNA 序列的变异。它不受环境的影响，可以在生物体发育的任何时期进行检测，而且数量众多，覆盖整个基因组，避免了根据表型来推断基因型时可能产生的各种问题，因此 DNA 标记成为目前最有效的遗传多样性研究方法。

依据对 DNA 多态性的检测手段，DNA 标记可分为四大类：①基于 DNA-DNA 杂交(Southern 杂交)的 DNA 标记，如 RFLP 标记。②基于 PCR 的 DNA 标记，根据所用引物的特点可分为随机引物 PCR 标记和特异引物 PCR 标记。随机引物 PCR 标记如 RAPD 标记、ISSR 标记等，特异引物 PCR 标记如 SSR 标记、STS 标记等。③基于 PCR 与限制性酶切技术结合的 DNA 标记。这类 DNA 标记也可分为两种类型：一种是通过对限制性酶切片段的选择性 PCR 扩增来显示限制性片段长度多态性，如 AFLP 标记。另一种是通过对 PCR 扩增片段的限制性酶切来揭示被扩增区段的多态性，如 CAPS 标记(PCR-RFLP)。④基于单核苷酸多态性的 DNA 标记。如 SNP 标记，目前一般通过 DNA 芯片技术进行分析。

当前应用最为广泛的分子标记技术有 RAPD(random amplified polymorphic DNA，随机扩增多态性 DNA)、ISSR(inter-simple sequence repeat，简单序列重复区间)、AFLP(amplified fragment length polymorphism，扩增片段长度多态性)、SRAP(sequence-related amplified polymorphism，序列相关扩增多态性)和 SSR(simple sequence repeat，简单序列重复；或称 microsatellite，sequence 微卫星序列)等。前 4 种一般被认为是显性标记，而 SSR 则被认为是共显性标记，但无法区分复等位基因时则按显性标记处理。分子标记的检测方法依据的原理不同，检测位点也不同，在技术上各有优缺点。同一研究用不同的分子标记方法，可能得到不完全一致的结果，必要时可综合几种分子标记数据进行分析，以求得到最合理的结果。因此，在实际研究中一般结合各种遗传标记，对种质进行全面的遗传多样性评价。

## 一、老芒麦种质基于 RAPD 标记的遗传多样性研究

马啸等(2009b)利用 RAPD 标记对来自青藏高原东南部的 8 个老芒麦自然居群的遗传多样性和群体遗传结构进行了分析和评价。从 150 个 RAPD 引物中筛选出 25 个能扩增出高度重复性条带的引物。这 25 个引物共扩增出 370 条可分辨的条带，其中 291 条(占 78.65%)具有多态性，表明供试居群在物种水平上存在较高水平的变异。各居群的多态性位点率($P_P$)在 46.49%～53.78%，表明群体水平的变异较低。居群的平均基因多样性($H_E$)为 0.176(变幅为 0.159～0.190)，而物种水平的平均基因多样性达 0.264。Nei's 基因多样性、Shannon 指数和贝叶斯方法的群体分化系数分别为 0.320、0.337 和 0.335。AMOVA 分析表明，居群内遗传达到总变异的 59.9%，而居群间变异仅有 40.1%，但二者均达到极显著水平($P<0.001$)。居群间每世代迁入个体数($N_m$)达到 0.503 个。基于聚类分析及 AMOVA 的结果，各居群间存在较为明显的地理分化，8 个居群分化为采集地的南部和北部 2 个分支。该研究结果表明来自青藏高原东南部的老芒麦居群具有较高水平的遗传变异。对遗传变异分布和水平的研究是建立和实施有效而经济的物种保护措施的前提条件。在人类活动的干扰下，青藏高原地区的老芒麦居群的生境片段化日益加剧并由此引发群体数量的逐步降低。在该地区对老芒麦最简单有效的保护方式是就地保护，即停止滥伐森林和过度放牧，保护适宜老芒麦生存的生境。而实施异地保护方式时，不宜笼统地各个居群采样点均取少量样本，而应从具有较高水平遗传多样性的居群点大规模取样，以最小的努力获得遗传多样性保存的最大效果。

## 二、老芒麦种质基于 ISSR 标记的遗传多样性研究

Ma 等(2008)利用 ISSR 分子标记对来自青藏高原东南部的 8 个老芒麦居群的遗传多样性和群体遗传结构进行了分析和评价(表 3-3)。在 100 个 ISSR 引物中筛选出 13 个能扩增出高度重复性条带的引物。这 13 个引物共扩增出 193 条可分辨的条带，其中 149 条(占 77.2%)具有多态性，表明老芒麦居群在物种水平上存在较高水平的变异。相反，各居群的多态性位点率($P_P$)在 44.04%～54.92%变化，表明群体水平的变异较低。群体水平的平均基因多样性($H_E$)为 0.181(变幅为 0.164～0.200)，而物种水平的平均基因多样性达 0.274。基于 Nei's 基因多样性的群体分化系数达 33.1%，而基于 Shannon 指数、贝叶斯方法和分子方差分析(AMOVA)的群体分化系数分别为 34.5%、33.2%和 42.5%。AMOVA 分析表明采样地区之间的 ISSR 变异不存在显著的统计学差异($P=0.08$)，然而群体间和群体内的变异分别为 42.5%和 57.5%，均显示为差异极显著($P<0.001$)。各居群间存在较高的 Nei's 遗传一致度。这种遗传变异模式不同于已报道的大多数小麦族自交物种。另外，基于聚类分析和主向量分析的结果表明各居群间存在较为明显的地理分化，即 8 个居群分化为采集地的南部和北部 2 个分支。总之，结果表明来自青藏高原东

南部的老芒麦居群内部存在高度的遗传变异。

表 3-3 基于 ISSR 分析检测的青藏高原老芒麦居群的遗传变异

| 居群编号 | No. of $P_L$ | $P_P$% | $A_O$ | $A_E$ | $H_E$ | $H_O$ | $H_B$ |
|---|---|---|---|---|---|---|---|
| WD | 98 | 50.78 | 1.508±0.501 | 1.324±0.396 | 0.184±0.207 | 0.272±0.294 | 0.252±0.0080 |
| CZ | 94 | 48.70 | 1.487±0.501 | 1.311±0.401 | 0.175±0.209 | 0.258±0.294 | 0.254±0.0080 |
| CL | 102 | 52.85 | 1.529±0.501 | 1.357±0.407 | 0.200±0.213 | 0.294±0.301 | 0.277±0.0081 |
| JB | 99 | 51.30 | 1.513±0.501 | 1.300±0.378 | 0.173±0.200 | 0.261±0.284 | 0.244±0.0099 |
| NM | 103 | 53.37 | 1.534±0.500 | 1.332±0.392 | 0.189±0.206 | 0.282±0.292 | 0.256±0.0071 |
| XZ | 85 | 44.04 | 1.440±0.498 | 1.287±0.377 | 0.164±0.202 | 0.243±0.290 | 0.246±0.0084 |
| SJ | 95 | 49.22 | 1.492±0.501 | 1.297±0.378 | 0.172±0.200 | 0.256±0.286 | 0.240±0.0071 |
| GR | 106 | 54.92 | 1.549±0.499 | 1.346±0.404 | 0.195±0.209 | 0.290±0.294 | 0.247±0.0114 |
| 平均数 | 97.8±6.5 | 50.65±3.39 | 1.506±0.034 | 1.319±0.025 | 0.181±0.013 | 0.269±0.018 | 0.251±0.0038 |
| 物种 | 149 | 77.20 | 1.772±0.421 | 1.463±0.348 | 0.274±0.181 | 0.411±0.254 | 0.376±0.0094 |

注：$P_L$. 多态性位点；$P_P$. 多态性位点比率；$A_O$. 每位点实际等位基因数；$A_E$. 每位点有效等位基因数；$H_E$. Nei' s 基因多样性(基于 Hardy-Weinberg 平衡假设)；$H_B$. 基于贝叶斯方法的期望杂合度(不考虑 Hardy-Weinberg 平衡与否)；$H_O$. Shannon 多样性指数

## 三、老芒麦种质基于 SRAP 标记的遗传多样性研究

鄢家俊等(2010b)采用 SRAP 分子标记技术，对采自青藏高原的 52 份老芒麦材料进行了遗传多样性分析(图 3-8)。用 16 对随机 SRAP 引物组合共扩增出 318 条清晰可辨的条带，其中多态性条带 275 条，占 86.48%，材料间的遗传相似系数(*GS*)范围为 0.5064～0.9586，平均值为 0.7921，物种水平上的 Nei' s 遗传多样性为 0.2270，这些结果说明供试老芒麦具有较为丰富的遗传多样性。对所有材料的聚类分析发现，在 *GS*＝0.80 的水平上，供试材料可聚为五类，大部分来自相同或相似生态地理环境的材料聚为一类，表明供试材料的聚类和其生态地理环境间有一定的相关性。对 5 个老芒麦地理类群基于 Shannon-Wiener 指数的遗传分化估算发现，类群内遗传变异占总变异的 65.29%，而类群间遗传变异占总变异的 34.71%。青藏高原地区环境和气候条件复杂多变，由于披碱草属植物具有自花授粉的繁殖方式，因此，生态隔离和生殖隔离构成了老芒麦遗传变异的 2 个条件和因素，造成各个地区老芒麦种质的分化。对生态地理类群的聚类分析也表明相似生境或地理来源的老芒麦类群优先聚为一类，这就要求在收集、保护老芒麦种质资源时，在考虑其地理距离远近时应尽量保证其生境的多样性。

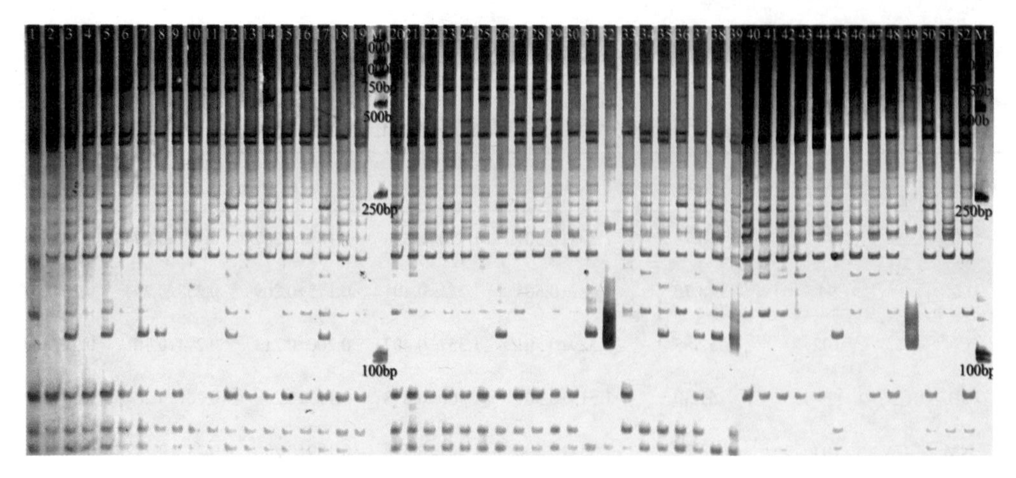

图 3-8 青藏高原老芒麦种质 SRAP 指纹图谱

M. Marker，参考标记；1～52 为材料编号

顾晓燕等(2014)利用 SRAP 标记，对来自亚洲的 84 份老芒麦种质的遗传多样性和遗传关系进行了分析。23 个引物组合共产生 337 条扩增带，其中 203 条为多态性带，多态性比率为 60.24%。各种质间遗传相似系数的变幅为 0.783～0.965，平均值为 0.865。来自青藏高原和内蒙古的种质间的平均遗传相似系数(*GS*)最小(0.830)，而来自俄罗斯和蒙古国的种质间的平均 *GS* 最大(0.897)。对 84 份种质的聚类分析表明，供试种质可以划分成两大类，而且聚类结果与原始相似性矩阵间具有很高的吻合度($r$=0.88)，同时，主向量分析(PCoA)也得到了与聚类分析类似的结果。方差分析(AMOVA)表明在总的遗传变异中有 79.62%发生在地理类群内，有 20.8%发生在类群间($\Phi_{ST}$=0.204)，类群间和类群内的变异均为极显著($P$<0.0001)。基于各地理类群间 $\Phi_{ST}$ 值进行的聚类分析也表明青藏高原类群明显区别于其他地理类群，这种聚类模式可能依赖于种质地理来源赋予其特殊的生态地理适应性。对于今后老芒麦种质的利用和品种选育提供了有益信息。

## 四、老芒麦种质基于 SSR 标记的遗传多样性研究

鄢家俊等(2010a)利用 SSR 标记技术对来自青藏高原的 52 份老芒麦材料的遗传变异及亲缘关系进行了研究(图 3-9)。18 对 SSR 引物共扩增出 236 条清晰的条带，其中多态性条带 204 条，多态性位点率($P_P$)为 86.44%，每对引物扩增出 7～20 条带纹，平均为 13.1 条，多态性信息(*PIC*)含量为 0.267～0.471，平均为 0.35，SSR 标记效率(*MI*)为 3.98；材料间的遗传相似系数(*GS*)为 0.622～0.895，平均 *GS* 值为 0.766，52 份种质的 Nei's 遗传多样性指数($H_E$)为 0.3286，Shannon 指数($H_O$)为 0.4851，表明供试材料之间差异明显，具有较为丰富的遗传多样性。根据研究结果进行聚类分析和主成分分析，可将 52 份老芒麦材料分成五大类，具有相同地理来源或相似生境的材料趋向于聚为一类。

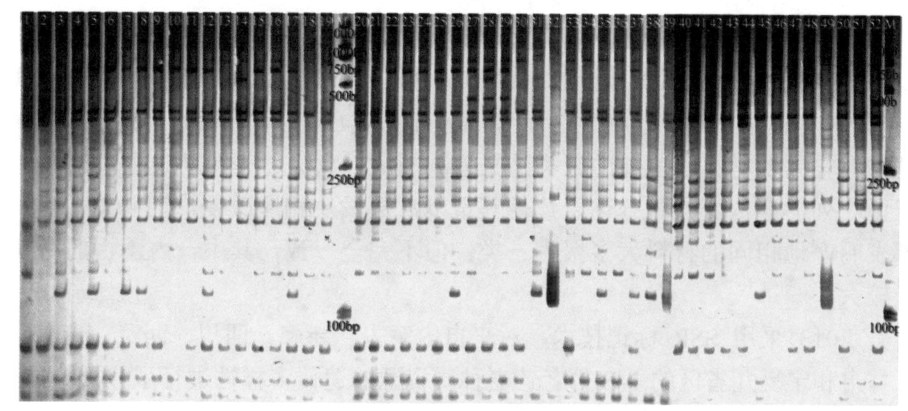


图 3-9　青藏高原老芒麦种质 SSR 指纹图谱

M. Marker，参考标记；1～52 为材料编号

陈云等(2014)对干旱胁迫处理的 20 份不同居群的老芒麦 10 对多态性 SSR 引物进行分析，研究干旱胁迫处理对老芒麦遗传多样性的影响(图 3-10，图 3-11)。结果显示：10 对引物总扩增带数 115 条，平均每个引物对扩增 11.5 条，多态性带数为 103 条，占总条

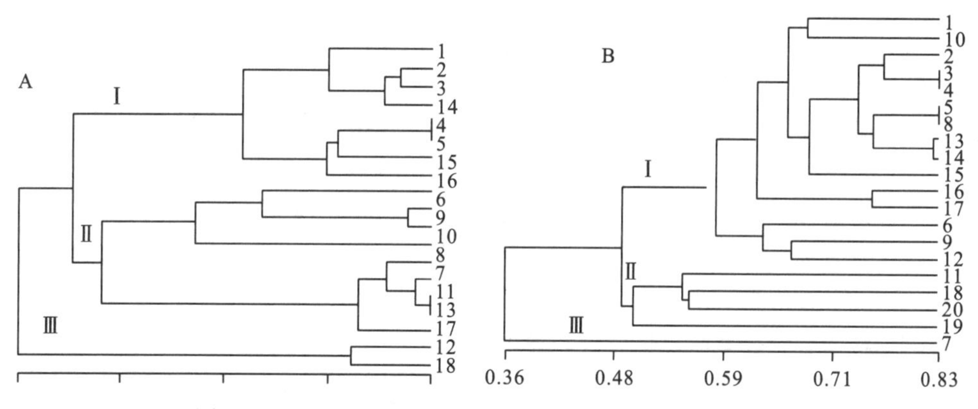


图 3-10　干旱胁迫处理前(A)后(B)老芒麦的类平均法聚类

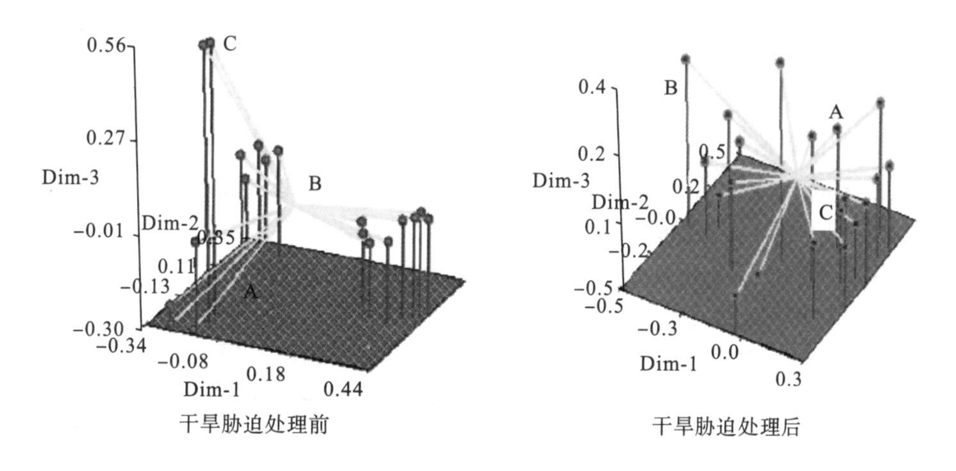


图 3-11　干旱胁迫处理前后老芒麦的三维聚类图

带数的 89.57%，每对引物扩增 7～15 条，平均为 10.3 条，多态性信息（*PIC*）含量为 0.255～0.473，平均值为 0.368，SSR 标记效率（*MI*）为 3.87；通过 POPGEN 软件得出供试材料的 Nei' s 遗传多样性指数（$H_E$）为 0.3324，Shannon 指数（$H_O$）为 0.4926。聚类结果表明，胁迫处理材料与同批材料胁迫前的聚类结果差异较大，意味着干旱胁迫处理造成非编码区的微卫星序列的遗传变异和分化，致使其重复次数发生相应改变；而胁迫前后 UPGMA 聚类都表明产地相同的材料大多聚为一类，但不完全一致，其中，内蒙古的材料胁迫前后差异较大。

吴昊（2013）采用 SSR 标记技术，对来自内蒙古、新疆、四川、西藏、青海、山西、河北、甘肃和宁夏九省区的 148 份老芒麦种质资源的遗传多样性进行了分析。结果表明：从筛选出的 20 对引物检测出 402 个多态性位点，每对引物可扩增出 1～26 条 DNA 片段，平均为 15.8 条；多态性位点率（$P_P$）78.61%，根据 NTsys-pc 软件的分析结果表明，148 份老芒麦材料的遗传距离值在 0～0.6220，遗传相似系数为 0.5778～0.9472，说明不同来源供试材料间遗传多样性丰富；UPGMA 聚类分析，在相似系数为 0.58 的水平上可以分成两大类：第一大类又包括Ⅰ、Ⅱ两类，第二大类仅由Ⅲ类构成。在第Ⅰ类中共 119 份材料。第Ⅰ、Ⅱ和Ⅲ类中都有西藏地区和四川地区的老芒麦居群，说明这两个地区老芒麦的遗传变异较大、遗传多样性丰富。从聚类结果的总体上看来，相似生境的材料基本上聚在一起，可以部分反映供试材料的地域特性，但是四川和西藏的材料交叉聚类明显，表现出较大的遗传差异性。

付艺峰（2015）利用 20 对引物 SSR 对 4 份老化处理的老芒麦进行遗传分析，共检测出 277 个等位位点，其中多态性位点有 229 个，占等位位点的 82.67%；平均 Shannon 多样性指数为 0.5523，Nei' s 遗传多样性指数平均变异为 0.3369，4 份老芒麦种间具有丰富的遗传多样性；老化老芒麦种子与对照相比，随老化程度的加深，各老化梯度的扩增位点数、多态性位点数和多态性位点比率均呈下降趋势，老化老芒麦种子的遗传多样性降低；各老化群体的遗传多样性参数，包括每位点等位基因数、每位点有效等位基因数、遗传多样性指数和 Shannon 多样性指数均降低，并且与老化梯度的增加成正比，老化后老芒麦种子遗传结构发生改变，遗传变异频率降低，遗传完整性被破坏。

采用不同标记对老芒麦遗传多样性检测的结果表明，不同标记的多样性参数存在一定差异。以鄢家俊等（2010c）采用醇溶蛋白、SRAP 和 SSR 标记对青藏高原老芒麦种质遗传多样性研究为例，就 Shannon 多样性指数（$H_O$）而言，基于醇溶蛋白条带的 $H_O$ 为 0.4662，高于 SRAP 标记的值（$H_O$=0.3472），而低于 SSR 标记的结果（$H_O$=0.4851）。产生差异的原因与三类标记的测量手段不同有关。蛋白质作为基因表达的直接产物，其结构的多样性在一定程度上反映出生物 DNA 组成上的差异。但是，在遗传上，醇溶蛋白的编码基因主要位于第 1 部分同源群染色体短臂和第 6 部分同源群染色体短臂上，主要反映基因编码区序列的变异。而 DNA 标记能够检测基因组任何区域的多态性，包括编码与非编码、单拷贝或重复的 DNA，作为检测遗传变异的工具，DNA 分子标记比蛋白质标记更加敏锐，检测位点多，且不受发育时期、生理状态和环境等因素的影响，能直接反映 DNA 水平的变异情况，因而获得的多样性指数应该高于蛋白质水平的多样性指数。但是在本研究中醇溶蛋白的多样性指数却高于 SRAP 的多样性指数，这可能与两种标记本身的性质有关。醇溶蛋白标记具有共显性特征，能够区分杂合体和纯合体，而作为显性标记的 SRAP 则做不到这一点，即无论是纯合还是杂合，都将隐性基因频率认为是 0，这样就人为地减小了老芒麦的遗传多样性。但是，同作为共显性标记的 SSR，则能检测到较醇溶蛋白更丰富的遗传变异。

但是无论哪种标记结果都说明青藏高原地区老芒麦潜藏有大量可选择利用开发的优异性状和种质资源，应加快对该地区野生资源的收集和保护。在对老芒麦资源开展收集保护工作时既要保证其生态型或地理来源的多样性，又要充分重视样本数量的丰富度，还要考虑地理距离的影响，为拓宽老芒麦育成品种的遗传基础，应充分发掘野生种质的遗传潜力。虽然 SSR、SRAP 和醇溶蛋白标记研究结果都显示青藏高原老芒麦存在丰富的遗传多样性，但由于分子标记和醇溶蛋白标记揭示的变异方式不同，以及两种分子标记技术对基因组不同特性片段的扩增有差异，几种标记得到的结果不完全一致，因此，从不同水平对老芒麦开展多层次的评价，有利于全面掌握老芒麦的遗传信息，为育种工作提供更充分的参考依据。

## 第五节　老芒麦群体遗传结构研究

物种的进化就是其居群内基因频率在各种进化动力作用下，随时间推移而在数量和空间分布格局上发生动态演化的过程(Stebbins，1999；Mayr，1999)。因此，鉴定植物个体的基因型并确定居群内的基因频率是植物居群遗传学和保护遗传学研究的首要问题。

作为披碱草属的模式种，老芒麦(*E. sibiricus* L.)是一种原生于欧亚大陆北部、多年生、以自花授粉占优势的异源四倍体禾草，具有 StStHH 的染色体组构成。其自然分布横跨欧洲的瑞典到东亚的日本，甚至到达北美的阿拉斯加和加拿大，在中国的东北、内蒙古、河北、山西、陕西、甘肃、宁夏、青海、新疆、四川和西藏等地也有大量的野生老芒麦分布。在青藏高原的亚高山草甸地区，老芒麦作为一种重要饲草在草地畜牧业中发挥了巨大作用。由于其高产优质和对寒冷干旱气候的良好适应性，近年来，老芒麦已经成为青藏高原地区栽培利用最为广泛的当家草种之一。然而，随着全球气候变暖的加剧，加上青藏高原地区的过度放牧和森林采伐，老芒麦的生存环境受到了严重威胁。了解在青藏高原高寒生态条件下，老芒麦的遗传背景及居群遗传变异在时空中的分布式样，生境对其遗传变异的影响，可为青藏高原野生老芒麦居群保护策略的制定和合理利用提供理论依据。

### 一、青藏高原野生老芒麦居群遗传结构基于穗部性状变异研究

鄢家俊等(2007)对采集自青藏高原东南缘地区雅江、稻城、理塘、甘孜、松潘、红原、色达、壤塘、阿坝 9 县 13 个地区的野生老芒麦居群穗部性状变异进行了研究。将野外采集的老芒麦单穗带回实验室考种，测量其穗长、穗宽、单穗重、每穗轴节小穗数、穗节数、穗轴节间长、小穗长、小穗宽、小穗轴节间长、外颖长、内颖长、颖芒长、外稃长、外稃

芒长和内稃长 15 个穗部性状指标。通过 Shannon 多样性指数（$H_O$）计算了解野生老芒麦居群穗部形态遗传多样性的大小和分布；用聚类分析方法研究各居群间的亲疏关系；通过主成分分析确定哪些性状是造成居群间穗部特征差异的主要因素；通过相关分析确定穗部性状变异与地理生态因子之间的关系。

1. 穗部性状多样性与遗传结构

对 15 个穗部性状指标在居群内和居群总的平均数、标准差、最小值、最大值、极差、变异系数和多样性指数进行统计分析(表 3-4，表 3-5)。

**表 3-4　老芒麦 13 个居群 15 个穗部性状的变异和遗传多样性指数**

| 性状 | 平均数 | 标准差 SD | 最小值 | 最大值 | 极差 | 变异系数 CV/% | 多样性指数 $H_O$ |
|---|---|---|---|---|---|---|---|
| a | 19.350 | 4.195 | 10.200 | 29.400 | 19.200 | 21.680 | 2.059 |
| b | 0.662 | 0.150 | 0.300 | 1.000 | 0.700 | 22.610 | 1.659 |
| c | 0.399 | 0.163 | 0.085 | 0.908 | 0.823 | 40.730 | 2.008 |
| d | 2.055 | 0.229 | 2.000 | 3.000 | 1.000 | 11.150 | 0.213 |
| e | 29.376 | 5.546 | 17.000 | 43.000 | 26.000 | 18.880 | 2.091 |
| f | 0.657 | 0.159 | 0.340 | 1.148 | 0.808 | 24.120 | 1.985 |
| g | 1.195 | 0.164 | 0.848 | 1.980 | 1.132 | 13.690 | 1.858 |
| h | 0.215 | 0.019 | 0.108 | 2.000 | 1.892 | 8.640 | 0.863 |
| i | 0.192 | 0.037 | 0.100 | 0.344 | 0.244 | 19.160 | 1.996 |
| j | 0.518 | 0.092 | 0.164 | 0.782 | 0.618 | 17.650 | 2.017 |
| k | 0.537 | 0.100 | 0.364 | 0.832 | 0.468 | 18.580 | 1.972 |
| l | 0.334 | 0.138 | 0.074 | 0.736 | 0.662 | 41.410 | 2.044 |
| m | 0.990 | 0.103 | 0.632 | 1.204 | 0.572 | 10.440 | 2.056 |
| n | 1.245 | 0.248 | 0.544 | 1.962 | 1.418 | 19.890 | 2.045 |
| o | 0.991 | 0.103 | 0.752 | 1.242 | 0.490 | 10.420 | 2.039 |
| $H_o$ | | | | | | | 1.794* |

注：a. 穗长(cm)；b. 穗宽(cm)；c. 单穗重(g)；d. 每穗轴节小穗数；e. 穗节数；f. 穗轴节间长(cm)；g. 小穗长(cm)；h. 小穗宽(cm)；i. 小穗轴节间长(cm)；j. 外颖长(cm)；k. 内颖长(cm)；l. 颖芒长(cm)；m. 外稃长(cm)；n. 外稃芒长(cm)；o. 内稃长(cm)

“*”为居群总的遗传多样性指数

**表 3-5　老芒麦各居群 15 个穗部性状遗传多样性指数**

| 居群编号 | $H_O$ | | | | | | | | | | | | | | | |
|---|---|---|---|---|---|---|---|---|---|---|---|---|---|---|---|---|
| | a | b | c | d | e | f | g | h | i | j | k | l | m | n | o | * |
| SAG0043 | 1.748 | 1.168 | 1.505 | 0.000 | 1.505 | 1.834 | 1.609 | 1.228 | 1.471 | 1.418 | 1.696 | 1.748 | 1.332 | 1.471 | 1.748 | 1.432 |
| SAG0050 | 1.099 | 1.792 | 1.242 | 0.637 | 1.011 | 1.330 | 1.330 | 1.011 | 1.099 | 1.561 | 1.330 | 1.011 | 1.561 | 1.330 | 0.868 | 1.214 |

续表

| 居群编号 | $H_O$ | | | | | | | | | | | | | | |
|---|---|---|---|---|---|---|---|---|---|---|---|---|---|---|---|
| | a | b | c | d | e | f | g | h | i | j | k | l | m | n | o | * |
| SAG0056 | 1.055 | 0.673 | 1.332 | 0.000 | 1.332 | 1.332 | 1.332 | 0.673 | 0.950 | 1.055 | 1.332 | 1.332 | 1.332 | 0.500 | 1.332 | 1.038 |
| SAG0067 | 1.696 | 0.693 | 1.089 | 0.000 | 1.696 | 1.471 | 1.089 | 0.000 | 1.557 | 1.280 | 1.471 | 0.943 | 1.471 | 1.609 | 1.505 | 1.171 |
| SAG0068 | 1.332 | 1.332 | 1.471 | 0.000 | 1.471 | 1.748 | 1.280 | 0.000 | 0.898 | 1.221 | 1.280 | 1.557 | 1.609 | 1.696 | 1.471 | 1.224 |
| SAG0070 | 0.950 | 1.055 | 1.055 | 0.613 | 1.332 | 1.332 | 0.950 | 0.000 | 1.332 | 1.609 | 1.332 | 0.950 | 1.332 | 1.055 | 1.609 | 1.101 |
| SAG0072 | 1.330 | 0.868 | 1.330 | 0.000 | 1.792 | 1.561 | 1.561 | 0.868 | 1.330 | 0.451 | 1.011 | 1.011 | 1.330 | 1.561 | 1.242 | 1.150 |
| SAG0073 | 1.303 | 1.465 | 1.273 | 0.530 | 1.369 | 1.465 | 1.311 | 0.965 | 1.311 | 0.965 | 1.311 | 1.149 | 1.523 | 1.061 | 1.523 | 1.235 |
| SAG0079 | 1.089 | 1.280 | 1.505 | 0.000 | 1.366 | 1.696 | 1.418 | 0.325 | 1.089 | 1.887 | 1.418 | 1.471 | 1.696 | 1.557 | 1.366 | 1.278 |
| SAG0083 | 1.418 | 1.359 | 1.505 | 0.000 | 1.498 | 1.332 | 1.280 | 0.325 | 1.748 | 1.609 | 1.887 | 1.471 | 1.887 | 1.696 | 1.887 | 1.393 |
| SAG0084 | 0.974 | 1.321 | 1.213 | 0.000 | 1.494 | 1.255 | 1.082 | 0.562 | 0.562 | 1.321 | 0.693 | 1.733 | 1.321 | 1.733 | 1.074 | 1.089 |
| SAG0088 | 1.696 | 1.280 | 1.471 | 0.000 | 1.834 | 1.471 | 1.366 | 0.325 | 1.498 | 1.696 | 1.887 | 1.834 | 1.609 | 1.696 | 1.557 | 1.415 |
| SAG0092 | 1.834 | 1.609 | 1.609 | 0.000 | 2.025 | 1.643 | 1.505 | 1.089 | 0.943 | 1.696 | 1.418 | 1.418 | 1.696 | 1.505 | 1.359 | 1.423 |
| $H_S$ | | | | | | | | | | | | | | | | 1.243 |

注：a. 穗长；b. 穗宽；c. 单穗重；d. 每穗轴节小穗数；e. 穗节数；f. 穗轴节间长；g. 小穗长；h. 小穗宽；i. 小穗轴节间长；j. 外颖长；k. 内颖长；l. 颖芒长；m. 外稃长；n. 外稃芒长；o. 内稃长
“*”为各居群总的多样性指数

结果表明，15 个指标在各居群间和居群内均存在较大的变异。其中变异程度最大的是颖芒长，变异范围为 0.074～0.736cm，变异系数达 41.410%；其次为单穗重，变异范围为 0.085～0.908g，变异系数达 40.730%；变异程度最小的为小穗宽，变异范围为 0.108～2.000cm，变异系数为 8.640%；外稃长和内稃长的变异程度也较小，变异系数分别为 10.440%和 10.420%。以 Shannon 多样性指数($H_O$)的变幅来看，各性状 $H_O$ 值由大到小的顺序依次为：穗节数＞穗长＞外稃长＞外稃芒长＞颖芒长＞内稃长＞外颖长＞单穗重＞小穗轴节间长＞穗轴节间长＞内颖长＞小穗长＞穗宽＞小穗宽＞每穗轴节小穗数。

从总体来看，根据 Shannon 多样性指数计算的总的遗传多样性($H_O$)为 1.794(表 3-4)，居群水平上遗传多样性 $H_s$ 为 1.243(表 3-5)，则居群内和居群间的遗传变异分别是 $H_{within}$＝0.6929 和 $H_{between}$＝0.3071。因此，青藏高原东南缘野生老芒麦居群的遗传变异主要集中在居群内部(69.29%)，居群间的遗传变异较小(30.71%)。

2. 聚类分析

对野生老芒麦 15 个穗部性状的聚类分析结果表明，13 个老芒麦居群可以分为具有各自明显特征的三类(图 3-12)。

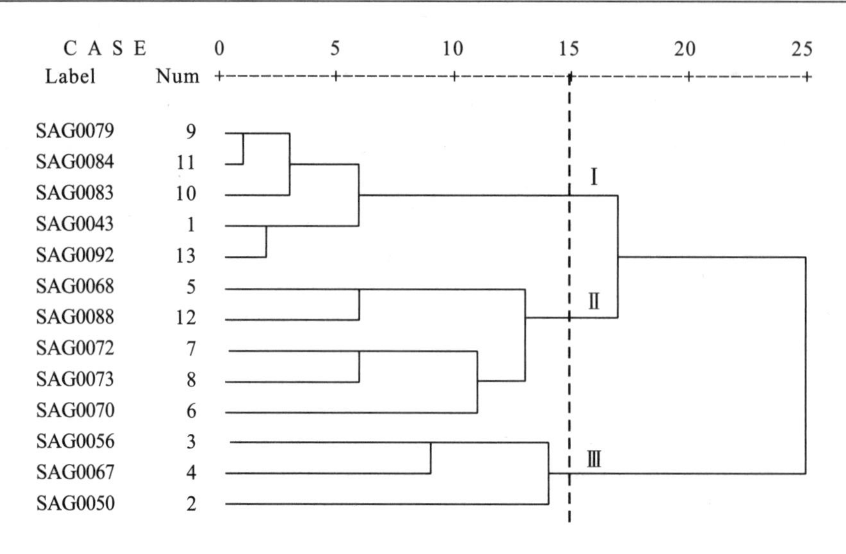


图 3-12 13 个老芒麦居群的聚类分析结果

第Ⅰ类包括 SAG0079、SAG0084、SAG0083、SAG0043 和 SAG0092 五个居群，其中采自色达县的两个居群(SAG0083 和 SAG0084)聚在了一起，该类的主要特点是内外颖较长而外稃芒较短。第Ⅱ类包括 SAG0068、SAG0070、SAG0072、SAG0073 和 SAG0088 五个居群，其中采自松潘县不同地区的 3 个居群(SAG0070、SAG0072 和 SAG0073)聚在该类中，该类的主要特点是单穗长且重，小穗也相对比较长，穗节数多但穗轴节间较长。第Ⅲ类包括 SAG0056、SAG0067 和 SAG0050 三个居群，该组的特点是单穗短且轻，小穗也相对比较短，但穗轴节间较短。

3. 主成分分析

将 15 个穗部性状指标数据进行主成分分析(表 3-6，表 3-7)。结果表明，在 15 个主成分中前 4 个主成分的贡献率分别是 33.637%、19.355%、16.901%和 9.097%，主成分累积贡献率为 78.990%，所以，这 4 个主成分完全可以代表原始因子所代表的大部分信息。第 1 主成分主要受穗长(0.851)、内稃长(0.848)、小穗长(0.798)、外稃长(0.762)和颖芒长(0.708)的影响，说明第 1 主成分主要反映了常用分类指标的特征；第 2 主成分主要受外稃芒长(0.621)、每穗轴节小穗数(0.612)、单穗重(0.601)、内颖长(0.556)和穗宽(0.552)的影响，说明第 2 主成分主要反映了与种子产量密切相关的指标特征；对第 3 主成分起较大作用的性状是穗宽(0.658)和小穗轴节间长(0.547)；第 4 主成分中外稃芒长(0.648)和小穗轴节间长(0.501)作用较大。总的看来穗长、穗宽、单穗重、小穗长、内外稃长、小穗轴节间长和每穗轴节小穗数等性状是对这次主成分分析影响较大的几个因素，也是造成青藏高原东南缘不同居群老芒麦穗部形态差异的主要因素。

**表 3-6 13 个老芒麦居群主成分分析特征值、贡献率和累积贡献率**

| 主成分 | 特征值 | 贡献率/% | 累积贡献率/% |
|---|---|---|---|
| 1 | 5.046 | 33.637 | 33.637 |
| 2 | 2.903 | 19.355 | 52.992 |

续表

| 主成分 | 特征值 | 贡献率/% | 累积贡献率/% |
|---|---|---|---|
| 3 | 2.535 | 16.901 | 69.893 |
| 4 | 1.365 | 9.097 | 78.990 |
| 5 | 0.994 | 6.626 | 85.616 |
| 6 | 0.907 | 6.043 | 91.659 |
| 7 | 0.619 | 4.124 | 95.783 |
| 8 | 0.346 | 2.307 | 98.09 |
| 9 | 0.172 | 1.147 | 99.237 |
| 10 | 0.064 | 0.429 | 99.666 |
| 11 | 0.036 | 0.242 | 99.908 |
| 12 | 0.013 | 0.089 | 100.000 |
| 13 | 0.000 | 0.000 | 100.000 |
| 14 | 0.000 | 0.000 | 100.000 |
| 15 | 0.000 | 0.000 | 100.000 |

**表 3-7　15 个性状对前 4 个主成分的负荷量**

| 性状 | 第 1 主成分 | 第 2 主成分 | 第 3 主成分 | 第 4 主成分 |
|---|---|---|---|---|
| a | 0.851 | −0.289 | 0.261 | 0.246 |
| o | 0.848 | −0.227 | −0.241 | 0.035 |
| g | 0.798 | 0.175 | −0.308 | 0.113 |
| m | 0.762 | −0.063 | −0.508 | 0.005 |
| l | 0.708 | 0.425 | 0.298 | −0.023 |
| e | 0.631 | −0.513 | 0.191 | 0.259 |
| f | 0.612 | −0.342 | 0.056 | 0.269 |
| k | 0.569 | 0.556 | 0.415 | 0.064 |
| c | 0.525 | 0.601 | −0.457 | 0.029 |
| d | −0.098 | 0.612 | −0.716 | −0.076 |
| b | 0.213 | 0.552 | 0.658 | −0.241 |
| i | −0.304 | 0.493 | 0.547 | 0.501 |
| h | 0.080 | 0.347 | −0.374 | −0.177 |
| n | −0.223 | 0.621 | −0.146 | 0.648 |
| j | 0.554 | 0.273 | 0.374 | −0.616 |

注：a～o 代表的含义与表 3-5 相同

4. 相关分析

生物的变异是和环境条件相结合的，通过穗部性状与地理生态因子的相关分析(表3-8)可看出不同居群老芒麦穗部性状随环境变化的变异趋势。

与海拔的相关分析表明，穗长、穗节数、小穗长、颖芒长、外稃长和内稃长与海拔呈极显著或显著的负相关关系，说明在其自然分布区内随着海拔的升高，这些性状指标有减少的趋势；小穗轴节间长和外稃芒长与海拔呈显著的正相关关系，即随着海拔的升高，这些指标也相应增加。与纬度的相关分析表明，穗长、穗节数和颖芒长与纬度呈显著或极显著的正相关关系，说明随着纬度的增加，这些性状指标也增加。与经度的相关性分析表明，小穗轴节间长随经度的增加而减少，外稃长则与经度呈显著的正相关关系。与年均温的相关性分析显示，所有性状与年均温皆无显著的相关性，说明温度不是引起青藏高原东南缘老芒麦穗部性状变异的主要因素。与年降水的相关性分析表明，随着降水量的增加，穗宽有变小的趋势，外稃长则有增加的趋势。因此，从总体上可以认为海拔、纬度、经度和降水量对青藏高原东南缘野生老芒麦居群穗部性状变异贡献较大，而年均温对此影响不大。

**表 3-8 穗部性状与地理生态因子的相关分析**

| 性状 | 海拔 | 纬度 | 经度 | 年均温 | 年降水 |
|---|---|---|---|---|---|
| a | −0.688** | 0.630* | 0.314 | −0.239 | 0.182 |
| b | 0.004 | 0.008 | −0.253 | 0.262 | −0.651* |
| c | −0.397 | 0.454 | 0.532 | 0.262 | 0.300 |
| d | 0.040 | 0.091 | 0.343 | 0.454 | 0.256 |
| e | −0.619* | 0.564* | 0.268 | −0.414 | 0.259 |
| f | −0.466 | 0.333 | 0.083 | −0.036 | −0.031 |
| g | −0.640* | 0.480 | 0.529 | 0.166 | 0.252 |
| h | −0.093 | 0.362 | 0.433 | 0.488 | 0.370 |
| i | 0.625* | −0.240 | −0.614* | −0.018 | −0.177 |
| j | −0.499 | 0.371 | 0.304 | −0.187 | −0.228 |
| k | −0.212 | 0.390 | 0.136 | −0.169 | 0.118 |
| l | −0.589* | 0.701** | 0.285 | −0.250 | 0.034 |
| m | −0.652* | 0.516 | 0.679* | 0.329 | 0.610* |
| n | 0.600* | −0.341 | −0.304 | 0.358 | 0.205 |
| o | −0.725** | 0.520 | 0.532 | 0.088 | 0.426 |

注：a～o 代表的含义与表 3-5 相同；“*”为差异显著($P<0.05$)；“**”为差异极显著($P<0.01$)

5. 青藏高原东南缘野生老芒麦居群的遗传多样

通过对 13 个青藏高原东南缘野生老芒麦居群 15 个穗部性状的多样性分析表明：青藏高原东南缘野生老芒麦居群存在丰富的遗传多样性，居群总遗传多样性指数 $H_O$ 为

1.794(表 3-4)。在所有居群中 SAG0043($H_O$为 1.432)、SAG0092($H_O$为 1.423)和 SAG0088($H_O$ 为 1.415)居群遗传多样性水平最高，而 SAG0056($H_O$ 为 1.038)和 SAG0084($H_O$ 为 1.089)两个居群的遗传多样性水平相对较低(表 3-5)。根据鄢家俊等(2006)对所有居群的实地考察发现，多样性指数较高的几个居群基本上位于人迹罕至、生境破坏较小的地方，而多样性指数低的居群附近有农牧民居住或位于主要交通要道边，有大量的人畜活动和车辆干扰，生境破坏较严重，使通过风力等外界作用传播到此地的种子找到适宜生境得以存活的概率变小，观察发现，这些地方的老芒麦分布稀疏，长势差。因此，老芒麦居群遗传多样性偏低，生境遭破坏可能是一个重要的因素。

6. 青藏高原东南缘野生老芒麦居群的遗传分化

通过对 13 个青藏高原东南缘野生老芒麦居群遗传结构分析发现，该地区老芒麦居群的遗传分化主要存在于居群内(遗传变异为 69.29%)，居群间的分化则相对较小(遗传变异为 30.71%)，结果与 Ma 等(2008)采用 ISSR 分子标记研究老芒麦居群群体结构的结果基本一致。群体遗传结构可以受到很多因素的影响，包括突变、遗传漂变、繁育方式、交配系统、基因流和选择(自然选择、人工选择)，以及地理分布、供试居群数量、居群单株样本数量及所使用的遗传标记类型等。广布种的中心居群(central population)具有丰富的生境多样性，其变异水平一般高于边缘居群(marginal population)。由于本研究中的 13 个老芒麦居群的采样地比较接近，所以对本研究得到的居群内变异高于居群间的结论，可能是由于供试居群采集地接近于该物种在当地的中心居群或建立者居群(founding population)。加上青藏高原复杂的自然环境和特殊的气候条件，即使在很小的面积也会形成不同的微环境，鄢家俊等(2006)在采集材料时就在同一居群内发现了叶鞘光滑和叶鞘有小刺两种老芒麦，因此这种微环境的差异可能也是导致青藏高原东南缘野生老芒麦在居群内保持较高多样性的原因。生境和地理因子也对物种的遗传分化有很大影响，本研究中的老芒麦居群主要采自河流冲积土和坡地石谷子土两种土壤类型，因此差异较小的土壤生境可能是造成青藏高原东南缘野生老芒麦居群间变异较小的原因。同时前面的聚类分析和相关性分析显示，老芒麦穗部性状的变异与海拔等地理因子有一定的相关性，由于采样范围有限，各老芒麦居群海拔差异不是很显著，居群间可能保持着一定的基因流，从而使居群间的差异相对较小。但是，值得注意的是，形态学性状特别是穗部性状受环境因子的影响很大，特殊或极端生境往往造成植物因生存压力而形成一些特殊的形态变异。该研究使用形态学标记检测原生境下老芒麦的遗传结构，可能存在因环境差异和人为误差造成实验结论偏离正确结果的问题，加之居群采样范围相对集中，样本数量有限，要想获得更加可靠的结果，需要在加大材料收集范围和样本数量的基础上，对青藏高原老芒麦进一步开展细胞、蛋白质和 DNA 分子水平的深入研究。

## 二、青藏高原老芒麦群体遗传结构的分子标记分析

马啸、鄢家俊等分别采用 ISSR、RAPD、SSR 和 SRAP 对采集自青藏高原东南缘的 8 个野生老芒麦居群遗传结构进行了研究，获得的结果不尽相同。

1. 基于ISSR分子标记的遗传结构研究

马啸(2008)在100个ISSR引物中筛选出13个能扩增出高度重复性条带的引物，这13个引物共扩增出193条可分辨的条带，其中149条(占77.2%)具有多态性，表明老芒麦居群在物种水平上存在较高水平的变异。相反，各居群的多态性位点率在44.04%～54.92%变化，表明群体水平的变异较低。群体水平的平均基因多样性($H_E$)为0.181(变幅为0.164～0.200)，而物种水平的平均基因多样性达0.274。基于Nei's基因多样性的群体分化系数达到33.1%，而基于Shannon多样性指数、贝叶斯方法和分子方差分析(AMOVA)的群体分化系数分别为34.5%、33.2%和42.5%。AMOVA分析表明采样地区之间的ISSR变异不存在显著的统计学差异($P$=0.08)，然而群体间和群体内的变异分别为42.5%和57.5%，均显示为差异极显著($P$<0.001)。各居群间存在较高的Nei's遗传一致度。这种遗传变异模式不同于已报道的大多数小麦族自交物种。另外，基于聚类分析和主向量分析的结果表明各居群间存在较为明显的地理分化，即8个居群分化为采集地的南部和北部2个分支。

2. 基于RAPD分子标记的遗传结构研究

马啸等(2009b)在150个RAPD引物中筛选出25个能扩增出高度重复性条带的引物。这25个引物共扩增出370条可分辨的条带，其中291条(占78.65%)具有多态性，表明供试居群在物种水平上存在较高水平的变异。同时各居群的多态性位点率($P_P$)在46.49%～53.78%变化，表明群体水平的变异较低。居群水平的平均基因多样性($H_E$)为0.176(变幅为0.159～0.190)，而物种水平的平均基因多样性达0.264。基于Nei's基因多样性、Shannon多样性指数和贝叶斯方法的群体分化系数分别为32.0%、33.7%和33.5%。AMOVA分析表明居群内变异达到总变异的59.9%，而居群间变异仅有40.1%，但二者均达到极显著水平($P$<0.001)。居群间每世代迁入个体数(基因流)达到1.06个。各居群间存在较高的Nei's遗传一致度。基于RAPD和ISSR的Nei's基因多样性指数间存在显著相关。另外，基于聚类分析、主向量分析及AMOVA的结果均表明各居群间存在较为明显的地理分化，即8个居群分化为采集地的南部和北部2个分支，与ISSR结果存在相似性。

3. 基于SRAP和SSR分子标记的遗传结构研究

鄢家俊等(2010b)从247对SRAP引物组合中筛选出的16对SRAP引物在8个老芒麦居群90个单株中共扩增出384条可统计条带，其中多态性条带334条，占86.98%，扩增片段集中在100～1500bp。每对引物扩增出13～40条带，平均24条，多态率为69.23%～100%。一些SRAP扩增片段是某些居群所特有的，如由引物组合me12+em2扩增的22条带纹中，有7条是SAG0079居群所独有的，SAG0079居群独有的条带还包括me4+em1扩增的27条带纹中的2条。me12+em3扩增的22条带纹中有2条也是居群SAG0088所特有的。总的说来，16对SRAP引物在SAG0079居群中共检测到13条特异条带，在居群SAG0043、SAG0067、SAG0073、SAG0083、SAG0088和SAG0092中分别检测到1条、5条、2条、3条、5条和2条特异条带，而在居群SAG0084中，未发现有特异条带。

从91对SSR引物中筛选出16对扩增产物条带清晰、多态性高、反应稳定并且重复性好的SSR引物用于扩增(图3-13)。8个居群90份材料在16个SSR位点共检测出等位变异 221 个，平均每个位点 13.8 个，变异范围为 10～23 个，扩增的片段为 50～250bp。其中具有多态性的位点数 192 个，占 86.88%，平均每对引物检测到 12 个多态性位点，多态位点率为 75%～100%。

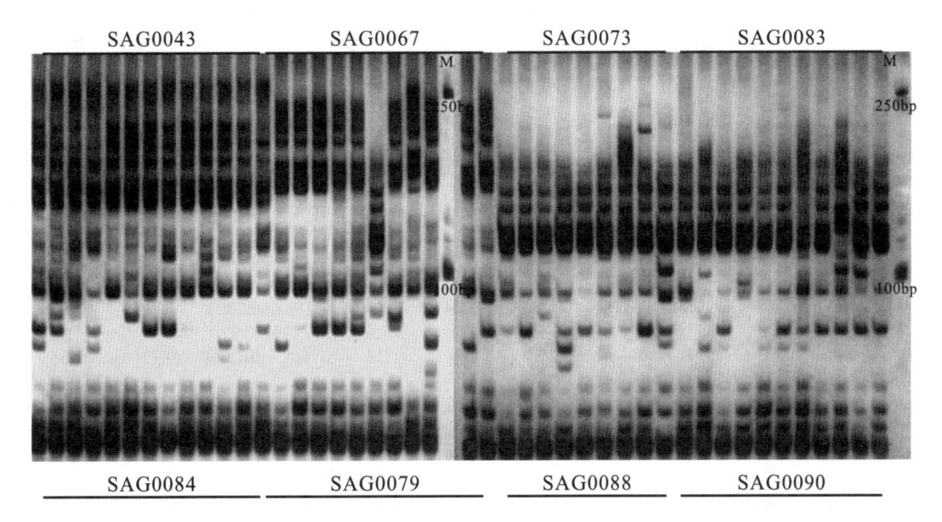


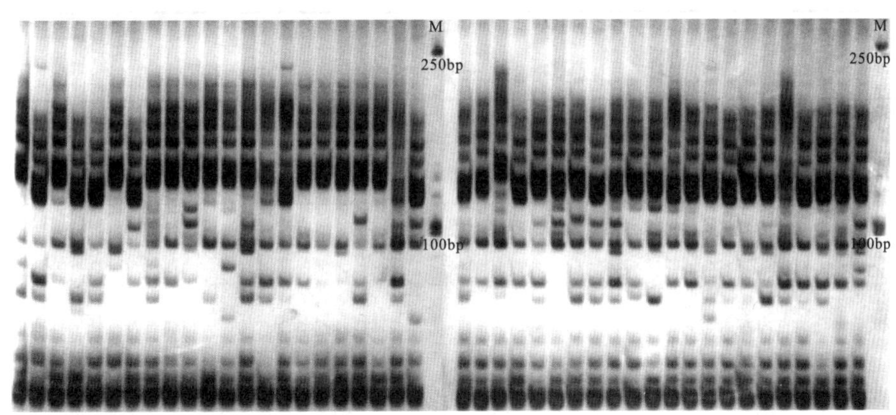


图 3-13　SSR 引物 EAGA103 在 8 个老芒麦居群中扩增的指纹图谱

两种分子标记检测到老芒麦居群水平的基因多样性($H_E$)分别为 0.1092 和 0.1296，而物种水平的基因多样性达 0.2434 和 0.3732(表 3-9)。基于两种标记的 Nei' s 遗传多样性指数 $G_{st}$(0.5525 和 0.5158)表明老芒麦居群出现了较大程度的遗传分化，居群间的基因流非常有限，分别为 0.4050 和 0.4694(表 3-10)。Shannon 多样性指数的群体分化系数(56.43%和 53.19%)和分子方差变异(AMOVA)分析(58.64%和 52.41%)结果与 Nei' s 遗传多样性指数基本一致，均显示老芒麦的遗传变异主要分布在居群间，居群内变异相对较小(表 3-11，表 3-12)。基于聚类分析结果表明各居群间存在较为明显的地理分化，8 个居群分化为采集地范围内的南部、北部和中部 3 个分支。

表 3-9 8 个老芒麦居群基于 SRAP 和 SSR 标记的遗传多样性

| 居群 | 多态条带数 | | 多态位点率 $P_P$/% | | 观测等位基因数 $N_A$ | | 有效等位基因数 $N_E$ | | Nei's 基因多样性 $H_E$ | | Shannon 多样性指数 $H_O$ | |
|---|---|---|---|---|---|---|---|---|---|---|---|---|
| | SRAP | SSR | SRAP | SSR | SRAP | SSR | SRAP | SSR | SRAP | SSR | SRAP | SSR |
| SAG0043 | 59 | 68 | 15.36 | 30.77 | 1.15 | 1.31 | 1.1 | 1.20 | 0.0546 | 0.1159 | 0.0808 | 0.1709 |
| SAG0067 | 115 | 91 | 29.95 | 41.18 | 1.3 | 1.41 | 1.19 | 1.28 | 0.1083 | 0.1557 | 0.1607 | 0.2286 |
| SAG0073 | 75 | 69 | 19.53 | 31.22 | 1.2 | 1.31 | 1.13 | 1.19 | 0.0751 | 0.1113 | 0.1099 | 0.1660 |
| SAG0079 | 174 | 91 | 45.31 | 41.18 | 1.45 | 1.41 | 1.26 | 1.24 | 0.1540 | 0.1422 | 0.2304 | 0.2134 |
| SAG0083 | 121 | 89 | 31.51 | 40.27 | 1.32 | 1.4 | 1.19 | 1.23 | 0.1078 | 0.1348 | 0.1603 | 0.2033 |
| SAG0084 | 134 | 75 | 34.9 | 33.94 | 1.35 | 1.34 | 1.23 | 1.19 | 0.1301 | 0.1143 | 0.1920 | 0.1727 |
| SAG0088 | 148 | 76 | 38.54 | 34.39 | 1.39 | 1.34 | 1.22 | 1.21 | 0.1299 | 0.1214 | 0.1953 | 0.1814 |
| SAG0092 | 131 | 82 | 34.11 | 37.1 | 1.34 | 1.37 | 1.2 | 1.25 | 0.1138 | 0.1413 | 0.1711 | 0.2078 |
| 平均 | 119.63 | 80.1 | 31.15 | 36.26 | 1.31 | 1.36 | 1.19 | 1.22 | 0.1092 | 0.1296 | 0.1626 | 0.1930 |
| 物种 | 334 | 192 | 86.98 | 86.88 | 1.87 | 1.87 | 1.41 | 1.44 | 0.2434 | 0.2690 | 0.3732 | 0.4123 |

表 3-10 SRAP 和 SSR 检测老芒麦居群间的遗传分化

| Nei's 基因多样性($H_E$) | | | Shannon 多样性指数($H_O$) | | |
|---|---|---|---|---|---|
| | SRAP | SSR | | SRAP | SSR |
| $H_s$ | 0.1092 | 0.1296 | $H_{pop}$ | 0.1626 | 0.1930 |
| $H_t$ | 0.2440 | 0.2676 | $H_{sp}$ | 0.3732 | 0.4123 |
| $H_s/H_t$ | 0.4475 | 0.4842 | $H_{pop}/H_{sp}$ | 0.4357 | 0.4681 |
| $G_{st}$ | 0.5525 | 0.5158 | $(H_{sp}-H_{pop})/H_{sp}$ | 0.5643 | 0.5319 |
| $N_m$ | 0.4050 | 0.4694 | | | |

注：$H_s$. 居群内基因多样性；$H_t$. 总的基因多样性；$H_s/H_t$. 居群内基因多样性比例；$G_{st}$. 遗传分化系数；$N_m$. 基于 $G_{st}$ 估算的基因流。$H_{pop}$. 基于 SRAP 和 SSR 表型条带计算的居群内遗传多样性；$H_{sp}$. 基于 SRAP 和 SSR 表型条带计算的总的遗传多样性；$H_{pop}/H_{sp}$. 基于 SRAP 和 SSR 表型条带计算的居群内遗传多样性比例；$(H_{sp}-H_{pop})/H_{sp}$. 基于 SRAP 和 SSR 表型条带计算的居群间遗传多样性比例

表 3-11 基于 SRAP 数据对老芒麦居群的分子方差分析(AMOVA)

| 变异来源 | 自由度 *df* | 方差和 *SSD* | 变异组分 | 变异百分比/% | 遗传分化系数 $\Phi_{ST}$ | *P* |
|---|---|---|---|---|---|---|
| 居群间 | 7 | 2425.03 | 29.74 | 58.64 | 0.5864 | $<0.01$ |
| 居群内 | 82 | 1677.97 | 20.97 | 41.36 | | $<0.01$ |
| 合计 | 89 | 4103.00 | 50.71 | 100 | | |

注：*P*：9999 次随机置换后进行显著性检验

表 3-12 基于 SSR 数据对老芒麦居群的分子方差分析(AMOVA)

| 变异来源 | 自由度 *df* | 方差和 *SSD* | 变异组分 | 变异百分比/% | 遗传分化系数 $\Phi_{ST}$ | *P* |
|---|---|---|---|---|---|---|
| 居群间 | 7 | 1443.861 | 17.407 | 52.41 | 0.5241 | <0.01 |
| 居群内 | 82 | 1264.559 | 15.807 | 47.59 | | <0.01 |
| 合计 | 89 | 2708.420 | 33.214 | 100 | | |

注：*P*：9999 次随机置换后进行显著性检验

4. 老芒麦居群之间的亲缘关系和聚类分析

为了进一步分析老芒麦各居群间的遗传关系，计算了 8 个居群间的遗传相似性系数和 Nei' s 遗传距离(*D*)，基于 SSR 和 SRAP 标记的遗传相似性矩阵进行 Mantel 相关性检测，两者存在极显著的相关性($r$=0.8224，$t$=3.7678，$P$<0.01)(图 3-14)，因此将两种标记进行合并，基于 384 个 SRAP 标记和 221 个 SSR 标记计算出各居群两两间的 Nei' s 遗传距离(*D*)，结果见表 3-13。老芒麦各居群间 *D* 值的变化范围为 0.0616～0.2862，其中以红原刷金寺(SAG0079)和色达旭日乡(SAG0084)两个居群的遗传一致性最高(0.9403)，遗传距离最近(0.0616)，以阿坝查理寺(SAG0092)和理塘(SAG0067)两个居群的遗传一致性最低(0.7511)，遗传距离最远(0.2862)。

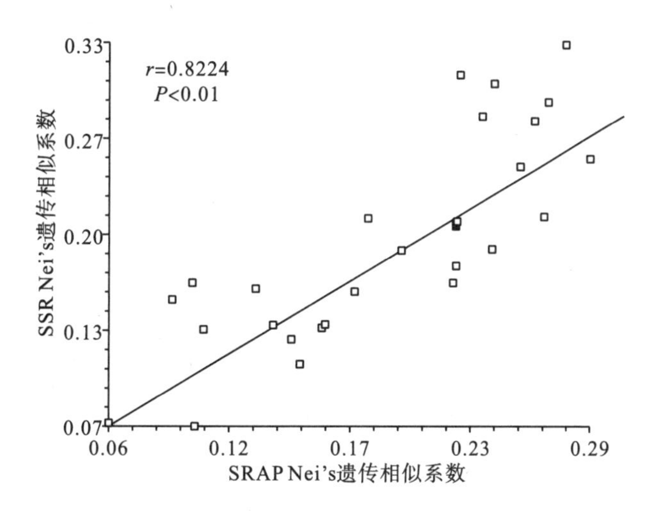


图 3-14 8 个老芒麦居群 Nei' s 遗传相似系数基于 SRAP 和 SSR 标记的相关关系

表 3-13 老芒麦 8 个居群的遗传相似性系数(对角线上)和遗传距离(对角线下)

| 居群 | SAG0043 | SAG0067 | SAG0073 | SAG0079 | SAG0083 | SAG0084 | SAG0088 | SAG0092 |
|---|---|---|---|---|---|---|---|---|
| SAG0043 | — | 0.9127 | 0.7601 | 0.7904 | 0.7985 | 0.7664 | 0.7859 | 0.7714 |
| SAG0067 | 0.0913 | — | 0.7868 | 0.7999 | 0.8336 | 0.7766 | 0.7997 | 0.7511 |
| SAG0073 | 0.2743 | 0.2398 | — | 0.8208 | 0.8516 | 0.8002 | 0.8012 | 0.7679 |
| SAG0079 | 0.2352 | 0.2233 | 0.1975 | — | 0.8602 | 0.9403 | 0.8998 | 0.8710 |
| SAG0083 | 0.2250 | 0.1820 | 0.1607 | 0.1506 | — | 0.8639 | 0.8497 | 0.8386 |

续表

| 居群 | SAG0043 | SAG0067 | SAG0073 | SAG0079 | SAG0083 | SAG0084 | SAG0088 | SAG0092 |
|---|---|---|---|---|---|---|---|---|
| SAG0084 | 0.2660 | 0.2528 | 0.2229 | 0.0616 | 0.1463 | — | 0.9042 | 0.8780 |
| SAG0088 | 0.2409 | 0.2236 | 0.2217 | 0.1056 | 0.1629 | 0.1007 | — | 0.9032 |
| SAG0092 | 0.2596 | 0.2862 | 0.2641 | 0.1381 | 0.1760 | 0.1302 | 0.1018 | — |

根据 Nei' s 遗传距离利用 UPGMA 法构建了老芒麦居群遗传关系聚类图(图 3-15)。从图 3-15 可看出，8 个自然居群聚成 3 支：SAG0043 和 SAG0067 聚成一支；SAG0079、SAG0084、SAG0088、SAG0092 和 SAG0083 聚成一支；SAG0073 居群单独成一支。聚成一支的表明它们有较近的亲缘关系，8 个居群在采集地范围内分成了南部、北部和中部 3 支，而对居群间的遗传距离和地理距离之间的 Mantel($r$=0.67，$P$<0.05)检测也表明，在采集地范围，老芒麦的遗传变异分布和地理位置有一定的相关性，其相关关系如图 3-16 所示。

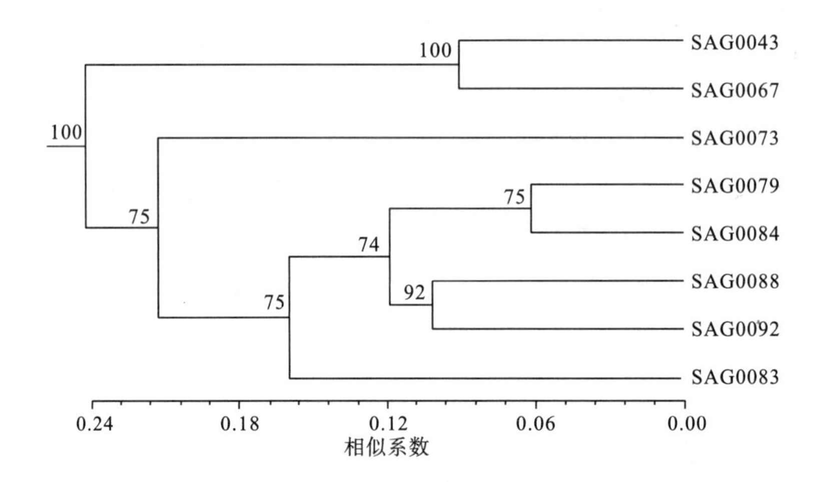


图 3-15 老芒麦 8 个居群基于 Nei' s 遗传距离 UPGMA 聚类

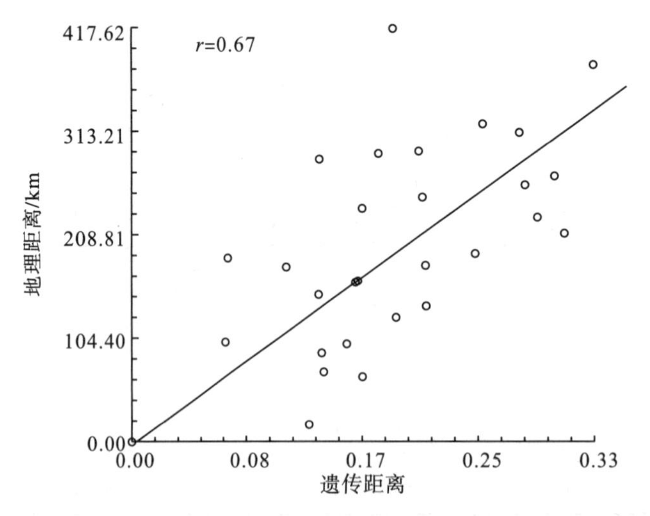


图 3-16 8 个老芒麦居群间遗传距离与地理距离的相关关系

5. 老芒麦群体的遗传多样性

利用 SRAP 和 SSR 分子标记对青藏高原东南缘 8 个老芒麦自然居群的遗传多样性分析，两种标记检测到老芒麦的多态位点率基本一致，分别为 86.98%和 86.88%，群体水平的 $P_P$ 为 31.15%和 36.26%。Sun 等(2001，2002)及 Sun 和 Salomon(2003)利用 SSR 标记检测到来自北美的 *E. alaskanus* 居群的平均多态位点率($P_P$)为 78.6%，来自挪威的 3 个 *E. alaskanus* 居群平均 $P_P$ 为 80.95%，而对 *E. caninus* 居群遗传多样性进行 SSR 标记得到的 $P_P$ 为 23.6%。所以，就 $P_P$ 而言，青藏高原老芒麦群体的遗传多样性在披碱草属物种中处于偏低水平，而在物种水平的遗传多样性很丰富。

基于条带表型频率的 Shannon 多样性指数和基于 Hardy-Weinberg 假设的 Nei' s 遗传多样性指数结果表明：各供试老芒麦居群基于 SRAP 和 SSR 的平均 Nei' s 遗传多样性指数($H_E$)分别为 0.1092 和 0.1296。基于 SSR 标记来自北美的 *E. alaskanus* 的平均 $H_E$=0.414 (Sun and Salomon，2003)，来自挪威的 *E. alaskanus* 的平均 $H_E$=0.414(Sun et al.，2002)，而 *E. caninus* 的平均 $H_E$=0.117(Sun et al.，2001)；而基于 RAPD 方法报道的 *E. fibrosus* 的平均 $H_E$=0.09(Díaz et al.，2000)，*E. alaskanus* 的平均 $H_E$=0.162(Zhang et al.，2002)，*E. trachycaulus* 的平均 $H_E$=0.23(Gaudett et al.，2005)。可以看出，老芒麦群体的平均基因多样性在披碱草属物种中较低，仅高于 *E. caninus* 和 *E. fibrosus*。

根据 SRAP 和 SSR 研究结果，青藏高原老芒麦在群体水平的遗传多样性较低，而在物种水平上显示出较高水平的遗传多样性。老芒麦在物种水平相对较高的多样性与其生物学特性有关，Hamrick 和 Godt(1989)曾指出，地理分布范围与植物在物种水平和群体水平的变异高低有显著相关性，分布范围广的物种较狭域物种能保持更多的变异。

老芒麦分布于北半球的寒温带，是欧亚大陆的广布种，在青藏高原的高山、亚高山草甸地区广泛分布，因此广泛的地理分布使得老芒麦在物种水平上显示出较高的变异水平。物种的繁殖能力与遗传多样性也有一定的关系，Huh(1999)指出具有高繁殖能力的物种通常也具有高水平的遗传多样性。在田间条件下，每个成熟老芒麦单穗可以产生 100 粒以上的种子，而据野外观察，老芒麦在野生状态每穗也有 40 粒左右的成熟种子，通过实验室测定野生老芒麦种子的发芽率基本能达到 85%以上，可见老芒麦强大的繁殖能力足以维持其高水平的遗传多样性。

而老芒麦在群体水平的遗传多样性却较低，造成群体内遗传衰退的原因有选择作用、群体有效规模下降、遗传漂变及自交等。由于人类的过度放牧和滥砍滥挖，造成老芒麦生境的严重破碎化，使得老芒麦各群体的分布不连续，加上老芒麦的适口性好，在牲畜能够到达的地方几乎都找不到成熟的老芒麦，仅在比较隐蔽的灌丛中或人迹罕至的地方能采集到成熟的种子，恶劣的生境导致老芒麦群体的有效规模变小。在研究中发现，遗传多样性水平相对较高的居群均位于人迹罕至的地方，生境保护相对完好，种群规模也相对较大。而位于农牧民居住点附近或交通要道旁的居群，有大量的人畜活动，生境破坏较为严重，残存的老芒麦生长在高山红柳、沙棘等灌丛中，长势较差。物种生境的破坏，不仅缩小了物种适宜的生存环境，而且增加了相近个体的交配机会。因此，繁育群体变小引起的遗传漂变和老芒麦的自交特性可能是导致老芒麦群体内遗传变异丢失的重要原因。

6. 老芒麦的群体遗传结构

一个物种或群体的进化潜力，在很大程度上取决于它的居群遗传结构，即遗传变异在空间的分布样式。确定一个物种的居群遗传结构，是了解其生物学属性，探讨物种进化过程和机制的重要一步。遗传分化是研究居群遗传结构的重要参数，基于 SRAP 和 SSR 标记使用 Nei' s 遗传多样性指数、Shannon 多样性指数和分子方差变异(AMOVA)分析对老芒麦居群的遗传结构进行分析，发现两种标记的结果基本一致，均表明老芒麦的遗传变异主要存在于居群间，居群内的遗传变异则相对较小。其分化系数大于单子叶植物的平均分化系数($G_{st}$=0.231)和多年生草本植物的平均分化系数($G_{st}$=0.233)，说明老芒麦居群发生了较大程度的遗传分化。

植物的繁育系统、基因流和种子扩散机制、繁殖方式、自然选择、环境异质性等因素对植物的遗传结构有明显的影响。一般来说，自交物种居群间的遗传变异要高于居群内的遗传变异，而异交物种则相反。Hamrick(1987)的统计表明，自交繁育的植物有 51%的遗传变异存在于居群之间。Bussel(1999)统计了用 RAPD 分析的 35 种植物，其中 6 个自交植物的平均 $G_{st}$ 为 0.625，29 个远交植物的平均 $G_{st}$ 为 0.193。Díaz 等(1999)利用等位酶分析研究发现 *E. alaskanus* 的遗传变异大部分存在于居群间($G_{st}$=0.95)；Zhang 等(2000)的发现与之相近($G_{st}$=0.63)，另外，利用等位酶分析研究在 *E. caninus*($G_{st}$=0.62)、*E. glaucus*($G_{st}$=0.549)和 *E. fibrous*($G_{st}$=0.65)上均发现了类似的结论。Zhang 等(2002)发现约 60%的 RAPD 变异存在于 *E. alaskanus* 居群间。Sun 等(1998)利用 SSR 标记对 *E. fibrous* 的研究发现 54%的变异存在于居群之间。Löve(1984)和 Dewey(1984)指出广义披碱草属物种具有自花授粉的生殖特性，从 SRAP 和 SSR 分子标记的结果也证明了老芒麦的有性繁殖符合自交物种的特点。

除了居群的繁育系统外，居群间高水平的遗传分化也可能由遗传漂变导致，居群较小或从其他居群中分离出来时，遗传漂变影响居群遗传结构和增加它们之间的差异。在野外实地考察中，发现老芒麦居群分布片段化明显且大部分居群较小，表明一定程度的遗传漂变存在于该物种居群间。基因流也是使群体遗传结构均质化的主要因素之一，具有有限基因流的物种比具有广泛基因流的物种有较大的遗传分化。Wright (1951)指出，如果基因流估计值 $N_m$<1，则遗传漂变可以导致居群间明显的遗传分化。老芒麦基于 SRAP 和 SSR 标记的 $N_m$ 为 0.4050 和 0.4694，低于每代连续迁移的植物物种的基因流，表明老芒麦居群间的基因流被限制。在植物中，花粉、种子的扩散和传播是基因流的两种主要形式。尽管老芒麦是风媒传粉植物，但野外观察发现，能够生长到成熟期的老芒麦多位于灌木丛中，风的驱动力减弱，花粉的传播距离受限，从而影响了不同历史时期群体间的基因交流。加之青藏高原复杂的地形，高大山脉的分割导致群体之间彼此隔离，阻碍了种子和花粉的远距离传播，进一步促使群体间的遗传分化。此外，老芒麦是牦牛、藏绵羊等牲畜喜食的优良牧草，野生老芒麦大多在营养生长期就被牲畜采食，完成生育期产生成熟种子的植株较少且多分布在灌丛中，种群的维持多靠多年生根茎的繁殖，导致种群自我更新缓慢，限制了种群个体数量的扩大。因此，以近交为主的繁育系统、低的基因流、种子和花粉传播受阻及有限的种群规模都是导致老芒麦居群间产生遗传分化的原因之一。

## 三、不同方法检测居群遗传多样及分化的差异

从表型和DNA分子水平对老芒麦的遗传多样性和遗传分化进行检测，结果表明，两个水平的检测结果存在较大差异。表型水平老芒麦总的Shannon多样性指数($H_O$)为1.872，居群水平的平均$H_O$为1.305，由此计算的分化系数为0.3029。而分子水平的Shannon多样性指数无论是物种水平还是居群水平的值都低于表型结果，分化指数则较表型水平高(SRAP和SSR总的遗传多样性分别为0.373和0.4123，居群水平的值为0.163和0.193，分化系数分别为0.5643和0.5319)。产生差异的原因与形态标记和分子标记的检测手段与计算方法存在较大差异有关。利用表型性状研究居群的遗传变异是最古老而简便的方法，但表型是由基因型与环境共同作用的结果，有些情况下表型性状的变异并非完全由基因型的差异所致。特别是一些数量性状很难摆脱环境饰变的影响，因此多样性差异更明显，这可能是表型多样性指数较高的原因。而DNA变异是整个基因组编码区、非编码区、重复DNA中核苷酸排列顺序的差异性，且不受发育时期、生理状态和环境等因素的影响，是直接反映DNA水平的变异情况。基于不同标记分析相同材料的遗传分化，结果存在差异的情况已多见报道，且在不同物种间也不一样。

## 四、老芒麦遗传多样性的保护策略

因自然因素与人为因素(如过度利用)造成的生境恶劣程度若超过物种对生境压力适应的最大极限，那么必将导致该物种遗传多样性的丧失。虽然老芒麦在我国的自然分布比较广泛，但随着开发利用的不断扩大，特别是西部退耕(牧)还草工程的开展，一些外来物种的引进，导致老芒麦生长的自然环境不断遭到破坏，遗传多样性也受到威胁。因此，对青藏高原野生老芒麦制定有效的保护策略和措施，从而开展合理的保护工作就显得十分关键。通过研究，我们掌握了老芒麦的遗传多样性和居群遗传结构状况，明确了老芒麦在群体水平较低的遗传多样性除受自身的繁育系统影响外，还和其生境遭到人为破坏从而导致老芒麦分布片段化并由此引发群体数量的降低有关。因此，对其就地保护时应阻止过度放牧、停止滥挖滥伐，保护适宜老芒麦生存的生境，才能保证其正常生长、繁育，从而保护其遗传多样性。在就地保护时除了对所有种群进行必要的保护外，应选择遗传多样性程度高的居群进行重点保护，如理塘(SAG0067)、红原刷金寺(SAG0079)和壤塘蓝木达(SAG0088)居群。同时由于老芒麦的遗传多样性在居群内和居群间都有较高的分布，在迁地保护时尽量在较多的居群中取样的同时，应在每个居群中收集尽可能多的单株，以涵盖该物种的基因库，最大限度地保护老芒麦的遗传多样性。此外，对老芒麦遗传距离的聚类分析表明，来源地较近的居群也具有较高的遗传一致性而优先聚为一类，因此我们收集、保护老芒麦种质资源时，应扩大收集范围，尽量保证其生态型或地理来源的多样性，这样才能最大限度地保护和利用其遗传多样性。

# 第四章　老芒麦近缘种不育材料鉴定研究

本章节所列老芒麦近缘种不育材料均是来源于四川省草原科学研究院红原试验基地，发现于老芒麦、垂穗披碱草等披碱草属材料圃内及周边。这些材料的株高及株丛特点异于当地披碱草属常见物种，常表现出株体较高大、叶量丰富(图 4-1)、秋季分蘖较多、绿期长等特点，经过进一步观测发现这些材料的结实率极低，故列为高度不育材料。根据这些材料的生境条件及初步田间形态观测，认为其有可能属于披碱草属种间杂交后代。鉴于这类材料具有能够获得较高草产量的潜质，故对其形态学、细胞学和分子标记研究，探索不育的原因及是否为杂交后代进行鉴定研究，为进一步对其的利用奠定基础。

图 4-1　老芒麦近缘种不育材料

## 第一节　形　态　学

形态学鉴定直观、易操作，能较快且直观地判断杂种的真假，很长一段时间以来被作为种质资源鉴定的初步手段，在植物种质资源评价、种属间系统关系研究等方面得到了广泛的应用，还常与细胞遗传学、分子标记等手段结合形成形态-细胞-分子标记综合评价体系揭示植物种质资源的遗传变异情况（高飞和柴守诚，2006；马啸，2008；张体操等，2013；陈仕勇等，2006）。

老芒麦的形态特征受遗传和生境的影响，具有丰富的多样性。刘新亮等（2010）对从我国 11 省收集的野生老芒麦进行形态学研究，得出老芒麦形态多样性明显，茎秆颜色变异系数最高，认为茎秆颜色是老芒麦形态分化的主要指标。黄帆等（2015）对 21 份老芒麦材料的 8 个形态性状进行数量统计分析，认为老芒麦种质资源遗传变异丰富，叶舌长度、叶长、小穗长及小花数等性状是造成老芒麦表型差异的主要因素。袁庆华等（2003）对采自新疆、甘肃、山西等地的 21 份野生老芒麦进行了生物多样性研究，结果表明无论是采自同一地区的不同生境，还是同一生境不同地区的老芒麦居群，其生物学性状均存在较大的差异。鄢家俊等（2010d）对青藏高原老芒麦野生种群相关形态学变异的研究表明，老芒麦种群形态学性状具广泛变异，其中与牧草产量和种子产量相关的形态性状变异较大，与分类相关的指标变异程度较小，同时认为内外颖长、内外颖芒长、旗叶宽、倒二叶片长、株高、内外稃长、外稃芒长、内外稃宽、穗中部节上每小穗的小花数、穗长、叶色、茎粗、灰度和穗中部节上的小穗数是引起老芒麦形态分化的主要指标。国外对不同种质材料老芒麦的形态学评价鲜有报道，个别文献报道的是某些形态学性状的遗传控制模式。Agafonova（1997）曾用具有短芒变异性状的老芒麦品种与具有正常长芒性状的品种杂交，$F_1$ 杂种的芒长介于双亲之间，$F_2$ 代短芒性状的分离比为 15∶1，这表明老芒麦的短芒性状受两个非连锁的加性基因控制。

## 一、老芒麦近缘种不育材料的茎、叶及花序等形态特征描述

针对本研究中的不育材料我们对包括茎、叶及花序等部位在内的 14 个形态特征进行了观察，采用赋值法记录，参照《披碱草属牧草种质资源描述规范和数据标准》（有改动），具体观察记录标准见表 4-1。根据观察结果，针对老芒麦近缘种不育材料，这 14 个性状特征中穗部颜色、叶片被毛情况及叶鞘被毛情况的变异幅度较大，是形态分化的主要指标。为了揭示不育材料与当地常见披碱草属物种之间在形态特征上的相互关系远近，将所观察到的形态特征利用系统聚类法进行分析。结果显示，大部分不育材料间在这 14 个形态特征上表现出亲缘关系较近；在与其他 4 个物种的比较上，大部分材料与老芒麦的亲缘关系较垂穗披碱草近些，而 SH009、SH031 及 SH026 则与垂穗披碱草的亲缘关系较老芒麦近些；所有不育材料与圆柱披碱草和麦薲草的遗传相似系数则较远（图 4-2）。

表 4-1　形态特征记录标准

| 形态指标 | 0 | 1 | 2 | 3 | 备注 |
|---|---|---|---|---|---|
| 植株是否被粉 | 是 | 否 | | | 目测法 |
| 基部叶鞘被毛 | 无 | 疏 | 密 | | 植株基部叶的叶鞘被毛情况 |
| 叶片被毛 | 无：叶片表面光滑或粗糙，但无毛 | 零星：叶片表面被稀疏的毛 | 疏：叶片表面被稀疏的毛 | 密：叶片表面被毛密 | 借助放大镜观察茎中部叶片正面被毛情况 |

续表

| 形态指标 | 0 | 1 | 2 | 3 | 备注 |
|---|---|---|---|---|---|
| 叶片颜色 | 绿色 | 蓝绿色 | | | 植株中部叶片正面的颜色 |
| 花序形态 | 直立：穗轴直而向上 | 下垂：弯度＞90° | | | 目测法 |
| 花序松散度 | 疏松：小穗在穗轴上排列疏松，穗轴节间长为小穗的1/2以上 | 紧密：小穗排列紧密，穗轴节间长为小穗的1/2以下 | | | 目测法 |
| 小穗排列情况 | 不偏 | 略偏于一侧 | 明显偏于一侧 | | 目测法 |
| 穗部颜色 | 绿色略带紫色 | 灰紫色 | 青紫色 | 紫色 | 目测法 |
| 两颖是否等长 | 几乎等长 | 明显不等 | | | |
| 第1颖颖片长 | 第1颖颖片显著小于第1小花 | 第1颖颖片稍短或等长于第1小花 | | | |
| 芒形态 | 劲直：芒劲直 | 稍弯曲：芒略弯曲 | | | |
| 芒长短 | 长 | 较短 | | | |
| 内稃先端 | 钝圆 | 截平 | 二裂或微二裂 | | |
| 有无根茎 | 有 | 无 | | | |

注：表中0、1、2、3表示记录标准赋值

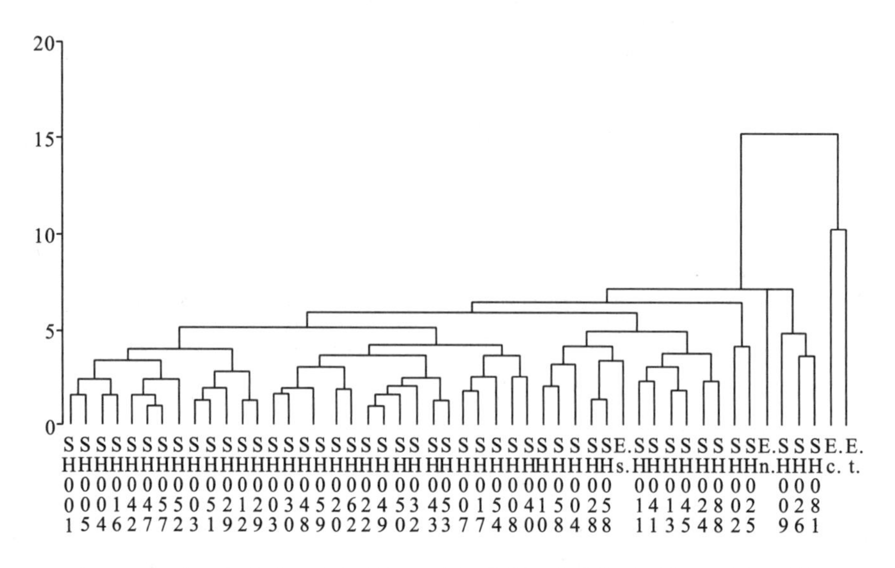


图4-2 老芒麦近缘种不育材料与几种披碱草属物种基于形态特征的聚类图

E.s.：老芒麦；E.n.：垂穗披碱草；E.t.：圆柱披碱草；E.c.：麦蕒草

SH001～SH062为不育材料编号

## 二、老芒麦近缘种不育材料的花粉育性、结实性及分蘖情况调查

### (一)花粉育性及结实性

对照老芒麦和圆柱披碱草，其花粉内容物饱满，可以被碘化钾溶液染黑，其可育率为96.00%和89.80%；而不育材料的花粉空瘪，不着色，花粉可育率为0(图4-3)。而在结实

率上，老芒麦、垂穗披碱草、圆柱披碱草及麦賫草自然结实率分别为 86.00%、70.89%、67.37%和 76.06%，在对不育材料进行脱粒清选过程中未能获得种子，结实率为 0（表 4-2）。

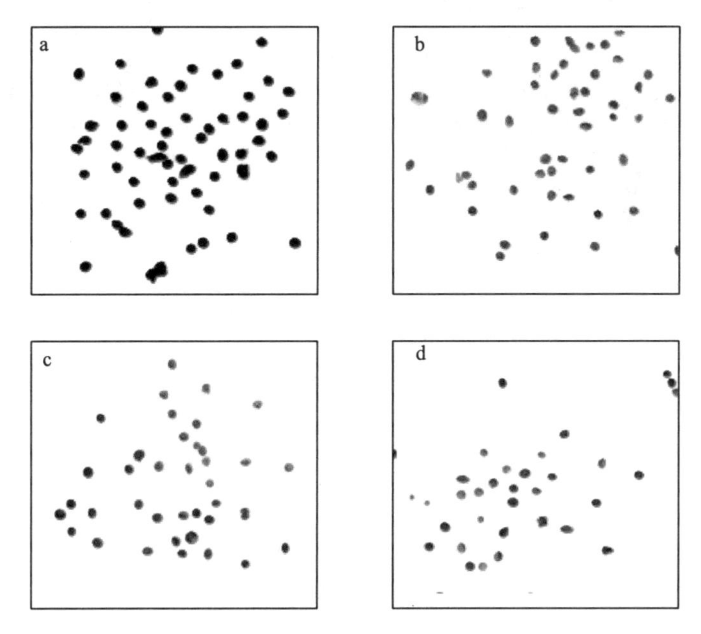


图 4-3 花粉育性情况图例

a、b、c、d 依次为老芒麦（可育孢子）、SH026、SH040 及 SH031

**表 4-2 供试材料花粉育性和结实性**

| 材料 | 花粉育性 | | | | 结实性 | | |
|---|---|---|---|---|---|---|---|
| | 可育数 | 不育数 | 总数 | 可育率 | 结实数 | 小花总数 | 结实率 |
| 老芒麦 | 4891 | 204 | 5095 | 96.00% | — | — | 86.00% |
| 垂穗披碱草 | — | — | — | — | 1510 | 2130 | 70.89% |
| 圆柱披碱草 | 2913 | 331 | 3244 | 89.80% | 1666 | 2473 | 67.37% |
| 麦賫草 | — | — | — | — | 1293 | 1700 | 76.06% |
| 不育材料 | 0 | ＞5000 | ＞5000 | 0 | 0 | ＞5000 | 0 |

注：不育材料包括 SH062、SH060、SH019、SH0040、SH022、SH025、SH026、SH030、SH031 及 SH032 共 10 个

（二）分蘖情况

通过多年田间观测经验得出，这些不育材料常具有很强的秋季分蘖能力（图 4-4），一般夏季分蘖在秋季不能长出生殖枝，而当年的秋季分蘖可以在第 2 年提早返青生长，形成生殖枝。通过分析不育材料单株生殖枝和营养枝的统计数据，发现 10 份材料中的 SH040、SH022、SH025 及 SH026 的营养枝数大于生殖枝数，特别是 SH040，其营养枝数是生殖枝数的 6 倍多，说明这 4 份材料的夏季分蘖能力较强，SH040 最强。SH062、SH060、SH019、SH030、SH031 及 SH032 生殖枝数与营养枝数的比值都大于 1，说明这些材料秋季分蘖能力较强，特别是 SH062，比值达到 10 以上（表 4-3）。

图 4-4　老芒麦近缘种不育材料秋季分蘖情况

**表 4-3　老芒麦近缘种不育材料秋委分蘖情况统计**

| 材料 | 营养枝数 | 生殖枝数 | 生殖枝数/营养枝数 | 材料 | 营养枝数 | 生殖枝数 | 生殖枝数/营养枝数 |
|---|---|---|---|---|---|---|---|
| SH062 | 48.0 | 488.5 | 10.2 | SH025 | 401.0 | 184.0 | 0.46 |
| SH060 | 171.2 | 184.6 | 1.08 | SH026 | 379.0 | 223.5 | 0.59 |
| SH019 | 276.0 | 352.3 | 1.28 | SH030 | 115.0 | 462.0 | 4.02 |
| SH040 | 352.8 | 50.4 | 0.14 | SH031 | 149.5 | 329.5 | 2.20 |
| SH022 | 651.0 | 304.0 | 0.47 | SH032 | 235.7 | 305.3 | 1.30 |

形态学鉴定虽然直观，但在实际应用的过程中，由于人和环境的不确定性及植物本身遗传背景的影响，有些性状在不同年间存在不同程度的差异，即不能稳定遗传到下一代，这样就难以准确判断后代的遗传变异情况，形态标记在鉴定杂交后代真实性上的应用也就受到了限制。

## 第二节　细　胞　学

细胞遗传学主要研究的是染色体的遗传规律，主要包括体细胞染色体数目统计、花粉母细胞染色体的减数分裂行为分析及染色体核型分析等，较为常见的分析方法是染色体数目检测与花粉染色体细胞配对行为相结合(周卫生等，2003；梁明山等，2001)。国内外学者利用该方法对杂交后代进行鉴定，为判定杂种真实性和杂种与亲本亲缘关系远近提供遗传学依据。

一般情况下，植物远缘杂种不育主要是由于双亲间染色体组型差异所致(李懋学和张赞平，1996；Stebbins，1957)。杂种 $F_1$ 在进行减数分裂时，来源于父、母本的 2 条非同源染色体因靠近可能会形成复合体，但因缺少碱基序列水平的同源性，难以进行交换，也就不能形成交叉结，联会随之解除，到中期 I 会形成两个单价体，导致杂种 $F_1$ 不育(于卓等，2002)。因此，PMCM I 的染色体构型能够很好地反映出染色体的同源性关系。种属间杂种染色体配对行为的研究常用 PMCM I 的染色体构型进行分析，同时它也可以作为建立物种间亲缘关系的基础(刘大钧，1999)。植物远缘杂种的育性主要受亲本染色体组型差异影响。一方面是杂种的染色体数量不平衡，减数分裂时染色体就不能正常联会，出现单价体或多价体，导致染色体分离不均衡，引起不孕；另一方面是两亲本的染色体组不完全相同，导致杂种减数分裂时，染色体联会松弛(棒状二价体较多)及不联会的现象而引起不育。在已开展的披碱草属相关杂交育种工作中由于亲本染色体组型差异较大而获得不育的杂交后代的例证很多，多数学者是从系统进化角度进行研究，利用披碱草属物种分别与大麦属(Lu et al.，1990；李造哲等，2005；Lee et al.，1994；Yu et al.，2004；Sakamoto，1982；Dewey，1974)、拟鹅观草属物种之间及披碱草属内物种之间等进行杂交(Kevin，1993；Kevin et al.，2011；云锦凤等，1997；Lu，1992；李淑娟，2007)，根据杂交后代的细胞染色体特征和亲本之一的染色体组构成来分析另一亲本的染色体组构成。其中，*Elymus tsukushiensis*($2n=42$)×*Hordeum guatemalense*($2n=28$)(Lu et al.，1990)、*E. sibiricus*($2n=28$)×*Agropyron tsukushiense*($2n=42$)$F_1$、*E. dahuricus*($2n=42$)×*E. sibiricus* $F_1$、*E. canadensis*($2n=28$)×*E. dahuricus* $F_1$、*E. dahuricus*×*H. brevisubulatum* $F_1$、*H. brevisubulatum*×*E. dahuricus* $F_1$、*E. sibiricus*×*E. purpuraristatus*($2n=42$)$F_1$ 及 *E. purpuraristatus*×*E. sibiricus* $F_1$ 均为五倍体(Li et al.，2006b)，平均染色体构型分别为 23.04Ⅰ+5.54Ⅱ+0.24Ⅲ+0.04Ⅳ、16.38Ⅰ+8.93Ⅱ+0.25Ⅲ+0.01Ⅳ、17.11Ⅰ+8.74Ⅱ+0.04Ⅲ+0.07Ⅳ、19.01Ⅰ+7.45Ⅱ+0.28Ⅲ+0.02Ⅳ、7.94Ⅰ+10.95Ⅱ+1.52Ⅲ+0.15Ⅳ、7.74Ⅰ+11.04Ⅱ+1.50Ⅲ+0.16Ⅳ、6.90Ⅰ+14.02Ⅱ及 7.82Ⅰ+13.59Ⅱ，高度不育且花粉母细胞减数分裂存在落后染色体、染色体桥等异常现象。

染色体是遗传物质的载体，其变异必然导致遗传变异的发生，是遗传多样性的重要来源。研究表明，任何生物天然种群中都存在或大或小的染色体变异，这种变异主要表现为染色体组型特征的变异，包括染色体数目的变异(整倍体、非整倍体)及染色体结构的变异(缺失、易位、倒位、重复)。在植物中染色体数目的变异是广泛存在的，被子植物的绝大部分种类都表现为种内多倍型(洪德元，1990；李永干和闫贵兴，1985)。染色体结构变异在自然界也比较常见，它也是导致物种染色体多态现象的重要原因。此外，染色体水平上的多样性还体现在染色体形态(长度、着丝点、随体等)等核型特征上，它也是进行物种种间或种内核型比较分析的重要指标。由于披碱草属植物大多为重要的野生或栽培牧草，与人类的生产和生活密切相关，植物学家对该属植物曾做过广泛而深入的细胞遗传学研究。披碱草属植物有 3 个倍性水平，即 $2n=28$、42、56，含有 S、H、Y 染色体组，在中国的 13 个种(12 个种、1 变种)均做过染色体数目及核型分析的相关报道(刘玉红，1985；卢宝荣，1994；闫贵兴，2001；蔡联炳和冯海生，1997；陈仕勇等，2008；祁娟，2009；严学兵等，2006)。

## 一、老芒麦近缘种不育材料的根尖细胞(RTC)染色体数目的鉴定

对 4 份不育材料 SH026(图 4-5a、b)、SH031(图 4-5c、d)、SH032(图 4-5e、f、g)、SH062(图 4-5h、i、j)及川草 2 号老芒麦(图 4-5k、l)的根尖细胞进行观察，统计各材料 50 个以上细胞的染色体数目，结果表明，4 份天然杂种材料均具有 35 条染色体，为五倍体，

即 $2n=5x=35$。川草 2 号老芒麦 RTC 染色体数为 28 条，为四倍体，即 $2n=4x=28$。

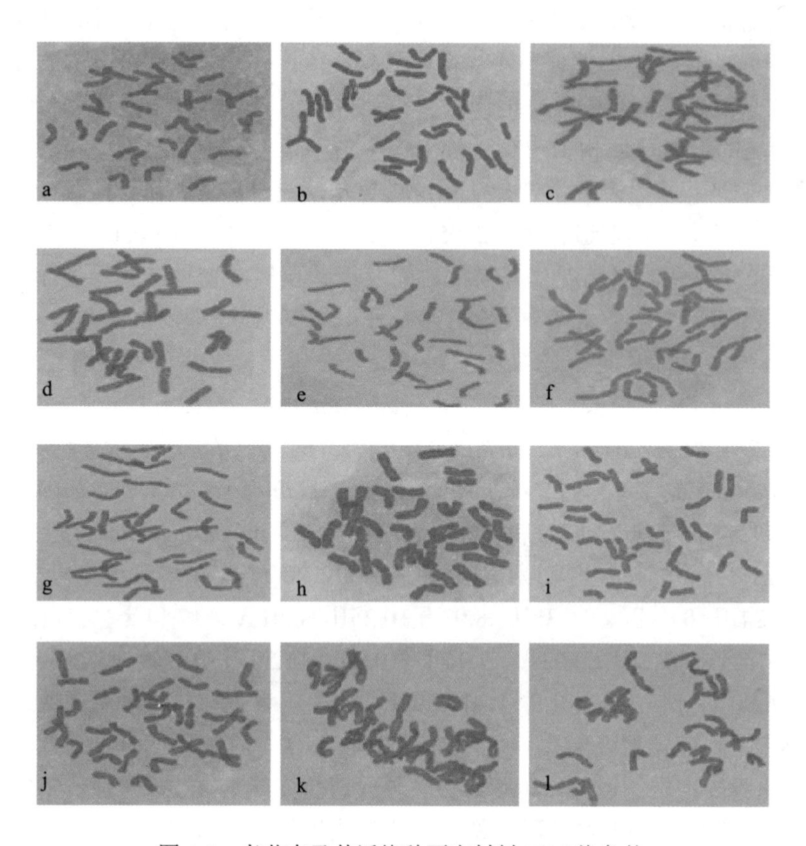

图 4-5 老芒麦及其近缘种不育材料 RTC 染色体

a、b. SH026 RTC 染色体（$2n=5x=35$）；c、d. SH031 RTC 染色体（$2n=5x=35$）；e、f、g. SH032 RTC 染色体（$2n=5x=35$）；h、i、j. SH062 RTC 染色体（$2n=5x=35$）；k、l. 川草 2 号老芒麦 RTC 染色体（$2n=4x=28$）

## 二、老芒麦及其近缘种不育材料染色体核型分析

老芒麦及其 4 份近缘种不育材料的核型类型均为 2A 型，SH026 和 SH062 的核型公式一样，但随体所在染色体编号及着丝点位置不同，而其他供试材料间差异则较大（表 4-4）。

**表 4-4 老芒麦及其近缘种不育材料染色体核型分析结果**

| 材料 | 染色体相对长度范围 | 着丝点位置 | | 随体有无 | 随体位置 | 核型公式 | 臂比幅度 | 核型不对称系数 | 染色体相对长度组成 | 最长染色体/最短染色体 | 臂比>2的染色体占比 | 核型 |
|---|---|---|---|---|---|---|---|---|---|---|---|---|
| | | 近中部着丝点 | 中部着丝点 | | | | | | | | | |
| SH026 | 1.833%～3.583% | 第 4、12、14、19 和 24 号染色体 | 其他染色体 | 有 | 第 20 和 31 号染色体 | $2n=5x=35=30m(2sat)+5sm$ | 1.011～2.197 | 56.165% | 1L+19M2+14M1+1S | 1.954 | 0.029 | 2A |
| SH031 | 2.141%～3.355% | 第 18 和 19 号染色体 | 其他染色体 | 有 | 第 10 号染色体 | $2n=5x=35=33m(1sat)+2sm$ | 1.034～2.019 | 56.870% | 17M2+17M1+1S | 1.567 | 0.029 | 2A |

续表

| 材料 | 染色体相对长度范围 | 着丝点位置 | | 随体有无 | 随体位置 | 核型公式 | 臂比幅度 | 核型不对称系数 | 染色体相对长度组成 | 最长染色体/最短染色体 | 臂比>2的染色体占比 | 核型 |
|---|---|---|---|---|---|---|---|---|---|---|---|---|
| | | 近中部着丝点 | 中部着丝点 | | | | | | | | | |
| SH032 | 2.174%～3.516% | 第15、30和33号染色体 | 其他染色体 | 有 | 第19和32号染色体 | $2n$=5$x$=35=32m(2sat)+3sm | 1.009～2.189 | 56.090% | 18M2+17M1 | 1.617 | 0.057 | 2A |
| SH062 | 2.072%～3.540% | 第3、7、9、17和18号染色体 | 其他染色体 | 有 | 第23和27号染色体 | $2n$=5$x$=35=30m(2sat)+5sm | 1.013～2.535 | 57.326% | 19M2+15M1+1S | 1.709 | 0.057 | 2A |
| 老芒麦 | 5.313%～8.277% | 第1和8号染色体 | 其他染色体 | 无 | — | $2n$=4$x$=28=24m+4sm | 1.088～2.141 | 57.111% | 16M2+10M1+2S | 1.549 | 0.071 | 2A |

老芒麦的核型公式为 $2n$=4$x$=28=24m+4sm，未见随体，核型为 2A。这与刘玉红(1985)和王琴等(2013)提出的老芒麦核型公式较为一致，但随体所在染色体的编号和核型均不一样。另外，孙义凯和董玉琛(1992)认为老芒麦核型公式为 $2n$=4$x$=28=20m+8sm(4sat)，随体分别位于第7号和第14号染色体上，核型为2A；陈仕勇等(2008)研究提出老芒麦的核型公式为 $2n$=4$x$=28=22m+6sm(2sat)，核型为2A。

各学者针对老芒麦核型分析所得结果存在较大差异，产生这些差异的原因可能与实验方法有关。有研究证明老芒麦的遗传分化和生态地理环境(经纬度、海拔等)具有一定的相关性(严学兵等，2006；鄢家俊等，2010d)。张晓燕等(2011)通过对3份不同来源偃麦草种子进行核型分析认为，3份材料之间核型都存在一定的差异性，但是染色体数目和着丝点位置的分布比较稳定，核型结果在一定的范围内是允许存在差异性的。

## 三、老芒麦近缘种不育材料减数分裂中期染色体鉴定

从开始孕穗起每隔1天取不育材料幼穗进行镜检，最终确定以最后一片新叶抽出叶鞘的长度为1～4cm时为最适宜的细胞分裂时期，各材料间稍有不同。通过对SH062、SH026、SH031及SH032的花粉母细胞减数分裂行为进行观察发现，这几份材料的减数分裂均存在异常现象，包括单价体、多价体、落后染色体、染色体桥、微核及不均等分裂等现象普遍存在(图4-6，图4-7)。

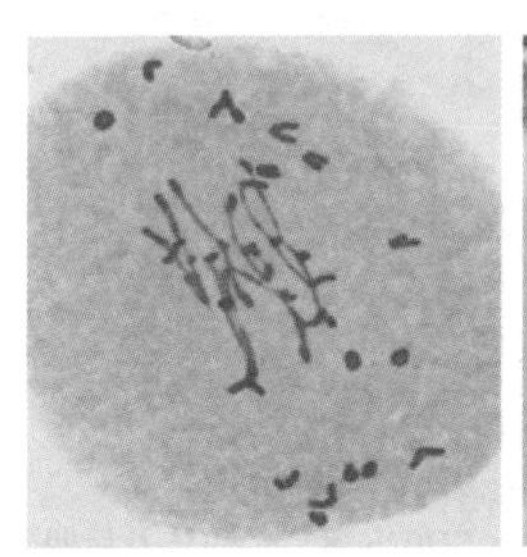
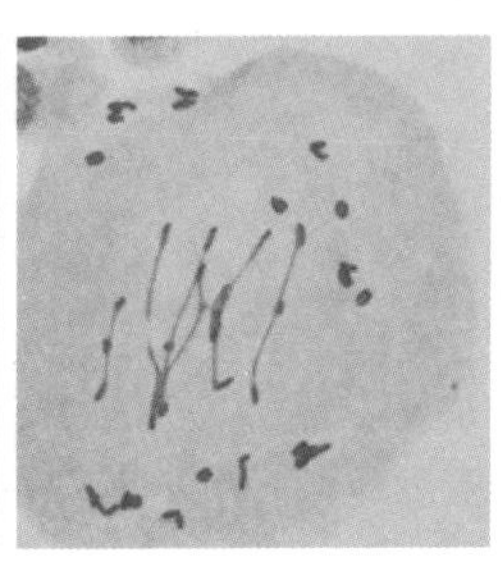
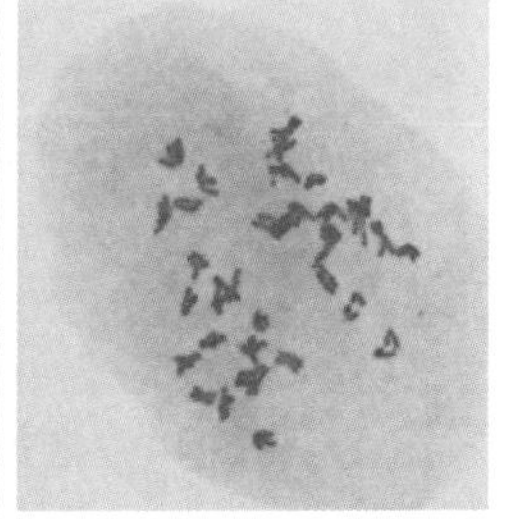

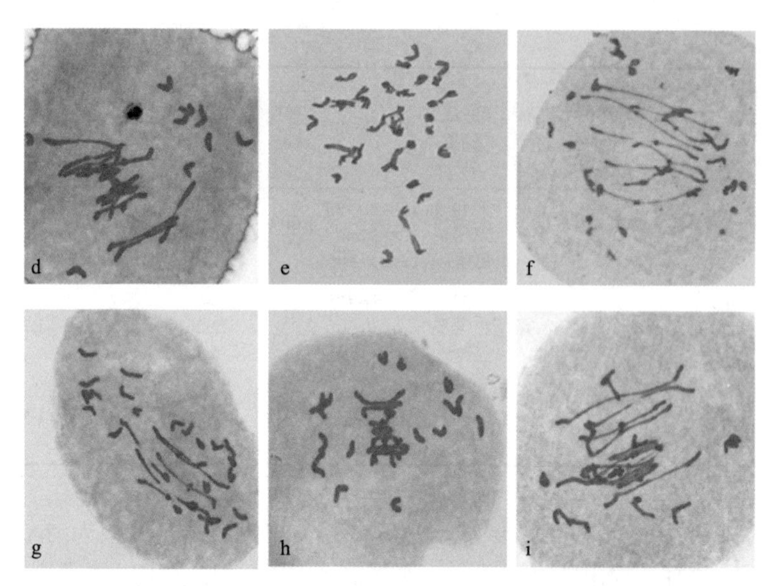


图 4-6 老芒麦近缘种不育材料减数分裂异常图例(单价体及三价体)

a、b. SH062 减数分裂Ⅰ中期单价体及三价体存在；c. SH062 减数分裂Ⅰ后期染色体条数；d. SH026 单价体及三价体存在；e. SH026 减数分裂Ⅰ后期染色体条数；f、g. SH031 减数分裂Ⅰ中期单价体及三价体存在；h、i. SH032 减数分裂Ⅰ中期单价体及三价体存在

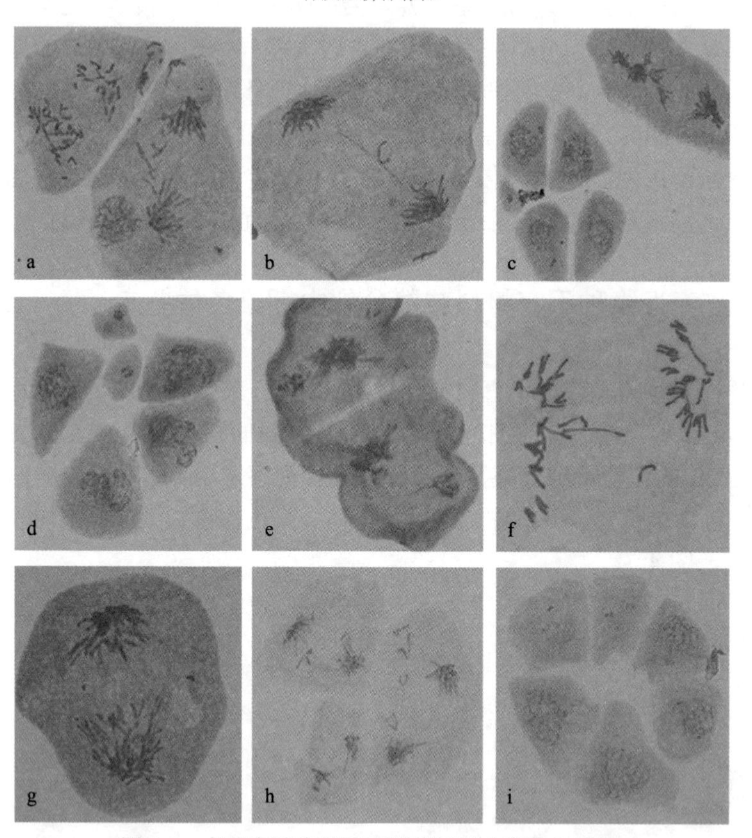


图 4-7 老芒麦近缘种不育材料减数分裂异常图例

a. SH062 落后染色体、不均等分离、减数分裂时期不同步等异常现象；b. SH026 落后染色体及后期染色体桥；c. SH026 五分体、微核及不均等分离；d. SH026 六分体；e. SH026 落后染色体、不均等分离及微核等；f. SH031 落后染色体；g. SH031 微核；h. SH032 落后染色体及不均等分离；i. SH032 六分体

不育材料的染色体配对行为很不规则，SH062、SH026、SH031 及 SH032 平均每个细胞二价体分别为 8.94、8.74、7.07 及 5.93，且棒状二价体明显多于环状，染色体联会较松弛，单价体频率较高，4 份材料都有三价体存在，其中 SH062、SH026 还存在四价体(表 4-5)。结合在减数分裂Ⅰ后期可观察到染色体桥和落后染色体等异常现象是造成杂种不育的细胞遗传学原因。已有研究中披碱草属圆柱披碱草及老芒麦的平均染色体分别为 20.96Ⅱ和 13.91Ⅱ，且环状二价体比例占绝对优势，单价体及多价体频率很小，表明其染色体配对行为较规则。

**表 4-5 老芒麦近缘种不育材料 PMCMⅠ平均染色体构型**

| 材料 | 染色体数目 | Ⅰ | Ⅱ | | | Ⅲ | Ⅳ |
|---|---|---|---|---|---|---|---|
| | | | 棒状 | 环状 | 总和 | | |
| SH062 | $2n=5x=35$ | 15.81(7～22) | 6.94(2～12) | 2.00(0～5) | 8.94(5～13) | 0.35(0～3) | 0.06(0～1) |
| SH026 | $2n=5x=35$ | 16.08(7～25) | 7.37(4～11) | 1.37(0～5) | 8.74(5～12) | 0.43(0～3) | 0.04(0～1) |
| SH031 | $2n=5x=35$ | 19.07(10～26) | 6.56(3～11) | 0.51(0～3) | 7.07(3～11) | 0.60(0～3) | 0 |
| SH032 | $2n=5x=35$ | 22.48(16～31) | 5.52(1～9) | 0.41(0～2) | 5.93(2～9) | 0.22(0～1) | 0 |

注：Ⅰ为单价体，Ⅱ为二价体，Ⅲ为三价体，Ⅳ为四价体，括号内为染色体数目

根据已有细胞遗传学初步研究的结果，推测供试材料确为披碱草属天然杂交所得，属于倍性不育，即其属于五倍体杂种。可能是由披碱草属四倍体(如老芒麦)和六倍体(如垂穗披碱草、麦蕒草等)天然杂交所得。另外由于杂种多年在自然环境下生长，导致其染色体来源可能比较复杂，有待于进一步结合分子生物技术进行研究。

## 第三节 分子标记

20 世纪 80 年代，一种重要的遗传标记诞生并迅速发展起来，即 DNA 分子标记。它是以生物 DNA 片段的多态性来判断不同物种之间的遗传关系。分子标记所呈现出来的结果变异丰富、不受季节和环境因素的限制、不存在基因是否表达的问题，在杂种真实性鉴定及优良品种选育等领域应用很广。限制性片段长度多态性(restriction fragment length polymorphism，RFLP)、扩增片段长度多态性(amplified fragment length polymorphism，AFLP)、随机扩增多态性 DNA(random amplified polymorphic DNA，RAPD)、简单序列重复区间(inter-simple sequence repeat，ISSR)和简单序列重复(simple sequence repeat，SSR)等是目前常用的分子标记方法。

### 一、SSR 应用概述

SSR 是一种由 1～6 个碱基对为单位组成的高度重复的 DNA 序列。重复程度不同使得单个基因位点具有多态性，根据其两侧的保守序列设计与其互补的核苷酸序列(SSR 引

物)，PCR 扩增后利用聚丙烯酰胺凝胶电泳或高浓度琼脂糖凝胶电泳进行多态性检测。SSR 分子标记相对于其他分子标记手段来说，具有以下特点：①多数为共显性遗传，呈现孟德尔遗传方式，可以对纯合基因型和杂合基因型进行检测。②扩增产物多态性高，PCR 操作简单。③模板 DNA 用量少，纯度要求低。④实验技术简单易学，成本低。⑤SSR 序列两端顺序通常比较固定，在同种内的不同遗传类型之间大多一致。SSR 标记越来越受到人们的广泛重视，已发展成为一种技术成熟、程序标准的分子标记方法，被广泛用于遗传作图、种质鉴定、分子标记辅助选择等研究领域。在赖草属中，刘杰等(2000)用简单序列重复(SSR)作为探针构建了羊草的遗传指纹图。虽然微卫星引物是针对一个物种设计的，这种情况限制了微卫星标记在种间和基因组间分析的应用，但也有报道一个物种的微卫星引物能在近缘野生种或差异大的种中成功地扩增出产物；反之，针对一个物种的近缘野生种或差异大的种设计的引物也能在这个物种中成功扩增出产物。这种现象被称作微卫星引物在种间的应用可转移性(transferability)(Gupta and Varshney，2000)。用从水稻基因组文库和 cDNA 序列发展而来的引物对 3 个双子叶植物(芸薹、番茄和烟草)和 3 个单子叶植物(玉米、高粱和小麦)进行扩增，66%的基因组微卫星能从至少 1 个被调查的物种中扩增出来(Chen et al.，1998)。栽培水稻的引物可成功地用于野生种，反之亦然(Panaud et al.，1996)。Röder 等(1995)等以黑麦材料和大麦材料为模板，用 15 个小麦 SSR 引物对进行扩增，分别有 10 对引物和 9 对引物能扩增出产物。Gupta 和 Varshney(2000)认为既然编码相同功能的序列在不同种属间是保守的，那么这些编码序列内的微卫星 DNA 及其两翼序列也应该是保守的。所以，从一个物种发展而来的微卫星标记在其他物种中有一些是可以使用的。许多研究也证明了微卫星标记引物不仅在同一属的不同种间使用，也可以在不相关的属间使用(Barret et al., 1995；Westman and Kresovich，1998；Leclerc et al.，2000)。其他农作物[如水稻(Zhang et al.，1996；王学霞等，2012)]、经济作物[如棉花(*Gossypium hirsutum*)(郎需勇等，2012；高伟等，2013)、向日葵(*Helianthus annuus*)]，以及牧草[如扁蓿豆(*Melissitus ruthenica*)(赵敏和戎郁萍，2012)]、蔬菜[如番茄(*Lycopersicon esculentum*)(Li et al.，2010)、马铃薯(*Solanum tuberosum*)(Wang et al.，2012)等)]及一些木本植物[如李树(*Prunus salicina*)(Geng et al.，2012)、桦树(*Betula*)(Lu et al.，2011)]等领域 SSR 技术也得到了广泛应用。

对披碱草属 SSR 标记研究较早的 Sun 等(1997，2001)及 Sun 和 Salomon(2003)曾经成功地利用小麦 SSR 引物对披碱草属物种进行了种群遗传多样性分析。MacRitchie 和 Sun(2004)也曾经利用来自小麦和大麦的 SSR 引物对细茎披碱草(*E. trachycaulus*)的遗传多样性分析，并指出麦类 SSR 引物在小麦族近缘物种中具有一定的通用性。严学兵等(2008)通过对不同来源 SSR 标记在中国披碱草属植物的通用性和效率评价指出亲缘关系较近的小麦，以及披碱草属 SSR 引物遗传分析的效率更高，即亲缘关系越近，SSR 引物通用性越好。鄢家俊等(2010c)从 33 对披碱草属 SSR 引物、58 对小麦 SSR 引物中筛选出 16 对(5 对来自于披碱草属基因组，11 对来自于小麦基因组)条带清晰、稳定性高、多态性好的引物用于青藏高原东南缘老芒麦自然居群遗传多样性的 SSR 分析。雷云霆和窦全文(2012)等利用普通小麦中开发出的 SSR 分子标记对老芒麦和垂穗披碱草进行了 SSR 分子标记鉴别。由于目前直接从老芒麦和垂穗披碱草中开发出来可供利用的 SSR 标记缺乏，因此利用亲缘关系较近物种中已经开发出来的 SSR 引物也不失为一条捷径。

## 二、老芒麦近缘种不育材料 SSR 分析

### (一) 多态性位点

以垂穗披碱草、老芒麦、圆柱披碱草、麦蕒草及 2 个天然杂种材料为模板，进行引物筛选，筛选出多态性相对较高的材料进行亲缘关系鉴定。通过引物筛选，共筛选出扩增产物 DNA 条带比较清晰、多态性条带数目比较多的 18 对引物(其中小麦族 8 对，披碱草属 10 对)对所有供试材料进行 SSR-PCR 扩增。共检测出等位基因 174 个，多态性位点共 150 个，多态性位点率 86.21%，平均每个引物可扩增出 8.3 个多态条带。其中引物 WMS10、ECGA35 及 EAGA104 扩增出的多态性位点率达到 100%，可以区分所有供试材料(表 4-6，图 4-8)。

表 4-6　筛选出的 SSR 引物及其扩增结果

| 引物编号 | 等位基因数 | 多态性位点数 | 多态位点率 | 引物编号 | 等位基因数 | 多态性位点数 | 多态位点率 |
|---|---|---|---|---|---|---|---|
| WMS3 | 9 | 7 | 77.78% | ECGA22 | 9 | 7 | 77.78% |
| WMS6 | 10 | 8 | 80.00% | EAGT14 | 4 | 3 | 75.00% |
| WMS10 | 10 | 10 | 100.00% | ECGA35 | 11 | 11 | 100.00% |
| WMS11 | 7 | 6 | 85.71% | EAGT51 | 5 | 4 | 80.00% |
| WMS30 | 11 | 10 | 90.91% | EAGT52 | 19 | 14 | 73.68% |
| WMS72 | 8 | 6 | 75.00% | EAGA102 | 8 | 6 | 75.00% |
| WMS149 | 6 | 5 | 83.33% | EAGA104 | 13 | 13 | 100.00% |
| WMS Tagigap2 | 3 | 2 | 66.67% | ECGA114 | 11 | 10 | 90.91% |
| ECGA11 | 18 | 17 | 94.44% | Xcwem38c | 12 | 11 | 91.67% |
| 平均值 | 9.7 | 8.3 | 83.62% | 总计 | 174 | 150 | 86.21% |

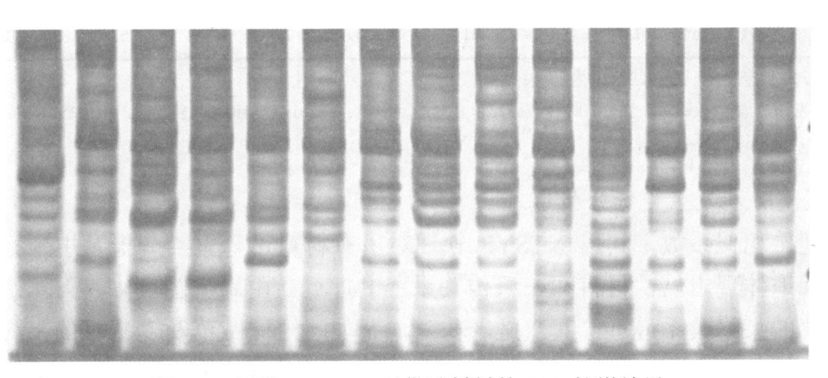

图 4-8　引物 EAGT52 对供试材料的 SSR 扩增结果

从左至右依次为：老芒麦、垂穗披碱草、圆柱披碱草、麦蕒草及天然杂种材料 SH019、SH040、SH022、SH025、SH026、SH030、SH031、SH032、SH062、SH060

(二)遗传相似系数

根据 SSR 扩增图谱，统计条带，有电泳带记为“1”，无带记为“0”，构建 0、1 矩阵进行数据分析。参照 Nei' s 遗传距离公式，利用 NTSYSpc2.10e 软件计算遗传相似系数和遗传距离(表 4-7)。两材料间的相似系数越大，说明亲缘关系越近，反之则越远。14 份供试材料之间的遗传相似系数在 0.480～0.897 之间，平均遗传相似系数为 0.726。其中 SH030 与 SH060 的相似系数最大，遗传相似系数较大说明两材料可能都遗传了同一亲本很大一部分相同的遗传物质，亲缘关系较近。老芒麦与垂穗披碱草的相似系数最小，说明这两个物种本身的亲缘关系较远，如果发生远缘杂交，后代会产生明显的杂种优势现象。

表 4-7 Nei' s 指数估测的老芒麦近缘种不育材料与几种披碱草属物种的遗传相似系数和遗传距离

| 编号 | E. s. | E. n. | E. c. | E. t. | SH019 | SH040 | SH022 | SH025 | SH026 | SH030 | SH031 | SH032 | SH062 | SH060 |
|---|---|---|---|---|---|---|---|---|---|---|---|---|---|---|
| E.s. | 1.000 | 0.520 | 0.446 | 0.503 | 0.320 | 0.303 | 0.326 | 0.309 | 0.349 | 0.337 | 0.309 | 0.280 | 0.269 | 0.303 |
| E.n. | 0.480 | 1.000 | 0.486 | 0.429 | 0.269 | 0.297 | 0.286 | 0.269 | 0.251 | 0.274 | 0.280 | 0.297 | 0.320 | 0.309 |
| E.c. | 0.554 | 0.514 | 1.000 | 0.400 | 0.480 | 0.451 | 0.486 | 0.469 | 0.451 | 0.451 | 0.469 | 0.474 | 0.429 | 0.486 |
| E.t. | 0.497 | 0.571 | 0.600 | 1.000 | 0.469 | 0.451 | 0.509 | 0.503 | 0.509 | 0.451 | 0.480 | 0.497 | 0.429 | 0.440 |
| SH019 | 0.680 | 0.731 | 0.520 | 0.531 | 1.000 | 0.143 | 0.154 | 0.194 | 0.154 | 0.177 | 0.126 | 0.154 | 0.166 | 0.189 |
| SH040 | 0.697 | 0.703 | 0.549 | 0.549 | 0.857 | 1.000 | 0.149 | 0.166 | 0.206 | 0.160 | 0.131 | 0.126 | 0.126 | 0.149 |
| SH022 | 0.674 | 0.714 | 0.514 | 0.491 | 0.846 | 0.851 | 1.000 | 0.154 | 0.183 | 0.137 | 0.131 | 0.126 | 0.137 | 0.149 |
| SH025 | 0.691 | 0.731 | 0.531 | 0.497 | 0.806 | 0.834 | 0.846 | 1.000 | 0.143 | 0.131 | 0.126 | 0.177 | 0.166 | 0.143 |
| SH026 | 0.651 | 0.749 | 0.549 | 0.491 | 0.846 | 0.794 | 0.817 | 0.857 | 1.000 | 0.114 | 0.166 | 0.194 | 0.183 | 0.149 |
| SH030 | 0.663 | 0.726 | 0.549 | 0.549 | 0.823 | 0.840 | 0.863 | 0.869 | 0.886 | 1.000 | 0.120 | 0.183 | 0.160 | 0.103 |
| SH031 | 0.691 | 0.720 | 0.531 | 0.520 | 0.874 | 0.869 | 0.869 | 0.874 | 0.834 | 0.880 | 1.000 | 0.143 | 0.154 | 0.143 |
| SH032 | 0.720 | 0.703 | 0.526 | 0.503 | 0.846 | 0.874 | 0.874 | 0.823 | 0.806 | 0.817 | 0.857 | 1.000 | 0.160 | 0.171 |
| SH062 | 0.731 | 0.680 | 0.571 | 0.571 | 0.834 | 0.874 | 0.863 | 0.834 | 0.817 | 0.840 | 0.846 | 0.840 | 1.000 | 0.149 |
| SH060 | 0.697 | 0.691 | 0.514 | 0.560 | 0.811 | 0.851 | 0.851 | 0.857 | 0.851 | 0.897 | 0.857 | 0.829 | 0.851 | 1.000 |

注：对角线上方为遗传距离，对角线下方为遗传相似系数；
E. s.：老芒麦；E. n.：垂穗披碱草；E. t.：圆柱披碱草；E. c.：麦蕒草；SH019、SH040、SH022、SH025、SH026、SH030、SH031、SH062、SH060 为不育材料编号

(三)聚类分析及主坐标分析

根据遗传相似系数，利用 NTSYS 软件对所有材料进行聚类分析及主坐标分析，可以比较直观地体现出供试材料间在遗传关系上的远近。由聚类图可知，天然杂种材料与垂穗披碱草的亲缘关系最近，其次是老芒麦，而与圆柱披碱草及麦蕒草的亲缘关系则较远(图 4-9)。由主坐标分析的二维图和三维图也可以明显看出老芒麦、垂穗披碱草、圆柱披碱草及麦蕒草 4 份材料之间的亲缘关系明显较远，其他材料间的亲缘关系则较近，而且相比圆柱披碱草和麦蕒草而言，这些天然杂种材料与垂穗披碱草和老芒麦的关系则较近一些。由此可推断这 10 份供试材料为垂穗披碱草和老芒麦的杂交后代可能性较高(图 4-10，图 4-11)。

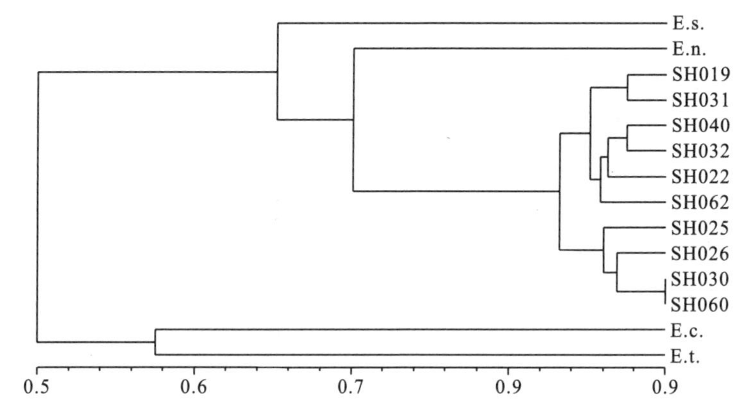


图 4-9 老芒麦近缘种不育材料与几种披碱草属物种基于 SSR 标记的聚类图

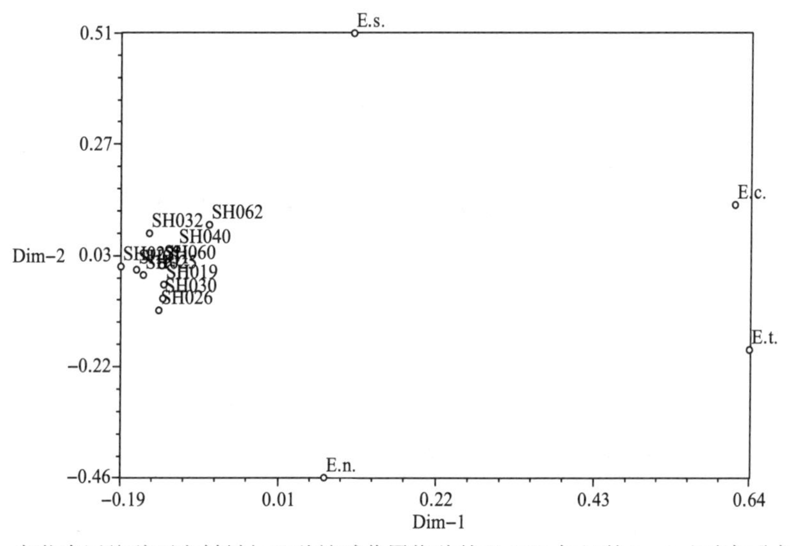


图 4-10 老芒麦近缘种不育材料与几种披碱草属物种基于 SSR 标记的 1、2 主坐标分析二维图

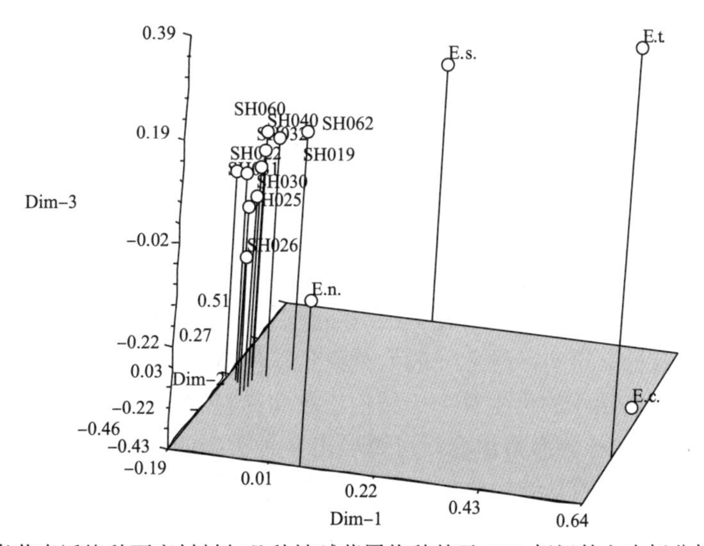


图 4-11 老芒麦近缘种不育材料与几种披碱草属物种基于 SSR 标记的主坐标分析三维散点图

# 第五章　老芒麦转基因研究

## 第一节　再生体系研究

### 一、禾本科牧草愈伤组织诱导及再生研究进展

愈伤组织的诱导和再生涉及外植体的脱分化过程和胚性愈伤组织的再分化过程，植物生长素和细胞分裂素对这两个分化过程起主导调节作用。多数情况下，双子叶植物再生体系的植物生长调节剂、各种激素组合及配比和培养基等，并不适合单子叶植物，尤其是禾本科牧草。因此对于不同的单子叶植物品种，仅仅通过激素调节来实现愈伤组织的诱导和再生是远远不够的，还需要对其外植体来源以及基因型个体差异等因素进行研究，才能获得最佳的胚性愈伤组织诱导及再生途径。

(一)愈伤组织形态发生方式

LaRue(1949)及 Straus 和 LaRue 等(1954)利用玉米的未成熟胚乳诱导出愈伤组织，迈出了单子叶植物组培再生极有意义的一步。随后，Carter 等(1967)首次建立了单子叶植物燕麦再生体系；Cheng 和 Smith(1975)建立了大麦的再生体系。但在多数情况下，这些植株再生是偶然发生的，再生频率低。自 20 世纪 80 年代后，植物的再生技术取得了突破性的发展，从未成熟的花穗、胚芽鞘组织、胚或来自于这些外植体的原生质体细胞诱导出愈伤组织，通过组织器官发生或体细胞胚胎发生，最终建立了一系列植株的高频再生体系。从愈伤组织形态发生方式来看，主要有不定芽方式和胚状体方式，其中胚状体来源于单细胞，再生稳定，具有完整的胚性结构，数量比不定芽再生多，可以制成人工种子，用于大规模生产。

禾本科胚性愈伤组织再生于 1980 年首次被报道(Dale，1980)，但许多胚性愈伤组织只能形成叶原基，绿点和许多芽分生组织，不能形成完整植株。1981 年后，一系列禾本科牧草品种的胚性再生被相继报道。禾本科植物胚性愈伤组织的显著特征是它们的颜色和表面特征。通常胚性愈伤组织的颜色是白色到灰白色，结构致密，有组织分化，并包含大量的小的、富含细胞质和含有淀粉的分生组织细胞(Vasil I K and Vasil V，1986)；而非胚性愈伤组织结构较疏松、透明，颜色一般为黄色到棕色(McDaniel et al.，1982)。结构致密和有组织结构的愈伤组织的再生频率比结构松软和易脆裂的愈伤组织高(Zaghmout and Torello，1990)。不同的植物激素组合，可诱导出 4 种类型的愈伤组织。这 4 种愈伤组织类型分别是：类型Ⅰ，多数是结构致密、不易脆裂、呈黄白色的愈伤组织；类型Ⅱ，全部是结构致密、较脆、呈白色的愈伤组织；类型Ⅲ，全部是结构致密、容易脆裂、呈黄色的

愈伤组织；类型Ⅳ，全部是透明、松软、水样化的愈伤组织。Ⅰ号、Ⅱ号和Ⅲ号类型的愈伤组织能够再生，而Ⅳ号类型的愈伤组织则不能再生。Ⅰ号、Ⅱ号和Ⅲ号类型的愈伤组织在添加0.01mg/L 6-BA(6-苄基腺嘌呤)和1～4mg/L 2，4-D的MS培养基上，能够大量增殖。当在MS培养基中添加0.01mg/L 6-BA和1～4mg/L 2，4-D时，将会减少Ⅳ号类型愈伤组织的增殖。胚性愈伤组织通过继代培养能够在MS培养基(根据不同物种添加不同浓度的2，4-D)中保持较长时间胚性。胚状体通常是在把诱导出的愈伤组织从高2，4-D浓度的培养基转移到2,4-D浓度减少30%～50%继代培养基或不含2,4-D的继代培养基中，经过一段时间继代培养后形成的。通常经过2周的继代培养，可诱发体细胞胚的形成。胚状体的发芽一般较快，且分化的植株往往早熟。因此在培养基中添加一定浓度的脱落酸可以减缓植株的早熟过程。

(二)植物生长调节剂对胚性愈伤组织诱导的影响

2，4-D通常是禾本科植物胚性愈伤组织诱导起决定作用的植物生长调节物质。许多禾本科牧草的外植体在不同浓度2，4-D存在的条件下，能够诱导出胚性愈伤组织，但过高或过低的2，4-D浓度均不利于胚性愈伤组织的形成和分化再生(Linacero and Vazquez，1990)。同时研究表明，诱导培养中只使用2，4-D是很难诱导出状态较好的愈伤组织的。因此，愈伤组织诱导时，在添加一定浓度的2，4-D基础上，还需添加一定浓度的ABA(脱落酸)、6-BA(细胞分裂素)、KT(激动素)等激素。6-BA和KT与生长素有一定的协同诱导作用(田文忠，1994)。添加ABA对胚性愈伤组织诱导有促进作用，并有助于胚性愈伤组织系统的建立(张栋和陈季楚，1995)。ABA的存在可以抑制胚芽和胚根的生长，有利于愈伤组织形成，同时，也增加了愈伤组织致密度和颗粒状程度，提高愈伤组织的质量。Quatrano等(1983)及Triplett和Quatrano(1982)研究表明，当胚培养在无外源ABA的条件中，胚内积累大量的胚蛋白和胚原基凝集素迅速消失，胚萌发并开始早期的生长发育；但若在含外源ABA的条件下培养，几天内这些蛋白质显著积累，加倍抑制胚的萌发和继续成熟过程，从而有利于胚脱分化，形成愈伤组织。Griffin和Dibble(1995)、Cho等(1998)、Chaudhury和Qu(2000)及Bai和Qu(2001)分别对大麦、剪股颖、早熟禾、狗牙根、高羊茅等材料的研究结果表明，在诱导培养中添加较低浓度6-BA，促进胚性愈伤组织的形成，提高愈伤质量，增加其再生能力。因此添加6-BA能改善细胞内源生长素和细胞分裂素的比例，调节细胞生理生化状态，使得细胞处在一个良好的状态，有利于胚性愈伤组织的发生，从而增加分化频率。

除了2，4-D外，二氯甲氧苯酸(dicamba)和落叶素(picloram)等生长素也能够诱导出胚性愈伤组织，其效能与2,4-D相当，有的效果甚至还好一些。Conger和McDonnell(1983)研究发现二氯甲氧苯酸和落叶素对鸭茅、黑麦草和高秆羊茅草3种牧草的愈伤组织诱导均有效，特别是对高秆羊茅草的诱导效果要好于2，4-D。

(三)植物生长调节剂对胚性愈伤组织分化的影响

用较高浓度的生长素(2，4-D)可诱导愈伤组织的形成，而用低浓度或活性较低的生长素，可诱导芽的形成。因此愈伤组织分化培养基一般应去掉2，4-D，添加细胞分裂素，以利于芽的分化。常用的细胞分裂素主要有6-BA、KT、ZT、TDZ(thidiazuron，*N*-苯基-*N'*-1，2，3-噻二唑-5-脲)等。ZT是天然的细胞分裂素，造价较高，很少使用。一般使用人工合成的细胞分裂素 6-BA 或 KT，其价格相对廉价，且分化效果好，因而使用广泛。TDZ 能诱导细胞内源细胞分裂素的发生，抑制乙烯产物的积累，在植物组织培养中表现很高的细胞分裂素活性。此外，在分化培养基中添加 ABA 也能促进胚性愈伤分化和再生，Van Ark 等(1991)施加 ABA 后，使得早熟禾胚性愈伤的发生增加一倍。

(四)受体材料和外植体来源对胚性愈伤组织再生的影响

实践证明，细胞全能性表达在各种植物之间甚至植物不同属种之间都有很大差别，植物的再生性由它们的基因型决定。目前，用作牧草再生培养的外植体材料主要有幼叶、未成熟种子和颖果、未成熟的花穗、成熟的和未成熟的胚、中胚轴、芽及芽尖和根尖等，其中未成熟花穗、未成熟胚和种子是牧草再生广泛使用的外植体。

即使在同样的培养条件下，不同牧草品种、不同组织或器官来源的外植体在愈伤组织诱导和芽苗形成方面存在显著差异。可能原因是它们对激素等外源信号的感应程度不同。因此需改变培养条件，提高其再生能力。Bai 和 Qu(2001)比较了高羊茅的成熟胚和未成熟胚愈伤组织诱导率，发现虽然未成熟胚愈伤诱导比成熟胚的高，但其再生率比成熟胚的低。因此成熟胚虽然愈伤组织的芽分化频率较低，但易于获取，且不受季节、植株发育时期等因素限制，具备取材方便、操作简单等优点，因而在胚性愈伤组织诱导方面得到广泛应用。

(五)其他因素对胚性愈伤组织诱导和再生的影响

除在诱导和继代培养基中加入 ABA 能改良愈伤组织质量外，在愈伤组织转到分化培养基前进行预分化处理、干燥处理、调节渗透压、在分化培养基中添加 TDZ、在生根培养基中加入适量的 MET 和 NAA 等，均可不同程度地提高愈伤组织的分化率。水解酪蛋白或多种氨基酸对胚状体发生也有促进效应。将这些因素结合起来应用在愈伤组织的分化培养，愈伤组织的分化率将大大提高。除了以上因素外，其他因素如继代培养时间，培养基的碳源、维生素、pH，以及培养温度、光周期等也都对牧草胚性愈伤组织的形成和变化有一定程度的影响。

## 二、川草 2 号老芒麦愈伤组织的诱导与再生研究

禾本科植物尤其是牧草，愈伤组织的诱导和再生其基因型依赖性较强，再生系统不稳定。Li 等(2006a)就川草 2 号老芒麦愈伤组织的诱导和再生做了比较详细的研究，建立了高效而稳定的愈伤组织再生体系。

(一)愈伤组织诱导与再生的培养基

以 MS 为基本培养基，通过添加不同浓度激素，配制老芒麦愈伤组织诱导及再生所需的各种类型培养基(表 5-1)。

表 5-1 愈伤组织诱导及再生的培养基配方

| 培养基 | 组成 |
|---|---|
| MS 基本培养基 | MS 大量元素+MS 微量元素+MS 有机成分 |
| 诱导培养基 | MS + 2，4-D 5.0mg/L + CH 600mg/L + KT 0.05mg/L |
| 继代培养基 | MS +2，4-D 5.0mg/L +CH 1000mg/L +KT 0.05mg/L +ABA 1.0mg/L |

续表

| 培养基 | 组成 |
| --- | --- |
| 预分化培养基 | MS + KT 2.0mg/L + NAA 0.2mg/L |
| 分化培养基 | 1/2MS +KT 2.0mg/L +NAA 0.5mg/L +CH 600mg/L |
| 生根和壮苗培养基 | MS + NAA 2.0mg/L |

注：诱导和继代培养基加 30g/L 蔗糖；预分化、分化和生根壮苗培养基加 20g/L 蔗糖，各种培养基均加 10g/L 琼脂，pH 5.8

（二）外植体选择

老芒麦愈伤组织诱导的外植体主要为成熟种子、幼穗、下胚轴、幼叶等。Li 等（2006b）选用成熟种子、下胚轴、幼叶作为外植体，经过 MS 诱导培养基培养，均诱导出结构致密的愈伤组织，其中成熟种子的愈伤组织诱导率达到 84.38%，其他两种的诱导率则较低，具体结果见表 5-2。李小雷等（2014）利用幼穗成功诱导出愈伤组织，诱导率达到 63.3%。由于成熟胚具有取材不受季节限制、接种方便简捷等优点，因此，在川草 2 号老芒麦愈伤组织再生体系中，通常选用成熟种子（成熟胚）作为愈伤组织诱导的外植体（图 5-1）。

**表 5-2 不同外植体材料的愈伤组织诱导率分析**

| 培养基 | 外植体 | 愈伤组织诱导率/% |
| --- | --- | --- |
| MS | 成熟胚 | 84.38±2.37** |
| | 下胚轴 | 12.87±1.54 |
| | 幼叶 | 6.29±3.42 |
| 对照 | 成熟胚 | 4.83±1.27 |
| | 下胚轴 | 0 |
| | 幼叶 | 0 |

注：每个处理接种 30 个外植体，在愈伤组织诱导培养基上 26℃暗培养 8 周，并重复 3 次；对照的培养基使用水和琼脂粉制成的固体培养基；数据为 3 次重复的平均值±SD；**表示 $P<0.01$ 时的显著性水平；结果显示川草 2 号老芒麦成熟胚的愈伤诱导效率最高

（三）植物生长调节剂对老芒麦愈伤组织诱导的影响

Li 等（2006b）研究发现，随着 2，4-D 浓度的升高，老芒麦植物愈伤组织的诱导率也提高，其中成熟胚和幼叶在 2，4-D 为 8mg/L 时，愈伤组织的诱导率达到最高，下胚轴在 2，4-D 为 5mg/L 时，愈伤组织的诱导率达到最高。同时发现，2，4-D+KT 激素组合比其他的激素组合更有利于川草 2 号老芒麦愈伤组织的诱导和生长。当使用 5.0mg/L 2，4-D 和 0.05mg/L KT 时，来自于成熟胚的愈伤组织重量达到最高，平均约为 51.22g。当 2，4-D 浓度使用 10mg/L 时，愈伤组织的重量则显著下降，平均只有约 14.97g。考虑到过高的 2，4-D 浓度会影响后期愈伤组织的分化和发育，因此，5mg/L 2，4-D+ 0.05mg/L KT 为老芒麦愈伤诱导剂的最适宜浓度组合。

（四）光照对老芒麦愈伤组织诱导的影响

光线一般有促进细胞分化的作用，但在老芒麦愈伤组织诱导时，光照却显著抑制愈伤组织的发生。Li 等（2006b）选用老芒麦成熟胚诱导愈伤组织时，通过光处理和暗处理，结

果发现，暗培养下的愈伤组织的诱导率达到83%以上，显著高于光下培养的愈伤组织诱导率(31%左右)。

(五)继代培养时间对老芒麦愈伤组织分化能力的影响

Li 等(2006b)研究表明，继代培养初期愈伤组织的再生率较低；继代培养 60d 左右时，再生率最高达 56%；继代培养时间的继续延长，愈伤组织的再生能力会随着继代时间的延长而逐渐降低。因此，当老芒麦愈伤组织诱导出来后，需在 MS 培养基上继代培养一定时间，才能移植到分化培养基上诱导分化(图 5-2)。

(六)植物生长调节剂对老芒麦愈伤组织分化的影响

Li 等(2006a)研究表明，单独使用 2，4-D 或其他的植物生长调节剂，川草 2 号老芒麦的出愈率极低或不出愈，并且难以分化。当培养基中添加 1.5mg/L 2，4-D 和 0.1mg/L KT 时，愈伤组织的分化率最高。当分化培养基中 2，4-D 浓度较高时，将诱导芽的分化，并伴随着产生愈伤组织(图 5-3)；而当 2，4-D 浓度较低并添加低浓度的 KT 时，将诱导发芽并伴随生根(图 5-4)。从实验结果可以看出愈伤组织诱导的最佳的激素组合为 5.0mg/L 2，4-D 和 0.05mg/L KT；而愈伤组织分化的最佳激素组合为 1.5mg/L 2，4-D 和 0.1mg/L KT。所以愈伤组织诱导的最适培养基为 MS 基本培养基并添加 5.0mg/L 2，4-D 和 0.05mg/L KT，出愈率可达到 85.6%，而最适的分化培养基为 1/2MS 盐添加 1.5mg/L 2，4-D 和 0.1mg/L KT，约有 54.3%的愈伤组织能分化出芽并生根。

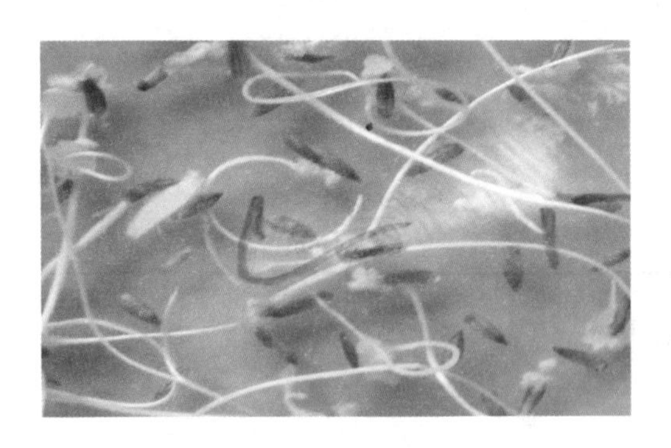

图 5-1 成熟胚诱导出的愈伤组织

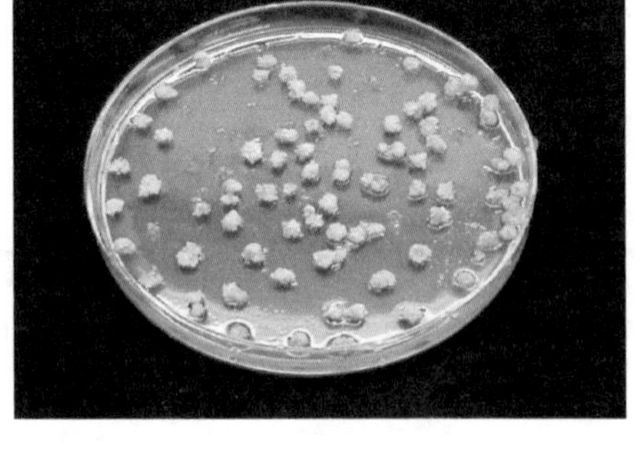

图 5-2 愈伤组织继代培养

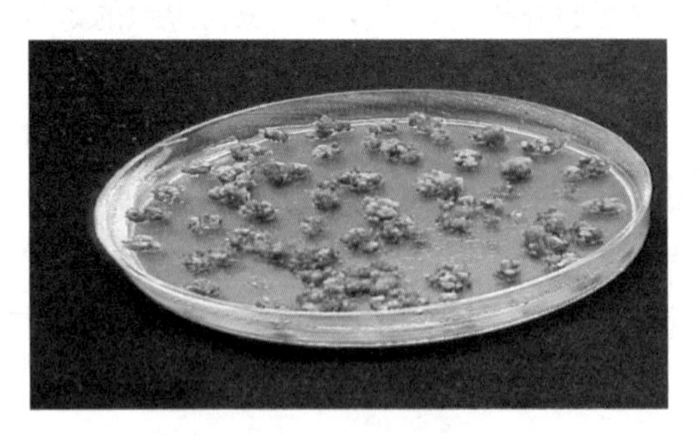

图 5-3 老芒麦愈伤组织芽诱导

图 5-4 老芒麦愈伤组织的分化与再生

# 第二节 基因克隆与调控表达

## 一、川草 2 号老芒麦低温诱导相关基因研究

mRNA 差异显示技术是分离差异表达基因的常用方法，该方法突破传统的差异筛选(differential screening)、扣除杂交(subtractive hybridization)等方法的局限性，适用于两个或两个以上的不同处理组织或细胞基因上调和下调差异表达的分析，这项技术为研究高等植物的发育、生理代谢、基因表达提供了重要的技术手段。何文兴等(2005)采用 mRNA 差异显示技术(DDRT-PCR)，从川草 2 号老芒麦(*Elymus sibiricus* L. cv. ‘Chuancao No. 2’)中分离了 4 条低温胁迫过程中差异表达基因片段，其中表达上调的有 2 条，表达下调的有 2 条。对差异表达片段的序列分析表明：Clone-S3N510 与多种植物 ATPase 的基因有 90%以上的同源性；Clone-L560 与多种植物受体蛋白激酶基因有 50%以上的同源性；Clone-N510 与可能参与 mRNA 的剪接和 DNA 重组及修复反应的蛋白质基因有一定同源性；Clone-L50 为未知功能片段。这些差异表达片段的分离，为进一步研究川草 2 号老芒麦耐寒机制从基因表达水平提供了新的线索。

### (一)Clone-S3N510 基因片段

川草 2 号老芒麦低温诱导后差异表达基因片段 Clone-S3N510 经测序其长度为 774bp(图 5-5)，通过 BlastX 程序在 GenBank 中搜索蛋白质同源性发现，该片段推测氨基酸序列与多种植物 ATPase $CF_1$ alpha 亚基有较高的同源性(图 5-6)。

```
1   TTATCCAGGG GATGTTTTTT ATTTGCATTC ACGCCTTTTA GAAAGAGCCG CTAAATTAAA
61  TTCTCTTTTA GGCGAAGGAA GTATGACCGC TTTACCAATA GTTGAGACTC AATCTGGAGA
121 CGTTTCTGCC TATATTCCTA CTAATGTAAT CTCCATTACA GATGGACAAA TATTCTTATC
181 TGCAGATCTA TTCAATGCCG GAATTCGACC TGCTATTAAT GTGGGTATTT CTGTTTCCAG
241 AGTGGGATCC GCGGCTCAAA TTAAAGCCAT GAAACAAGTA GCTGGCAAAT TAAAATTGGA
301 ACTAGCTCAA TTCGCAGAGT TACAAGCCTT TGCACAATTC GCCTCTGCTC TCGATAAAAC
361 AAGTCAGAAT CAATTGGCAA GGGGTCGACG ATTAAGGGAA TTGCTTAAAC AATCTCAGGC
421 AAACCCTCTC CCAGTGGAAG AGCAGATAGC TACTATTTAT ACCGGAACGA GAGGATATCT
481 TGATTCGTTA GAGATTGAAC AGGTAAATAA ATTTCTGGAT GAGTTACGTA AACACTTAAA
541 AGATACTAAA CCTCAATTCC AAGAAATTAT ATCTTCTAGC AAGACATTCA CCGAGCAAGC
601 GGAAATCCTT TTGAAGGAAG CTATTCAGGA ACAGCTGGAA CGGTTTTCTC TTCAGCAATA
661 AACATAAATT TTGTATGTCT ACTCTTGTTA GTAGAAGAGG AATCGTTGAG AAAGATTTTT
721 CATTGGATCA TTTGAATCAT GCAAAAAAAA AAAAAAAAAA AAAAAAAAAA AAAA
```

图 5-5 通过 DDRT-PCR 筛选的老芒麦低温胁迫后差异表达的 Clone-S3N510 片段

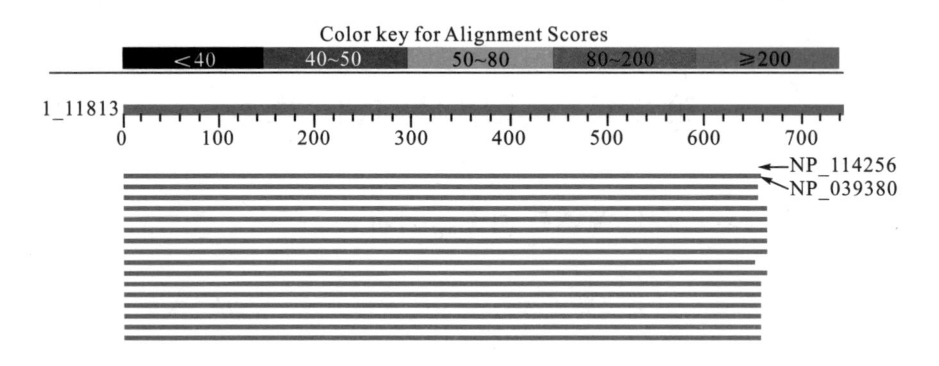


图 5-6 差异表达片段 Clone-S3N510 通过 BlastX 在 GenBank 中的同源性检索结果

在与小麦(*Triticum aestivum*)ATPase $CF_1$ alpha 亚基(NP_114256)比较的 218 个氨基酸中有 201 个相同，同源性达到 92%。在与水稻(*Oryza nivara*)ATPase $CF_1$ alpha 亚基(NP_039380)比较的 221 个氨基酸中有 198 个相同，2 个相似，同源性达到 90%。进一步检索结构域发现该序列与多种类型的 ATPase 有较高的同源性(图 5-7)。通过 BlastN 程序在 GenBank 中搜索核苷酸同源性发现，该片段与多种植物 *atpA* 基因具有 95%以上的同源性(图 5-8)，结合氨基酸序列检索结果，推测该片段是编码川草 2 号老芒麦 ATPase $CF_1$ alpha 亚基的基因片段。

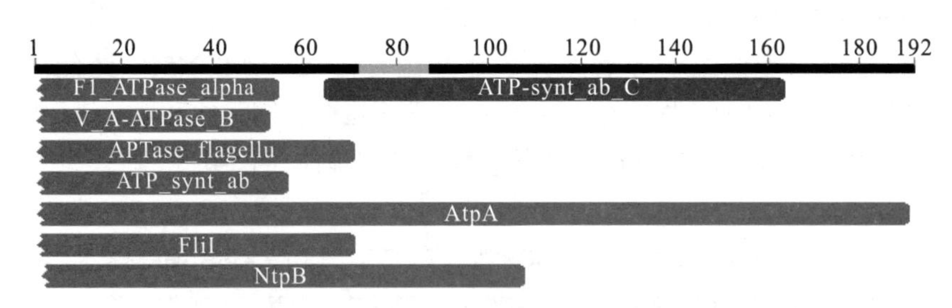


图 5-7 差异表达片段 Clone-S3N510 的保守结构域分析

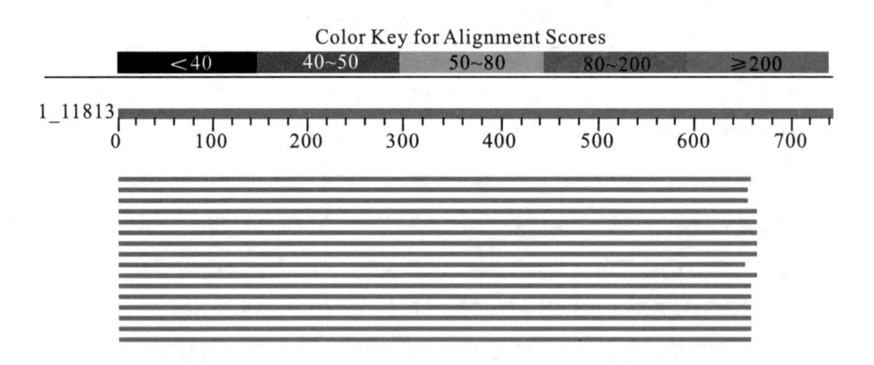


图 5-8 差异表达片段 Clone-S3N510 通过 BlastN 在 GenBank 中的同源性检索结果

作为能量代谢关键酶 ATPase 与植物的耐逆性间关系密切。而有关 ATPase $CF_1$ alpha 亚基与植物御冷性间关系的研究至今未见有相关报道。那么对于川草 2 号老芒麦而言，其在遭受低温胁迫时 ATPase $CF_1$ alpha 亚基基因转录水平的变化与 ATPase 活性之间有什么联系，编码 ATPase $CF_1$ alpha 亚基的 *atpA* 基因在御冷性反应中起什么作用等诸多疑问将为我们研究高寒地区植物抗寒机制的提供新的线索。

（二）Clone-L560 基因片段

川草 2 号老芒麦低温诱导后差异表达基因片段 Clone-L560 经测序其长度为 324bp（图 5-9），通过 BlastX 程序在 GenBank 中搜索蛋白质同源性发现，该片段推测氨基酸序列与水稻[*Oryza sativa*(japonica cultivar-group)]、烟草（*Nicotiana tabacum*）、芸薹（*Brassica napus*）的受体蛋白激酶有一定的同源性（图 5-10）。在与水稻受体蛋白激酶（AAO72646）比较的 63 个氨基酸中有 31 个相同，1 个相似，同源性为 50%；与烟草受体蛋白激酶（BAD06582）比较的 63 个氨基酸中有 32 个相同，2 个相似，同源性是 53%；与芸薹受体蛋白激酶（AAK21965）比较的 63 个氨基酸中有 30 个相同，3 个相似，同源性 52%。

```
1   TTCGAGCCAG TACAACGAGG ACCTGAAGAA GTTCAGGAAG ATGGCGCTCG GGACCAGCAG
61  CTTCCAGAGC AGCCAGCTAA CGCCGTCCAG TGGCGAGCAC GAGCACGAGC ACGAGCACCA
121 GAACCCGTCC GTCCCGAGCA GCGACGGCCA TCAGCAGACG CAGGAGGTGG AGTTGGGGAC
181 CACGAAGCGA GACGACGACG GCGGTGACGG CCGGGCTTCC ATGAGATGAC CACTTTCCCT
241 TTGGTTGGAG AGATTTAACT TGAGGACATC ATTTGTAAAT CCACAGCATA GCTGAATTTC
301 ACATAAGCTG CCACCTGGCT CGAA
```

图 5-9　通过 DDRT-PCR 筛选的差异表达片段 Clone-L560

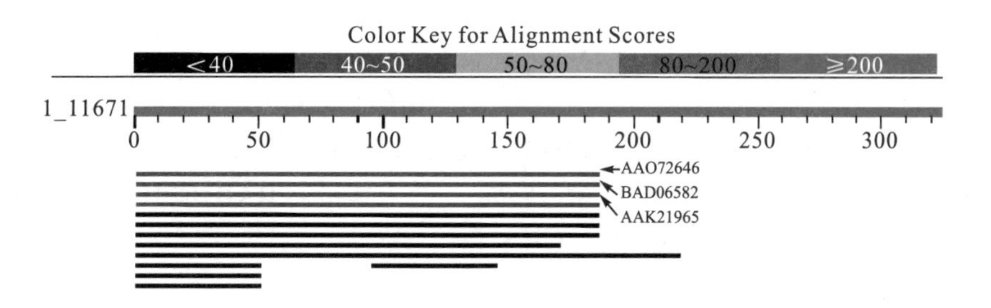


图 5-10　Clone-L560 通过 BlastX 在 GenBank 中的同源性检索结果

通过 BlastN 程序在 GenBank 中搜索核苷酸同源性发现，该片段与水稻推定受体蛋白激酶 mRNA（AY224526）有 95%（38/40）同源性；与玉米（*Zea mays*）编号为 PC0134818 的 mRNA（AY108241）有 95%（38/40）同源性（图 5-11）。

蛋白激酶是真核细胞信号转导的重要组分，位于细胞膜上的受体蛋白激酶（receptor protein kinase，RPK）可以感应干旱、高盐、低温、脱落酸以及生长发育等信号，并将信号向胞内传递，引发一系列信号转导过程。RPK 蛋白的共同特点是由胞外配体结合区（extracellular ligand-binding domain）、跨膜区（transmenbrane domain）和胞质激酶区（cytosolic kinase domain）3 个结构域组成，通过配体结合区感受外界信号，经跨膜区传递给胞质激酶区，再由胞质激酶区通过磷酸化作用将信号传递给下一级信号传递体。近年来，相继在多种高等植物中分离出一系列受体蛋白激酶基因，它们在各种信号感受及传递中起作用。从模式植物拟南芥中克隆的受体蛋白激酶基因 *RPK1* 在 4℃低温胁迫 4h 就能被快速诱导表达。Clone-L560 可能是川草 2 号老芒麦受体蛋白激酶基因片段，在感受外界低温的信号转导中发挥作用。

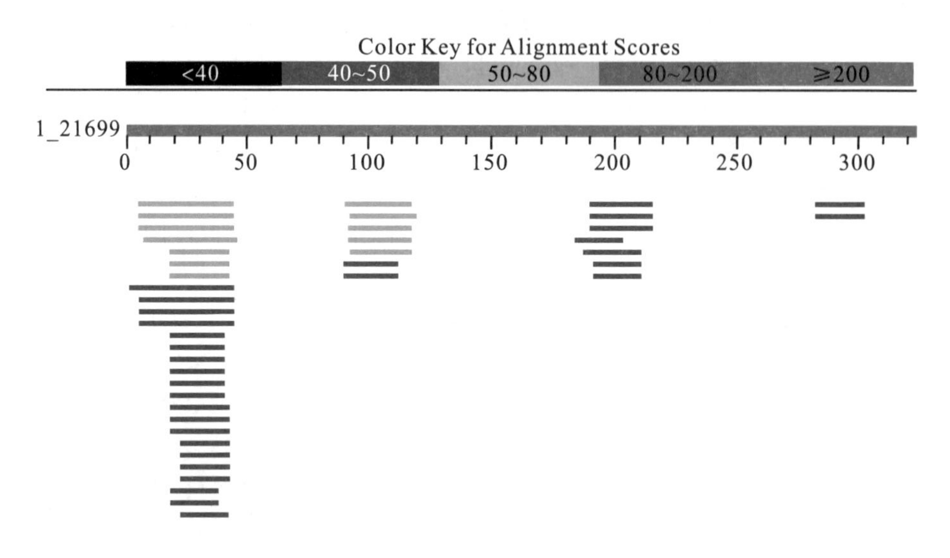


图 5-11 Clone-L560 通过 BlastN 在 GenBank 中的同源性检索结果

（三）Clone-N510 基因片段

经测序，Clone-N510 的长度为 387bp（图 5-12），通过 BlastX 程序在 GenBank 中搜索蛋白质同源性发现，该片段推测氨基酸序列与水稻[*Oryza sativa*（japonica cultivar-group）]推定蛋白质 NP_922787 有较高的同源性，在比较的 119 个氨基酸中 103 个相同，2 个相似，同源性达到 88%；另外，与 *Arabidopsis thaliana* 的未知蛋白 BAB10231、BAB86424 分别有 81%（80/98）和 75%（74/98）的同源性（图 5-13）。

```
1   GATGACCGCC AAACCGAATA TAGTCCACCT TCCTTGTTTT TATCAGGCCC ACTCGTGGGT
61  ACAAACTCCG GCCATGATGT ATTCCCCTGC TCGATGCCAT CCTCCCCTCC CACAACATCC
121 GACTTGGACG GCCTGTAGGA CTCCTTAATC TTCTCGTCTA TCCATTTATC GAACTCATCC
181 AGACAGACAT TGGCGAGCAA CGGGCTCAGC ACCCCACAAT GCCCCCAATC AGGCTGAGTC
241 AGAGCCTCCT CTGGGGCAAA CCCAAAGAAT GTCTGCAACC AGTAGGGGTC AGGCTTCGGC
301 TCCCCTTCCG GCAGCACCTT CTTTTTCTGG TACTTCCTCT TCTTCTTCTT CTTTGATGCA
361 TCGTCATCAC CTGGCCTGGC GGTCATC
```

图 5-12 通过 DDRT-PCR 筛选的差异表达片段 Clone-N510

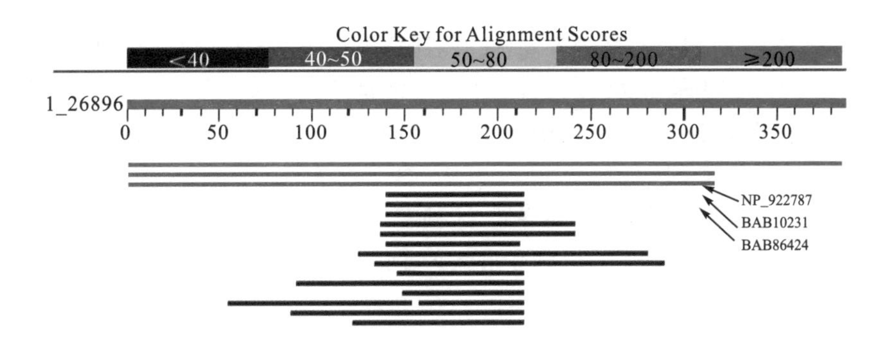


图 5-13　Clone-N510 通过 BlastX 在 GenBanK 中的同源性检索结果

通过 BlastN 程序在 GenBank 中搜索核苷酸同源性发现，该片段与水稻[*Oryza sativa*(japonica cultivar-group)]编号为 NM_197805 的推定蛋白 mRNA 有 78%(290/371)同源性(图 5-14)；与水稻第 10 号染色体长度为 304 969bp 的片段(AE07120)(74-77)有 78%同源性；与水稻编号为 J023044D03 的 cDNA(AK072336)全长插入序列(2785bp)有 78%同源性；与水稻第 10 号染色体 BAC OSJNBa0057L21 克隆(AC087599)有 78%(290、371)同源性。

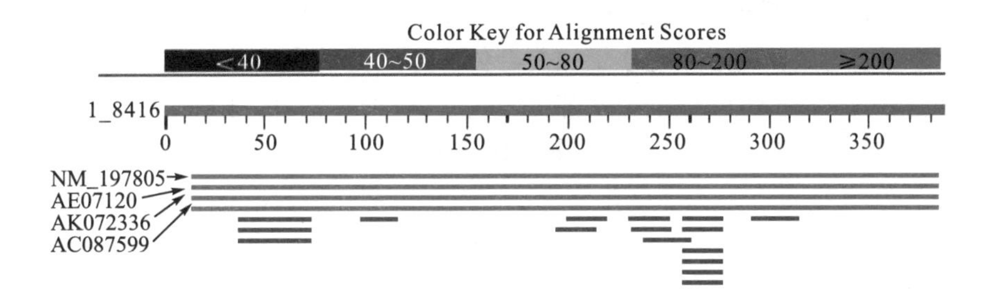


图 5-14　Clone-N510 通过 BlastN 在 GenBank 中的同源性检索结果

进一步搜寻与该检索序列同源的水稻推定蛋白 NP_922787 的保守结构域，发现其存在两个已知功能位点(图 5-15)，分别是 pfam01348 和 COG3344，其中 pfam01348 被发现存在于参与 mRNA 的剪接相关蛋白中；COG3344 保守区存在于参与 DNA 复制、重组和修复的逆转录酶中。

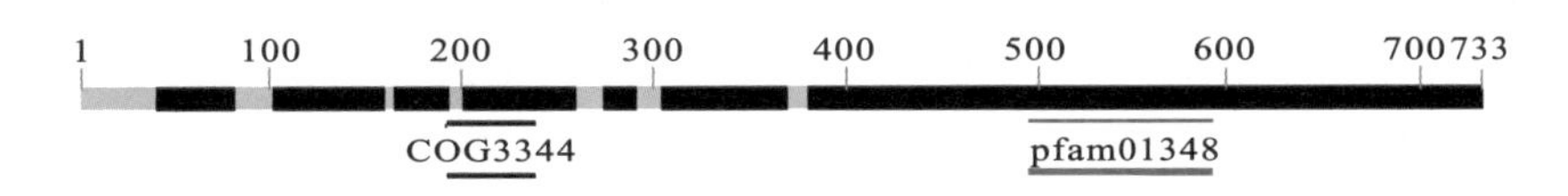


图 5-15　Clone-N510 保守结构域分析

Clone-N510 片段与具有 pfam01348 和 COG3344 保守结构域的水稻推定蛋白具有很高的同源性，说明其具有类似的潜在功能，参与川草 2 号老芒麦 mRNA 转录后的调节过程，或(和)参与低温逆境中 DNA 的重组及修复反应。另外，我们注意到，Clone-N510 是从常温正常生长状态下的川草 2 号老芒麦(低温对照)中筛选出的克隆片段，即受到低温胁迫时，Clone-N510 所代表的 mRNA 含量减少，可能是其相应基因的转录水平降低所致，也可能是转录并未受到影响，而是 mRNA 转录后加工受到影响或降解加快所致，或二者共同作用的结果。不管其原因如何，相应 mRNA 含量的下降将导致自身或其他 mRNA 剪接效率的下降和 DNA 重组修复功能的降低，这种变化与植物耐冷性间有什么关系还不清楚。

何文兴等(2005)以常温下的川草 2 号老芒麦植株为对照，采用 DDRT-PCR 方法对其在低温胁迫下差异表达基因进行分离，获得了差异表达基因的表达序列标签(express sequence tag，EST)。这些 EST 涉及信号转导、代谢调控、能量代谢关键酶等，还有大部分是未知功能序列。该研究为川草 2 号老芒麦等高寒地区植物在低温胁迫时如何在基因表达水平上产生应答提供了重要线索，所有这些信息也为我们进一步揭示高原植物如何适应低温环境奠定了基础。

## 二、川草 2 号老芒麦 *atpA* 基因的克隆及其调控表达

ATPase 广泛存在于线粒体、叶绿体、原核藻、异养菌和光合细菌中，参与氧化磷酸化与光合磷酸化反应，是能量代谢的关键酶，其活性与植物的抗寒性密切相关。

叶绿体 ATPase 由镶嵌于膜内的 $CF_0$ 和突出于膜外的 $CF_1$ 两部分组成，$CF_0$ 由 Ⅰ、Ⅱ、Ⅲ、Ⅳ 4 种亚基组成，是一个疏水蛋白复合体，形成跨膜的质子通道，并为 $CF_1$ 提供膜上的结合位点；$CF_1$ 是 ATPase 的亲水部分，具有 ATPase 活性，由 α、β、γ、δ、ε 5 种亚基组成，其分子组成为 $\alpha_3\beta_3\gamma\delta\varepsilon$。$CF_1$ 有 6 个核苷酸结合位点，其中 3 个在 β 亚基上，是催化位点；3 个在 α 亚基上，为非催化位点，主要起调节作用。α 亚基在调控 ATPase 活性中的作用越来越受到人们的关注，Tucker 等(2001)和 Schnick 等(2002)在研究链格孢毒素对 ATPase 的抑制作用时发现，α 亚基起着重要的调控作用。Groth 等(2000)在研究中得出：只有当 ANPP(4-叠氮-2-硝基苯磷酸)与 ATPase α 亚基结合时，ANPP 才能抑制 ATPase 水解活性。由此可见，ATPase α 亚基不仅在调控酶与反应底物的相互作用中有着重要作用，而且在生物有机体与外界环境的相互作用中也担任着重要角色。川草 2 号老芒麦是具有抗寒特性的优良禾本科牧草，研究其 ATPase α 亚基与植物低温逆境关系，对揭示高寒地区植物的耐寒性机理有着重要意义。

### (一) *atpA* 全长基因及其序列分析

通过 5′RACE 得到了 Clone-S3N510 的 5′端序列，片段大小为 1090bp，与原序列拼接后得到了全长基因的 cDNA 为 1.754kb，GenBank 数据库登录号为 AY702719。

通过登录 NCBI 进行 ORF Finder 分析，发现该全长 cDNA 含有一个编码 505 个氨基酸的可读框(起始于第 124 位核苷酸，终止于第 1641 位核苷酸)。在起始密码子之前有同一相位的终止密码子 UAA，3′端有加尾信号 AATAAA(起始于第 1637 位核苷酸)及 polyA。将所获得的全长 cDNA 通过 BlastN、BlastX 与 NCBI 的 GenBank 数据库进行同源性检索，发现该序列与小麦、水稻、玉米叶绿体 *atpA* 基因的同源性分别为 96%(M16842.1)、95%(AY 522329.1)、94%(X 05255.1)；氨基酸序列的同源性分别为 95%(NP_114256.1)、94%(AAS46052.1)和 94%(NP_043022.1)。

（二）可读框编码蛋白质的结构和性质分析

1. 蛋白质的分子质量及等电点

使用 DNA Tool 5.1 软件推测，川草 2 号老芒麦 ATPase α 亚基的分子质量为 55.5kDa，等电点为 6.22。

2. 蛋白质的疏水区预测

蛋白质分子的基本特性之一是亲水的极性部分在分子表面，疏水的非极性部分在分子内部，因此根据每种残基的极性和氨基酸序列就能容易地了解一级结构中不同肽段的极性，进而就能估测不同肽段在分子内外的定位。我们用 DNAMAN 5.0 软件估测了 ATPase α 亚基肽链的极性（图 5-16）。从图 5-16 可以看出，ATPase α 亚基 N 端和 C 端有较强的亲水性，中间部分均具有较强的疏水性。

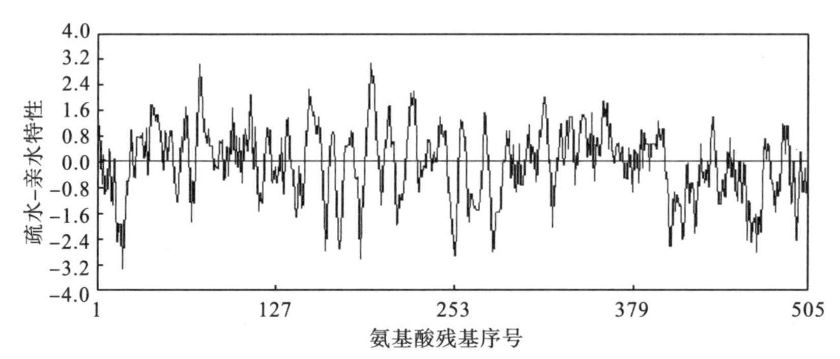


图 5-16　ATPase α 亚基 cDNA 编码蛋白质的疏水区预测

纵坐标的正值为亲水（极性），负值为疏水（非极性）

3. 蛋白质的修饰位点预测

利用由 Amos Bairoch 所创立的 PROSITE motif 数据库，对推测的 ATPase α 亚基蛋白修饰位点进行分析，发现序列具有 ATPase α 亚基和 β 亚基特征，其中第 170～177 位核苷酸为 ATP/GTP 结合位点，413～416 位核苷酸为酰胺化位点（X-G-[RK]-[RK]），序列中还存在 5 个蛋白激酶磷酸化位点（PKC）、4 个酪蛋白激酶Ⅱ的磷酸化位点（CK2）和 6 个 *N*-豆蔻酰化位点（MYRISTYL），说明其很容易受到多种因子的调控。豆蔻酰化作用是一种与翻译同时进行的蛋白质修饰过程，将十四碳饱和脂肪豆蔻酸通过单酰胺键与底物蛋白质氨基端的甘氨酸残基相连接，豆蔻酰化作用对正常细胞功能很重要。蛋白质磷酸化是敏感而可逆地调节蛋白质功能的一种常见和重要的机制，是控制酶活性的一种化学修饰，蛋白质的磷酸化与去磷酸化将会使靶蛋白的结构和功能得以改变，从而影响蛋白质的活性状态。磷酸化可调节细胞增殖、细胞周期中 $G_1$/S 期和 $G_2$/M 期的转换，磷酸化也可控制细胞的分化和器官的发育。大多数蛋白质的磷酸化和去磷酸化发生在丝氨酸和苏氨酸残基上，而许多与信号转导有关的蛋白质还在酪氨酸位置上被磷酸化。

4. 蛋白质二级结构预测

将 ATPase α 亚基氨基酸序列通过 DNAMAN 程序进行了蛋白质二级结构的预测，结果如图 5-17 所示。从图 5-17 可以看出，ATPase α 亚基含有比较丰富的二级结构，其中较大的 α 螺旋有 7 个，较大 β 片层有 11 个。

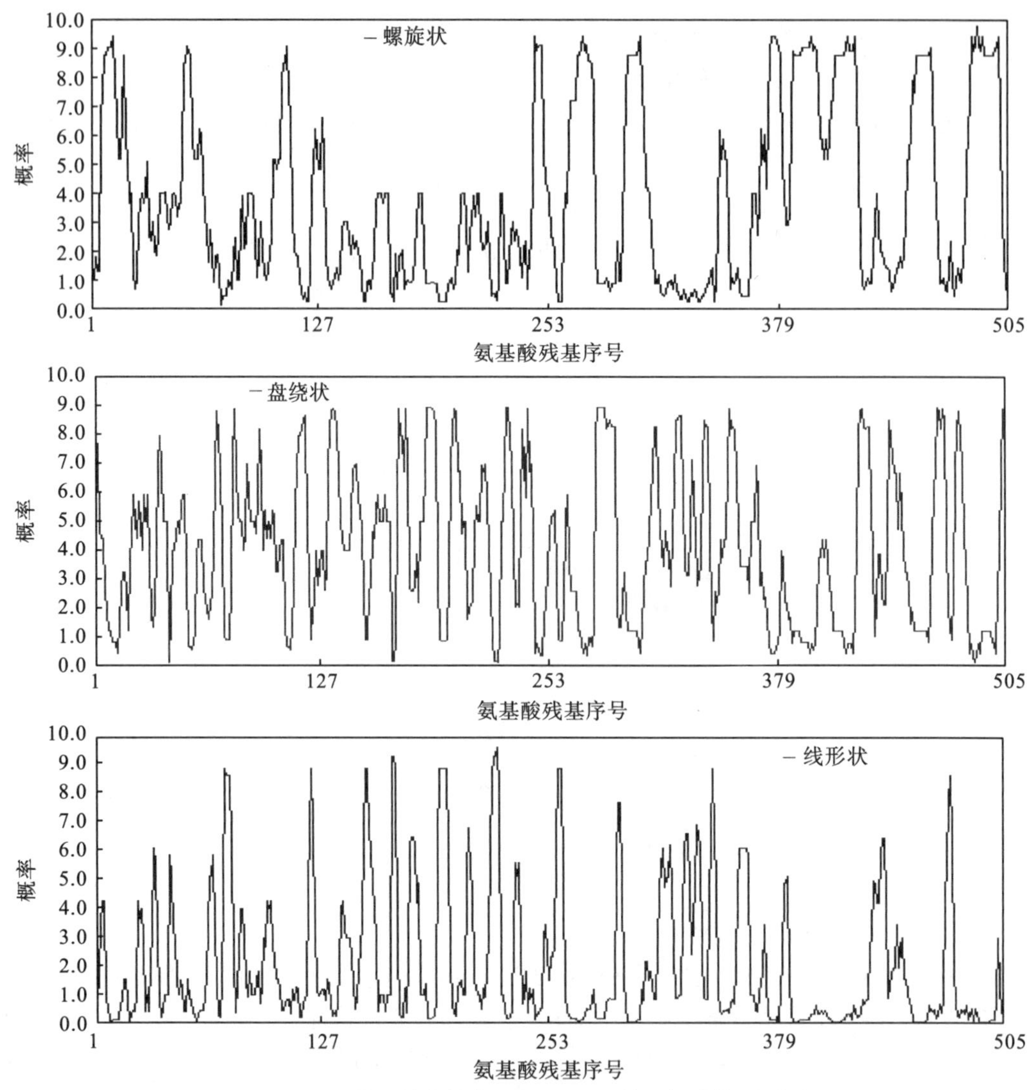


图 5-17 川草 2 号老芒麦 ATPase α 亚基二级结构预测图

5. 蛋白质三级结构推测及保守结构域分析

联网 http://www.expasy.org/swissmod/预测 3D 结构：川草 2 号老芒麦 ATPase α 亚基由 α 螺旋和 β 片层构成蛋白质高级结构主体，螺旋和片层之间由无规卷曲连接(图 5-18)。

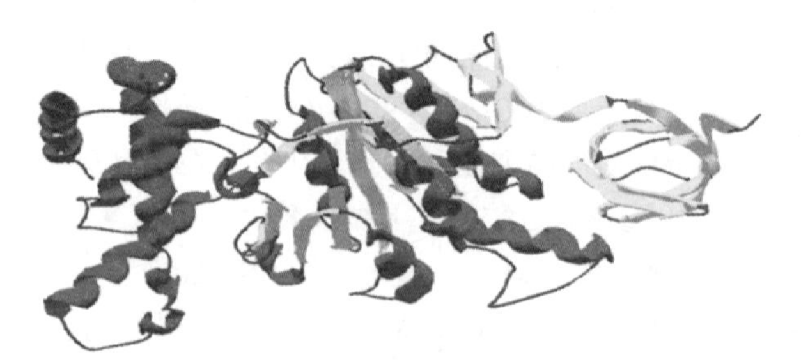

图 5-18 川草 2 号老芒麦 ATPaseα 亚基的三级结构预测图

用于蛋白质结构功能域的预测数据库主要有 Blocks、pfam、profile、PRINTS、NCBI 等，这些数据库搜索蛋白质的功能结构域的算法不同，结果也略有差异。运用 NCBI 的 rpsblast 检索保守结构域结果如图 5-19 所示。

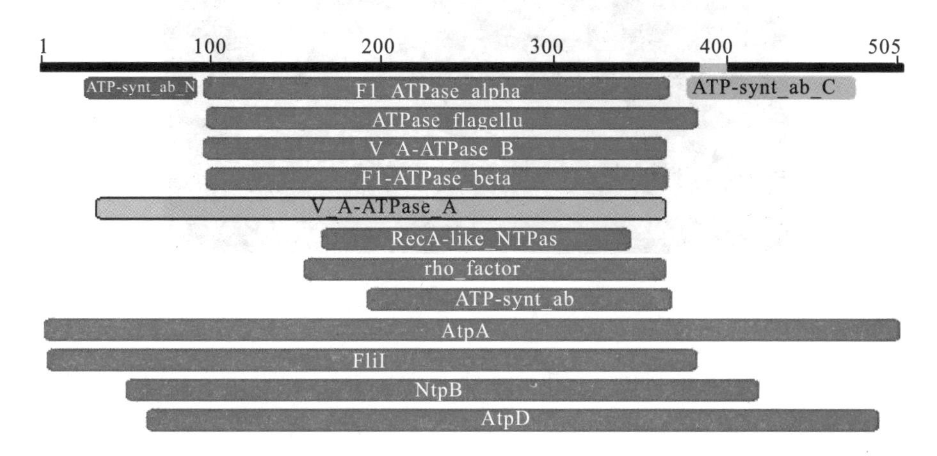


图 5-19　川草 2 号老芒麦 *atpA* 基因推测蛋白质的保守结构域

检索结果显示，预测的川草 2 号老芒麦 ATPase α 亚基氨基酸序列的 N 端有一个典型的 ATPase α 和 β 亚基间作用位点区域(ATP-synt_ab_N)(图 5-20)，该区域与 β 亚基的相应氨基酸残基共同构建 ATPase 的 β 桶结构域，结合其预测的三维构型，其具体位点是由 $Ile^{26}$～$Gly^{93}$ 构成。在检索序列中，存在 ATPase α、β 亚基间 C 端作用区域(ATP-synt_ab_C)(图 5-21)，由 α 亚基的 $Gln^{372}$～$Ieu^{429}$ 构成。由推测氨基酸序列的 $Ile^{95}$～$Ala^{371}$ 构成了 ATPase α 亚基核心结构域(F1_ATPase-synt_alpha)(图 5-22)。

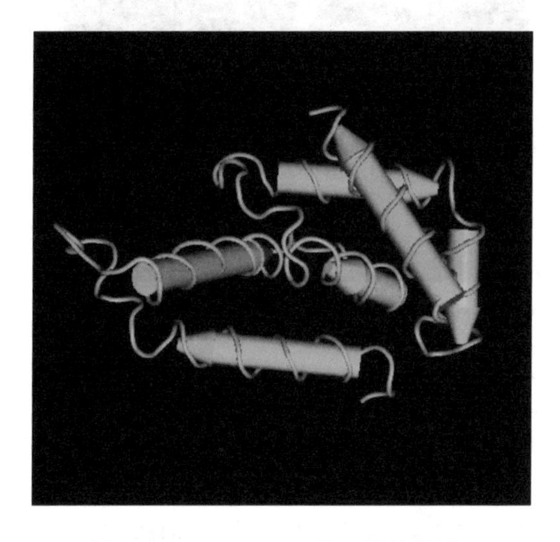

图 5-20　ATPase α 亚基 N 端结构域

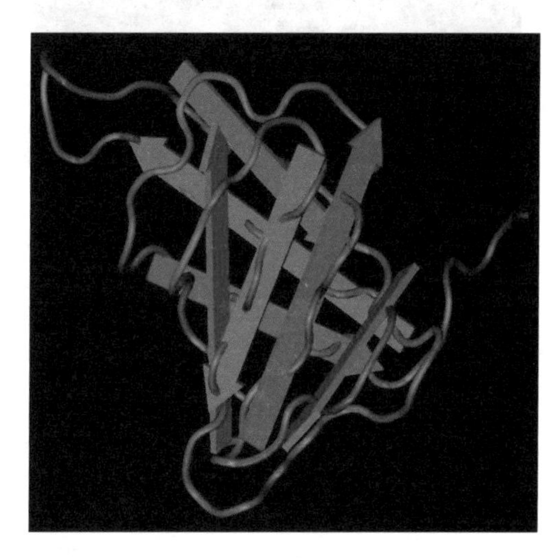

图 5-21　ATPase α 亚基 C 端结构域

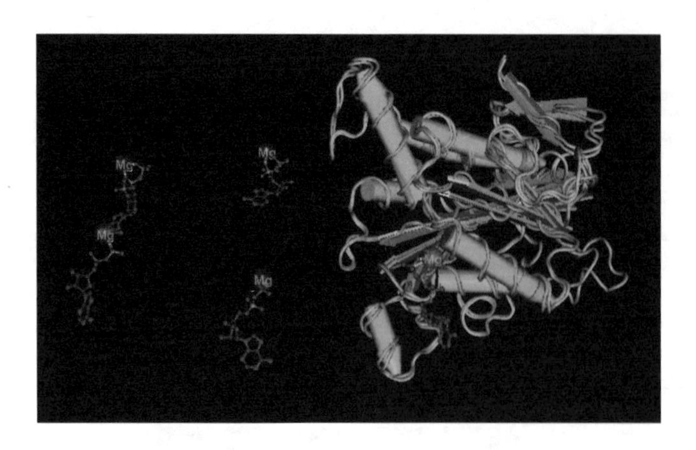


图 5-22 ATPase α 亚基核心结构域

核心结构域中，ATP 结合位点(图 5-23 中高亮显示部分)是由下列氨基酸残基来构成的：Arg$^{172}$、Lys$^{176}$、Thr$^{177}$、Ala$^{178}$、Tyr$^{196}$、Gln$^{201}$、Asp$^{262}$、Asp$^{263}$、Lys$^{266}$、Glu$^{321}$、Ser$^{337}$、Pro$^{350}$、Arg$^{355}$、Pro$^{356}$、Arg$^{366}$。由氨基酸序列同源性比较可以看出，这些位点(图 5-27 中红色显示部分)在进化中均十分保守。

核心结构域中，P 环是负责与三磷酸盐结合区域，其构成通式是：(G/A)XXXXGK(T/S)，川草 2 号老芒麦 ATPase α 亚基中由下列氨基酸残基构成(图 5-24 中高亮显示区)：Gly$^{170}$、Asp$^{171}$、Arg$^{172}$、Gln$^{173}$、Thr$^{174}$、Gly$^{175}$、Lys$^{176}$、Thr$^{177}$。由氨基酸序列同源性比较可以看出，这些位点在进化中均十分保守(图 5-27 中显示绿色背景部分)。

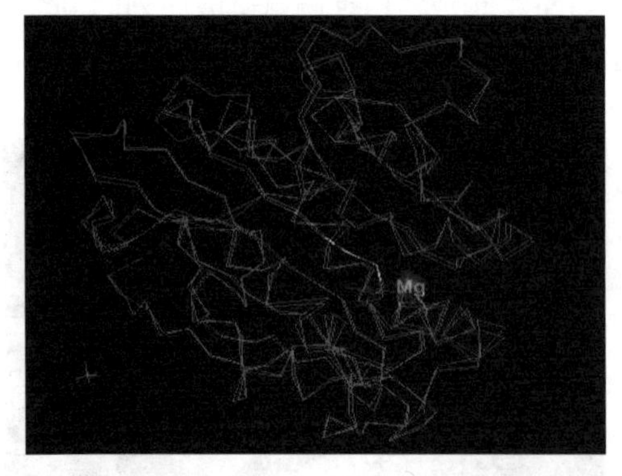


图 5-23 ATPase α 亚基 ATP 结合位点

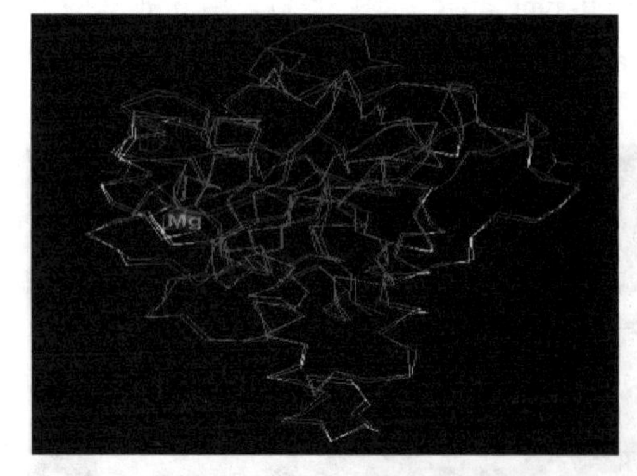


图 5-24 ATPase α 亚基三磷酸盐结合位点

核心区域内，天冬氨酸盐结合位点由下列 5 个氨基酸残基(图 5-25 中高亮显示部分)构成：Ley$^{258}$、Ile$^{259}$、Ile$^{260}$、Tyr$^{261}$、Asp$^{262}$。该区域在不同种间均保持高度一致性(图 5-25 中彩背景显示部分)。

在核心区域内，α 亚基与 β 亚基的结合区域如图 5-26 所示(图 5-26 中高亮显示部分)，由下列氨基酸残基构成：Ile$^{116}$、Asp$^{117}$、Pro$^{133}$、Ala$^{134}$、Gly$^{136}$、Ile$^{137}$、Arg$^{140}$、Ser$^{142}$、Arg$^{172}$、Gln$^{173}$、Arg$^{202}$、Ala$^{203}$、Ser$^{204}$、Ser$^{205}$、Ala$^{207}$、Gln$^{208}$、Thr$^{211}$、Arg$^{272}$、Gln$^{273}$、Arg$^{279}$、Arg$^{280}$、Pro$^{281}$、Gly$^{283}$、Arg$^{284}$、Gly$^{289}$、Tyr$^{293}$、Ser$^{296}$、Glu$^{300}$、Ser$^{337}$、Asp$^{340}$、Asn$^{351}$、Ala$^{352}$、Arg$^{355}$、

Arg366。在图 5-27 中蓝色显示部分，在不同种间，有着极高的保守性。

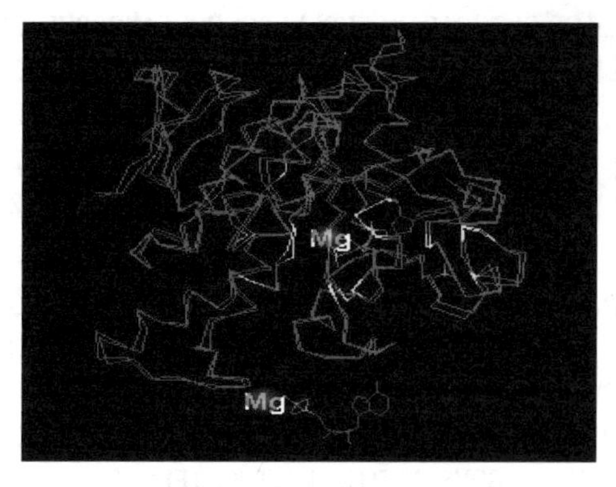


图 5-25 ATPase α 亚基天冬氨酸盐结合位点

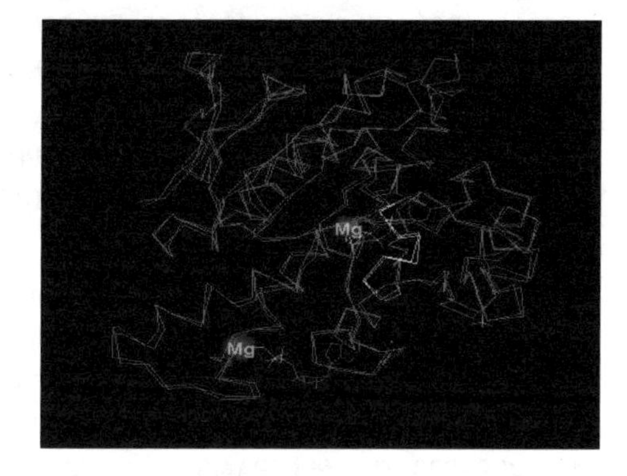


图 5-26 ATPase α 亚基与 β 亚基结合位点

```
E.sibiricus    1 matlrvdeihkilrerieqynrkvgienigrvvqvgdgiariiglgeimsgelvefaegt 60
gi 114521      1 matlrvdeihkilrerieqynrkvgienigrvvqvgdgiariiglgeimsgelvefaegt 60
gi 3023328     1 mvkirpdeissiikqqieqyqqevkavnvgtvfqvgdgiariygldkvmagelvefedgt 60
gi 231592      1 mirvrpnevtriirqqvkkyrqelkivnvgtvlqvgdgiariyglekvmagelvefdegt 60
gi 34501429    1 mvkirpdeissiirkqiedysqeikvvnvgtvlqvgdgiariygldkvmagelvefedns 60
gi 114513      1 mamrtpeelsnlikdlieqytpevkmvdfgivfqvgdgiariyglekamsgellefedgt 60
gi 5915723     1 mvnirpdeissiirqqidkydqaiqvsnvgtvlqigdgiarvygldqvmagellefedkt 60

E.sibiricus   61 rgialnlesknvgivlmgdglmiqegsfvkatgrIAQIPVSEAYLGRVVNALAKPIDGRG 120
gi 114521     61 rgialnlesknvgivlmgdglmiqegsfvkatgrIAQIPVSEAYLGRVINALAKPIDGRG 120
gi 3023328    61 vgialnleaknvgavlmgegtrvqegssvratgkIAQIPVGDGYLGRVVNSLARPIDGKG 120
gi 231592     61 igialnleadnvgavlmgeatnlkegasvkttgkIAQIPVGRGFLGRVVDALARPIDGKG 120
gi 34501429   61 igialnlesdnvgvvlmgdgltiqegssvkatgkIAQIPVSDGYLGRVVNALAQPIDGKG 120
gi 114513     61 lgialnleannvgavllgdglkitegsrvrctgkIAEIPVGEAYLGRVVDGLARPVDGKG 120
gi 5915723    61 igialnlesdnvgvvlmgegrgilegssvkatgkIAQVPVGKSYLGRVVNALGTPIDGKG 120

E.sibiricus  121 EliaSESRLIESPAPGIiSRRSVYEPMQTGLIAIDSMIPIGRGQRELIIGDRQTGKTAVA 180
gi 114521    121 ElvaSESRLIESPAPGIiSRRSVYEPLQTGLIAIDSMIPIGRGQRELIIGDRQTGKTAVA 180
gi 3023328   121 ElatKENRLIESPAPGIiSRRSVHEPLQTGIVAIDAMIPIGRGQRELIIGDRQTGKTAIA 180
gi 231592    121 DlasFTTRLIESPAPGIvSRRSVHEPLQTGLIAIDAMIPIGRGQRELIIGDRQTGKTAVA 180
gi 34501429  121 QlpaSEFRLIESSAPGIiSRRSVYEPMQTGLIAIDSMIPIGRGQRELIIGDRQTGKTAVA 180
gi 114513    121 AVqtKDSRAIESPAPGIvARRSVYEPLATGLVAVDAMIPVGRGQRELIIGDRQTGKTAIA 180
gi 5915723   121 DlncSETRLIESIAPGIiSRKSVCEPIQTGITAIDSMIPIGRGQRELIIGDRQTGKSSVA 180

E.sibiricus  181 TDTILNQKg~~~~~~~~qNVICVYVAIGQRASSVAQVVTNFQEEgameYTIVVAEMADSP 232
gi 114521    181 TDTILNQKg~~~~~~~~qDVICVYVAIGQRASSVAQVVTTFHEEgameYTIVVAEMADSP 232
gi 3023328   181 VDTILNQKg~~~~~~~~kDVVCVYVAIGQKASSIAQVVNTLQERgamdYTIIVAATADSP 232
gi 231592    181 TDTILNQKg~~~~~~~~qGVICVYVAIGQKASSVSQIVTTLEKRgameYTIIVAENADSS 232
gi 34501429  181 TDTILNQKg~~~~~~~~qNVICVYVAIGQKASSVAQVVNTFEERgaleYTIVVAEAANSP 232
gi 114513    181 VDTILNQKg~~~~~~~~kGVICVYVAIGQKASSVAQVLNTLKERgaldYTIIVMANANEP 232
gi 5915723   181 IDTIINQKg~~~~~~~~eDVVCVYVAVGQKAATVASIVTTLEEKgaldYTCIVAANADDP 232
```

```
E.sibiricus 233 ATLQYLAPYTGAALAEYFMYRERHTLIIYDDLSKQAQAYRQMSLLLRRPPGREAYPGDVF 292
gi 114521   233 ATLQYLAPYTGAALAEYFMYRERHTLIIYDDLSKQAQAYRQMSLLLRRPPGREAYPGDVF 292
gi 3023328  233 ATLQYLSPYTGAALAEYFMYTGRHTLVIYDDLTKQAQAYREMSLLLRRPPGREAYPGDVF 292
gi 231592   233 ATLQYLAPYTGAALAEYFMYNGKHTLVIYDDLSKQAQAYRQMSLLLRRPPGREAYPGDVF 292
gi 34501429 233 ATLQYLAPYTGAALAEYFMYRKQHTLIIYDDLSKQAQAYRQMSLLLRRPPGREAYPGDVF 292
gi 114513   233 ATLQYLAPYTGATLAEYFMYTGRPTLTIYDDLSKQAQAYREMSLLLRRPPGREAYPGDVF 292
gi 5915723  233 ATLQYIAPYTGAAIAEYFMYNGQATLVIYDDLSKQASAYREMSLLLRRPPGREAFPGDVF 292

E.sibiricus 293 YLHSRLLERAAKLNsIlgeGSMTALPIVETQSGDVSAYIPTNVISITDGQIFLSADLFNA 352
gi 114521   293 YLHSRLLERAAKLNsIlgeGSMTALPIVETQSGDVSAYIPTNVISITDGQIFLSADLFNA 352
gi 3023328  293 YLHSRLLERAAKLNdklgsGSMTALPVVETQEGDVSAYIPTNVISITDGQIFLSADIFNA 352
gi 231592   293 YLHSRLLERAAKLSdelgqGSMTALPIVETQAGDVSAYIPTNVISITDGQVFLSADIFNS 352
gi 34501429 293 YLHSRLLERAAKLSsqlgeGSMTALPIVETQAGDVSAYIPTNVISITDGQIFLSADLFNA 352
gi 114513   293 YLHSRLLERAAKLNnalgeGSMTALPIVETQEGDVSAYIPTNVISITDGQIFLAAGLFNS 352
gi 5915723  293 YLHSRLLERAAKLSdklggGSMTALPVIETQAGDVSAYIPTNVISITDGQIFLSGDLFNA 352

E.sibiricus 353 GIRPAInvGISVSRVGsaaqikamkqvagklklelaqfaelqafaqfasaldktsqnqla 412
gi 114521   353 GIRPAInvGISVSRVGsaaqikamkqvagksklelaqfaelqafaqfasaldktsqnqla 412
gi 3023328  353 GIRPAInvGISVSRVGsaaqpkamkqvagklklelaqfaeleafsqfasdldqatqnqla 412
gi 231592   353 GIRPAInvGISVSRVGsaaqikamkqvagklklelaqfaeleafsqfasdldqatqnqla 412
gi 34501429 353 GIRPAInvGISVSRVGsaaqikamkqvagklklelaqfaeleafaqfasdldkatqnqla 412
gi 114513   353 GLRPAInvGISVSRVGsaaqpkamkqvagklklelaqfaeleafsqfasdldqatqnqla 412
gi 5915723  353 GIRPAInvGISVSRVGsaaqikamkqvagklklelaqfaeleafsqfasdldqatrnqla 412

E.sibiricus 413 rgrrlrellkqsqanplpveeqiatiytgtrgyldsleieqvnkfldelrkhlkdtkpqf 472
gi 114521   413 rgrrlrellkqsqanplpveeqiatiyigtrgyldsleigqvkkfldelrkhlkdtkpqf 472
gi 3023328  413 rgqrlrellkqsqssplsledqvasiyagtngyldvlpadrvraflvglrqylatnkaky 472
gi 231592   413 rgarlrellkqpqasplsvadqvatiytgingylddinledvrgflielrehinnekptf 472
gi 34501429 413 rgqrlrellkqsqssplaveeqvatiytgvngyldvlevdqvkkflvqlreylttnkpqf 472
gi 114513   413 rgarlreilkqpqssplsveeqvaslyagtngyldklevsqvraylsglrsylansypky 472
gi 5915723  413 rgqrlreilkqpqnspisveeqvaiiytgingylddiavdkvrrfvtnlrtnlknskpqy 472

E.sibiricus 473 qeiissskteteqaeillkeaiqeqlerfslqq~~~ 505
gi 114521   473 qeiissskteteeaeillkeaiqeqlerfslqeqt~ 507
gi 3023328  473 geilrstnaltdeaqtllkealkeyteeflasak~~ 506
gi 231592   473 keiinktktftqeaelllkftiidlkknfkkrik~~ 506
gi 34501429 473 aeiirstkvfteqaegilkeaikehtelfllqedk~ 507
gi 114513   473 geilrstltftpeaeglvkqaineyleefksqakaa 508
gi 5915723  473 aeiirntktfnsdaenllksaiadtkqsfv~~~~~~ 502
```

图 5-27 川草 2 号老芒麦 ATPase α 亚基氨基酸序列保守结构域同源性分析

### (三)低温胁迫不同时段 *atpA* 基因表达水平的 RNA 印迹结果

以 *atpA* 基因 cDNA 为探针，与冷处理组和对照组各 13 个时段叶片总 RNA 的杂交结果表明，2℃低温胁迫 4h，*atpA* 基因的表达没有发生明显变化，在 4～8h 内转录水平较对照明显升高，而在随后的4h内(第8～12小时)，转录水平迅速下降。在第12～72小时低温胁迫过程中，尽管 *atpA* 基因转录水平略有波动，但明显受到低温抑制。另外，在解除低温胁迫8h内(第72～80小时)，*atpA* 基因转录水平略有回升，在随后的8h内，转录水平快速回升，且远远超过了对照，持续一定时间后渐渐恢复至处理前水平(第88～112小时)(图5-28)。

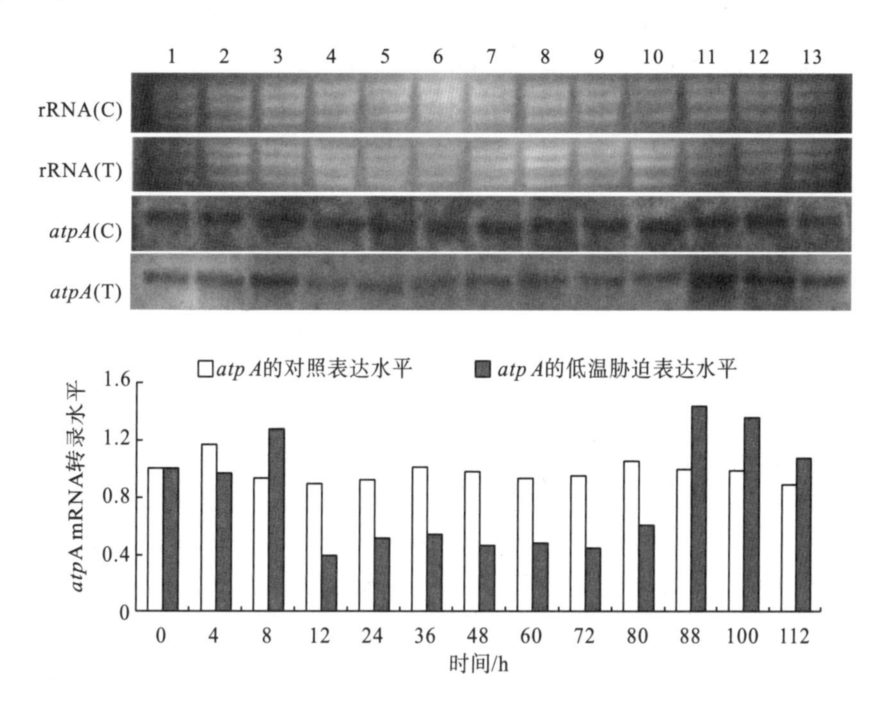


图5-28　Northern杂交检测 *atpA* 基因在低温胁迫及恢复过程中的表达水平

0～72h. 2℃低温处理；72～112h：2℃低温处理后25℃培养；C. 对照；T. 处理；

1~13：0h、4h、8h、12h、24h、36h、48h、60h、72h、80h、88h、100h、112h

植物低温胁迫实质上是感受低温信号、调节基因表达和代谢的环境适应过程。植物处于低温逆境时，机体内除了被动地发生一系列生理衰减反应以外，也会主动进行耐受(或抵御)性反应，进而对低温做出快速应答。在基因转录水平对低温胁迫做出应答是植物适应性反应的重要环节。何文兴等(2005)研究发现，2℃低温胁迫处理12h，ATPase α亚基基因转录会受到明显抑制，说明低温胁迫会对参与构成ATPase亚基基因转录水平产生深刻影响。川草2号老芒麦在受到低温胁迫时 *atpA* 基因转录受到影响，可能会在两个方面对植物的耐逆反应产生作用：一是会影响到ATPase活性，二是会影响到细胞信号转导。

低温胁迫引起酶分子数量减少、酶分子构象发生变化，或使膜上或细胞质中 $Ca^{2+}$ 浓度发生变化等，均可导致酶活性的变化。越来越多的研究结论证实，作为能量代谢关键酶的ATPase与低温胁迫有着直接或间接的关系。川草2号老芒麦抗寒性强，在受到低温胁迫时，其 *atpA* 基因转录水平的变化与耐寒水稻ATPase活性变化有着一定的一致性，而ATPase活性增强对植物抵御逆境具有积极适应意义。

植物从感受低温信号到发生一系列生理生化反应和调节基因表达，进而产生抗寒能力存在一个复杂的信号网络系统。在 *atpA* 基因的序列分析中发现，ATPase α 亚基存在多处蛋白激酶和酪蛋白激酶磷酸化位点，由此可以推测 ATPase α 亚基作为酶蛋白受体参与细胞低温信号转导过程。何文兴等(2005)研究发现，在温度剧烈变化时 *atpA* 基因转录水平基本维持原状，而在随后转录水平明显增加，说明 α 亚基在植物对温度信号的转导中可能充当着次级信使的作用。

另外，对多亚基构成的酶蛋白而言，在对环境变化做出反应时，其各个组成亚基在蛋白质水平上的变化并不是同步的(Lüttge，1993)，而且在诱导基因转录后调节蛋白质的翻译、加工则更为复杂，具有更为精细的内在调控机制(陈香波等，2001)。因此揭示低温胁迫时 *atpA* 基因的转录丰度变化，以及如何影响和调控 ATPase 活性和低温信号转导，还需要深入研究。

## 三、川草 2 号老芒麦 UV-B 辐射敏感相关基因研究

青藏高原是全球气候变化的敏感地区之一。强 UV-B 辐射、低 $CO_2$ 浓度、高寒低氧、气候变化剧烈等严酷生态条件，对长期生活在高原地区的动植物具有深刻影响，使其既遭受胁迫伤害，又具有生理生化及生态等多方面的适应策略。通过研究增强 UV-B 辐射对川草 2 号老芒麦基因转录水平影响，为从基因转录水平上揭示高原植物如何适应强 UV-B 辐射奠定基础。何文兴等(2005)运用 mRNA 差异显示技术(differential display of reverse transcriptional PCR，DDRT-PCR)，从川草 2 号老芒麦(*Elymus sibiricus* L. cv.‘Chuancao No. 2’)中分离到了 4 条受增强 UV-B 辐射影响的差异表达基因片段，其中表达上调的有 3 条，表达下调的有 1 条；对差异表达片段的序列分析表明：①Clone-UT5 与小麦属植物 *Triticum monococcum* 磷脂酰丝氨酸脱羧酶基因有 81%的同源性，还与多种植物反转录转座子基因有一定的同源性；②Clone-UT10 和 UT16 与多种菌类、藻类的未知功能推定蛋白基因有一定的同源性；③UT12 与多种植物编码核酮糖 1，5-二磷酸羧化酶/加氧酶大亚基基因有极高的同源性。

### (一) Clone-UT12 基因片段

经测序，Clone-UT12 的长度为 540bp(图 5-29)，通过 BlastX 程序在 GenBank 中搜索蛋白质同源性发现，该片段推测氨基酸序列与多种植物核酮糖 1，5-二磷酸羧化酶/加氧酶大亚基有 97%以上的同源性(图 5-30)。其中与大麦属的 *Hordeum vulgare* subsp. Rubisco 大亚基(AAN27989)有 99.4%(159/160)的同源性，与小麦(*Triticum aestivum*)Rubisco 大亚基(AAP92166)的同源性也达到 99.4%(159/160)；另外，还检索到该片段与赖草属的羊草(*Leymus chinensis*)Rubisco 大亚基(CAA90004)的同源性为 98.7%(157/159)，与川草 2 号老芒麦同是披碱草属的 *Elymus trachycaulus*(CAA90000)和 *Elymus glaucescens*(CAA89998)Rubisco 大亚基的同源性均为 98.7%(157/159)，与水稻[*Oryza sativa* (indica cultivar-group)]Rubisco 大亚基(AAS46061)的同源性也达到 98.7%(157/159)。

```
1   TTGCGTATGT CTGGGGGAGA TCATATCCAC TCCGGTACAG TAGTAGGTAA GTTAGAAGGG
61  GAACGCGAAA TGACTTTAGG TTTTGGTGAT TTATTGCGCG ATGATTTTAT TGAAAAAGAT
121 CGTGCTCGCG GTATCTTTTT CACTCAGGAC TGGGTATCCA TGCCAGGTGT TATACCGGTA
```

181 GCTTCAGGTG GTATTCATGT TTGGCATATG CCAGCTCTGA CCGAAATCTT TGGGGATGAT
241 TCCGTATTAC AATTTGGTGG AGGAACTTTA GGACATCCTT GGGGAAATGC ACCTGGTGCA
301 GCAGCTAATC GAGTGGCTTT AGAAGCCTGT GTACAAGCTC GTAACGAAGG GCGCGATCTT
361 GCTCGTGAAG GTAATGAAAT TATCCGAGCA GCTTGCAAAT GGAGTCCTGA ACTAGCCGCG
421 GCTTGTGAAG TATGGAAGGC GATCAAATTC GAGTTCGAGC CGGTAGATAC TATCGATAAG
481 TAGATAAAAC TAAATATAAG GAAGGTCTAA AAAAAAAAAA AAAAAAAAAA AAAAAAAAAA

图 5-29　通过 DDRT-PCR 筛选的差异表达片段 Clone-UT12

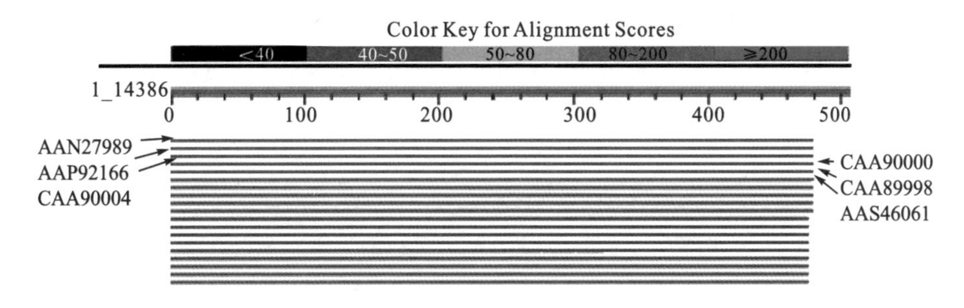


图 5-30　Clone-UT12 通过 BlastX 在 GenBank 中的同源性比对结果

通过进一步检索 Clone-UT12 可能编码氨基酸序列检索保守结构域，发现存在 Rubisco(核酮糖 1，5-二磷酸羧化酶加氧酶)大亚基保守结构域图(图 5-31)。

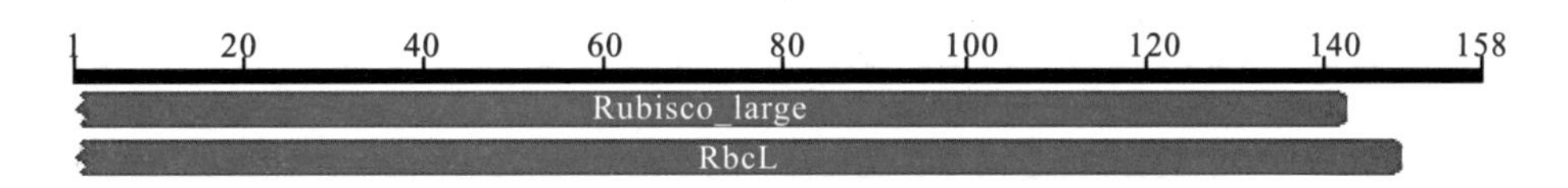


图 5-31　Clone-UT12 保守结构域分析

通过 BlastN 程序在 GenBank 中搜索核苷酸同源性发现该片段与小麦、大麦、水稻等多种植物 *rbcL* 基因有 97%以上的同源性(图 5-32)。

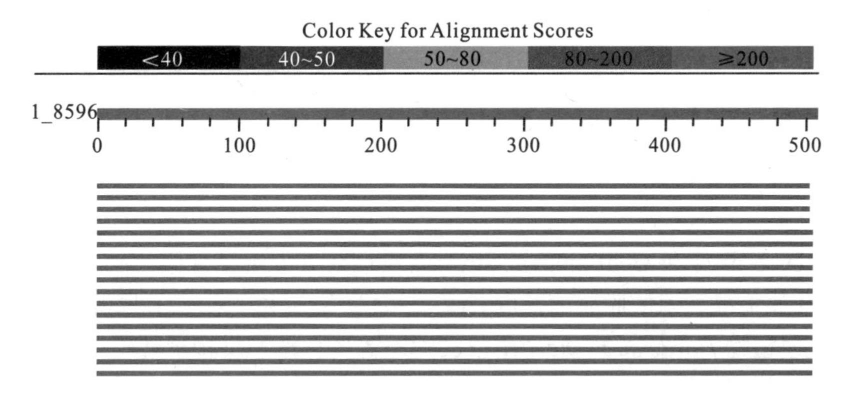


图 5-32　Clone-UT12 通过 BlastN 在 GenBank 中的同源性比对结果

通过上面的检索分析，我们认为 Clone-UT12 可能就是川草 2 号老芒麦编码核酮糖 1，5-二磷酸羧化酶/加氧酶大亚基的 *rbcL* 基因片段。Mackerness 等(1996)研究结果显示，UV-B 可导致光合基因 *Lhcb*、*Rbcs*、*rbcL*、*rbch* 和 *psbA* 转录降低，对增强 UV-B 辐射诱导的 Clone-UT12 的分析表明，川草 2 号老芒麦 *rbcL* 基因的转录也可能同样会受到增强 UV-B 辐射的抑制。

(二)Clone-UT5 基因片段

经测序，Clone-UT5 的长度为 603bp(图 5-33)，通过 BlastX 程序在 GenBank 中搜索蛋白质同源性发现，该片段推测氨基酸序列与水稻[*Oryza sativa*(japonica cultivar-group)]推定蛋白(BAA22288)氨基酸序列有 62%的同源性，在比较的 191 个氨基酸中 97 个相同，22 个相似(图 5-34)；另外与水稻多种推定的反转录转座子编码蛋白 CAB80804、AAC26250 等均有 60%以上的同源性。

```
1   TTGCGTATGT CTGGGGGAGA TCATATCCAC TCCGGTACAG TAGTAGGTAA GTTAGAAGGG
61  GAACGCGAAA TGACTTTAGG TTTTGGTGAT TTATTGCGCG ATGATTTTAT TGAAAAAGAT
121 CGTGCTCGCG GTATCTTTTT CACTCAGGAC TGGGTATCCA TGCCAGGTGT TATACCGGTA
181 GCTTCAGGTG GTATTCATGT TTGGCATATG CCAGCTCTGA CCGAAATCTT TGGGGATGAT
241 TCCGTATTAC AATTTGGTGG AGGAACTTTA GGACATCCTT GGGGAAATGC ACCTGGTGCA
301 GCAGCTAATC GAGTGGCTTT AGAAGCCTGT GTACAAGCTC GTAACGAAGG GCGCGATCTT
361 GCTCGTGAAG GTAATGAAAT TATCCGAGCA GCTTGCAAAT GGAGTCCTGA ACTAGCCGCG
421 GCTTGTGAAG TATGGAAGGC GATCAAATTC GAGTTCGAGC CGGTAGATAC TATCGATAAG
481 TAGATAAAAC TAAATATAAG GAAGGTCTAA AAAAAAAAAA AAAAAAAAAA AAAAAAAAAA
```

图 5-33 通过 DDRT-PCR 筛选的差异表达片段 Clone-UT5

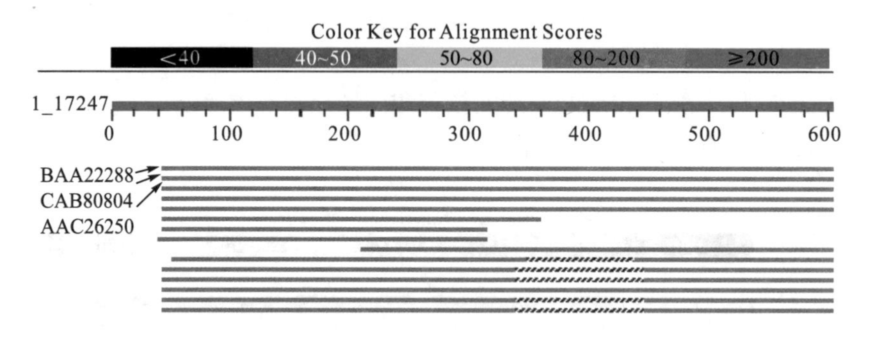


图 5-34 Clone-UT5 通过 BlastX 在 GenBank 中的同源性检索结果

通过 BlastN 程序在 GenBank 中搜索核苷酸同源性发现该片段与小麦属植物 *Triticum monococcum* 磷脂酰丝氨酸脱羧酶基因(AY485644)有 81%(157/193)同源性(图 5-35)；另外，与大麦属植物 *Hordeum roshevitzii*(Z80038)等多种植物反转录转座子基因有一定同源性，其保守结构域如图 5-36 所示。

图 5-35　Clone-UT5 保守结构域分析

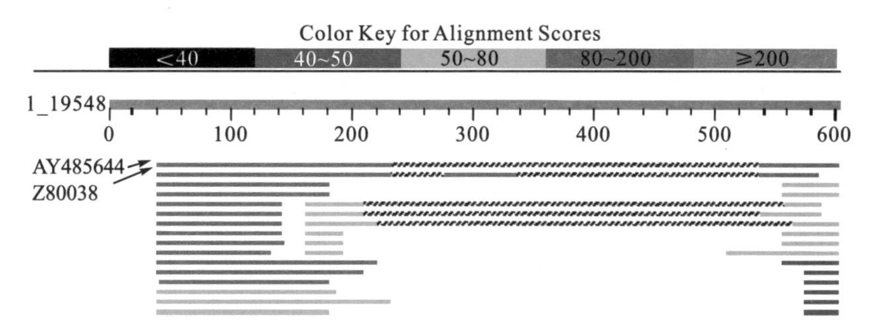


图 5-36　Clone-UT5 通过 BlastN 在 GenBank 中的同源性检索结果

基于 Clone-UT5 与小麦属植物 *Triticum monococcum* 磷脂酰丝氨酸脱羧酶基因有 81% 同源性的检索结果，我们推测它可能与植物体内蛋白激酶 C（PKC）的激活有关。磷脂酰丝氨酸可以激活全部 4 类 PKC（Musashi et al., 2000），而 PKC 处在细胞信息转导的中央，对于大量从细胞质到细胞核的信息转导起非常重要的作用。在动物体内，信息转导系统发生错误是肿瘤形成的重要原因之一。PKC 是信息系统组成的基本物质之一，与肿瘤的发生发展有着广泛的联系，作为寻找肿瘤病因，以及新的治疗靶点近几年备受关注。而我们在川草 2 号老芒麦体内克隆到的受 UV-B 辐射诱导的 Clone-UT5 片段，在其抗 UV-B 辐射中起着什么作用，是不是也像 UV-B 辐射会引起动物皮肤癌变、红斑和白内障等有着内在的相似作用机制，目前还无实验结论可以参考。

基于 Clone-UT5 与大麦属植物 *Hordeum roshevitzii* 等多种植物反转录转座子基因有一定同源性的检索结果，我们认为 Clone-UT5 也可能是川草 2 号老芒麦反转录转座子基因片段。反转录转座子作为一类可移动的遗传因子在植物界广泛存在，是构成植物基因组的主要成分，以多拷贝形式出现。其转座过程是转座因子的 DNA 先被转录成 RNA，再借助反转录酶反转录成 DNA，插入到新的染色体位点。反转录转座子能通过插入基因附近或内部而导致基因突变或重排，这是植物产生变异的重要原因。川草 2 号老芒麦在受到增强 UV-B 辐射后，相应基因的表达调控可能会涉及像 Clone-UT5 所代表的反转录转座子的参与，是否会与植物受到增强 UV-B 辐射后发生突变有关还不清楚，其内在作用机制需要深入研究。

（三）Clone-UT10 基因片段

经测序，Clone-UT10 的长度为 577bp（图 5-37），通过 BlastX 程序在 GenBank 中搜索蛋白质同源性发现，该片段推测氨基酸序列与多种菌类、藻类的推定蛋白有一定的同源性（图 5-38）。其中与念珠藻属的 *Nostoc punctiforme* 的推定蛋白（ZP_00345902）有 81%（65/80）的同源性；与肠球菌 *Enterococcus faecium* 推定蛋白（ZP_00285449）的同源性是 72%（50/69）。另外，与高等植物水稻[*Oryza sativa*（japonica cultivar-group）]推定蛋白（NP_920941）氨基酸序列有一段长度为 34aa 的完全匹配区，但未发现水稻该蛋白质有已知功能域。

1 ATGTCGGCTC TTCGCCACCT GGAGCTGTAG GTGGTTCCAA GGGTTGGGCT GTTCGCCCAT
61 TAATGCGGTA CGTGAGCTGG GTTCAGAACG TCGTGAGACA GTTCGGTCCA TATCCGGTGT
121 GGGCGTTAGA GCATTGAGAG GACCTTTCCC TAGTACGAGG GGACCGGGAA GGACGCACCT
181 CTGGTGTACC AGTTATCGTG CCTACGGTAA ACGCTGGGTA GCCAAGTGCG GAGAGGATAA
241 CTGCTGAAAG CATATAAGTA GTAAGCCCAC CCCAAGATGA GTGCTCTCTC CTCCGACTTC
301 CCTAGAGCCT CCGGTATCAC AACCGAGACA GCGACGGGTT CTCCACCCAT ATGGGGATGG
361 AGCGACAGAA GTATGGAAAT AGGATAAGGT AGCGGCGAGA CGAGCCGTTT AAATAGGTGT
421 CAAGTGGAAG TGCAGTGATG TATGCAGCTG AGGCATCCTA ACGAACGAAC GATTTGAACC
481 TTGTTCCTAC ACGGCCTGAT CAAATCGATC AGGCACTTGC CATCTATCTT CATTGTTCAA
541 CTCTTTGCCA AAAAAAAAAA AAAAAAAAAA AAAAAAA

图 5-37 通过 DDRT-PCR 筛选的差异表达片段 Clone-UT10

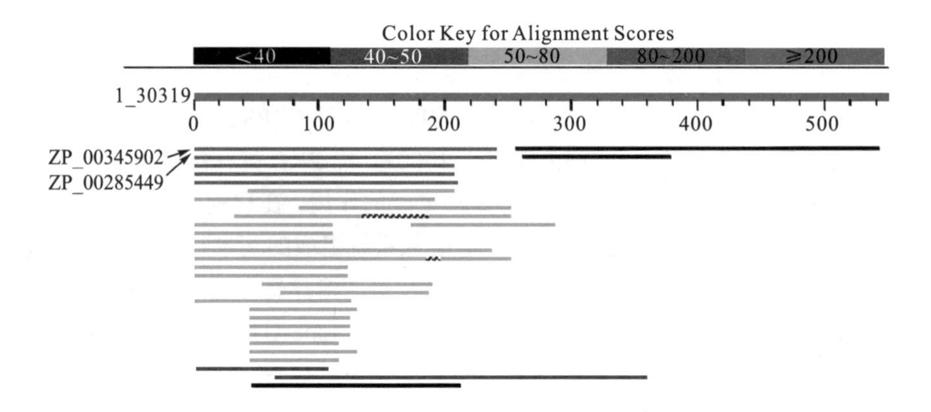


图 5-38 Clone-UT10 通过 BlastX 在 GenBank 中的同源性比对结果

通过 BlastN 程序在 GenBank 中搜索核苷酸同源性发现该片段与小麦叶绿体 DNA(AB042240)片段的同源性达到 99%(544/547)(图 5-39)；另外与水稻多个 BAC 克隆有 98%以上的同源性。

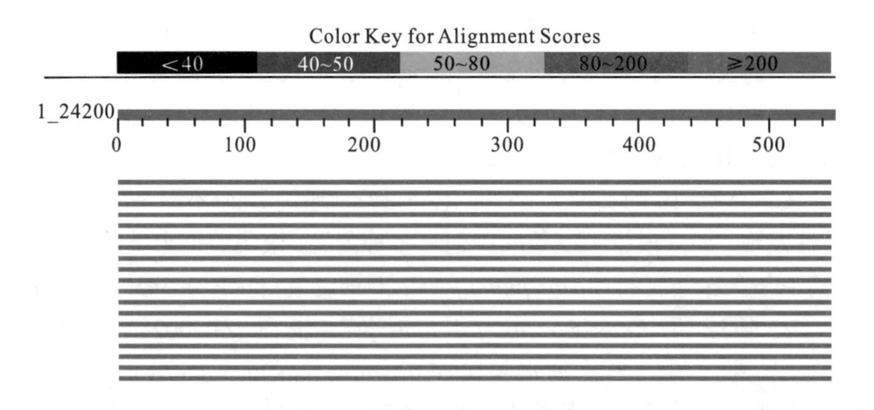


图 5-39 Clone-UT10 通过 BlastN 在 GenBank 中的同源性比对结果

（四）Clone-UT16 基因片段

经测序，Clone-UT16 的长度为 361bp（图 5-40），通过 BlastX 程序在 GenBank 中搜索蛋白质同源性发现，该片段推测氨基酸序列与水稻[*Oryza sativa*(japonica cultivar-group)]推定蛋白（AAP53228）有较高同源性，在比较的 63 个氨基酸中，60 个相同，同源性达到 95%；与水稻编号为 AAT76998 的推定氨基酸序列有一段长度为 33aa 区域同源性达到 97%（32/33），但未发现该区域有已知功能。该序列还与几种菌类、藻类的推定蛋白有一定的同源性。其中与梭菌（*Clostridium thermocell*）推定蛋白（NP_00313001）的同源性是 88%（28/32）（图 5-41）。

```
1   CCGCAAGGTT CGTCCACGGA GGGTGAGTCA GGGCCTAAGA TCAGGCCGAA AGGCGTAGTC
61  GATGGACAAC AGGTCAATAT TCCTGTACTA CCCCTTGTTG GTACGGAGGG ACGGAGGAGG
121 CTAGGTTAGC CGAAAGATGG TTATAGGTTT AAGGACACAA GGTGACCCTG CTTTGTCAGG
181 GTAAGAAGGG GTAGAGAAAA TGCCTCGAGC CGAGGTCCGA GTACCAAGCG CTGCAGCGCT
241 GAAGTATGAG CCCCGTGGAC TAGCGATTGC TTCTCCACGA GGCTCATACC AGGCGCTACG
301 GCGCTGAAGT ATGTAACCGA TGCCATACTC CCCGAAAAAA AAAAAAAAAA AAAAAAAAAA
361 A
```

图 5-40　通过 DDRT-PCR 筛选的差异表达片段 Clone-UT16

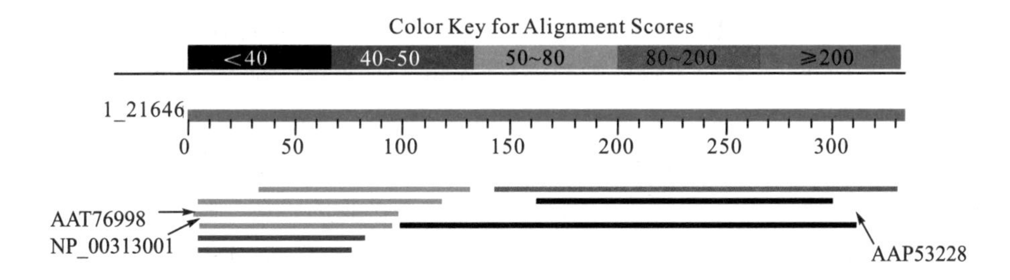


图 5-41　Clone-UT16 通过 BlastX 在 GenBank 中的同源性比对结果

通过 BlastN 程序在 GenBank 中搜索核苷酸同源性发现该片段与小麦叶绿体 DNA（AB042240）片段的同源性达到 99%（330/332）（图 5-42）；另外，与水稻多个 BAC 克隆有 98%以上的同源性。

进一步对同源序列及 Clone-UT10 和 Clone-UT16 可能编码蛋白质的保守结构域进行检索，未发现有已知功能位点，是功能未知的差异表达片段。

研究表明，植物细胞中 UV-B 辐射信号传递过程与蛋白磷酸化有关，蛋白磷酸化的状态能调控基因在不同水平上的表达（Yu and Bjorn，1997）。在研究植物光合作用中发现，UV-B 辐射对叶绿体的损伤是辐射诱导了活性氧并经叶绿体信号转导途径阻遏了叶绿体蛋白的基因表达，最后造成蛋白质（酶）合成与分解失衡（Predier et al.，1995）。Jordan 等（1998）发现细胞核编码的转录物（RbcS、Cab 和 Lhcp）受到 UV-B 辐射信号调节，叶绿体基因编码的转录物（rbcl 和 PsbA）受到 UV-B 辐射的转录后调节，无论是转录还是转录后调节，这些调控过程均有蛋白激酶的参与。我们在分析受增强 UV-B 辐射所诱导的 Clone-UT5 时发现，其可能与川草 2 号老芒麦受 UV-B 辐射后信号转导有关。因为，磷脂酰丝氨酸能激活全部 4 种类型的蛋白激酶 C，蛋白激酶 C 处于信号转导的中央，对各种信号的准确传递至关重要。

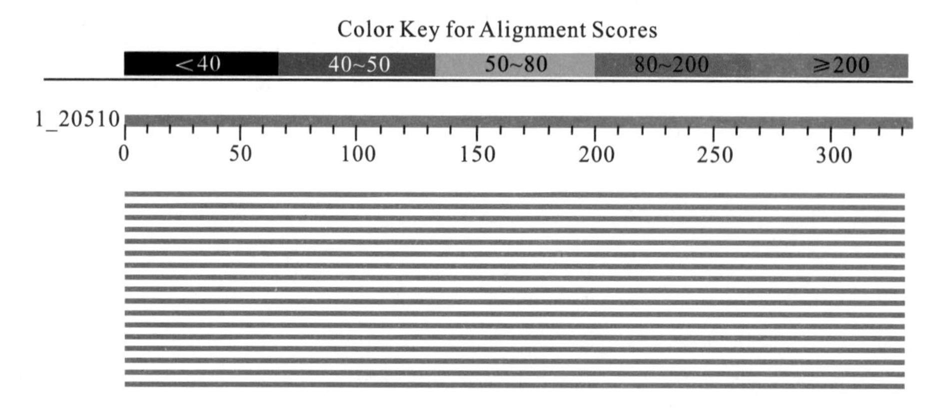


图 5-42 Clone-UT16 通过 BlastN 在 GenBank 中的同源性比对结果

在对筛选片段的初步分析中发现，Clone-UT10 和 Clone-UT16 推测的氨基酸序列与多种菌类、藻类有一定的同源性，藻类中存在的类菌孢素氨基酸（mycosporine-like amino acid，MAA）不仅具有吸收 UV-B 辐射从而起保护作用，而且还有清除自由基的作用，减小 UV-B 辐射产生的活性氧对生物体的损害（Dunlap and Yamamoto，1995）。已有研究表明，生活在高山湖泊和南极海洋等强 UV-B 辐射区的水生生物体内的 MAA 含量显著高于其他低 UV-B 辐射区的（Marchant et al.，1991）。目前没有证据说明 Clone-UT10 和 Clone-UT16 推测的氨基酸与类菌孢素氨基酸有关，其产物的确切生物功能尚不明确。另外，川草 2 号老芒麦增强 UV-B 辐射所诱导 Clone-UT10 和 Clone-UT16 的推测编码产物与藻类、菌类的一些氨基酸有同源性是否与青藏高原区在古大陆中的起源有联系，还是在其他地区其他物种中也存在的一种普遍现象等诸多问题都值得深入研究。

## 四、老芒麦 UV-B 辐射敏感基因 *rbcL* 的克隆及其调控表达研究

核酮糖 1，5-二磷酸羧化酶/加氧酶（Rubisco）是所有光合生物进行光合碳同化的关键性酶，催化卡尔文循环中第一步反应即 $CO_2$ 的固定，使 1，5-二磷酸核酮糖（RuBP）与 $CO_2$ 形成 2 分子 3-磷酸甘油酸；该酶也催化光呼吸的第一步反应，使 RuBP 与 $O_2$ 反应生成 1 分子磷酸甘油酸、1 分子磷酸和 1 分子磷酸乙醇酸。因此，Rubisco 是处于光合碳还原和光合碳氧化两个方向相反但又相互连锁的循环交叉点上，它对净光合率起着决定性的影响，是光合碳同化的关键酶，也是地球上唯一可以从空气中取得 $CO_2$ 的酶。该酶是具有潜在开发价值的一种高质量蛋白质，是植物体内的一种重要的储藏蛋白质。

大多数真核和原核生物 Rubisco 由 8 个大亚基和 8 个小亚基所组成，其中大亚基具有

催化功能，由叶绿体基因组编码；小亚基无催化功能，主要起调节作用，由核基因组编码。人们对此酶的催化机制、结构特点、装配及其分子生物学特性等方面已做过大量研究，近年来，在研究全球性气候变化对地球生物影响中，对 Rubisco 的影响成为关注热点之一。各种环境因子(如光强、温度、湿度、$CO_2$浓度)及生理因子(如 pH、$Mg^{2+}$浓度等)都会对 Rubisco 产生影响(韩鹰等，2000)。环境因子中，由于人类对氟氯烃类化合物的应用和太阳黑子活动双相影响而导致大气平流层臭氧损耗，进而引发到达地球表面 UV-B 辐射增加，其对 Rubisco 的影响备受关注。在已经研究过的几百种受试植物中，有近 2/3 表现为受害，其中绝大多数与 Rubisco 有直接关系。

在青藏高原这种 UV-B 辐射增强的环境背景下，何文兴等(2006)以川草 2 号老芒麦为材料，在获得了 UV-B 辐射敏感 *rbcL* 基因 3′端的基础上，运用 5′RACE 技术(rapid amplification of CDNA end,CDNA 末端快速扩增技术)克隆了全长 *rbcL* 基因，并用 Northern 印迹证明 *rbcL* 基因的转录与 UV-B 辐射密切相关，从基因转录水平为揭示高原植物如何适应强 UV-B 辐射，以及 PAR(pseudo autosomeal region，拟常染色体区域)、温度和$CO_2$浓度等因子在高原植物适应强 UV-B 辐射中的复合作用等提供了新的线索。

(一)*rbcL* 全长基因及序列分析

通过 5′ RACE 得到了 Clone-UT12 的 5′端序列，与原序列拼接后得到了全长基因的 cDNA 为 1.51kb，GenBank 数据库登录号为 AY772669。

通过登陆 NCBI(National Center for Biotechnology Information，美国国立生物技术信息中心)进行 ORF Finder 分析，发现该全长 cDNA 含有一个编码 477 个氨基酸的可读框(起始于第 52 位核苷酸，终止于第 1485 位核苷酸)。在起始密码子之前有同一相位的终止密码子 UAA，3′端有 polyA。将所获得的全长 cDNA 通过 BlastN、BlastX 与 NCBI 的 GenBank 数据库进行同源性检索，发现该序列与 *Elymus trachycaulus*、*Triticum aestivum*、*Hordeum comosum* 的 *rbcL* 基因的同源性均为 98%(Z49839、AY328025.1、AY137441.1)；氨基酸序列的同源性分别为 97%(CAA90000.1)和 98%(AAP92166.1、AAN27974.1)。

(二)可读框编码蛋白质的结构和性质分析

1. 蛋白质的分子质量及等电点

使用 DNA Tool 5.1 软件推测，川草 2 号老芒麦 Rubisco 大亚基的分子质量为 52.7kDa，等电点为 6.7。

2. 蛋白质的亲水区预测

蛋白质分子的基本特性之一是亲水的极性部分在分子表面，疏水的非极性部分在分子内部；因此根据每种残基的极性和氨基酸序列就能容易地了解一级结构中不同肽段的极性，进而就能估测不同肽段在分子内外的定位。我们用 DNAMAN 5.0 软件估测了 Rubisco 大亚基肽链的极性(图 5-43)。从图 5-43 可以看出，Rubisco 大亚基有较强的亲水性，特别是其 N 端和 C 端。

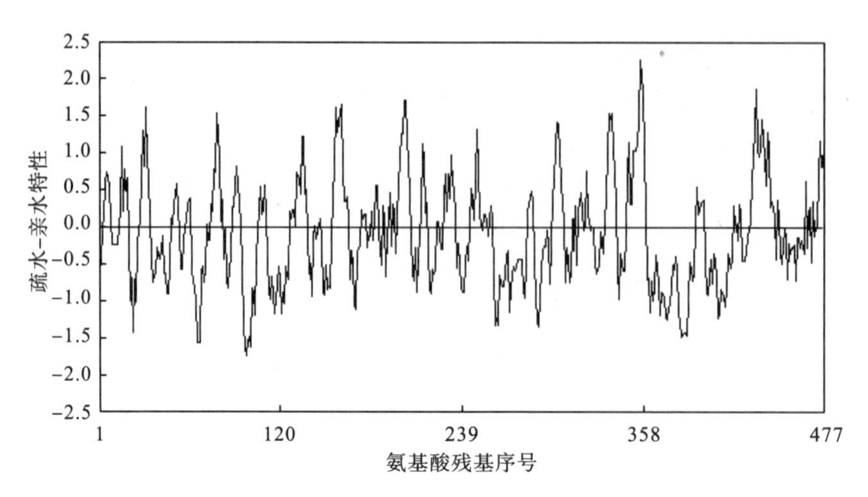


图 5-43 Rubisco 大亚基 cDNA 编码蛋白质的疏水区预测
纵坐标的正值为亲水（极性），负值为疏水（非极性）

3. 蛋白质的修饰位点预测

利用由 Amos Bairoch 所创立的 PROSITE motif 数据库，对 Rubisco 大亚基推测蛋白进行分析，结果发现，其第 22～36 位氨基酸为酪氨酸硫化位点（SULFATION），第 241～244 和第 277～280 位氨基酸为 *N*-糖基化位点（ASN_GLYCOSYLATION），序列中还存在 3 处蛋白激酶 C（PKC_PHOSPHO_SITE）、4 处酪蛋白激酶Ⅱ（CK2_PHOSPHO_SITE）的磷酸化位点和 11 处 *N*-豆蔻酰化位点（MYRISTYL），说明其很容易受到多种因子的调控。其中蛋白质的糖基化作用可调节分泌型蛋白质和膜蛋白的结构与功能，具有指导分泌型蛋白质到达细胞特定位置的作用；豆蔻酰化作用是一种与翻译同时进行的蛋白质修饰过程，将十四碳饱和脂肪豆蔻酸通过单酰胺键与底物蛋白质氨基端的甘氨酸残基相连接，豆蔻酰化作用对正常细胞功能很重要。蛋白质磷酸化是敏感而可逆地调节蛋白质功能的一种常见和重要的机制，是控制酶活性的一种化学修饰，蛋白质的磷酸化与去磷酸化将会使靶蛋白的结构和功能得以改变，从而影响蛋白质的活性状态。

4. 蛋白质二级结构预测

将 Rubisco 大亚基氨基酸序列通过 DNAMAN 程序进行了蛋白质二级结构的预测，结果如图 5-44 所示。从图 5-44 可以看出，Rubisco 大亚基含有比较丰富的二级结构，其中较大的 α 螺旋有 12 个，较大 β 片层有 18 个。

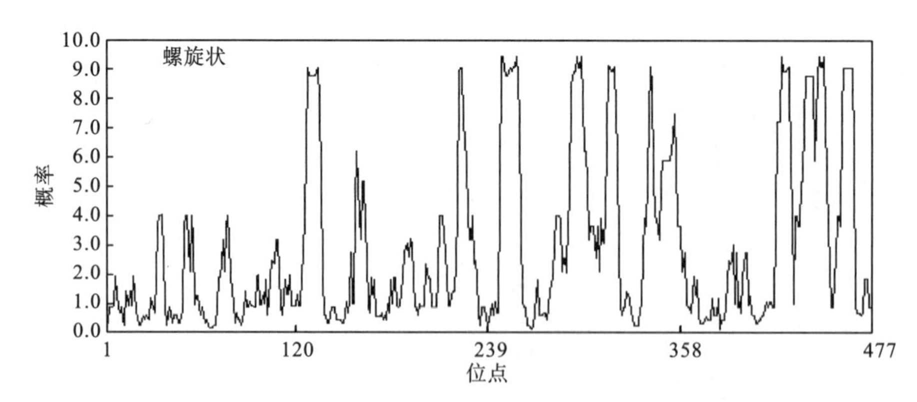

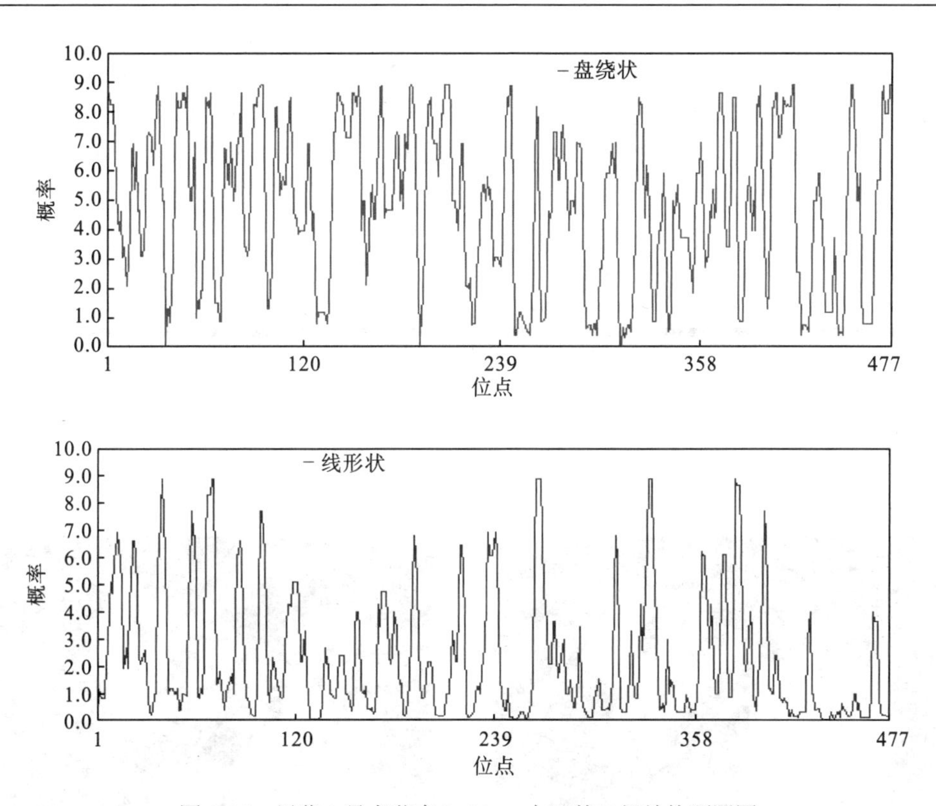


图 5-44　川草 2 号老芒麦 Rubisco 大亚基二级结构预测图

5. 蛋白质三级结构预测及保守结构域分析

联网 http://www.expasy.org/swissmod/预测 3D 结构：PDS 由 α 螺旋和 β 片层构成蛋白质高级结构主体，螺旋和片层之间由无规卷曲连接(图 5-45)。

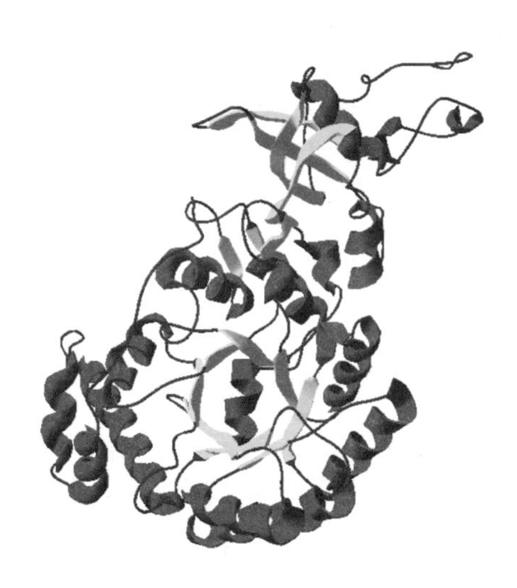

图 5-45　川草 2 号老芒麦 Rubisco 大亚基的三级结构预测图

运用NCBI的Blast检索保守结构域结果如图5-46所示，检索结果显示，预测的川草2号老芒麦Rubisco大亚基包括两个功能域：N端区域由5个β折叠组成(图5-47)，位点为$Lys^{21}$～$Pro^{142}$；C端区域的中心结构模式包括8个平行的β折叠和8个螺旋构成的αβ桶，α螺旋与β折叠之间均由Loop环连接，桶的核心除了两末端的β折叠外，都是疏水残基，活性中心呈漏斗状(图5-48)，位点为$Gly^{154}$～$Trp^{462}$。

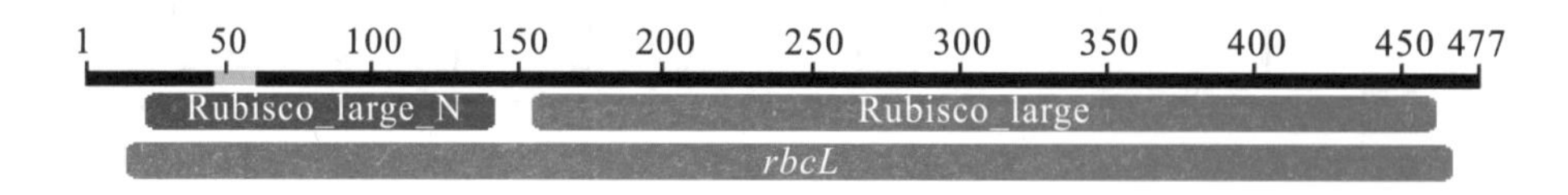


图5-46 川草2号老芒麦*rbcL*基因的保守结构域

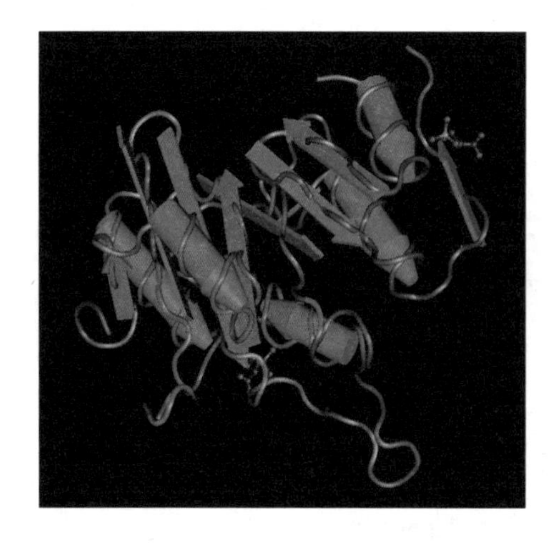

图5-47 Rubisco大亚基N端结构域

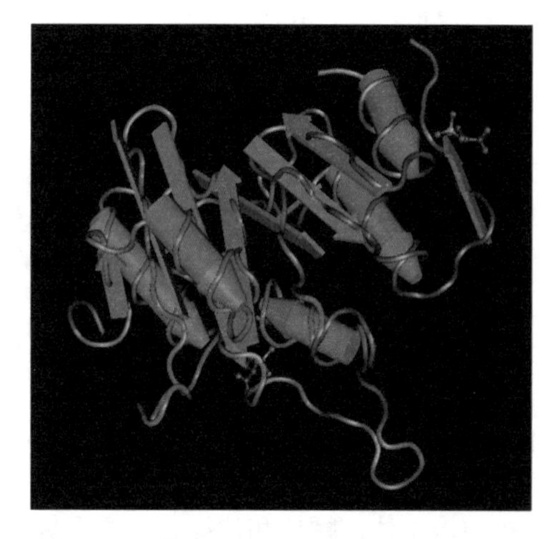

图5-48 Rubisco大亚基C端结构域

(三)增强UV-B辐射后*rbcL*基因表达分析

以*rbcL*基因cDNA为探针，与处理组和对照组各6个时段叶片总RNA的杂交结果表明，增强UV-B辐射后6h，*rbcL*基因的转录水平便明显下降，在12～48h内，随着增强UV-B辐射时间的延长，*rbcL*转录水平继续下降，在增强UV-B辐射后60h，几乎再检测不到杂交信号(图5-49)。

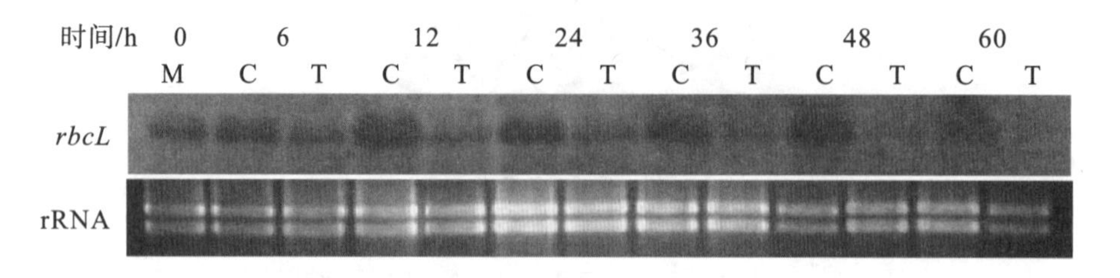


图5-49 增强UV-B辐射时*rbcL*基因表达水平检测

Northern印迹[0～60：处理后的时间(小时)；C：对照；T：处理；M：处理前]

核酮糖 1，5-二磷酸羧化酶/加氧酶(Rubisco)是植物光合作用的关键酶，目前已有多个编码 Rubisco 大亚基的基因 *rbcL* 得到克隆，该基因在进化上非常保守，本研究克隆的川草 2 号老芒麦 *rbcL* 基因与小麦、大麦 *rbcL* 基因的比对也可以发现它们具有很高的同源性。

UV-B 辐射参与光合基因的调控。UV-B 可导致光和基因 *Lhcb*、*rbcS*、*rbcL*、*rbch* 和 *psbA* 转录降低，表明 UV-B 对光合作用基因表达具有一定的抑制作用。在本研究中，增强 UV-B 辐射 6h 后，川草 2 号老芒麦 *rbcL* 基因的转录水平便明显下降，表明其对 UV-B 辐射非常敏感，增强 UV-B 辐射的处理组与对照组相比，*rbcL* 基因的转录受到了强烈抑制。这一实验结论表明即使是长期生长在强 UV-B 辐射条件下的高原植物，在受到较强的 UV-B 辐射后，其光合关键基因的转录也同样会受到影响，但这一实验结论是建立在人工模拟条件下的，而非其自然生长状况下复合多元因子共同作用的结果。长期生长在高原地区的植物，在受到较强的 UV-B 辐射的同时，也伴随着与 PAR 辐射、温度、$CO_2$ 浓度等因子的共同作用。

研究表明(Mackerness et al.，1996)，增强 UV-B 辐射导致大豆的光合相关基因(*rbcS*、*rbcL*、*cab* 和 *psbA*) mRNA 转录水平下降，而较高光强可减弱增强 UV-B 辐射对光合作用的下调，这说明增强 UV-B 辐射的损伤可以通过提高 PAR 得到补偿。Britt 等(1993)及 Rupert 和 Tu(1996)的研究均证实，专一性修复 DNA 损伤的光裂合酶(photolyase)及光复活作用(photoreactivation)在低可见光条件下无效。由此可见，强 PAR 辐射对 UV-B 辐射具有一定的限制作用。川西北高原有着较强的 UV-B 辐射的同时，也同样有着较强的 PAR 辐射，这也可能是长期生长在高原地区的植物能够适应较强的 UV-B 辐射的原因之一。在本研究中，川草 2 号老芒麦 *rbcL* 基因转录受到增强 UV-B 辐射的强烈抑制，可能与 PAR 辐射水平较低或 UV-B/PAR 的值偏高有关。

如果不考虑温度对某些植物生理生化作用的负面效果，升温可以补偿由 UV-B 辐射增强对植物产生的抑制效应。Strid 等(1996)报道，与 2℃相比，22℃下增强 UV-B 辐射对豌豆(*Pisum sativum*)光合作用相关基因 *cab* 转录水平的抑制程度较低；Takeuchi 等(1996)的研究显示，25℃下生长的黄瓜受 UV-B 辐射的抑制程度较 20℃下明显降低；另外，Caldwell(1994)证实高温下植物修复 UV-B 辐射损伤的能力明显强于低温。高原性气候特点之一是气温变化剧烈，昼夜温差大，其温度的变化对光辐射的依赖性大，高温和强 UV-B 辐射二者变化趋于同步，因而高原植物冠层温度偏高可能会在植物对强 UV-B 辐射的应答反应中产生积极影响，避免 UV-B 辐射对植物造成损伤。

UV-B 辐射与 $CO_2$ 复合作用对植物的影响机制非常复杂，至今还没有得出一致性的结论。$CO_2$ 浓度升高，一方面，能提高光复活酶的活性，使植物对 UV-B 辐射损伤的光修复作用得到加强；另一方面，通过提高 Rubisco 的活性和抑制光呼吸，使类黄酮和羟基肉桂酸衍生物等保护性物质含量增加，从而提高植物对 UV-B 辐射的防护能力。那么，在低 $CO_2$ 和低 $O_2$ 的高原环境中，植物又是如何来适应强 UV-B 辐射，编码光合关键酶 Rubisco 大亚基的 *rbcL* 基因在其中又发挥着怎样的制衡作用等诸多问题的阐明还需要做大量的研究工作。

# 第三节　老芒麦转基因研究

川草 2 号老芒麦（*Elymus sibiricus* L. cv. ‘Chuancao No. 2’）是我国高寒牧区广泛栽种的多年生牧草，品质优良，但易遭受蝗虫危害。转基因技术的发展，为减少蝗虫危害提供了有效途径。李达旭等(2006)在建立川草 2 号老芒麦的愈伤组织再生系统的基础上，利用类产碱假单胞菌杀虫蛋白基因(*pseudomonas pseudoalcaligenes insecticidal protein gene*，*ppIP*)(图 5-50)和 pCAMBIA2301G 质粒，构建单子叶植物遗传转化的表达载体 pCppIP[其 T-DNA 上携有潮霉素抗性基因(*hpt II*)和 *ppIP* 基因]，经根癌农杆菌 EHA105 介导法来转化川草 2 号老芒麦的胚性愈伤组织，经潮霉素筛选获得具有杀虫能力的抗性植株。该研究为增强优质牧草的抗虫能力提供了有效方法，并对农杆菌介导的其他牧草品种的转基因体系的建立提供了有益的借鉴。

## 一、类产碱假单胞菌杀虫蛋白基因(*ppIP*)克隆

类产碱假单胞菌(*Pseudomonas pseudoalcaligenes*)是一种从自然病死的黄脊竹蝗(*Ceracris kiangsu*)中分离到的一种新的病原菌，用该病原菌感染草地蝗虫，其致死率达 60%以上，并对多种草地蝗虫有较强的感染力(刘世贵等，1995)。近年来，对该菌的杀虫致死机制、杀虫蛋白(张文等，1998)、安全性(杨志荣等，1996)等方面进行了深入研究，证明该菌对蝗虫致病是由于其代谢产生的一种杀虫蛋白所致，该蛋白质分子质量为 25 100Da。该菌无芽孢，本身具有较强毒蛋白，其作用的主要靶点位于蝗虫中肠细胞，作用于中肠细胞后，其线粒体呼吸耗氧量不断降低，磷酸化反应减弱，故线粒体的氧化磷酸化作用逐渐被抑制，有氧呼吸的电子传递链从某处被阻断，蝗虫体内能量代谢被抑制，导致蝗虫死亡。Zhang 等(2009)从类产碱假单胞菌中克隆到类产碱假单胞菌杀虫蛋白基因，并利用大肠杆菌中克隆的类产碱假单胞菌杀虫蛋白基因启动子(张海燕等，2002)，将该杀虫蛋白基因转入大肠杆菌 DH5α 中，获得成功表达，为构建高效而稳定表达的灭蝗基因工程菌及创建抗虫转基因植物打下了坚实的基础。

该基因的可读框长度为 828bp，可编码一个由 276 个氨基酸残基构成的蛋白质，终止密码子为 TGA。在可读框起始密码子上游 17bp 处，有一个核苷酸序列 AGGAAC，该序列与大肠杆菌的 Shine-Dalgarno 序列 AGGAGG 相似，为该杀虫蛋白基因的 Shine-Dalgarno 序列。

## 二、*ppIP* 基因植物遗传转化载体的构建

用核酸内切酶 *Xba* I 和 *Sac* II 对 pCAMBIA2301G 质粒载体和 pMD18-TppIP 质粒进行双酶切，回收 pCAMBIA2301G 质粒载体约 11kb 片段的载体骨架和 *ppIP* 约 900bp 的片段(图 5-50)。加 T4 连接酶连接后，转化大肠杆菌，筛选并挑选抗卡那霉素(kanamycin，KM)

的单菌落，提取质粒，通过双酶切和 PCR 可验证 *ppIP* 片段是否连接到 pCAMBIA2301G 质粒上(图 5-51)。

```
-34  TGCCCGTTTGCAGGAACTGGCCCTGCAGACGGGA
1    ATGGCTATCTTGCCGGTACGTACCCCGGCTCAACGCCAGAGCGTTAGTGATTACGCGGCC
1     M  A  I  L  P  V  R  T  P  A  Q  R  Q  S  V  S  D  Y  A  A
61   TTGGCCGGTGTGTGGCAGCATCAGAGTCATGCCGCGCCCGGCTCATTGAGCACCTTGCCG
21    L  A  G  V  W  Q  H  Q  S  H  A  A  P  G  S  L  S  T  L  P
121  TCCAAGGCCGATTTGCCCCTGCGTGGTTTGCGGGTGGTGGAGTCCTGCCGTCGGATTCAA
41    S  K  A  D  L  P  L  R  G  L  R  V  V  E  S  C  R  R  I  Q
181  GGGCCTATTGCCGGTCACTTGCTGGCGCTGCTGGGGGCGGAAGTGATTCGTCTGGAACCG
61    G  P  I  A  G  H  L  L  A  L  L  G  A  E  V  I  R  L  E  P
241  CCCGGTGGTGATCCCTTGCGTGCCATGCCGCCGTGCGTGGATGGCTGCTCGGTGCGCTTT
81    P  G  G  D  P  L  R  A  M  P  P  C  V  D  G  C  S  V  R  F
301  GATGCGCTCAATCAATTCAAGACGGTGCAGGAAGTGGACATCAAATCGGCTCAAGGCCGC
101   D  A  L  N  Q  F  K  T  V  Q  E  V  D  I  K  S  A  Q  G  R
361  CAGGCCATTTACGAATTGGTGAGCCAGTCTGATGTATTTCTGCATAACTGGGCACCCGGC
121   Q  A  I  Y  E  L  V  S  Q  S  D  V  F  L  H  N  W  A  P  G
421  AAGGCGGCCGAGCTGCAACTGGATGCCCAGGACTTGCACGCGGTGCGCCCGGATCTGGTC
141   K  A  A  E  L  Q  L  D  A  Q  D  L  H  A  V  R  P  D  L  V
481  TACGCCTATGCGGGCGGTTGGGGTCAGGAGCAAGTGGACGCACCGGGCACGGACTTCACG
161   Y  A  Y  A  G  G  W  G  Q  E  Q  V  D  A  P  G  T  D  F  T
541  GTGCAAGCCTGGTCGGGTATTGCTCACACCATTTCTCAAACCTCGGATGCACGGGGCGGG
181   V  Q  A  W  S  G  I  A  H  T  I  S  Q  T  S  D  A  R  G  G
601  TCGTTGTTTACGGTGCTGGATGTGCTGGGCGGGGTGATGGCCGCGCTGGGTATCAGTGCC
201   S  L  F  T  V  L  D  V  L  G  G  V  M  A  A  L  G  I  S  A
661  GCCTTGCTGCGCCGGGGCCTGAGCGGGTCGGGCTTGCGGGTAGACAGCTCCTTGTTGGCC
221   A  L  L  R  R  G  L  S  G  S  G  L  R  V  D  S  S  L  L  A
721  ACGGCCGATCATCTGGCCCAGGCCGTTTCTCCCATCAGTAAAACTGGCGTGTCGGCGGTG
241   T  A  D  H  L  A  Q  A  V  S  P  I  S  K  T  G  V  S  A  V
781  TTCCAGACGGGCGAGGGCTTCATCGTCATCGACTGCCAGGATCAAACGTGACTGCATGCC
261   F  Q  T  G  E  G  F  I  V  I  D  C  Q  D  Q  T  *
841  CTGGCCGGGTGGCTGAATGTGTCGCCCGATGCTGTCTGGACGGTTTTGCCG
```

图 5-50　*ppIP* 基因的核苷酸序列和推测氨基酸序列

向上箭头表示信号肽切割位点；单下划线表示天然杀虫蛋白 N 端 10 个氨基酸残基；双下划线表示 Shine-Dalgarno 序列

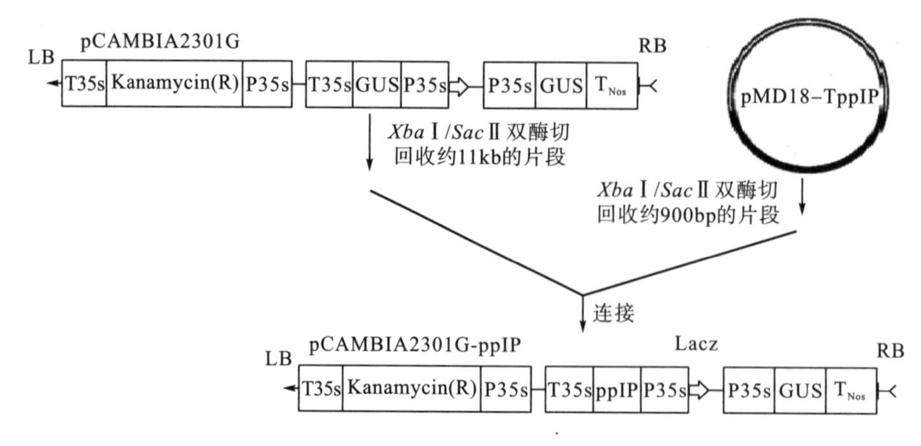


图 5-51 *ppIP* 基因植物表达载体的构建

构建成功含 *ppIP* 表达盒的重组 pCAMBIA2301G 载体取名为 pCAMBIA2301G-ppIP，它的目的基因均由 CaMV 35S 启动子驱动，由 Nos 终止子终止转录，同时在 T-DNA 边界内连锁筛选标记基因 *hpt II*的表达盒。

## 三、老芒麦遗传转化研究

### (一)潮霉素有效浓度筛选试验

李达旭等(2006)在诱导及继代培养基中加入不同浓度的潮霉素，接入 50 个左右长势旺盛的胚性愈伤组织。26.0℃暗培养 10d 后，观察愈伤组织生长情况，选择合适的潮霉素筛选浓度。

试验结果(表 5-3)表明，60mg/L 和 80mg/L 潮霉素浓度造成老芒麦愈伤组织迅速死亡，同时细胞在死亡过程中会分泌大量的有毒次生代谢物质，因此在选择培养基上使用这个潮霉素浓度筛选转化细胞，势必造成转化细胞的生长受抑制，影响转化效率。20mg/L 潮霉素不能有效抑制老芒麦愈伤组织生长，若用于抗性愈伤组织筛选，容易造成大量的非转化细胞的逃逸。而 40mg/L 潮霉素既能有效抑制愈伤组织的生长，又不至于造成细胞迅速死亡，是比较理想的筛选浓度。

表 5-3 老芒麦愈伤组织对潮霉素的敏感性

| 潮霉素浓度/(mg / L) | 愈伤组织生长情况 | 愈伤组织状态或颜色 |
|---|---|---|
| 20 | 继续生长 | 黄白色 |
| 40 | 停止生长 | 褐黄色 |
| 60 | 死亡 | 焦黄 |
| 80 | 死亡 | 焦黄 |

(二) 愈伤组织继代培养时间

取不同继代培养时间的愈伤组织，经相同条件的预培养、共培养和抗性筛选，然后统计和比较它们的抗性愈伤组织产生频率，下文简称抗性愈伤率。试验结果(表 5-4)表明，继代培养 2～3 月后的愈伤组织经转化后能获得更高的抗性愈伤率。

(三) 共培养温度

预培养后的愈伤组织，经相同的农杆菌菌液处理后，分别置于 15℃、19℃、23℃、26℃和 29℃五种温度条件下共培养，经相同的方法和条件筛选，抗性愈伤率的统计结果见表 5-4。

表 5-4 继代培养时间和共培养温度对川草 2 号抗性愈伤率的影响

| 愈伤组织的继代培养时间 | 抗性愈伤率/% | | | | |
|---|---|---|---|---|---|
| | 15℃ | 19℃ | 23℃ | 26℃ | 29℃ |
| 1 个月 | 5.4±2.67 | 6.4±2.37 | 7.3±1.56 | 4.7±3.87 | 3.7±3.64 |
| 2 个月 | 14.7±3.56 | 23.2±1.67 | 24.4±3.49 | 18.9±1.83 | 12.3±2.14 |
| 3 个月 | 16.7±2.73 | 24.8±2.46 | 25.5±2.74 | 15.7±3.48 | 12.1±1.65 |
| 4 个月 | 11.4±1.47 | 17.9±1.58 | 18.7±1.54 | 9.7±2.74 | 8.8±2.83 |
| 8 个月 | 3.8±3.47 | 4.9±1.46 | 3.7±1.37 | 2.8±1.21 | 2.2±1.49 |
| 没有继代培养的愈伤组织 | 1.4±3.75 | 2.75±4.31 | 2.7±2.54 | 2.73±2.41 | 1.15±4.25 |

注：每个处理接种 30 块愈伤组织，在愈伤组织分化培养基上暗培养 6 周，并重复 3 次。数据分析由 data processing system (DPS) statistical package 处理，数字为平均值＋SE($n$=3)，结果显示，继代培养 2～3 个月后的愈伤组织，经过 19～23℃条件下共培养，可以获得较高的抗性愈伤率

表 5-4 结果显示，19～23℃共培养温度条件下，农杆菌具有最高的侵染活性，产生最高的转化率。

(四) 共培养培养基筛选

设置 5 种共培养培养基，经相同预培养和共培养时间、相同的农杆菌处理浓度和相同筛选培养基条件培养后，统计和比较不同处理的抗性愈伤率，确定最适的预培养和共培养培养基，试验结果见表 5-5。

表 5-5 预培养与共培养培养基对抗性愈伤率的影响

| 培养基 | 愈伤数 | 抗性愈伤数 | 抗性愈伤率/% |
|---|---|---|---|
| 1 | 50 | 816 | |
| 2 | 50 | 714 | |
| 3 | 50 | 10 | 20 |
| 4 | 50 | 14 | 28 |

续表

| 培养基 | 愈伤数 | 抗性愈伤数 | 抗性愈伤率/% |
|---|---|---|---|
| 5 | 50 | 15 | 30 |

注 1：培养基

1：MS+5.0mg/L 2，4-D+100μmol/L 乙酰丁香酮+2%蔗糖+1%葡萄糖+1%琼脂

2：1/2MS+5.0mg/L 2，4-D+100μmol/L 乙酰丁香酮+2%蔗糖+1%葡萄糖+1%琼脂

3：1/4MS+5.0mg/L 2，4-D+100μmol/L 乙酰丁香酮+2%蔗糖+1%葡萄糖+1%琼脂

4：1/4MS+5.0mg/L 2，4-D+100μmol/L 乙酰丁香酮+CH 600mg/L+2%蔗糖+1%葡萄糖+1%琼脂

5：YEB+5.0mg/L 2，4-D+100μmol/L 乙酰丁香酮+2%蔗糖+1%葡萄糖+1%琼脂

注 2：预培养培养基 pH 5.8，共培养培养基 pH 5.6

结果显示，不同的预培养培养基和共培养培养基对农杆菌的侵染影响很大。随着培养基无机盐浓度的降低，抗性愈伤率逐渐增高，也即农杆菌的侵染力逐渐增强。培养基中添加氨基酸和短肽可提高抗性愈伤率，即提高农杆菌对愈伤组织的侵染能力。第 5 种培养基含有常用于农杆菌悬浮培养的 YEB，它与第 4 种培养基产生的抗性愈伤率差异不大，因此，在大规模生产中，由第 4 种培养基代替第 5 种可以节约生产成本。

(五) 农杆菌处理菌液浓度

用相同的悬浮培养基配制 0.5OD、1.0OD、1.5OD 和 2.0OD 四种农杆菌菌液浓度，分别处理预培养后的质地、大小和生理状态基本一致的愈伤组织，经相同的方法共培养和筛选。

实验结果(表 5-6) 显示，并不是农杆菌菌液浓度越高，抗性愈伤率越高；而是 1.0OD 浓度的农杆菌菌液侵染愈伤组织才能获得最高的抗性愈伤率。如果在统计时扣除被污染的愈伤组织，则后 3 种浓度的菌液处理愈伤组织获得的抗性愈伤率大致相同，说明老芒麦受体细胞对农杆菌的接合位点是有限的，达到极限后，不可能增加农杆菌对其侵染，反而会由于农杆菌浓度过高产生大量的有毒物质而导致受体细胞的死亡。

**表 5-6　农杆菌菌液浓度对抗性愈伤率的影响**

| 农杆菌浓度 | 处理愈伤数 | 污染愈伤数 | 抗性愈伤数 | 抗性愈伤率/% |
|---|---|---|---|---|
| 0.5OD | 50 | 11 | 22 | |
| 1.0OD | 50 | 15 | 30 | |
| 1.5OD | 50 | 20 | 47 | 24 |
| 2.0OD | 50 | 15 | 9 | 18 |

(六) 转化植物的分子检测

1. 转基因植株的 PCR 鉴定

分别用 *ppIP* 基因和 *hpt II* 基因引物进行 PCR 扩增，扩增产物电泳检测。实验结果如图 5-52 所示。

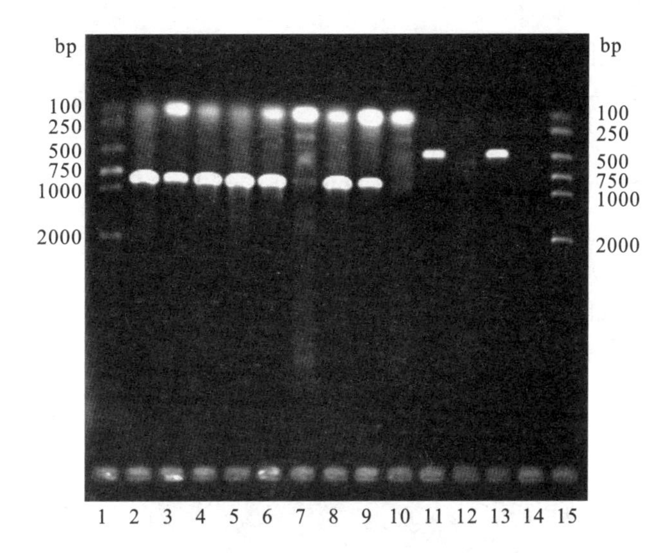


图 5-52　川草 2 号老芒麦部分转基因植株 PCR 检测结果

1 和 15 为 DNA 标志；2～6 是转化植株总 DNA 以 IPF 和 IPR 为引物的扩增片段；7 和 10 是非转化植株总 DNA 以 IPF 和 IPR 为引物的 PCR 扩增；8 和 9 是抗性愈伤组织总 DNA 以 IPF 和 IPR 为引物的扩增片段；11 和 13 是转化植株总 DNA 以 hpF 和 hpR 为引物的扩增段；12 和 14 是非转化植株总 DNA 以 hpF 和 hpR 为引物的 PCR 扩增

实验结果初步说明，*ppIP* 基因被成功地转移到川草 2 号老芒麦的基因组，但要知道该基因是单拷贝还是多拷贝插入，需通过 Southern 杂交来进一步分析。

2. 转基因植株 Southern 杂交分析

用 *Xba* Ⅰ 和 *Sac* Ⅱ 对待测植株的总 DNA 作双酶切，*Hin*dⅢ消化对待测植株的总 DNA 作单酶切，电泳检测酶切是否完全。以 *ppIP* 基因引物扩增的产物作探针，对 12 株 *ppIP* PCR 阳性植株进行 Southern 杂交，结果显示：大多数转基因植株为单拷贝外源基因整合，个别的有 2 个拷贝，部分结果如图 5-53 所示。

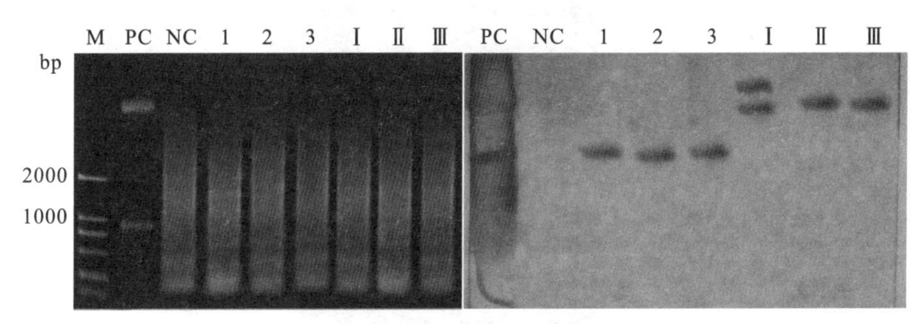


图 5-53　部分转基因植株的 Southern 杂交检测

M. DL2000 标志；PC. *Xba* Ⅰ 和 *Sac* Ⅱ 对 pCAMBIA2301G-*ppIP* 质粒的双酶切，作阳性对照；NC. *Xba* Ⅰ 和 *Sac* Ⅱ 对非转化植株的双酶切，作阴性对照；1～3 是 PCR 检测呈阳性植株，其总 DNA 经 *Xba* Ⅰ 和 *Sac* Ⅱ 双酶切后的 Southern 杂交；Ⅰ～Ⅲ 为其对应的总 DNA 经 *Hin*d Ⅲ酶切后的 Southern 杂交，其中 1 号植株插入了 2 个拷贝

3. 转基因植株的 RT-PCR 分析

在 NCBI 的 GenBank 搜寻与披碱草属相关的基因序列，根据基因的位置和功能选择披碱草属相对保守的基因(持家基因)，设计引物，通过 PCR 来选择在几种披碱草属植物

中能够稳定表达的基因，作为川草 2 号老芒麦 RT-PCR 的内标基因。实验共设计了 3 对引物，分别是根据老芒麦线粒体编码细胞色素 c 氧化酶亚基III的 *coiii* 基因（*Elymus sibiricus* mitochondrial *coiii* gene for cytochrome c oxidase subunit III）、老芒麦线粒体编码 f-1-ATP 合酶的 *atpA* 基因片段（*Elymus sibiricus* mitochondrial partial *atpA* gene for F-1-ATP synthase）和小麦亲环素 A-2（CyP2）mRNA 对应的 cDNA 蛋白质编码基因［*Triticum aestivum* cyclophilin A-2（CyP2）mRNA，complete cds.，complete cds］三个基因，利用 Primer5.0 软件来设计的，结果如图 5-54 所示。

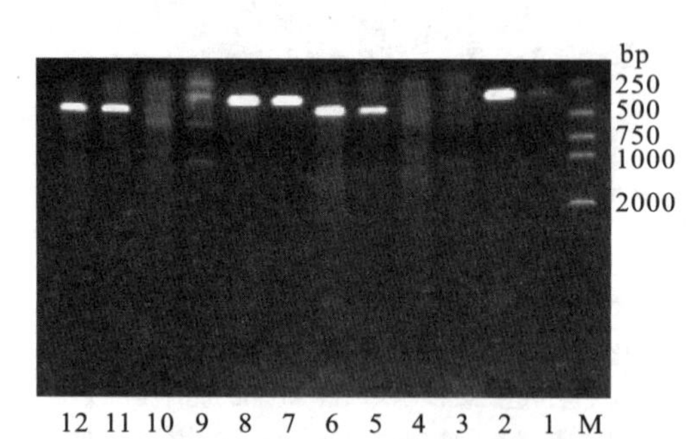


图 5-54　川草 2 号老芒麦 RT-PCR 内标基因的选择

1、3、5 为加拿大披碱草；2、4、6 为国产短芒披碱草；7、9、11 为大麦；8、10、12 为川草 2 号老芒麦。1、2、7、8 扩增的是老芒麦 *atpA* 基因片段；3、4、9、10 是小麦亲环素 A-2（CyP2）cDNA 蛋白质编码基因的 PCR 扩增；5、6、11、12 是老芒麦线粒体 *coiii* 基因的 PCR 扩增

从实验结果来看，老芒麦线粒体 *coiii* 基因在披碱草和老芒麦中均能稳定表达，故选择该基因作为川草 2 号老芒麦 RT-PCR 的内标基因。

使用 TaKaRa 公司的 One Step RNA PCR Kit（AMV）进行 RT-PCR 反应，反应结束后，取 PCR 反应液 8μl 进行 1%的琼脂糖凝胶电泳，确认 PCR 扩增产物。电泳结果如图 5-55 所示。

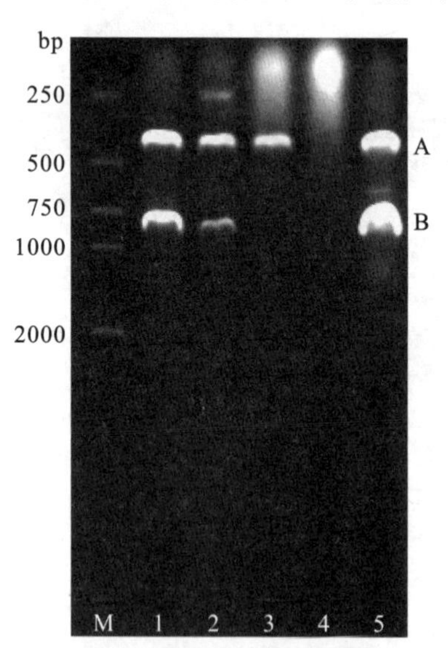


图 5-55　川草 2 号老芒麦 RT-PCR

1、2 和 5 为转基因材料；3 为非转化材料；4 为未加 AMV RTase XL；A 为内标基因；B 为目的基因

实验显示，转基因材料中，内标基因和目的基因均能够正常表达，非转化材料只有内标基因表达，未加 AMV RTase XL 的转基因材料目的基因和内标基因均不表达，实验结果表明，外源基因在川草 2 号老芒麦基因组中能够正常转录，形成 RNA。

## 四、农杆菌介导川草 2 号老芒麦转基因操作体系及其效率的验证

根据以上实验结果，建立操作程序如下：

(1) 成熟胚去壳，70%乙醇溶液浸泡 1min，0.15%升汞消毒 20min，无菌水洗 3～4 次，在愈伤组织诱导培养基，26℃暗培养诱导愈伤组织。

(2) 诱导培养 35d 后，取活力强、颗粒状愈伤组织转入愈伤组织继代培养。

(3) 取继代培养 60d 的愈伤颗粒，接入愈伤组织预培养培养基，26℃暗培养 4d。然后接入愈伤组织分化培养基诱导分化。

(4) 在预培养的第 3 天，用 LB (LB+1.5%琼脂) 划线接种农杆菌菌株，28℃静置培养 2d 后，将农杆菌全部刮入 $MS_0$ 液体培养基；28℃，200r/min 振荡培养 3～4h。分光光度计 600nm 波长光测定菌液浓度，调至 1.0OD。

(5) 将预培养后的愈伤组织接入 100ml 锥形瓶，加入调制好的农杆菌菌液，浸泡 30min；中间摇动数次。

(6) 倒去菌液，将愈伤组织置于灭菌滤纸上吸干表面菌液，接入共培养培养基，暗培养 3d。

(7) 将共培养后的愈伤组织用无菌水先快速摇动清洗两次；然后加入无菌水浸泡 10min，使愈伤组织内部的菌体游离出来；倒去洗液，再加入含 400mg/L Cn 的无菌水浸泡 15min；倒干洗液，将愈伤组织置于灭菌滤纸上吸干，接入筛选培养基，26℃暗培养，每 2 周继代 1 次，共两次。

(8) 将筛选培养基的抗性愈伤组织接入预分化培养基，26℃暗培养 1 周。

(9) 将预分化培养 1 周的抗性愈伤组织转入分化培养基(改用三角瓶或平底试管)，25℃，2000lx 光照培养，再生转基因植株。

(10) 待小植株 3～5cm，转入 TLR 生根培养基上发根。

(11) 将根系健壮的植株移入盆钵，凉棚过渡 3～5d，然后移到自然条件下生长，直至成熟。

建立的这个经过优化的转基因体系，经过试验验证，实验结果见表 5-7。

表 5-7　农杆菌介导的川草 2 号老芒麦遗传转化效率的验证

| 编号 | 接种的愈伤组织 | 潮霉素抗性愈伤组织 | 抗性愈伤率 | 分化再生的抗性愈伤组织 | 转化频率 |
|---|---|---|---|---|---|
| I | 132 | 36 | 27.27% | 14 | 10.61% |
| II | 129 | 42 | 32.56% | 16 | 12.40% |
| III | 138 | 31 | 22.46% | 12 | 8.70% |
| 平均值 | 133 | 36.3 | 27.29% | 14 | 10.53% |

从实验结果看，建立的川草 2 号老芒麦农杆菌介导的转基因体系具有较高的抗性愈伤率(最高达到 32.56%，平均为 27.43%)，以及较高的转化率(平均为 10.54%)，完全能满足实际工作的需要。

# 第六章　老芒麦育种

## 第一节　老芒麦等披碱草属牧草的育种目标

### 一、制定育种目标的意义

培育牧草良种是草地畜牧业和草原生态建设中的一项十分重要的工作，它对于建立巩固牢靠的饲草饲料基地和提高天然草原生产力，具有重要的基础性作用。如四川省草原科学研究院选育的川草1号和川草2号老芒麦品种，具有抗寒、耐旱、适口性好、易栽培等特点，在青藏高原海拔低于4000m的亚高山草甸地区被广泛用于建植人工草地和放牧草地，在退化草地改良、草地畜牧业可持续发展中发挥了重要作用。

首先明确牧草"品种"的概念。一般而言，我们常说的"种"即物种(species)，是动植物分类学上的一个基本单元，它代表着个体彼此之间不存在生殖隔离，可以自由交配，能正常受精结实，繁殖后代的生物群体，如老芒麦(*Elymus sibiricus* L.)在分类学上属于禾本科(Poaceae)小麦族(Triticeae)披碱草属(*Elymus* L.)的模式物种。根据进化论的基本原则，物种是自然选择的结果。同种生物的个体对环境条件具有大致相同的要求，因而物种一般都有它一定的地理分布区。比种更小的分类单位是亚种(subspecies)和变种(variety)，是在同一物种内按照一些次要的性状特征来划分的。它们之间有性状特征上的差异，但彼此间可交配性很强、生殖隔离较小，容易产生杂交后代。农牧业生产上和育种上经常使用的"品种"而不是分类学上的单位，是属于生产上应用和经济上的概念。品种是人类在一定的生态和经济条件下，根据生产和生活的需要，经选择和培育而创造的某种植物的一种群体。它具有相对稳定的遗传性状，以及在生物学、形态学与经济性状上的相对一致性。并且在一定地区和一定的栽培条件下，在品质、抗性和适应性等方面，符合生产的要求。品种的名称多以育种中的编号、育种的方法、性状上的某一突出特征、所处地区的地名及育种单位的名称等来命名。如'同德''康巴''川草2号'等老芒麦国审品种的命名是采用育种材料来源地或育种单位名称。

牧草作为一种特殊用途的栽培植物，有很多地方有别于大田作物。与大田作物相比，牧草的类型更为复杂，草种间的生态生物学特性差异更大，但其大多数种类为多年生，并具高度异花授粉习性，从而给牧草育种造成更大的复杂性和特殊性。且栽培牧草的环境复杂多变，利用方式、方法多种多样，这就构成了牧草良种，其综合性状指标因栽培环境和利用目的、方式而大不相同，而与其栽培环境繁杂多变相适应。品种的遗传背景要比大田作物丰富。因而牧草育种技术与一般大田作物不尽相同，有其相对的特殊性。国外，一些先进的国家，牧草育种已自成体系，有着其相应的品种和良种概念、育种方法和育种程序。国内因开展此项研究起步较晚，育种方法沿用大田作物者尚多，有不少理论和技术问题有待探索开发。

牧草育种工作的主要内容包括以下几个步骤：正确地制定育种目标；恰当地选择原始材料；在对现有丰富的种质资源综合评价的基础上，利用自然突变和人工诱变及杂交(基因重组)等育种技术手段，严格地选择育种后代，从而选育出新品种。其中，制定育种目标乃是首先需要加以考虑的问题。育种目标具体来说，就是针对具体的适应地区(草原类型)，选育具有突出特征特性的品种。育种目标包括许多方面的内容。在产量方面，包括提高鲜干草产量和种子产量等，在品质方面包括提高粗蛋白含量、必需氨基酸含量、低纤维素、低不良生物碱等，在抗性方面包括如抗病虫害、抗寒、抗旱、耐热、抗盐碱、耐牧、抗落粒、抗倒伏等；也有便于草田轮作、便于机械化操作目标，如早熟性、成熟整齐度等；还有其他一些特殊目标，如适于混播、返青早、再生速度快、光合效率高等。在具体的育种工作中，我们只能根据当地的自然、经济条件，根据当前及今后的生产需要，同时考虑牧草的生物学和生态学的规律，在现有品种或原始育种材料的基础上制定合适的育种目标，有重点地改进一个或几个具体的性状。

## 二、青藏高原高寒区老芒麦等栽培禾草的育种目标

### (一)青藏高原高寒区(川西北高原)气候和土壤生境特点

川西北亚高山草甸区域，在四川省天然草地区划中，属川西北高原高寒草地区的川西北高原亚高山草甸草地亚区。其行政区域是以红原、若尔盖、阿坝三县为中心，包括壤塘、松潘、黑水等县的一部分。多为海拔 3200～3500m 的丘原，地势比较平缓，沼泽广布，气候寒温潮湿。其气候指标，中心县份年均温在 0.6～3.2℃，7 月月均温 10.9～21.7℃，1 月月均温-10℃左右，绝对最低温-34.7℃，极端最高温＜27℃；年降水量 645.2～728.4mm，其中 4～10 月约占 90%。年热量水平，以其活动积温表示，则≥0℃的积温在 1350.0～1889.7℃，持续期 6～7 个月；水热系数为 3.7~5.4。水热的季节分配，属于长冬无夏、春秋连接，水热同季类型。冬季较干旱，严寒而多无雪覆盖；联季雨日多，冰雹多，但日降水强度不大(如红原的日降雨量，≥25.0mm 日数，1960～1970 年平均只有 2.3d；≥50mm，仅 0.1d)，在整个联季内，仅 8 月上中旬降雨较少，晴天多，为当地打晒青干草良好季节。无绝对无霜期或无霜期极短。

与气候相适应，土壤为各种高原沼泽，草甸土壤种类，而作为人工草地基地者，主要是亚高山草甸土。此类土种广泛分布于广阔的高原面和比较平缓的分水岭；成土母质以高原原生母质的各种冲、堆积物为主，土壤质地多为轻壤，有机质丰富，水分充足，富潜在养分，偏酸，无石灰反应。pH 4.57～6.01，有机质 9.5%，全氮可达 4%左右，但阳离子代换量不高，为 49cmol/100g 土左右，放牧条件下演替的顶极群落，在平坝草场以垂穗披碱草、垂穗鹅冠草、老芒麦等草甸群落为主。

总之，气候长冬无夏，春秋联季，寒温潮湿，土壤水分充足，偏酸，但质地多为轻壤，为本区域人工草地气候-土壤生境的基本特征。

(二)青藏高原高寒区(川西北高原)栽培牧草需温生态类型和需温特性

在气候诸因子中，温度(热量)指标与牧草生长发育和产量建成有密切关系，是确定区域育种目标的重要依据。而草种本身，由于系统发育结果，其生长发育对温度条件有着一定的要求和反映。这是牧草栽培区划和区域性栽培草种(品种)选择要考虑的。我国栽培牧草的需温特性，实际区分为 4 种类型，即寒温型、温带型、亚热带类型和南亚热带-热带类型。

川西北亚高山草甸区域，就其热量水平和目前栽培草种分析，本地原产的牧草种类为寒温型草，而外地引进草种除寒温型外，尚有一些属于温带型冷季种类可以在本区域种植。这些草种和品种在需温特点上与温带、暖温带类型有着明显的差异。若以本地老芒麦、垂穗披碱草为本地原产的寒温型种类的代表，无芒雀麦、猫尾草为温带型冷季种类的代表，紫花苜蓿、三叶草、苇状羊茅、黑麦草、鸭茅等代表典型的温带、暖温带类型，观察它们在红原(海拔 3504m，年均温 1.1℃、＞0℃积温 1350℃)的生长发育和产草量建成，则可看出：原产当地的寒温型栽培牧草，播种当年越冬率在 90%以上，翌年在旬均温 2～3℃的 4 月上中旬返青，至旬均温达 6.8～8.2℃的 6 月上旬前后转入旺盛生长期，而在 7～8 月旬均温仅 9.7～11.8℃的条件下开花正常，结实良好(抽穗开花期旬均温在 10.7～11.8℃)。

温带型的冷季收草，一般品种越冬率在 70%～90%，其越冬基本安全；翌年返青期因草种、品种而异，但均在 4 月，旺盛生长期和抽穗期与当地草种接近或稍迟，但均不能正常开花结籽。

温带、暖温带地区的主栽草种，则越冬率甚低(黑麦草、鸭茅品种多在 10%以下)，而越冬残存植株需在旬均温达 5℃左右(4.7～6.2℃)的 5 月上中旬才能返青。营养生长不足，生殖生长不良，不能结籽。

由此可见，适宜本区域栽培的牧草，在其需温特点上具有两个极强的适应性：冬季有强的抗冻越冬能力，生长季节具有强的适宜低热量水平生长发育的性能。这都是草种和品种在系统发育过程中所形成的与适应严寒和低热量水平生长有关的遗传性，可综合称为“适应低温生长发育特性”(低温生长性)。强的低温生长性是本区域牧草的基本特点，也是栽培草种选择和新品种选育的共同目标。

(三)青藏高原高寒区(川西北高原)栽培牧草对草甸生境的适应性及其草甸生态型

以气候、土壤水热条件为主导因素构成的青藏高原高寒区(川西北高原)亚高山草甸生境，与北方相同热量水平的草原有着极大的差异。主要表现在联季中的雨量足、雨日多、湿度大；土壤水分充足甚至过多，偏酸性、无石灰反应等特征与草原生境迥然不同。因而适宜于本区域种植的禾草，也有别原产草品种、而对此种生境有着强的适应性，喜湿、耐酸甚至有较强的抗多湿土壤的能力。因而，从草种来看，除本地原产草种外，引进草种中的中生性，草甸型禾草如猫尾草、无芒雀麦、草甸早熟禾等在本区域种植生长极好，花期一次刈割，前两者的小区试验产量可达 2000kg 以上。相反，耐旱、喜碱性土壤的草原型种类，如星星草、原产内蒙古的冰草则生长很差，甚至于 6～7 月雨季，因土壤水分过量受渍变黄(播种当年)。同草种内的不同产地品种也有类似情况。如老芒麦、本地老芒麦与原产北方草原区的老芒麦在形态结构和种植在红原的生长表现上大不相同。引自草原区的农牧老芒麦、多叶老芒麦等品种，叶片宽硬挺直或斜伸、茸毛长多，叶色深绿，在红原种植虽然越冬良好，联季中生长也很旺，但一待 7 月多雨高湿季节到来，叶部各种病害(叶斑病、云纹病)大量发生，降雨量严重偏高的年份叶片如同火烧，几无利用价值。而本地老芒麦，则叶片较薄，叶色淡绿，茸毛少，多呈弯披状，在多雨、土壤水分足的季节极少发病，而呈现一片旺长之势。由此可见，本地原产或可以在本区域栽培利用的禾草品种，多系对本草甸区域气候，土壤生境有强适应性的种类，是一些具有强的低温生长性的草甸生态型草种和品种。

(四)青藏高原高寒区(川西北高原)优良牧草品种应具备的主要性状特性

如上面所述，本区域寒温潮湿属于土壤偏酸的亚高山草甸土壤类型，适宜种植的禾草生态型为寒温型草甸禾草或温带型冷季禾草中适宜于草甸生境的种类。然而同一生态类群内，草种、品种的性状特点和生态适应程度也很不相同，因而具有何种基本性状特性才能在本区域人工草地上取得最高的产草量和长的利用年限，是拟定育种目标必须考虑的另一重大问题。据我们对现有栽培良种(草种或品种)比较分析结果，要达到高产、优质和长的利用年限，下述性状特性为各类型品种所必须具备的，这是本区域栽培草种选择和新品种选育的共同指标。

1. 强的越冬性

越冬性强弱是低温生长性的重要组成部分。本区域冬季漫长干旱而无雪覆盖，低温冻害是造成牧草冬枯(越冬期枯死)的主要矛盾。本地禾草因在系统发育过程中形成了高度的抗冻特性，越冬不成问题；而对于外来的多年生的种类，能否安全越冬是决定其有否栽培价值的重要因素。如黑麦草、鸭茅等禾草，于气温偏高的 1981 年在红原种植，播种当年的产草量，某些品种显著地高于当地老芒麦，但因越冬率不到 5%，无栽培价值。据近年来对引种红原的禾草观察比较，草种间越冬性强弱有下述顺序：老芒麦、垂穗披碱草、中华羊茅、羊茅、紫羊茅、本地早熟禾类＞多节雀麦、无芒雀麦＞猫尾草＞多种冰草＞虉草＞苇状羊茅、鸭茅、黑麦草。其中越冬性水平相当或高于猫尾草者，在本区域越冬基本是安全的。

2. 良好的联季低温生长能力

这是牧草低温生长性的另一组成部分。在本区域热量水平低的条件下，栽培草种和品种能充分利用和适应生长季节的低热量条件，生长快、长势旺并能抵抗不时发生的霜冻和具有较快的发育速度是取得高产的重要生理生态特性。如上所述，这种特性在草种类型、草种之间有很大差异，而同一草种的不同品种也不尽相同。例如，属于温带型的多花黑麦草，一般在红原的生长发育无法达到拔节抽穗生长阶段，但从我们的引种材料中却发现有个别品种可以达到开花期。其中如阿伯德多花黑麦草品种，在 4 月播种，到 8 月中旬前后抽穗开花，株高可达 1m 以上，成为高原上引种成功的少许一年生禾草品种之一。由此可见，选择生长季节低温生长性弱的品种不但必需而且也是有可能的。

3. 一定的耐湿、耐酸性

如上所述，本区域为草甸生境，生长季节多雨日，空气和土壤的水分均高，土壤偏酸，草种和品种除了具有强的低温生长性外，能良好适应这种草甸型生境也是能否高产的重要因素，是草种和品种选择的重要指标。

4. 合宜的生长期

本区域因生长季节短、温度低，刈割型禾草的头茬草多是在抽穗开花期刈割，其产草量占年产草量的较大比重，而再生草产量所占比例则甚低。因此品种的生育期长短显得比其他收草栽培区更为重要。据我们在红原的观察结果，要取得高的头茬草产量，其栽培品种在生育期必须具备能正常抽穗开花的特点(因本区的气候原因，并不是所有引进草种或品种都能达到抽穗期)。但生育期较长，抽穗开花要在 8 月上中旬。这是两个相辅相成的高产因素，前者能保证栽培品种在年内具有产量增长快，最快的孕穗抽穗阶段，是品种生产潜力得以充分发挥的前提，后者则不但使其具有长的物质积累时间，而且使品种产量建成的最优生育期，与所谓气象因素影响产量的关键期相吻合，即正好处于本区气温较高的 7～8 月。牧草能有效地利用本地区有限的热量条件，是取得高产的重要条件。对此，已被对近百份引种材料的测产结果所证实，其亩产鲜草在 2500kg 以上者，均是 8 月上中旬抽穗开花的草种或品种，而在 7 月抽穗的材料绝大多数亩产在 1200kg 以下。

一年生草也有同样的趋势。如三叶草、多花黑麦草、杂种黑麦草、阿坝燕麦品种比较试验，产草量高者为达到抽穗开花期的阿伯德多花黑麦草、特雷利特杂种黑麦草和阿坝燕麦，而其中阿伯德多花黑麦草抽穗开花期较迟，产草量又列居首位，当然，高产的决定因素是多方面的。但上述趋势无疑是存在的。

5. 较长的持续性

本区域气候恶劣，栽培草种尤其是外来草种受冬枯威胁极大，靠草地进行自然更新基本不可能(因不能正常开花结实)，再加之为边缘地区，建造人工草场劳力、资金缺乏，草种和品种的持续性显得更为重要。据观察，根茎型禾草要长于疏丛型禾草；同为疏丛型草种，草种间也有大的差异，如猫尾草要长于老芒麦，就是同一草种内，品种间也不尽相同，如老芒麦，据对生长第 3 年的育种材料观察，有的系统生长已开始衰退，但有的系统其长势和最后的草层密度、株高并未比生长第 2 年逊色。可见选择生长年限长(持续性长)的草种、品种不但有必要，而且在育种中也是有可能的。

6. 结籽性能不应是主要追求目标

在本区域温度低、生长季节短的条件下，就算是低温生长性良好的种类，其抽穗开花期均需在 7 月中下旬之前才能保证种子正常成熟，这与保证刈割型禾草的产量和品质有较大的矛盾(本区多雨月、仅 8 月上中旬晴天多，是收割青干草的季节，早抽穗禾草此时已老化、品质差)。为了保证栽培牧草的主要目标——高的产草量和优良的草质，就不应过于考虑草种或品种的种子生产性能，而是在抽穗开花的前提下尽可能选迟熟高产的品种。品种的种子生产则靠在冷温热量地区或其他较高温地方异地繁殖来解决。

(五) 青藏高原高寒区(川西北高原)优良牧草品种特性的总结

综合上述，本区的栽培牧草就其气候生态型来说，应是寒温型中生草甸种类，和某些低温生长性强并适应草甸生境的温带型冷季种类，前者可以本地原产的优良栽培禾草老芒麦、垂穗披碱草为代表，后者有无芒雀麦、猫尾草等。在本区具体的气候、土壤条件下，一个优良的栽培禾草品种必须具备强的低温生长性，一定的喜湿耐酸特性，和较长的生育期等基本特性，才能取得高的产草量和优的饲草品质。此外，因根茎型禾草利用年限较长，在人工草地栽培草种组合搭配上应占较重要的位置。本区域为寒温气候，生长季节短，高产草种或品种与正常结籽有一定的矛盾，生育期长的高产类型应是主要选择目标，由此而导致种子不能在当地正常成熟，可考虑通过异地繁殖来解决其种子生产问题。

在青藏高原寒温草甸地区，如川西北高原，老芒麦对高原有广泛适应性并已成为重要栽培草种，所以育种工作中一般将其作为主要育种对象草种，再根据青藏高原的人工草地环境和育种对象老芒麦作为刈割草种栽培所存在的问题而拟定其相应育种改良目标。本地老芒麦资源对青藏高原寒温草甸环境有着极强的适应性，并在低热量条件下能正常开花结实。在此前提下，以播种当年生长较快、盛产年产草量高、叶量丰富、利用年限长和在打草季节未明显老化为育种改良的主要目标。另外，基于青藏高原的实际生产条件，对人工草地在短期内不可能有较高集约化栽培，故把需肥水平低、施肥效果明显也列为育种目标。

## 第二节 繁殖方式及其对育种方法选择的影响

### 一、老芒麦的繁育方式

了解授粉方式对于估算个体或群体的遗传变异量很有用，而且在很大程度上还决定着植物采取的育种方法和良种繁育技术。能够进行有性繁殖的植物，其授粉方式包括自花授粉、异花授粉和常异花授粉的三大类形式。自花授粉植物主要是同株或同花的花粉进行受精作用，但也不是绝对的自交，有时也可以有少量的花朵进行异交，其异交率一般不超过4%。异花授粉植物在自然情况下，主要是以其他植株的花粉进行受精，其异交率一般高于 50%，甚至在 90%以上。绝大多数的异花授粉植物在强迫自交时，表现出不同程度的自交不亲和现象，例如，自交不孕或可孕性降低，或者自交后代表现出生活力减退的现象。常异花授粉植物介于自花授粉植物与异花授粉植物之间，其异交概率在 4%～50%，在强迫自交时，大多数不表现明显的自交不亲和现象。

根据 Dewey（1984）基于染色体组的分类处理，*Elymus* 物种（StH 染色体组）包括了形态上每穗轴节含 1 至多个小穗，颖呈披针形或卵状披针形，每小穗含多枚小花，小花药，自花授粉的多年生物种。老芒麦为披碱草属模式种，具有典型的小花药和自花授粉特点。虽然没有明确的自交结实率记载，但在实际的育种实践中我们发现隔离繁种的单株老芒麦结实率与开放授粉时并无显著差异，这印证了其自花授粉为主的繁育方式。分子生态学的研究表明，自然或野生植物群体间的遗传分化系数（$G_{st}$，即群体间变异占总变异的比例）来间接表明物种的繁育方式，一般而言，自花授粉物种的 $G_{st}$ 较大，而异花授粉物种的 $G_{st}$ 较小。马啸（2008）和马啸等（2012）对川西北高原老芒麦自然居群的 ISSR 标记分析发现，其遗传分化系数 $G_{st}$ 为 0.33 左右，接近于 Hamrick 和 Godt（1996）总结出的基于同工酶标记的自花授粉单子叶植物的平均遗传分化系数为 0.41，说明老芒麦自花授粉占优势，但也存在一定程度的异交。Nybom（2004）通过对 307 项基于 DNA 分子标记的研究总结发现，自花授粉植物基于显性标记 RAPD 的 $G_{st}$ 系数为 0.59，而混交植物则为 0.20，与老芒麦 $G_{st}$ 为 0.33 对比，同样印证了老芒麦繁育方式以自交为主的结论。实际上，在异源四倍体（基因组为 SSHH）披碱草属物种中，除了少数物种如北美原生种 *E. lanceolatus*（粗穗披碱草）

和 *E. wawawaiensis* 是异花授粉植物外，大部分异源四倍体披碱草属物种均为自花授粉或常异花授粉植物。雷云霆等(2015)利用 SSR 标记鉴定同德老芒麦和“多叶”老芒麦这两个品种的纯度时发现，二者纯度均在 50%以上，但育成品种“多叶”老芒麦的纯度(86%)远高于野生驯化品种同德老芒麦(56%)，这也表明即便进行了多年的严格选育，老芒麦品种由于非严格的自花授粉很难获得纯系。

## 二、老芒麦等自花授粉牧草的遗传及育种方法的选择

自花授粉植物(非杂交种)的遗传性类型属于简单遗传，其后代个体间的遗传型和表现型具有相对的一致性。通过单株选择或连续自交所产生的后代，在表现型和基因型上都相对一致，一般称为纯系(pure line)。即使有个别植株或个别花朵偶然地发生异交，也会因其连续自花授粉，而使其遗传基础很快趋于纯合。所以对于自花授粉的农作物而言，其育成品种一般为纯系品种，如大麦、小麦、燕麦等。自花授粉植物由于长期自交，隐性性状可以表现，因而有害的隐性性状在自然选择和人工选择后逐渐被淘汰，故一般很少出现有害性状，也不会因自交造成后代生活力显著下降。当然也存在自花授粉植物的不整齐品种群体，它一般来自很多遗传性不同的单株所繁衍的后代，通过人工的单株选择或混合选择可以迅速分离出许多纯系。每个纯系内的个体间，其基因型和表现型都是相对一致的，这种一致性在以后各世代中，即使不通过人工自交，也能较稳定地保持下去。这种遗传行为上的相对稳定性是自花授粉植物优良品种得以长期保存的主要原因。很多自花授粉植物的地方品种具有一致性较差的特点，可以看成不整齐品种群体，故而可以采用混合选择或集团选择来加以改良其整齐度。

自花授粉植物的遗传基础相对纯合，但也有一定的天然杂交率，天然杂交会产生基因重组的新类型。此外，由于环境条件的改变也会出现突变类型，这些都是自花授粉植物产生变异的主要原因，而且这些变异可以通过自交的方式被长期保存。利用自然界提供的变异，从中发现优良变异植株并进行多次单株选择的方法称为系统育种，该方法是自花授粉植物选育新品种的主要途径之一。此外，不同单株或纯系之间进行杂交，在后代中进行连续的多次单株选择寻找优良变异，也是自花授粉植物常用的有效育种方法。在能够解决去雄技术的前提下，自花授粉植物还可以利用杂种优势(如水稻的杂交优势利用)。这类植物虽然天然异交率低，但在良种繁育时也要注意防杂保纯。而异花授粉植物由于异交的原因导致同一群体内不同个体的在基因型和表现型上存在较高的不一致性，一般采用连续或多次的混合选择法进行表型选择来选育新品种，或者通过适当控制授粉条件进行自交或近交获得自交系或近交系，将多个自交系或近交系进行杂交后的混合选择来选育综合品种。

需要着重指出的是，虽然老芒麦为自花授粉植物，但其异交率较高，而且对于多年生牧草而言，品种群体内的纯度或表型整齐度不如小麦、青稞、燕麦等自花授粉大田作物那样重要，而是更加强调其牧草产量和适应性等方面。所以，在老芒麦的育种中，单株选择、混合选择和集团选择均是常用的育种方法，而常见的老芒麦品种很少有绝对的纯系品种。虽然这会产生不利于品种产权保护等问题，但也为既有品种将来的进一步遗传改良提供了绝佳的遗传基础。下面将重点介绍老芒麦这类自花授粉牧草的常用几种育种方法。

# 第三节　常用的基本育种方法

选择是育种的主要工作内容。选择育种(breeding by selection)，即指在自然和人工创造的变异群体中，根据个体和群体的表现型选优去劣，选择符合育种目标相应性状的基因型，使优良或有益基因不断积累及所选择的性状稳定地遗传下去的过程。一般而言，在牧草育种中可以对野生材料中蕴含的优良变异进行人工选择即野生栽培驯化，也可对既有育种材料经杂交、染色体加倍、诱变等方式创造变异，再进行优良基因型的选择。按照当选材料处理方式的不同，人工选择的可以分为两大类：单株选择和混合选择。

## 一、单株选择法

### (一)一次单株选择

在原始材料圃或大田试验小区里，从原始的群体中选择符合育种目标的优良的变异个体(单株或单穗)，每株或每穗分别收获、脱粒和贮存。第1年把每株或每穗的种子分别单种一行或几行，称为株行或穗行，每一株行或穗行的后代称为一个株系，用本地优良品种做对照，把表现差的株行或穗行淘汰掉，留下优良的株行或穗行，每一株行或穗行单收单藏。次年把上年入选的每一株行或穗行的种子分小区种植，再和本地优良品种对照比较，进行品系(同一单株的后代中遗传性状比较稳定一致的一个群体，或者是育种过程中已初步选择出的优良、稳定的系统或群体)鉴定试验，确定出优良品系。选择综合性状和表现明显优于对照的品系进行品种比较试验和多点示范及生产试验，同时繁殖种子、扩大群体。在此基础上，培育和创造出具有稳定性状的新品种(图6-1)。

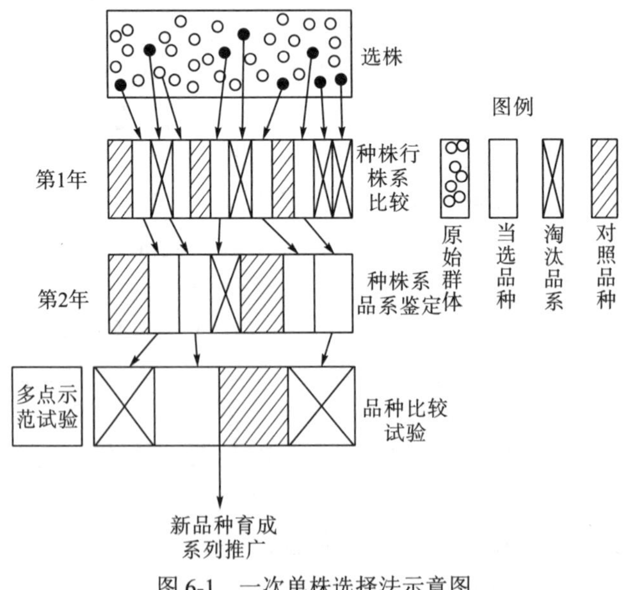


图6-1　一次单株选择法示意图

（二）多次单株选择法

在一次单株选择的后代中，可能有的植株性状还不一致，继续出现分离。因此，必须在其中选择优良的或变异的单株、单穗，分别收获、脱粒、种植，进行比较鉴定，选优去劣，如此重复数代，直到性状一致、稳定、不再出现分离时，再进行品种鉴定试验，其后的程序与一次单株选择方法相同(图 6-2)。

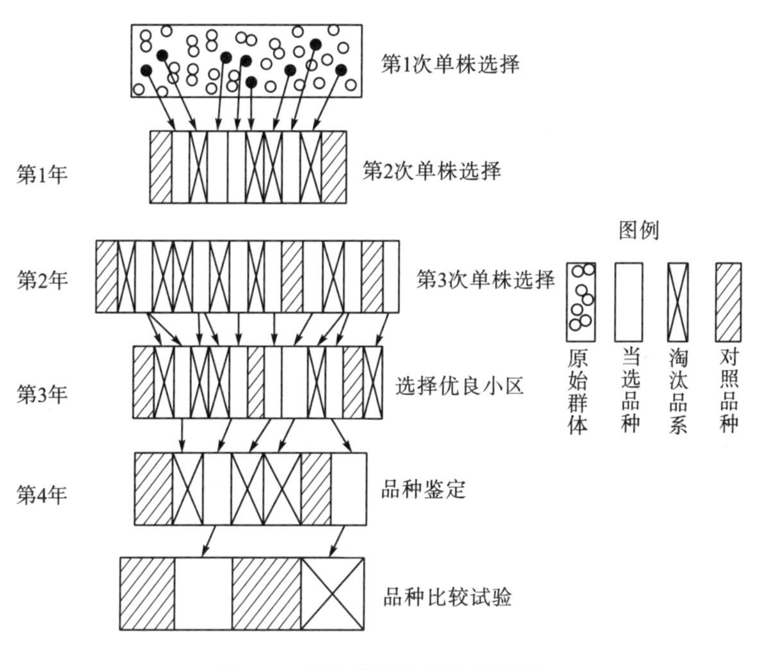


图 6-2　多次单株选择法示意图

## 二、混合选择法

混合选择法(mass selection)是按照育种目标对自然变异群体进行选择，选择一些性状相似的优良个体，取相当数量的单株或单穗，下年播种混合脱粒的种子，同时设置对照，与原品种进行比较，在此基础上培育成新品种。混合选择法适合于异花授粉植物品种的选育。由于该方法属于表型选择，操作简单，也常用于对品种纯度要求不高的多年生自花授粉牧草的品种选育。根据选择的次数混合选择法又可分为一次混合选择法和多次混合选择法。

（一）一次混合选择法

首先从原始品种或育种原始材料圃或鉴定圃中选出优良的单株或单穗，混合收种；第 2 年一起播到一个小区内，并与本地优良品种对比。扩繁综合性状表现好、稳定一致的群体，供作新品种繁殖推广(图 6-3)。

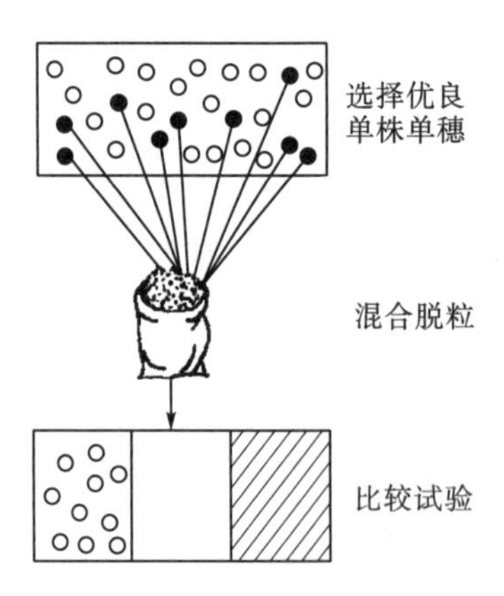


图 6-3　一次混合选择法示意图

（二）多次混合选择法

在一次混合选择后，如果选中材料的性状还不完全一致，则再进行一次或多次混合选择，这种方法称为多次混合选择法(图 6-4)。

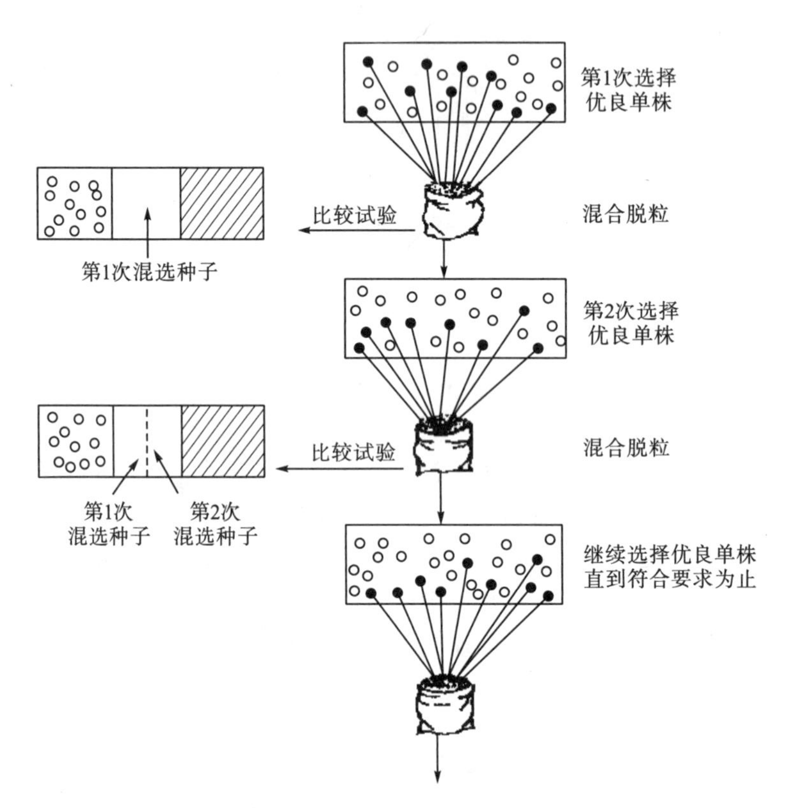


图 6-4　多次混合选择法示意图

（三）改良混合选择法

在原始材料中先进行 1～2 次混合选择，使群体性状基本趋于一致，再进行单株选择，即从混合选择后的材料中选择优良个体(单株、单穗)；或者对原始材料中先进行一次或多次单株选择以后，某些株系间的性状已基本一致，就把这些株系小区混合收获脱粒。

单株选择法适用于自花授粉植物和常异花授粉植物。而对异花授粉植物而言，除非是培育自交系利用杂种优势，通常不进行单株选择而进行混合选择，因为异花授粉植物群体是由遗传基础不同的株间自然授粉而构成的异质群体，后代处于高度杂合状态，如果进行单株选择会破坏其群体结构，导致其生活力和适应性的衰退。

## 三、老芒麦进行单株选择(系统育种)的可行性分析

系统选择法是植物育种的常规方法之一，但在多年生牧草育种应用则对其育种效果尚存争议。老芒麦是青藏高原开展栽培牧草育种工作的主要改良对象之一。基于该草种在高原地区的自交程度高，理论上其育种方法主要是采用单株选择即系统选择法。即首先从原始群体选株(穗)或株丛，收种播植构成株(穗)系圃。进而从株系圃选择优良株系进入优系圃，作多行区播植和评选。而从优系圃选得的系统(株系或家系)，则用其单系或用多个入选系统组成混合系提供高一级育种试验。四川省草原科学研究院等利用对阿坝州本地原始老芒麦群体进行两次单株选择而获得的 31 个老芒麦株系(含对照品种川草 1 号株系)，从其数量性状遗传变异和产草量选择育种值的品比验证结果这两个方面，对系统选择在老芒麦育种中应用的效果和前景进行了分析。

### (一)主要数量性状的系统间表型变异

性状的变异性是系统选择育种赖以选择的基础。通过对 31 个参试株系共计 10 个数量的性状调查分析结果，表明这些性状在株系之间的表型变异均比较大(表 6-1)。样行枝条数(代表草层密度)、叶层高、叶长、叶宽、叶量率等与饲草产量、品质有直接关系的性状，其变异系数均在 10%以上。其中株行总枝条数、风干草叶量率则分别达 23.8%和 22.6%。参试品系的这种丰富的变异性，表明了育种材料的原始种群有关性状的个体间存在明显差异，为单株选择提供了可能。

表 6-1 参试株系的各性状的株系间表型变异

| 性状 | 调查的株系数($n$) | 均值 | 变幅 | 变异均方 | 变异标准差 | 变异系数/% |
|---|---|---|---|---|---|---|
| 群体株高 | 31 | 105.2cm | 95～120cm | 49.14 | 7.01 | 6.7 |
| 穗层高 | 31 | 86.4cm | 78～95cm | 37.7 | 5.63 | 6.5 |
| 叶层高 | 31 | 69cm | 55～85cm | 50.27 | 7.09 | 10.3 |
| 每行总枝条数/(枝/0.4m$^2$) | 28 | 657 | 376～905 | 24348.48 | 156.04 | 23.8 |
| 每行生殖枝数 | 28 | 451.3 | 266～624 | 9426.47 | 97.09 | 21.5 |
| 叶长 | 30 | 16.73cm | 12～21.6cm | 4.97 | 2.23 | 13.3 |
| 叶宽 | 30 | 0.93cm | 0.7～1.3cm | 0.0203 | 0.15 | 16.13 |
| 穗长 | 30 | 20.01cm | 14.9～25.7cm | 5.43 | 2.33 | 11.6 |
| 穗颈长 | 30 | 15.83cm | 9.7～25.7cm | 37.95 | 6.16 | 38.91 |
| 风干草叶量率 | 28 | 18.08% | 11.6%～28.4% | 16.75 | 4.09 | 22.6 |

（二）各性状系统间表型变异的可遗传组分估测

各株系间的表型变异，既包括可遗传的部分，也包括因环境效应和调查误差所造成的不能遗传的部分。考虑到对照品种川草 1 号是已稳定的品系，故其试验小区间的变异方差可看作环境效应的结果。故各性状的株系间表型变异方差减去对照品种同一性状的试区间方差，则可作为各性状的株系间变异的可遗传部分的估测值。而其可遗传部分占总变异方差的百分率则就是其可遗传部分的比率。这一粗略估测虽因系统性误差和偶然误差无法从中析出，不能完全看作为广义遗传力，但也一定程度上体现了广义遗传力。这里估测公式为：$H_B'^2=[V_{(株系间)}-V_{(对照品种试区间)}]/V_{(株系间)}$，这里 $V$ 代表表型方差，$H_B'^2$ 为性状系统间表型变异的可遗传率，可粗略反映广义遗传力 $H_B^2$。根据估算结果，与产草量、草品质有直接关系的性状，其株系间变异总方差的可遗传率比较高，除株高仅占 58.24%外，其余均占 70%以上（表 6-2）。因这些株系的来源是从遗传稳定性的原始群体经株选所得，基因的显性效应存在较小，故上述总方差的可遗传率（一定程度体现广义遗传力）的遗传可靠性更高。参试系统的优良性状，在其有性后代能有较高的重衍性。这表明根据单株或系统的表现型进行选择，从理论上看是有效的。

**表 6-2 主要性状的株系间表型变异方差的可遗传率估算结果**

| 性状 | 株系间变异方差 | 对照品种试区间变异方差 | 参试株系间变异的可遗传方差 | |
|---|---|---|---|---|
| | | | 方差 | 占总方差百分数/% |
| 株高 | 49.14 | 2052 | 28.62 | 58.24 |
| 每行枝条数 | 24 348.48 | 6 668.36 | 17 680.12 | 72.61 |
| 叶长 | 4.97 | 0.52 | 4.45 | 89.54 |
| 叶宽 | 0.023 | 0.004 | 0.019 | 82.61 |
| 风干草叶量率 | 16.75 | 3.91 | 12.84 | 76.66 |

（三）风干草产量的株系间变异及其育种值的估测与验证

产草量是与产量有关的性状的综合表现，也是老芒麦系统选择育种的综合选择指标。其株系间表型变异经统计，结果发现，变异标准差为 73.11kg/亩，变异系数为 19.34%，变异方差的可遗传率占 59.36%。可见产草量这个综合性状的遗传性较之与产草量有关的单项性状差。这表明它易受环境影响，在系统选择育种中对产草量选择应结合其他与产量有关性状综合考虑和评定。而对育种中各株系（即系统）的产量和增产效果评价则需放在选育的后期阶段，使之处于正规品比的条件下，以便能测定其品系间差异显著性。

为进一步分析系统选育法在老芒麦育种中的效果，在此进一步用综合性状产草是为指标对其育种值进行估算和验证。也就是对参试的各株系（其中产者仅 28 个株系）、施以 0.18 的选择压力，即从 28 个测产株系中仅选择 5 个高产株系来估测其育种值。产草量育种值估算采用如下公式估算：$R'=H_B'^2\times S$，式中 $R'$ 为理论育种值，$H_B'^2$ 为性状系统间表型变异的可遗传率，$S$ 为选择差，即入选株系的平均产草量与全部参试系统平均产草量之差。计算结果发现，5 个入选株系的理论选择效应（育种值），平均产草量可比全部测产株系均产提高 15.5%，比对照品种提高 4.5%(表 6-3)。当时所选得的这 5 个株系均参加了品比试验，风干草亩产草量测定结果发现 5 个株系的平均产草量较对照品种增产 2.7%，最高产株系的增产率则达 8.9%。验证结果表明，单株选择的有效率约为 60%。综合性状产草量是遗传力较低的性状，其育种值能得到一定程度的验证，就相应地表明系统(单株)选择在老芒麦育种中应用是具有一定效果的。

**表 6-3 风干草产量的株系间变异及其育种值**

| 测产株系数 | 产草量株系间表型变异 | | | | | | 育种值估算 | | | |
|---|---|---|---|---|---|---|---|---|---|---|
| | 均产 | 变幅 | 变异方差 | 变异标准差 | 变异系数 | 变异方差可遗传率 | 入选株系数 | 株系均产 | 育种值 | 比对照增产 |
| 28 | 378 kg/亩 | 202.3～530.7 kg/亩 | 5344.39 | 73.11 | 19.34% | 59.36% | 5 | 477 kg/亩 | 58.8 kg/亩 | 4.5% |

系统选择在自花授粉的谷类作物和无性繁殖植物育种中较为常用，效果也颇好。但在多年生牧草育种中，其应用效果则尚存争议。这主要是由于理论上经单株选择所得的株系因纯系化而使遗传基础单一，可能导致育种效果不良。因而系统选择在多年生牧草育种的应用效果是值得探讨的问题。本研究发现，从育种材料(参试株系)的变异性、遗传可能性和遗传力较低的综合性状育种值的品比验证 3 个方面对其育种效果进行探讨。结果发现老芒麦这种川西北高原广布种的表型性状的变异程度颇大，能为系统选择育种提供丰富的可供选择的原始材料。对性状的变异分析结果表明，与产草量、草质等有直接关系的经济性状均有较高的遗传力，这为系统选择育种通过表型选择而获得可具有遗传重复的后代提供了可能性。而产草量选择的育种值能在品比阶段得到一定程度的验证，更可以说明系统选择在老芒麦育种中应用是有一定的效果的。事实上，四川省草原科学研究院选育的川草 1 号老芒麦就是采用系统选择方法育成的，原始材料来自川西北阿坝县热区河谷的野生老芒麦种质，历经多次单株选择选育出优良株系 802320，再经品比和生产示范试验而得。目前老芒麦牧草育种尚处于初始阶段，我们应该利用其丰富的自然变异，通过系统选择手段培育生产所需的优良栽培品种。当然，系统选择尤其是多次单株选择是会造成品系的遗传基础纯化而导致适应性和稳产性降低。对此，在育种中可以从选择株丛和用混合遗传背景有异的株系而构成混合品系来解决，例如，川草 2 号老芒麦是经多次单株选择所得的 3 个具有互补性的株系再次混合而成，在川西北高原的产草量和适应性均高于川草 1 号，目前是四川藏区推广的主要牧草良种之一。对于披碱草属自花授粉牧草育种在国外也有单株选择育种的报道。例如，加拿大披碱草(*E. canadensis*)与老芒麦类似，为多年生自花授粉禾草，美国育种家通过 62 份加拿大披碱草种质的综合评价，1986～1990 年 5 年间通过连续多次的单株选择过程，选育出 Lavaca 品种。美国育种家还利用源自中国的披碱草(*E. dahuricus*)种质通过纯系单株选择 $F_4$ 代后得到了遗传稳定、产草量高、适应性强 2 个品种，即 Arthur 和 James。

## 四、混合选择法在老芒麦育种上的利用

由于老芒麦是一种存在较高异交率的自花授粉多年生牧草，对于品种群体内部的纯度要求不高。故而，目前在国内包括老芒麦在内的披碱草属牧草品种大多采用混合选择，即从原始野生群体中选择出相当数量的优良单株或单穗，混收后再进行鉴定比较和从优淘劣，即最常用、操作简单可行的野生栽培驯化品种选育。例如，四川甘孜州畜牧业科学研究所以甘孜州高原牧区的野生老芒麦 54 份种质作为选育原始材料，对其进行择优无性扩繁，再选优良混合牧草种子进行有性繁殖，经过连续 3 次混合选择，选育材料在牧草丰产性能、种子丰产性能等方面趋于稳定，选育出康巴老芒麦新品种。内蒙古农业大学针对从原呼和浩特农校引进老芒麦原始育种材料，从 1962～1966 年连续进行了多次混合选择和繁殖，获得了植株高大、株丛繁茂、分蘖多、叶量丰富的且性状稳定的育种群体，选育出农牧老芒麦品种。四川省草原工作总站对源于甘孜州道孚县的野生垂穗披碱草(*E. nutans*)种质进行连续 3 年的混合选择，筛选出了性状较稳定、种子成熟期基本一致、叶量丰富的优良群体材料，经种子繁殖和植物学特性的观察与评价，最终选育出康巴垂穗披碱草品种。青海省牧草良种繁殖场从青海省同德县巴滩地区天然草场上采集野生的短芒披碱草(*E. breviaristatus*)和无芒披碱草(*E. submuticus*)种质材料，经连续多年的混合选择，去劣留优，将不良变异植株淘汰，选育出同德短芒披碱草和同德无芒披碱草 2 个新品种，具有成熟整齐、落粒性小、籽粒饱满、性状一致等特点。

混合选择在一定程度上可以增加群体内的遗传多样性，丰富群体的遗传构成，进而保证了群体的适应性，但这种品种群体在繁育和保种过程中发生混杂或衰退的可能性较大，目前利用包括分子生物学的方法还不能很好地进行这类品种鉴定和知识产权保护。

## 五、综合品种法在披碱草属牧草上的利用

综合品种(synthetic variety)是指两个以上的自交系或无性系杂交、混合或混植育成的品种，一个综合品种就是一个小范围随机授粉的杂合群体。综合品种的亲本较多，且最好为纯系，多用于异花授粉牧草。综合品种的培育也是通过天然授粉保持典型性及一定程度的杂种优势达到育种目的。国外育种家利用综合品种法已经成功育成多个异花授粉披碱草属品种，至于对自花授粉的披碱草属育种国内外尚无相关报道。美国的 *E. wawawaiensis*(异花授粉植物)品种 Discovery 就是在华盛顿州、爱达荷州等地采集的 4 个野生群体作为亲本材料，根据它们各自的配合力及性状表现确定了亲本数后，并在杂交圃中将它们相间种植，使所有亲本能最大限度地达到相互自由传粉，混收种子构成初始杂交群体，次年通过无性繁殖获得 4 个亲本群体的单株构成的综合品种，命名为“Discovery”，该综合品种在产草量、抗性及种子产量等均有大幅度提高，已经在美国西部草地改良中得到广泛使用。

## 第四节 基于数量性状遗传参数研究的老芒麦育种决策

自20世纪50年代以来，国内外对农作物经济性状的数量遗传规律进行了大量的研究，为改进育种选择方法提供了丰富的理论依据，但对于栽培牧草的相应研究国内则较少。近年来，我们在老芒麦系统选育过程中，对体现群体高度的群体株高、叶层高，反映群体密度的单位面积总枝条数、生殖枝数，以及作为育种改良目标的风干草产量等性状的数量遗传参数进行了初步研究分析，试图揭示这些性状的遗传传递动态，供老芒麦育种选择决策参考。

### 一、数量性状指标和实验设计

分析材料共 5 个品系，均为用川西北高原本地老芒麦为育种材料经系统选择育成的 4 个优良品系和 1 个对照品种。随机区组设计，小区种植，4 次重复(做性状调查和刈割测产者仅 3 次重复)。小区面积 10m$^2$(2m×5m)，春条播，行距 40cm，一般牧草栽培技术管理。所用的各性状数值是取其生长第 2 年的调查测定结果。调查测定时老芒麦为开花期。用方差分析方法做各项参数估算，分析计算单位为小区平均值和整区刈割的测产值。方差和协方差分析采用随机模型。也就是品系间方差($V_1$)的期望值为$r\cdot\sigma_g^2+\sigma_e^2$；机误方差($V_2$)看作环境效应方差，即其期望值为$\sigma_e^2$。相应的品系协方差($N_1$)和机误协方差($N_2$)的期望值为 $cov_e+r\cdot cov_g$ 和 $cov_e$。式中的 $r$ 为重复次数，$cov_e$、$cov_g$ 分别代表环境方差、遗传方差、环境协方差和遗传协方差。在方差分析基础上(经 $F$ 测验达显著者)，估算相应的遗传参数。

表 6-4 方差、协方差分析模式

| 变异来源 | 自由度 | 均方差 | 期望均方差 | 协方差 | 期望协方差 |
|---|---|---|---|---|---|
| 总数 | $rn-1$ | | | | |
| 重复间 | $r-1$ | | | | |
| 品系间 | $n-1$ | $V_1$ | $+r\cdot$ | $N_1$ | $+r\cdot(cov_{e12}+r\cdot cov_{g12})$ |
| 机误(环境) | $(r-1)(n-1)$ | $V_2$ | | $N_2$ | $(cov_{e12})$ |
| 遗传 | | $(V_1-V_2)/r$ | | $(N_1-N_2)/r$ | $(cov_{g12})$ |

(1)表型变异系数$CV_p=\sqrt{\sigma_p^2}/\bar{X}$，$\bar{X}$ 为各性状的品系平均值，遗传(基因型)变异系数$CV_g=\sqrt{\sigma_g^2}/\bar{X}$。

(2)遗传力(广义遗传力) $h^2=\sigma_g^2/\sigma_p^2=\sigma_g^2/(\sigma_g^2+\sigma_e^2)=(V_1-V_2)/[V_1+(r-1)V_2]$。

(3)性状间相关系数：

表型相关系数 $r_{p12}=\mathrm{cov}_{p12}\Big/\sqrt{\sigma_{p1}^2\cdot\sigma_{p2}^2}=\mathrm{SP}_{p1\cdot2}\Big/\sqrt{\mathrm{SS}_{p1}\cdot\mathrm{SS}_{p2}}$

遗传(基因型)相关系数 $r_{g12}=\mathrm{cov}_{g12}\Big/\sqrt{\sigma_{g1}^2\cdot\sigma_{g2}^2}=\mathrm{SP}_{g1\cdot2}\Big/\sqrt{\mathrm{SS}_{g1}\cdot\mathrm{SS}_{g2}}$

环境相关系数 $r_{e12}=\mathrm{cov}_{e12}\Big/\sqrt{\sigma_{e1}^2\cdot\sigma_{e2}^2}=\mathrm{SP}_{e1\cdot2}\Big/\sqrt{\mathrm{SS}_{e1}\cdot\mathrm{SS}_{e2}}$

式中，$\sigma_p^2=\sigma_g^2+\sigma_e^2$，$\mathrm{cov}_{p12}=\mathrm{cov}_{g12}+\mathrm{cov}_{e12}$。$\mathrm{SP}_{p1\cdot2}$、$\mathrm{SP}_{g1\cdot2}$和$\mathrm{SP}_{e1\cdot2}$分别为两性状表型、遗转、环境乘积和，$\mathrm{SS}_p$、$\mathrm{SS}_g$和$\mathrm{SS}_e$分别为性状表型、遗传、环境平方和。

(4) 遗传进度和相对遗传进度：

遗传进度 $\Delta G=k\cdot\sqrt{\sigma_g^2}\cdot\sqrt{h^2}$

相对遗传进度 $\Delta G'=k\cdot\mathrm{CV}_g\cdot\sqrt{h^2}$

式中，$k$为选择强度，本估算采用5%选择率，故$k$=2.06。

(5) 产草量相关遗传进度：

$$\Delta G''=k\cdot r_{giy}\cdot\sqrt{\sigma_{gy}^2\cdot h_i^2\cdot h_y^2}$$

式中，$i$代表选择性状；$y$代表产草量。

(6) 选择指数(通径系数)。为了提高对产量选择的精确性，可以选用一些与产量有显著相关的性状用线性关系式得出一个综合指标，即称选择指数。$Y=b_1x_1+b_2x_2+\cdots+b_nx_n$，式中$x_1$、$x_2$、…、$x_n$为与产量有关性状的表型值，$b_1$、$b_2$、…、$b_n$为相应性状的系数，下列联立方程组解出各系数的值。

$$\begin{cases}p_{11}+b_1+p_{12}b_2+\cdots+p_{1n}b_n=g_{1y}\\p_{21}+b_1+p_{22}b_2+\cdots+p_{2n}b_n=g_{12y}\\p_{n1}+b_1+p_{n2}b_2+\cdots+p_{nn}b_n=g_{ny}\end{cases}$$

式中，$p_{ii}$(如$p_{11}$、$p_{22}$等)为性状$i$(如性状1、性状2)的表型方差$\sigma_p^2$，$p_{ij}$($i\neq j$)为性状$i$和$j$的表型协方差$\mathrm{cov}_p$；$g_{iy}$为性状$i$与选择性状(如产草量$y$)的基因型协方差$\mathrm{cov}_g$。

## 二、数量性状变异分析

### (一) 品系性状的变异度

育种材料的各性状变异度，尤其是性状的基因型变异，是育种选择所依赖的物质基础。本分析研究的4个性状和产草量的品系间变异度(表6-5)，经方差分析均达到显著水平。其中表型变异程度除株高外，其余性状和产草量的变异系数都在10%以上。对应的遗传(基因型)变异虽较表型变异小，但仍有3个性状(含育种改良目标产草量)的变异系数超过10%。表明所用的品系、品种材料其性状有较大的差异性。这种品系间性状的变异度大小，因性状不同而有一定的差异。株高、叶层高两项性状，表型变异系数较小，但基因型变异与表型变异相差不大，说明在所用作分析的品系材料中，这两项性状的遗传稳定性较高。而体现群体密度的性状——总枝条数和生殖枝数，其基因型变异系数明显小于表型变异，说明其性状易受到环境条件的影响。但其中生殖枝数的基因型变异系数是4项性状变异最大的一个，说明其有较高的遗传潜力。

表 6-5 老芒麦性状的平均位和变异系数

| 性状 | 均值（$\bar{X} \pm S$） | 表型变异系数（$CV_p$）/% | 遗传变异系数（$CV_g$）/% |
|---|---|---|---|
| 株高 | 95.4±8.637cm | 9.05 | 8.77 |
| 叶层高 | 71.1±9.036cm | 12.71 | 11.18 |
| 总枝条数 | 1316.7±374.98 枝/m² | 28.44 | 7.86 |
| 生殖枝数 | 960.2±322.12 枝/m² | 33.55 | 29.43 |
| 风干草产量 | 1.48±0.253kg/m² | 17.09 | 13.17 |

(二)性状的遗传力

这是判断基因型效应和环境效应对性状表现的相对重要性的遗传参数。根据性状的遗传力可以增强选择的预见性，也是育种选择决策和运筹的重要依据之一。在本分析中，由于是采用方差分析法估算性状的广义遗传力，故未能排除基因显性效应、上位作用等的干扰，估算结果有可能偏高。但亦可能在一定程度上反映性状的表现型的可遗传程度。从表 6-6 的估算结果可见，4 个单项性状以株高的广义遗传力最高，其余 3 个性状的顺序是叶层高＞生殖枝数＞总枝条数。而作为育种改良目标的综合性状产草量，则明显低于上述单项性状，其遗传力值仅为 59.38%。株高、叶层高、生殖枝数等遗传力高的性状，其田间表现能较高程度地代表着基因型，由此能较为可靠地推断基因型的优劣，从而在育种的早代就可以严格进行选择。遗传力低的综合性状产草量，则说明其田间表现易受环境影响。在系统选择育种的早代，因材料多无法通过严密的田间试验设计，排除和分析出环境影响效应的干扰，因而对其基因型优劣评定的可靠性较差。

表 6-6 老芒麦 4 个性状和产草量的广义遗传力

| 性状 | 遗传方差 | 环境方差 | 广义遗传力 | 位次 |
|---|---|---|---|---|
| 株高 | 70.033 | 4.569 | 93.88% | 1 |
| 叶层高 | 63.153 | 18.498 | 77.35% | 2 |
| 总枝条数 | 105 700 | 34 537.91 | 75.37% | 4 |
| 生殖枝数 | 78 924.58 | 23 933.96 | 76.93% | 3 |
| 风干草产量 | 0.038 | 0.026 | 59.38% | 5 |

(三)性状与产草量的相关

性状相关是判断某性状选择是否影响另一性状及影响大小的一项指标。尤其是排除了环境干扰的遗传相关，是进行性状间接选择的依据。对 4 个性状与其产草量相关的估算结果表明(表 6-7)，它们的表型相关均未达到显著水平。而排除了环境干扰的遗传相关，其株高和叶层高，都与产草量之间达到显著水平，总枝条与产草量之间接近显著。说明对遗传力低的产草量可通过这 3 个性状进行间接选择。这在老芒麦系统选育中，对早代选株、选株系和选择系统均有较大的意义。

**表 6-7 性状与产草量的相关系数**

| 性状 | 表型相关 | 遗传（基因型）相关 | 位次 |
| --- | --- | --- | --- |
| 株高 | 0.743 | 0.922* | 1 |
| 叶层高 | 0.676 | 0.888* | 2 |
| 总枝条数 | 0.62 | 0.877 | 3 |
| 生殖枝数 | 0.667 | 0.81 | 4 |

注：*表示 0.05 水平的显著差异

### （四）性状的遗传进度和对产草量的相关遗传进度

遗传进度是判断在一定选择强度下进行性状选择预测可能取得的育种效果的遗传参数指标。它取决于性状的表型变异度和遗传力大小。相关遗传进度还取决于两性状间的遗传相关程度。按 5%的选择率（对应选择强度 $k$=2.06）估算，4 个性状的相对遗传进度（$\Delta G'$）均在 14%以上，而对产草量的相对相关遗传进度（$\Delta G''/\overline{X}$）也多在 20%以上，变幅为 19.6%～24.2%（表 6-8）。说明 4 个性状选择可以取得明显进展，而通过与产草量有显著相关的性状选择对产草量亦有较大的间接效果。这种相关遗传进度恰好同性状与产草量相关的大小顺序一致，说明了遗传相关程度对间接选择效果有较大的意义。

**表 6-8 各性状遗传进度和相关遗传进度**

| 性状 | 性状遗传进度 | | 风干草产量相关遗传进度/(kg/m$^2$) | |
| --- | --- | --- | --- | --- |
| | $\Delta G$ | $\Delta G'$ /% | $\Delta G''$ | $\Delta G''/\overline{X}$ % |
| 株高 | 16.7 | 17.5 | 0.359 | 24.2 |
| 叶层高 | 14.4 | 20.26 | 0.341 | 21.2 |
| 总枝条数 | 581.44 | 14.06 | 0.306 | 20.6 |
| 生殖枝数 | 510.48 | 53.17 | 0.285 | 19.6 |

### （五）产草量选择指数

选择遗传力高且与产草量有显著遗传相关的性状，能对产草量有明显的间接选择效果。用这些性状作多个性状组合求算产草量的选择指数，并用与前面相同的选择强度求测其选择指数的遗传进度及与产草量直接选择相比的相对效率。

1. 株高（$x_1$）+叶层高（$x_2$）组合

求算出的选择指数公式为 $Y=0.012x_1+0.009x_2$，对应的指数遗传进度为 0.370kg 风干草/m$^2$，相对效率为 119.2%。

2. 株高（$x_1$）+叶层高（$x_2$）+总枝条数（$x_3$）组合

选择指数公式为 $Y=0.0006x_1+0.0134x_2+0.0005x_3$，相应遗传进度为 0.465kg 风干草/m$^2$，相对效率为 150.4%。可见用指数公式进行选择有更高的效率。

## 三、数量性状研究指导老芒麦选择育种决策

4个单项性状和产草量在品系间均存在一定的变异度。尤其是叶层高、生殖枝数和产草量本身的基因型变异系数达10%以上。这表明，尽管参试品系是在共同育种目标下经选育而成的优良品系，但其性状仍存在较大的遗传差异。由于参试品系的育种原始材料是来自川西北高原的本地老芒麦各自然种群，故上述品系的性状差异间接表明，川西北高原本地老芒麦的自然群体蕴藏着较为丰富的性状变异和遗传潜力。乡土自然群体的遗传多样性将能为老芒麦育种提供良好的原始材料。在当前充分利用这种自然变异开展老芒麦系统选育是完全可行的。

综合各遗传参数的估算结果，初步揭示了4项性状及产草量的遗传关系和遗传动态。这是老芒麦系统选择育种，在不同试验和选择阶段决策性状选择重点、选择方式和宽严尺度的一项依据。我们在老芒麦系统选择育种中，其程序一般是由选株(或株丛)开始，经株行区、多行种植系统区等选择阶段，最后进入品系比较试验。株系和系统的种植与选择，因材料多无法做重复的小区控制试验，其环境效应难以估测，因而在这些育种选择的早代，应按上述有关遗传参数所反映的性状遗传规律，把重点放在株高、叶层高、枝条数量等遗传力高的性状上进行严格选择。这些性状与产草量有较高的遗传相关，故在此早代对于遗传力低的产草量可以通过这些单项性状进行间接选择或试行指数选择。育种目标产草量的严格评定和由此而进行的系统、品系的淘汰与存留，其重点应放在育种选择的后期世代，在能设置重复小区控制试验的条件下进行。上述以性状遗传参数为依据的老芒麦育种选择决策，基本上与作物育种的研究结果和育种经验是一致的。

# 第五节　老芒麦利用年限的品系间差异及育种改良可行性

老芒麦是青藏高原主要栽培禾草之一，具有高寒牧区适栽优良草种、品种应具备的基本性状特性，但后期叶量较少和生长利用年限短。因此，它被列为高原牧草育种的主要对象，并以提高饲草叶量率和延长利用年限为主攻目标。经采用多次单株选择方法，四川省草原科学研究院杨志永、盘朝邦等选育出川草1号、川草2号等一些优良品种或品系，本研究根据近年来开展的品比试验结果对有关延长老芒麦利用年限的育种可行性做了探讨。

## 一、老芒麦利用年限研究的实验设计

品比试验在四川省草原科学研究院红原县试验基地进行，共观察调查了5年，共有5个参试品种进行，其中育成品种(品系)4 个，对照品种为新疆老芒麦(引自新疆的野生材料)。4个育成品种(品系)为802320(川草1号)、812189(川草2号)、812367、812016，均是近年用当地老芒麦原始种群为材料，以提高叶量率和延长利用年限为目标，采用单株选择方法育成，其中802320(川草 1 号)为纯系品种，其余则为多株系混合种。小区面积

$2m\times5m=10m^2$，随机区组排列，测产区重复 3 次。全翻耕整地条播。春季播种，当年苗期曾进行中耕除草等保苗管理，翌年起则仅在返青后追施尿素一次，亩用量 10～12.5kg。播种当年未割测产，翌年起则于每年开花期作性状调查和产草量刈割测定。802320 品种不同年限产草量资料，则是取于红原试验基地内的有关试验结果。

## 二、老芒麦产草最随生长年限变化的一般规率

据 5 年的品比试验资料和 802320（川草 1 号）不同生长年限试验产草量表现（表 6-9，表 6-10），其产草量随生长年限而变化的一般规律是：播种当年产草量低，生长第 2 年为高峰年，其后又不断下降，至第 5 年相当或稍低于第 1 年。各生长年限产草量的相对比率，播种当年为产量高峰年（生长第 2 年）的 40%左右，第 3 年为 70%～80%，第 4～5 年为 50%～60%。若以亩产风干草 350kg（小区试验产量）左右为利用价值的界限，则至第 5 年仅有个别品系能达到这一水平。可见，属短寿多年生禾草的老芒麦，一般品种（品系）利用年限为 3～4 年，其中以生长第 2 年产草量最高。这与前人的报道相似。

**表 6-9　品比试验品种（品系）产草量随生长年限的变化（1984～1987 年）**

（单位：kg 风干草/亩）

| 参试品种（系） | 第 2 年 | 第 3 年 | 第 4 年* | 第 5 年 | 第 2～5 年的产量差值 |
|---|---|---|---|---|---|
| 812367 | 528.9 | 347.8 | 329.4 | 312 | 216.9 |
| 802320 | 545.6 | 335.8 | 311.6 | 289.2 | 256.4 |
| 新疆老芒麦 | 394.6 | 358.7 | 185 | 95.5 | 299.1 |
| 812016 | 445.6 | 288.6 | 298.3 | 308.3 | 137.3 |
| 812189 | 563.4 | 419.5 | 397.2 | 376 | 187.4 |
| 平均 | 495.6 | 350.1 | 304.3 | 276.3 | 219.3 |

注：*表示生长第 4 年未测产，其产量数值是按第 3～5 年平均递减率推算所得

**表 6-10　川草 1 号（802320）品种不同生长年限试验地产草量比较**

| 生长年限 | 播种当年 | 生长第 2 年 | 生长第 3 年 | 生长第 5 年 |
|---|---|---|---|---|
| 风干草亩产 | 226.7kg | 569.3kg | 464.4kg | 289.2kg |

## 三、老芒麦主要经济性状随生长年限的变化

老芒麦随生长年限增加，伴随着产草量盛衰，其株高、草层密度（每平方米枝条数）、枝条组成中的生殖枝比率等也有着明显的变化（表 6-11）。其中，每平方米总枝条数以第 3 年最高，分别比第 2 年和第 5 年多 26.6%和 20.3%。生殖枝比率的变化趋势是：播种当年因发育周期未完全完成，生殖枝极少，也不能正常开花结实（因抽穗迟，后期温度低）；生长第 2 年则生殖枝在枝条组成中占绝对优势，占总枝条的 72.3%；其后生殖枝比率不断下降，尤以第 2 年与第 3 年之间，下降幅度域大，使整个老芒麦群体的枝条组成，由以生殖

枝为主转入以营养枝为主阶段。也正因是这种转变，使草层高度第 3 年及其后明显矮于第 2 年。这种生殖枝比率变化趋势与产草量盛衰变化基本上是同步的。

**表 6-11　品比参试品种(品系)经济性状随生长年限的变化**

| 生长年限 | 基本苗/(苗/m$^2$) | 株高/cm | 草层高/cm | 总枝条数/(枝/m$^2$) | 生殖枝数/(枝/m$^2$) | 生殖枝比率/% |
|---|---|---|---|---|---|---|
| 播种当年 | 442.5 | / | / | / | / | 少许枝条抽穗 |
| 生长第 2 年 | / | 95.4 | 71 | 1583.4 | 1145.4 | 72.3 |
| 生长第 3 年 | / | 77.2 | 49.9 | 2004.8 | 634 | 31.6 |
| 生长第 5 年 | / | 97.7 | 54.1 | 1666.8 | 342.6 | 20.6 |

注：表中数字为 5 个参试品种的均值

## 四、老芒麦产草量生长年限衰退的品种(系)间差异

以高产的生长第 2 年为基数，第 5 年产草量为衰退结果，求取各品系 3 年间的总递减率和年度间平均递减率(表 6-12)，则可看到这种递减在参试品种(系)间存在着一定程度的差异。其中 4 个育成品种(系)均小于对照新疆老芒麦；而育成品系中的 812016 和 812189 又低于 812367 和 802320。这种差异，用表 6-12 数据经反正弦转换进行方差分析和用新复极差法作品种间差异显著性检验，结果发现方差 $F$ 值达显著水平，4 个育成品种(系)与对照种比较，达极显著水平，育成品种 812189 与 802320 之间差异接近显著，其余均未达显著。由此可见，以延长利用年限为系统选择育种目标之一所选育成的新品种(系)，其利用年限明显长于对照，而育成品系之间也存在着一定程度的差异。

**表 6-12　品比参试品种产草量递减情况比较**

| 品种(系) | 总减产率/% | | | | 年均递减率/% | | | |
|---|---|---|---|---|---|---|---|---|
| | 第 1 年 | 第 2 年 | 第 3 年 | 平均 | 第 1 年 | 第 2 年 | 第 3 年 | 平均值 |
| 812367 | 56.4 | 22.3 | 47.5 | 41 | 24.3 | 8.1 | 19.3 | 16.1 |
| 802320 | 53.9 | 50.9 | 37.2 | 47 | 22.8 | 21.1 | 14.4 | 19.1 |
| 新疆老芒麦 | 75 | 85 | 70.1 | 75.8 | 37 | 46.9 | 33.2 | 37.7 |
| 812016 | 32.3 | 30.9 | 28.8 | 30.6 | 12.2 | 11.6 | 10.7 | 11.5 |
| 812189 | 17.3 | 30.7 | 50.5 | 33.3 | 6.1 | 11.5 | 20.9 | 12.6 |

## 五、生殖枝年度变化的品系间差异与产草量衰退的关系

从上述产草量和有关经济性状随生长年限而变化的一般规律可以看到，生殖枝比率变化与产草量盛衰具有同步的特点，而本品比的情况第 2 年与第 3 年之间是一转折点。因此第 3 年生殖枝比率较第 2 年的下降程度，可能与品系产草量递减程度，也就是其生长利用年限有一定关系。据对 4 个育成品系进行比较分析结果(表 6-13)，证实了这种关系在趋势上的存在。也就是在品系之间，生长第 3 年生殖枝所占比率较第 2 年减少越多者，其产草

量的总减产率(至第5年)和年度平均递减率也越大，相应利用年限就越短。这种趋势对进一步研究延长老芒麦利用年限的育种早期选择有一定参考意义。

表6-13 生长第3年生殖枝比率减低程度与品系产草量平均递减率的关系

| 品种(系) | 生长第3年比第2年生殖枝比率减少量/% | 生长第3～5年生殖枝比率减少量/% |
|---|---|---|
| 812367 | 47.8 | 16.1 |
| 802320 | 58.6 | 19.1 |
| 812016 | 25.6 | 11.5 |
| 812189 | 50 | 12.6 |

### 六、提高老芒麦利用年限的关键选择性状

作为高原所产的本地老芒麦，利用年限短是一突出问题，也是育种改良的主攻目标。生长利用年限这样的性状，通过育种途径是否有改良的效果，和如何才能进行有效的改良选择，首先必须要弄清两个基本点：一是通过选择的所得材料在利用年限上是否存在着差异或存在着一定的选择效果，以明确这种选择是否具备可行性；二是如何在育种早期进行利用年限的评定和选择，以提高选择效率和缩短育种年限。本试验分析的结果表明，定向选择而成的品系在利用年限上与对照种有明显的差异，而品系之间也不同。可见在育种的原始材料中确实存在着利用年限不同的遗传变异，能为育种选择提供相应的遗传材料基础。进而从产草量盛衰的过程与一些有关性状随生长年限变化的同步性可看到，生长第3年生殖枝比率降低程度与生长第2～5年产草量年间平均递减率有一定的关系。虽然这种关系的程度，因参试品系少未能进行相应的分析估测，但一定程度上揭示：利用生长第2～3年的某些有关性状(如生殖枝比率)的变化作为利用年限选择的间接评定指标，以提高育种效率是有可能的。对此有待做深入的研究。

## 第六节 老芒麦等披碱草属牧草品种的审定情况

### 一、国外登记的主要披碱草属品种

牧草品种审定是由国家牧草品种审定机构对牧草品种进行审定登记的制度。牧草品种经审定通过，准予登记并发给证书，方可投放市场推广应用。世界畜牧业发达的国家都实行牧草品种审定登记制度。美国、加拿大、德国、澳大利亚、新西兰、日本等国家都有官方的农业机构负责牧草品种审定登记和颁布。披碱草属主要在北美、俄罗斯等地应用较多，根据美国国家植物种质资源系统的数据库(http://www.ars-grin.gov)收集保存牧草种质的情况，以及网上公布有限数据，目前，我们统计了国外登记的包括老芒麦在内的部分披碱草属品种(表6-14)。

表 6-14　国外登记释放的部分老芒麦牧草品种

| 序号 | 种名 | 繁育方式 | 品种名 | 登记时间 | 原始材料来源 |
|---|---|---|---|---|---|
| 1 | *E. sibiricus* | 自交 | Amurskij | 1968 | 苏联 |
| 2 | *E. sibiricus* | 自交 | Guran | 1969 | 苏联 |
| 3 | *E. sibiricus* | 自交 | Kamalinskii7 | 1969 | 苏联 |
| 4 | *E. sibiricus* | 自交 | Alaskan Siberian | 1970 | 美国 |

## 二、国内登记的主要披碱草属品种

在我国，全国牧草品种审定委员会于 1986 年由筹备组召开第 1 次品种审定会议，制定了《全国牧草饲料作物品种审定标准》。截至 2014 年，经全国牧草品种审定委员会通过审定登记的披碱草属品种有 14 个，均为自花授粉物种(表 6-15)，其中老芒麦品种占 57%。披碱草属育种水平相对落后，育种效率低，地方品种、引进品种、野生栽培品种和育成品种都是对既有种质进行简单评价筛选优良自然变异而得，在方法上均以混合选择育种为主，少量品种以单株选择而得，尚无杂交育种的报道。

表 6-15　我国已经登记的老芒麦品种

| 序号 | 种名 | 品种名 | 年份 | 申报单位 | 类别 |
|---|---|---|---|---|---|
| 1 | 老芒麦 *E. sibiricus* | 川草 1 号 | 1990 | 四川省草原研究所 | 育成品种 |
| 2 | 老芒麦 *E. sibiricus* | 川草 2 号 | 1991 | 四川省草原研究所 | 育成品种 |
| 3 | 老芒麦 *E. sibiricus* | 吉林 | 1988 | 中国农业科学院草原研究所 | 地方品种 |
| 4 | 老芒麦 *E. sibiricus* | 农牧 | 1993 | 内蒙古农牧学院草原科学系 | 育成品种 |
| 5 | 老芒麦 *E. sibiricus* | 青牧 1 号 | 2004 | 青海省牧草良种繁殖场等 | 育成品种 |
| 6 | 老芒麦 *E. sibiricus* | 同德 | 2004 | 青海省牧草良种繁殖场等 | 野生栽培品种 |
| 7 | 老芒麦 *E. sibiricus* | 阿坝 | 2009 | 四川省阿坝大草原草业科技有限公司等 | 野生栽培品种 |
| 8 | 老芒麦 *E. sibiricus* | 康巴 | 2013 | 甘孜藏族自治州畜牧科学研究所等 | 野生栽培品种 |

## 三、部分老芒麦国审品种

### (一) 川草 1 号老芒麦

四川省草原研究所杨志永等利用四川省阿坝县本地老芒麦为育种原始材料，应用多次单株选择法育成的优良品种，原品系代号 802320。品种特征特性：疏丛型禾草，幼苗叶片宽短，播种当年较本地老芒麦生长快，翌年返青早、分蘖力强，具有其他老芒麦不具有的短根茎的特征。抗寒、耐湿、较抗病、需肥水平低，雨季基本无叶斑病发生，属于中熟品种。干草产量 4500～6000kg/hm$^2$。适于川西北高原地区及类似生态区种植，在西南山地温带气候地区亦可种植。

（二）川草2号老芒麦

四川省草原研究所杨志永等利用四川省阿坝县本地老芒麦为育种原始材料，应用多次单株选择法育成的优良品种，原品系代号 812189，由 3 个形态接近的株系混合而成。品种特征特性：疏丛型禾草，幼苗叶片宽，播种当年较原始材料生长快，翌年返青早、分蘖力强，枝条密度较原始材料大 84.2%。抗寒、耐湿、较抗病，利用年限比一般老芒麦品种长 1～2 年。属于中熟品种。干草产量 4500～9000kg/hm$^2$。适于川西北高原地区及类似生态区种植，在西南山地温带气候地区亦可种植。

（三）吉林老芒麦

中国农业科学院草原研究所董景实和贾丰生利用引自吉林农业科学院畜牧研究所和黑龙江勃利马场的老芒麦原始育种材料多年混合选择而育成。品种特征特性：秆较细，株丛茂密，高 80～110cm。叶位较高，一般秆粗为 0.15～0.20cm，叶长 21～28cm、叶宽 1～2cm。在水肥条件较好的地区种植时分蘖旺盛，每公顷产青草 25 000kg。越冬率高，抗病性强。适于内蒙古和东北三省等省区种植。

（四）农牧老芒麦

该品种由内蒙古农牧学院张众、王比德等从原呼和浩特农校（现内蒙古农业学校）引进的‘弯穗披碱草’经多年混合选择选育而成。品种特征特性：植株疏丛型，茂密，茎秆直立，基部稍倾斜，株高 70～120cm，浓绿色，叶片狭长，叶长 10～20cm，叶宽 0.5～1.8cm，穗状花序疏松，弯曲下垂，种子千粒重 3.5～4.0g。水肥条件充沛时生长旺盛，丰产性能好，每公顷产干草 4500～6500kg。营养价值及适口性属中上等水平，易于推广种植。适于内蒙古中东部地区及我国北方大部分省区种植。

（五）康巴老芒麦

四川省甘孜州畜牧业科学研究所龙兴发、蒋忠荣等利用采集自甘孜州高原农牧区野生老芒麦种群作为选育原始材料经多年混合选择育成。品种特征特性：多年生疏丛上繁禾草，中熟品种。株高达 100～130cm，茎直立或基部稍倾斜，淡绿色，通常 3～4 节。叶长 18～30cm，叶宽 0.9～1.4cm。穗状花序较疏松，穗弯曲下垂，小穗灰绿色或稍带紫色。种子成熟易脱落，千粒重 3.9～4.4g。抗寒、耐旱、抗病，适应性强、播种当年生长快、分蘖强、翌年返青早，草层密度大、叶量较丰富，再生性能好，耐践踏，适于放牧、刈割，调制干草。在高寒牧区能正常开花结实，经济利用年限 6～7 年。在一般生产条件下，于花期一次性刈割年均风干草产量在 9000kg/hm$^2$ 以上，比本地老芒麦增产 23.9%以上。风干草的粗蛋白达 12.1%。适宜在川西北高原寒温草甸地域及其类似生境地区栽培种植，亦可引种省内山地温带气候区种植。

（六）阿坝老芒麦

四川阿坝大草原草业科技有限公司刘斌、陈涛等利用阿坝州野生老芒麦群体中经过多年混合选择选育而成。品种特征特性：多年生疏丛型禾草，早熟。株高达 90～120cm，茎直立或基部稍倾斜。叶长 12～25cm，叶宽 0.6～1.5cm。穗状花序较疏松下垂，种子千粒重 3.2～4.5g。抗寒、耐旱，适应性强，分蘖力强，草层密度大、叶量较丰富。在高寒牧区播种当年能完成开花结实，经济利用年限 4～5 年。在一般生产条件下，年均风干草产量约 8900kg/hm$^2$，比本地老芒麦增产 17%以上。适宜在川西北高原寒温草甸地域及其类似生境地区栽培种植，亦可引种省内山地温带气候区种植。

### 四、老芒麦等披碱草属牧草育种研究展望

优良的牧草品种是畜牧业发展的重要生产资料，它对提高饲草产量和品质、增加对不良环境的抗性、扩大栽培区域等起着重要作用。老芒麦等披碱草属牧草不仅是优良的牧草，而且还具有麦类作物所缺乏的高产、优质、抗病、抗虫和抗逆等优良基因，是改良和育成新品种的巨大基因库。利用分子标记、二代测序技术开展多基因聚合育种是未来育种的前途所在，借助短柄草、大麦等模式植物、近缘植物的既有研究成果，尽快获得老芒麦等牧草的大量稳定的遗传标记和高密度遗传图谱便于进行数量性状粒点(quantitative trait loci，QTL)分析和性状关联分析。同时，基于披碱草属牧草自交率较高的特点，争取多选育纯系材料，采取类似麦类作物的系统育种法来进行新品种选育；或者采用多个亲本来源进行综合品种选育，提升品种的适应性。

## 第七节 利用形态性状及 SSR 标记鉴定 4 个川西北老芒麦品种

一般而言，牧草品种鉴定是指通过比较送验样品或田间植株与所属种(或属)，以及品种的符合程度来判断(毛培胜和王颖，2004)。主要包括品种的真实性和品种纯度。而品种真实性是指样品是否名实相符，这是品种鉴定的首要内容，也是进行纯度检测的基础(朱连发等，2009)。由于品种群体内变异的存在，导致老芒麦品种的鉴定不像小麦(*Triticum aestivum* L.)、水稻(*Oryza sativa* L.)、大豆[*Glycine max* (L.) Merr]等纯系品种利用单株进行鉴定那样方便。另外，老芒麦品种多为野生种质材料驯化而来，这种育种的原始材料很有可能在野外与已经大面积在退牧还草等生态项目中大规模推广使用的已有老芒麦品种发生杂交，或者原始材料就是已有品种的某些变异单株构成，这样最终导致不同的育种原始材料遗传关系相近，造成不同品种的遗传基础狭窄，增加了品种鉴定的困难。20 世纪 90 年代，我国正式加入《国际植物新品种保护公约》，涉及植物品种权争议和育种者权益保护的事例逐年增加，而权威、稳定的检测方法对植物新品种准确鉴定及保护具有重要意义。

DUS(Distinctness, Uniformity, Stability)测试是由国际植物新品种保护联盟(UPOV)提出的，即植物品种特异性、一致性和稳定性，主要测定植物部分表型性状来描述和鉴定品种。但是表型鉴定所需周期长，性状多，易受环境因子、栽培条件和个体发育的影响，对遗传变异的检测有限，不能满足种质资源鉴定和品种工作的需要。随着 DNA 分子标记的发展，极大地弥补了形态学标记的不足，其中，简单重复序列(simple sequence repeat，SSR)标记具有多态信息含量高、重复性好、引物设计简单及共显性遗传的特点，是植物指纹图

谱构建及品种鉴定的首选标记。有效地结合表型性状及 SSR 等分子标记，通过合理的统计方法，比较不同品种间表型及遗传的差异，为更好地了解品种的适应性及其推广应用提供理论支持。

通过选取川西北高原野生种质选育而成的 3 个老芒麦品种(阿坝、川草 2 号及康巴)和 1 个老芒麦新品系(雅砻江)(表 6-16)，采用形态学标记及 SSR 分子标记，鉴定不同老芒麦品种(系)在表型及分子水平上的多态性。

表 6-16 供试的老芒麦品种(系)

| 品种名 | 育种机构 | 选育过程 | 品种类别 |
|---|---|---|---|
| 川草 2 号 | 四川省草原研究所 | 来自阿坝州若尔盖的 3 份野生材料单株选择后混合选择而成 | 育成品种 |
| 阿坝 | 四川省阿坝大草原草业科技有限责任公司 | 来自阿坝州阿坝县的一份野生材料混合选择而成 | 野生栽培品种 |
| 康巴 | 四川省甘孜藏族自治州畜牧业科学研究所 | 来自甘孜州多地的多份野生材料混合选择而成 | 野生栽培品种 |
| 雅砻江 | 四川农业大学 | 来自甘孜州雅江县的一份野生材料混合选择而成 | 野生栽培品种 |

## 一、老芒麦品种表型性状的鉴定

老芒麦品种(系)的形态特征存在差异(表 6-17)。比较均值发现：旗叶长、倒二叶长、茎秆节数、茎节间长、穗宽、穗轴节小穗数、外稃长、第 1 颖长、第 1 颖宽及主穗轴第 1 节间长这 10 个性状均以雅砻江老芒麦最大；倒二叶宽、旗叶与穗基部长度、旗叶宽、茎粗、穗长、小穗含小花数、外稃宽、外稃芒长、第 1 颖芒长和穗轴节数这 10 个性状以康巴老芒麦最大；川草 2 号老芒麦的株高、小穗长及小穗宽 3 个性状较其他品种为最大。同时，为更好地了解不同品种(系)之间的遗传多样性及显著性差异，采用方差分析方法，23 个表型性状中仅有 3 个性状(旗叶宽、穗轴节数和小穗长)差异不显著，其余性状均为显著或极显著，不同老芒麦品种(系)之间存在较大差异。

表 6-17 4 个老芒麦品种(系)形态性状均值及标准差

| 性状 | 阿坝 | 川草 2 号 | 康巴 | 雅砻江 |
|---|---|---|---|---|
| 株高/cm | 84.090±6.081Bb | 96.195±7.494Aa | 80.865+6.875Bb | 92.195±7.127Aa |
| 旗叶长/cm | 10.395±2.108Bc | 10.898±3.259Bbc | 12.680±3.531Bb | 15.395±3.587Aa |
| 旗叶宽/mm | 7.164±0.969Aa | 7.083±1.930Aa | 7.782±2.125Aa | 7.780±1.907Aa |
| 倒二叶长/cm | 15.830±2.134Bb | 16.030±2.250ABb | 15.280±2.257Bb | 18.855±3.341Aa |
| 倒二叶宽/mm | 7.119±1.037$^{A}$Bb | 7.091±1.051ABb | 8.238±1.917Aa | 6.843±1.268Bb |
| 茎秆节数/节 | 2.800±0.410Bb | 2.838±0.459Bb | 2.800±0.410Bb | 3.600±0.503Aa |
| 茎节间长/cm | 19.970±2.660Bb | 20.996±3.407Aa | 18.120±2.590Bc | 22.445+2.500Aa |

续表

| 性状 | 阿坝 | 川草 2 号 | 康巴 | 雅砻江 |
|---|---|---|---|---|
| 茎粗/mm | 2.665±0.269Bb | 2.665±0.408Bb | 4.095±1.448Aa | 2.788±0.373Bb |
| 旗叶与穗基部长度/cm | 6.355±4.559Ab | 7.655±4.923Aa | 8.440±2.467Aab | 6.955±3.991Aab |
| 穗长/cm | 18.165±2.330Bc | 18.410±2.768Bc | 23.160±2.423Aa | 21.340±3.083Ab |
| 穗宽/mm | 24.396±2.266Ab | 23.865±3.816Ab | 25.509±2.346Aab | 26.599±4.221Aa |
| 穗轴节数/节 | 31.700±3.466Aa | 30.250±3.354Aa | 32.600±3.347Aa | 29.950±5.256Aa |
| 主穗轴第 1 节间长/mm | 10.171±1.727Cc | 12.296±2.774BCb | 13.711±3.234ABab | 15.319±4.343Aa |
| 穗轴节小穗数/枚 | 2.000±0.000Aab | 1.983±0.227Ab | 2.000±0.000Aab | 2.050±0.220Aa |
| 小穗长/mm | 25.834±2.540Aa | 30.841±38.991Aa | 30.459±1.752Aa | 28.842±2.319Aa |
| 小穗宽/mm | 2.138±0.401Ab | 3.020±3.614Aa | 2.691±0.371Aab | 2.806±0.507Aa |
| 小穗含小花数/枚 | 3.405±0.659Cc | 3.641±0.993Cc | 4.755±0.664Aa | 4.320±0.708Bb |
| 第 1 颖长/mm | 4.489±0.508Bb | 4.506±0.464Bb | 4.139±0.383Cc | 4.867±0.518Aa |
| 第 1 颖宽/mm | 0.704±0.132Bb | 0.736±0.110Bb | 0.734±0.103Bb | 0.877±0.135Aa |
| 第 1 颖芒长/mm | 1.521±0.563Cc | 1.567±0.444Cc | 3.244±0.633Aa | 2.064±0.582Bb |
| 外稃长/mm | 10.861±0.769Bb | 10.539±0.734Bc | 10.818±0.647Bbc | 11.348±0.888Aa |
| 外稃宽/mm | 1.692±0.123Aab | 1.664±0.134Ab | 1.737±0.188Aa | 1.702±0.155Aab |
| 外稃芒长/mm | 10.849±1.598Cc | 11.932±2.284Bb | 15.208±1.859Aa | 12.509±1.830Bb |

基于品种(系)23 个性状的欧氏距离($D_E$)，采用非加权组平均(unweighted pair-group method with arithmetic，UPGMA)法对 4 个老芒麦品种(系)的形态性状数据进行聚类分析，构建聚类图(图 6-5)。并以欧氏距离的平均值($D_E$=4.8)为截值，可将 4 份种质分为 3 大类群。其中，阿坝和川草 2 号老芒麦聚为一类，剩下两个品种(系)分别为单独一类。结果说明，阿坝和川草 2 号老芒麦品种亲缘关系更近，两者在形态性状之间差异相对更小，单纯从形态性状可能很难区分两者，而康巴老芒麦与其他 3 个品种的遗传距离最远。

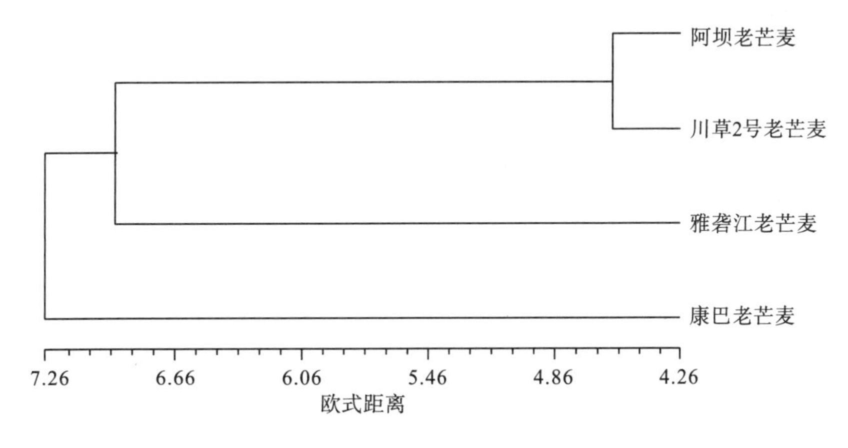


图 6-5　基于形态数据的 4 个老芒麦品种(系)的树形图

## 二、老芒麦品种(系)SSR标记鉴定

通过13对多态性好、特异性强、条带清晰的引物对4个老芒麦品种(系)进行SSR-PCR扩增，共扩增出90条带，平均每对SSR引物扩增的条带为6.923条，其中具有多态性的条带共68条，多态性条带比例($P_P$)在60%～100%，平均为76.32%，其中，WMS169和Xgwm190的多态性条带比例为100%(表6-18)。各引物等位位点多态性信息量(PIC)在0.188～0.450，平均值为0.309(表6-18)；引物的Shannon多样性指数($H$)在0.281～0.641，平均值为0.451。结果表明SSR分子标记在老芒麦中具有良好的多态性，也说明该标记是用于分析老芒麦材料遗传变异或进行种质鉴定的有效工具(表6-18)。

表6-18 4个老芒麦品种(系)SSR的扩增结果

| 引物编号 | 引物序列F(5′-3′)；R(5′-3′) | 退火温度/℃ | 目标片段/bp | 总条带数 | 多态性条带数 | 多态性条带比例($P_P$)/% | 多态性信息量 | Shannon多样性指数($H$) | 区分品种数 |
|---|---|---|---|---|---|---|---|---|---|
| ESGS52 | TTAGGGAACATCACAAGGT<br>CCAACATAATGAAGTAGAG | 55 | 180～250 | 4 | 3 | 75.00 | 0.313 | 0.454 | 2 |
| ESGS155 | GCCACTAATAGGGTTTTTTC<br>CCCACTAACTCACTCACACA | 55 | 100～150 | 6 | 5 | 83.33 | 0.313 | 0.469 | 1 |
| ESGS219 | GTCCACAGGCTTACTATCC<br>TAAAAGAAGTGCTCAAATG | 49 | 92～148 | 7 | 6 | 85.71 | 0.339 | 0.501 | 2 |
| ESGS278 | CTCTTGAACACTCACGCAC<br>GAGGAAAAATGTAGCACTT | 49 | 120～172 | 9 | 6 | 66.67 | 0.208 | 0.312 | 2 |
| ESGS303 | CGGAACTGATGTCAGAATA<br>CACCCAAGAGTACAGAAAA | 49 | 95～142 | 8 | 7 | 87.50 | 0.328 | 0.492 | 2 |
| ESGS305 | GATTAGCCTCTTCGTTCG<br>ACAAGTCCACACCCAAAC | 49 | 158～173 | 6 | 5 | 83.33 | 0.354 | 0.512 | 2 |
| Elw0669s043 | CATCTCACGGCAAGTAAATGAACA<br>TGCGAGATGGGGTACAATTTTTAT | 60 | 140～208 | 7 | 5 | 71.43 | 0.321 | 0.458 | 4 |
| Elw3592s195 | TGTTGACAAAAGCAGTTGAAGGG<br>GATTTGACCATGGACTGCTTCAC | 60 | 181～258 | 6 | 4 | 66.67 | 0.313 | 0.440 | 2 |
| Elw5616s393 | TAGTAGCGTGGCACTCCTCTTCTT<br>GGTACAAACCACCAAAGGTACTGC | 60 | 129～263 | 10 | 6 | 60.00 | 0.263 | 0.377 | 2 |

续表

| 引物编号 | 引物序列 F(5′-3′); R(5′-3′) | 退火温度/℃ | 目标片段/bp | 总条带数 | 多态性条带数 | 多态性条带比例($P_P$)/% | 多态性信息量 | Shannon 多样性指数($H$) | 区分品种数 |
|---|---|---|---|---|---|---|---|---|---|
| WMS169 | ACCACTGCAGAGAACACATACG<br>GTGCTCTGCTCTAAGTGTGGG | 60 | 158～200 | 8 | 8 | 100.00 | 0.391 | 0.579 | 4 |
| WMS513 | ATCCGTAGCACCTACTGGTCA<br>GGTCTGTTCATGCCACATTG | 55 | 125～157 | 6 | 3 | 50.00 | 0.188 | 0.281 | 2 |
| Xgwm190 | GTGCTTGCTGAGCTATGAGTC<br>GTGCCACGTGGTACCTTTG | 55 | 171～253 | 5 | 5 | 100.00 | 0.450 | 0.641 | 4 |
| Xgwm311 | TCACGTGGAAGACGCTCC<br>CTACGTGCACCACCATTTTG | 55 | 95～132 | 8 | 5 | 62.50 | 0.234 | 0.351 | 4 |
| 最小值 | | 49 | — | 4 | 3 | 60.00 | 0.188 | 0.281 | 1 |
| 最大值 | | 60 | — | 10 | 8 | 100.00 | 0.450 | 0.641 | 4 |
| 平均值 | | — | — | 6.923 | 5.231 | 76.32 | 0.309 | 0.451 | 2.538 |
| 合计 | | — | — | 90 | 68 | — | — | — | — |

为进一步了解不同品种(系)之间的遗传关系，计算得到品种(系)的 Nei-Li 遗传距离(GD)，GD 变异范围在 0.140(川草 2 号 VS. 阿坝)～0.500(康巴 VS. 雅砻江)之间，平均值为 0.335。基于相似性系数，采用 UPGMA 法进行聚类分析(图 6-6)，在 GD=0.335 的水平下，供试材料可分为 2 个类群，第 I 聚类组共有 3 个品种(系)，分别为阿坝、川草 2 号和雅砻江老芒麦；第 II 聚类组仅有康巴老芒麦。结果说明，阿坝和川草 2 号老芒麦亲缘关系接近，康巴老芒麦较其他 3 个品种(系)遗传背景可能更复杂。

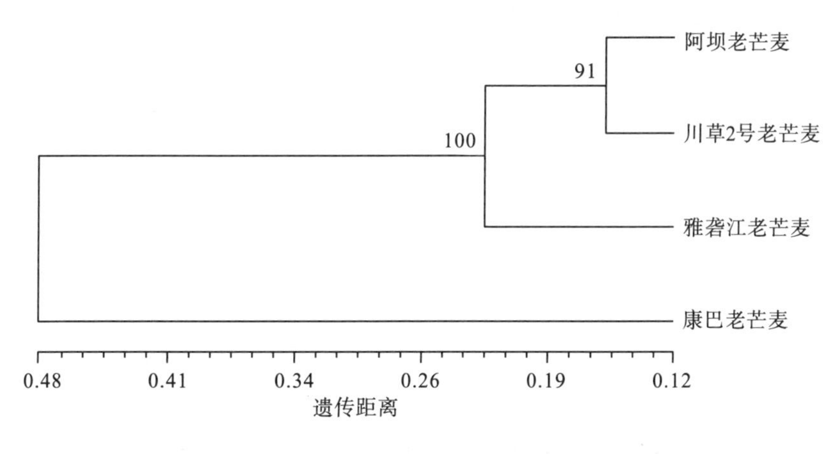


图 6-6　4 个老芒麦品种(系)的 SSR 遗传多样性聚类图

13对引物中的Elw0669s043、WMS169、Xgwm190及Xgwm311共4个引物可直接鉴定4个老芒麦品种(系)，其余引物只能鉴别其中的1个或2个品种。基于这4对SSR引物构建供试老芒麦品种(系)的分子标记图谱(图6-7)。

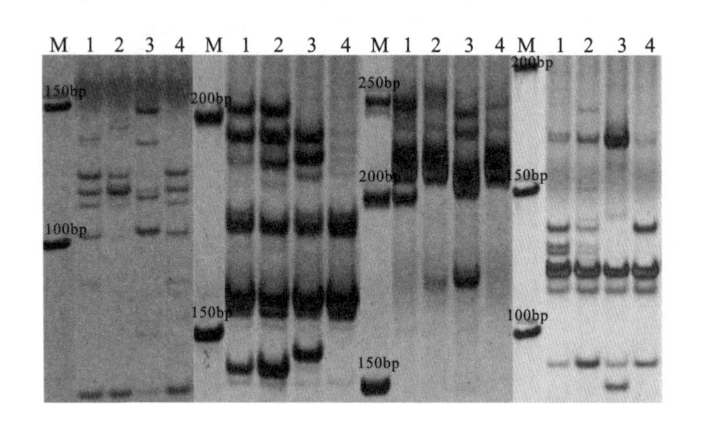


图6-7 基于4对SSR引物扩增的供试老芒麦品种(系)指纹图谱

1. 阿坝；2. 川草2号；3. 康巴；4. 雅砻江；引物依次为WMS169、Elw0669s043、Xgwm190及Xgwm311

## 三、形态标记联合分子标记鉴定老芒麦品种的可行性

形态学标记与分子标记是植物育种过程非常重要的手段，形态学特征具有直观、简便、易测等优点，但同时也易受光、温、水肥等环境条件或栽培条件的影响，特别对于一些在形态学特征上的差异较小的品种，单纯依靠植物的形态学特征来鉴别品种存在很大的不确定性。分子标记不受发育时期及环境条件的影响，标记联合使用不仅有利于深入研究种质资源，而且为品种鉴定提供更加科学的理论依据。

分子标记能较好的弥补不足，尽管SSR分子标记在种质鉴别应用中，遗传距离越近，鉴别越有难度，研究表明SSR引物可用于绘制DNA指纹图谱，快速准确鉴定品种之间的差异，这为今后的品种鉴定提供了理论基础。

# 第八节 分子标记-性状的关联分析在老芒麦育种研究中的应用

常规的育种方法是基于对植物的数量性状，如株高、茎粗等微效多基因控制的研究，这种方法选择周期长，而且效率比较低，是限制育种一个重要因素。随着现代生物学的发展，一种基于连锁不平衡的新剖分复杂性状方法——关联分析法，开始应用于植物遗传育种研究。通过将表型多样性与基因多样性结合起来分析，建立两者之间的对应关系，对目标性状在分子水平上进行选择(乔婷婷等，2009)，对一些重要的、与农业效益相关的重要性状进行早起鉴定，对每对关联SSR和AFLP位点内等位变异的表型效应加以解析，以期在这些位点进行优异亲本选拔、组合选配及后代标记辅助选择时减少盲目性，提高选择效率和育种进程。

## 一、关联分析的基础

关联分析(association analysis)，又称连锁不平衡分析(linkage disequilibrium analysis)，是以连锁不平衡(linkage disequilibrium，LD)为基础，寻找某一群体内目标性状与分子标记或候选基因关系的一种分析方法(雷俊等，2012)，研究群体中的等位基因变异与表型性状之间的联系，发掘有效的、重要的功能基因的基本方式(Flint Garcia et al.，2005；张倩倩，2012)。与连锁分析相比，对于植物表型性状的解析，关联分析具有以下优点：①时间成本低，节约人力，关联分析一般以现有的自然群体为材料，不用专门构建作图群体(危文亮等，2012)；②广度大，可实现对作图群体(自然群体)一个基因座上所有等位基因的考察(金亮，2009)；③精度高，可达到单基因的水平，自然群体在长期进化或者人工选择的过程中，蕴藏了大量的重组信息，解析精度较高，有可能将表型性状做到精细定位或直接定位到某一基因本身(Yu and Buckler，2006；杨小红等，2007)。

## 二、关联分析的基本方法

根据扫描范围，关联分析方法包括基于全基因组扫描(genome-wide)及基于候选基因(candidate-gene)的关联(Zhu et al.，2008；王荣焕等，2007a)。前者是通过选择一定数量的分子标记对研究群体在全基因组范围内进行扫描(Aranzana et al.，2005)，然后将所得的分子数据与表型数据进行关联分析，将目标性状定位到相关的基因组区域，应用这个方法的前提是，必须要进行大量而密集的分子标记(杨胜先，2011)。而基于候选基因的关联分析，是对可能影响某一个或几个与目标性状基因组部分区段进行关联分析，不需要过多的基因分型工作，大大降低成本，就可以对目的基因进行功能鉴定(金亮，2009)，在植物分子辅助育种中较为常用。LD 是进行关联分析的前提，针对某些群体，如何选择合适的 LD 作图模型其分辨率，这主要取决于目标群体内的 LD 程度及等位基因或单倍型的频率(Aranzana et al.，2005；王荣焕等，2007b)。

## 三、老芒麦重要农艺性状和 SSR 与 AFLP 分子标记的关联分析

### (一)老芒麦种质材料的性状及遗传多样性分析

亲本材料是进行育种工作的基础，遗传基础狭窄导致难以培育出突破性品种。因此分析亲本材料的遗传多样性，比较材料相互间亲缘关系的远近，对于育种工作具有重要的指导意义。通过选取来自世界主要分布区的 96 份老芒麦野生材料及 5 个国内老芒麦品种(系)(表 6-19)，比较其遗传背景的差异，为亲本在分子水平上的杂交组合配置提供依据。结果表明，10 个表型性状(株高、旗叶长、旗叶宽、倒二叶长、倒二叶宽、茎粗、单株鲜重、单株茎干重、单株叶干重、分蘖数)在各老芒麦种质材料均表现出较大幅度的变异，各性状平均变异系数高达 46.40%，53 对 SSR 引物和 20 对 AFLP 引物组合分别扩增得到 438 个微卫星位点和 3728 个酶切位点，其中，具有多态性位点分别为 408 个(SSR：92.56%)

及2589个(AFLP：69.42%)。引物的多态信息含量(polymorphism information content，PIC)、Shannon多样性指数(*H*)、标记指数(marker index，MI)及分辨力(resolving power，RP)均显示其能在老芒麦种质中有效扩增并具有较高的多态性(表6-20)。Mantel分析结果表明两种分子标记存在一定的相关性($r$ =0.6104)，因此都可以作为研究老芒麦分子水平变异的有效方法。

**表6-19 供试老芒麦种质材料**

| 序号 | 编号 | 来源地 | 序号 | 编号 | 来源地 | 序号 | 编号 | 来源地 |
|---|---|---|---|---|---|---|---|---|
| 1 | PI610850 | 蒙古国 | 11 | PI639791 | 蒙古国 | 21 | W621576 | 蒙古国 |
| 2 | PI610857 | 蒙古国 | 12 | PI639797 | 蒙古国 | 22 | PI362191 | 俄罗斯 |
| 3 | PI610860 | 蒙古国 | 13 | PI639807 | 蒙古国 | 23 | PI315427 | 俄罗斯 |
| 4 | PI610862 | 蒙古国 | 14 | PI639813 | 蒙古国 | 24 | PI315428 | 俄罗斯 |
| 5 | PI610866 | 蒙古国 | 15 | PI655092 | 蒙古国 | 25 | PI326268 | 俄罗斯 |
| 6 | PI610886 | 蒙古国 | 16 | PI655099 | 蒙古国 | 26 | PI326266 | 俄罗斯 |
| 7 | PI628726 | 蒙古国 | 17 | PI655120 | 蒙古国 | 27 | PI326267 | 俄罗斯 |
| 8 | PI634230 | 蒙古国 | 18 | W619687 | 蒙古国 | 28 | PI345599 | 俄罗斯 |
| 9 | PI634231 | 蒙古国 | 19 | W619774 | 蒙古国 | 29 | PI564965 | 俄罗斯 |
| 10 | PI639771 | 蒙古国 | 20 | W619831 | 蒙古国 | 30 | PI557455 | 俄罗斯 |
| 31 | PI598777 | 俄罗斯 | 55 | PI639757 | 俄罗斯 | 79 | PI595169 | 中国新疆 |
| 32 | PI598775 | 俄罗斯 | 56 | PI655084 | 俄罗斯 | 80 | PI595174 | 中国新疆 |
| 33 | PI598782 | 俄罗斯 | 57 | W610303 | 俄罗斯 | 81 | PI595180 | 中国新疆 |
| 34 | PI598780 | 俄罗斯 | 58 | W610304 | 俄罗斯 | 82 | PI595182 | 中国新疆 |
| 35 | PI598787 | 俄罗斯 | 59 | W614597 | 俄罗斯 | 83 | PI619579 | 中国新疆 |
| 36 | PI598786 | 俄罗斯 | 60 | W622137 | 俄罗斯 | 84 | PI628677 | 中国新疆 |
| 37 | PI598789 | 俄罗斯 | 61 | PI372541 | 加拿大 | 85 | YP1-6 | 中国四川 |
| 38 | PI659930 | 吉尔吉斯斯坦 | 62 | PI499454 | 中国内蒙古 | 86 | YPH1-4 | 中国四川 |
| 39 | PI659942 | 吉尔吉斯斯坦 | 63 | PI499455 | 中国内蒙古 | 87 | YPH3-1 | 中国四川 |
| 40 | PI598371 | 俄罗斯 | 64 | PI499457 | 中国内蒙古 | 88 | YPH4-4 | 中国四川 |
| 41 | PI598479 | 俄罗斯 | 65 | PI499456 | 中国内蒙古 | 89 | YPH6-2 | 中国四川 |
| 42 | PI598478 | 俄罗斯 | 66 | PI499458 | 中国内蒙古 | 90 | YPH7-1 | 中国四川 |
| 43 | PI598796 | 俄罗斯 | 67 | PI499461 | 中国甘肃 | 91 | YPH6-4 | 中国四川 |

续表

| 序号 | 编号 | 来源地 | 序号 | 编号 | 来源地 | 序号 | 编号 | 来源地 |
|---|---|---|---|---|---|---|---|---|
| 44 | PI598795 | 俄罗斯 | 68 | PI636676 | 中国甘肃 | 92 | YPH6-6 | 中国四川 |
| 45 | PI598798 | 俄罗斯 | 69 | PI504462 | 中国青海 | 93 | YPH7-3 | 中国四川 |
| 46 | PI598801 | 俄罗斯 | 70 | PI504463 | 中国青海 | 94 | YPH7-8 | 中国四川 |
| 47 | PI598799 | 俄罗斯 | 71 | PI531669 | 中国青海 | 95 | YPH8-8 | 中国四川 |
| 48 | PI610994 | 俄罗斯 | 72 | PI499462 | 中国新疆 | 96 | YPH9-2 | 中国四川 |
| 49 | PI611014 | 俄罗斯 | 73 | PI499590 | 中国新疆 | 97 | 阿坝老芒麦 | 中国四川 |
| 50 | PI611013 | 俄罗斯 | 74 | PI499613 | 中国新疆 | 98 | 川草2号老芒麦 | 中国四川 |
| 51 | PI611020 | 俄罗斯 | 75 | PI499619 | 中国新疆 | 99 | 康巴老芒麦 | 中国四川 |
| 52 | PI619583 | 俄罗斯 | 76 | PI595149 | 中国新疆 | 100 | 雅砻江老芒麦 | 中国四川 |
| 53 | PI628706 | 俄罗斯 | 77 | PI595156 | 中国新疆 | 101 | 红原老芒麦 | 中国四川 |
| 54 | PI634228 | 俄罗斯 | 78 | PI595162 | 中国新疆 | | | |

**表 6-20 SSR 和 AFLP 对老芒麦种质扩增结果对比**

| 标记类型 | TNB av | NPB av | PPB av/% | *H* av | PIC av | RP av | MI av |
|---|---|---|---|---|---|---|---|
| SSR | 8.26 | 7.70 | 92.56 | 0.3730 | 0.2385 | 2.7113 | 1.8472 |
| AFLP | 186.40 | 129.45 | 69.42 | 0.3828 | 0.2447 | 65.0376 | 31.9314 |

注：TNB av：扩增总条带数平均值；NPB av：扩增多态性条带数平均值；PPB av：多态性条带比例平均值；*H* av：Shannon 多样性指数平均值；PIC av：多态信息含量平均值；MI av：标记指数平均值；RP av：分辨力平均值

### (二)连锁不平衡分析

基因间连锁不平衡是进行性状标记关联分析的基础，通过研究老芒麦基因组内位点间连锁不平衡的分布情况，对更好地掌握其连锁不平衡状态提供帮助。如图 6-8 所示，分别为 438 个 SSR 标记位点及 2589 个 AFLP 标记位点在老芒麦基因组内连锁不平衡的分布情况，可以看出，$D'>0.5$ 的连锁不平衡位点分布比较多也比较均匀。438 个 SSR 位点共有 96 141 种位点组合，2589 个 AFLP 位点拥有 567 846 种位点组合，而且大部分存在一定的 LD(图 6-8 对角线右上角非白色小格)，其中有 8058 个 SSR 成对的位点存在显著的连锁不平衡($D'>0.5$，$P<0.05$)，51 752 个 AFLP 成对的位点存在显著的连锁不平衡($D'>0.5$，$P<0.05$)(图 6-8 对角线左下角的非白色小格)。

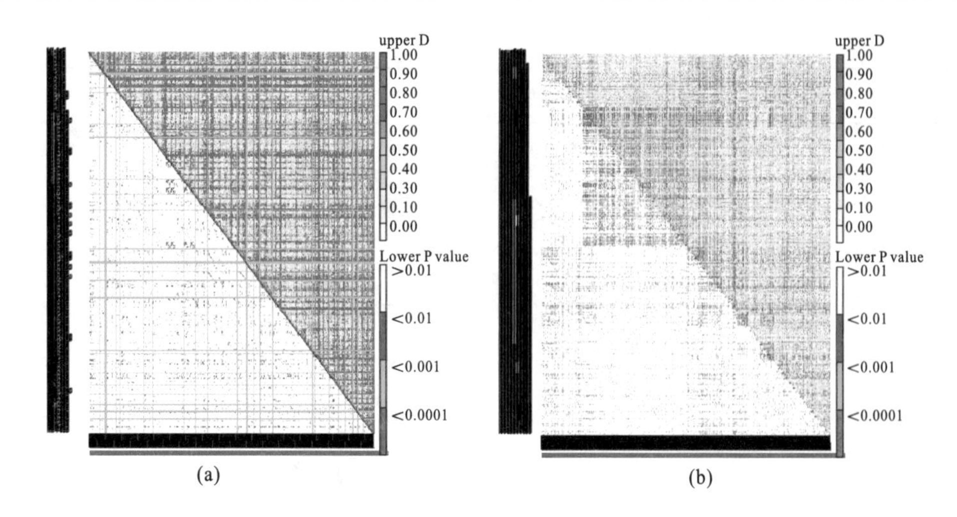


图 6-8 101 份老芒麦种质 SSR 标记位点间(a)和 AFLP 标记位点间(b)的连锁不平衡分布

*X*、*Y* 轴分别为标记位点，黑色对角线上方的每一像素格使用右侧色差代码

表征成对位点间 *D*′值大小, 对角线下方为成对位点间 LD 的支持概率

### (三)利用 GLM 模型进行标记性状关联分析农艺性状-标记关联分析

在关联分析中，由于存在群体结构，它会增强整个群体所估计的 LD 强度，因为一些非原因等位基因也可能与 QTL 形成 LD，结果可能会导致假阳性，即基因多态性位点与性状的相关程度并非由功能等位基因引起。因此，为了更加准确、快捷的定位与表型性状相关联的标记，而且无论是 SSR 标记还是 AFLP 标记都显示老芒麦群体均由多个亚群组成，通过表型性状和分子标记位点进行回归分析，在显著水平 $P<0.01$ 下，共检测到 79 个 SSR 位点及 221 个 AFLP 位点与 10 个表型性状存在极显著的相关性(表 6-21)。但均发现发现同一位点与多个性状或者多个位点与一个性状相关联的现象普遍存在，出现这种情况的原因很可能是：①选择力度过小($P<0.01$)；②数量性状间相关性较高；③控制性状的 QTL 相互连锁；④基因的多效性。虽然关联分析是一种发掘基因变异的有效方法，但是田间农艺性状的测定存在一定的误差，如要将病虫害、非生物胁迫等因素考虑在内，因此需要提高测定的标准，对所有老芒麦种质进行长期的观察测定，增加更多的试验，减小误差，从而进一步提高定位的效果。

**表 6-21 101 份老芒麦的 10 个性状关联 SSR 和 AFLP 位点统计($P<0.01$)**

| 性状 | SSR 标记(79 个位点) | | | AFLP 标记(221 个位点) | | |
|---|---|---|---|---|---|---|
| | 关联位点数 | 最大解释率 | 对应位点 | 关联位点数 | 最大解释率 | 对应位点 |
| 株高 | 12 | 0.0366 | ESGS303-6 | 68 | 0.1514 | E39M83-157 |
| 旗叶长 | 13 | 0.2067 | ESGS231-2 | 19 | 0.0969 | E40M59-177 |
| 旗叶宽 | 20 | 0.1354 | ESGS172-4 | 27 | 0.1018 | E40M51-90 |
| 倒二叶长 | 16 | 0.1249 | ESGS231-1 | 17 | 0.1122 | E46M60-42 |

续表

| 性状 | SSR 标记(79 个位点) | | | AFLP 标记(221 个位点) | | |
|---|---|---|---|---|---|---|
| | 关联位点数 | 最大解释率 | 对应位点 | 关联位点数 | 最大解释率 | 对应位点 |
| 倒二叶宽 | 28 | 0.1234 | ESGS172-8 | 34 | 0.1253 | E48M54-100 |
| 茎粗 | 3 | 0.0761 | ESGS45-4 | 29 | 0.1643 | E47M65-132 |
| 单株鲜重 | 12 | 0.0828 | ESGS79-13 | 50 | 0.1806 | E50M59-157 |
| 单株茎干重 | 10 | 0.0664 | ESGS79-13 | 48 | 0.1213 | E50M59-157 |
| 单株叶干重 | 8 | 0.1028 | EAGA103-8 | 28 | 0.1770 | E43M55-365 |
| 分蘖数 | 3 | 0.0976 | EAGA103-8 | 27 | 0.1403 | E45M60-463 |

(四)关联分析在老芒麦分子育种应用上的展望

表型性状的遗传基础非常复杂，由基因组内的多个基因及外界环境共同控制影响。但是传统植物育种方式基本都是依赖于观测表型特征或者测定农艺性状等，但是这需要的时间周期比较长、效果慢，特别选择的原始材料可能最终并不能真正培育成新品种，同时不同时间地点，外界环境条件的使得结果不是特别可靠。而关联分析有效地弥补了传统育种的不足，以连锁不平衡(LD)为作为基础，通过比较和分析群体内目标性状与遗传标记之间的关系，从而发掘优异的等位基因，为牧草育种服务。

## 第九节 基于转录组分析挖掘老芒麦抗旱基因

目前，转录组学是发展最快且应用最为广泛的技术，在某种状态下，能够快速获取某一物种特定细胞或组织状态下的基因的表达差异情况(Maher et al.，2009)。同时，高通量测序技术的快速发展，测序费用逐渐减少，基于此，转录组测序也慢慢变成一种研究非模式植物发掘候选基因，研究基因功能及代谢通路的有效的手段(Shu et al.，2013)。

基于高通量转录组测序技术，对老芒麦响应干旱胁迫时根和叶的转录组进行了分析，获得了非重复序列(Unigene)，平均长度为713.67bp，构成老芒麦转录组数据库，并与Nr、SwissProt、KEGG和COG比对进行注释。基于转录组数据库，进一步分析了不同时间条件下(0h、1h、2h、4h)下，老芒麦根和叶基因表达谱并筛选出差异表达基因(DEG)，找到干旱胁迫后相关较多上调和下调基因，利用GO富集分析对这些DEG进行功能注释，但是每个基因的功能并不是单独存在的，其中一个基因表达的上调或者下调，很可能造成很多相关基因的表达，构成一个复杂的表达网络图，这就需要使用KEGG数据库分析其可能涉及的代谢通路过程。

## 一、老芒麦干旱胁迫后基因表达的分析

### （一）差异基因表达分析

清晰读长（clean reads）比对回参考序列后，依照 RPKM（the reads per kilobase of transcript per million reads mapped）方法（Mortazavi et al.，2008），利用 DEGseq 程序包的 MARS（MA-plot-based method with Random Sampling）模型对基因的表达进行评估，筛选差异表达基因。各样本两两比较差异表达基因的数目如图 6-9 所示，明显看出，对于不同组织（根和叶）而言，上、下调基因数目差距较大，说明组织结构的差异性以及应激表达的差异明显。分别以 L0 和 R0 文库为参照，研究老芒麦根和叶差异基因数目，结果说明，随着胁迫时间增加，老芒麦根和叶基因的表达总量均增加，但是短时间内（1h），叶的上调基因（4928）比下调基因（4008）多，但是 2h 后，下调基因均多于上调基因数目（L2：5075/5210；L4：4913/5983），对根基因表达来说，4 个时间点的下调基因均比下调基因多（R1：9580/13536；R2：7932/10138；R4：18433/19169），表明 PEG 模拟干旱胁迫时，老芒麦根和叶做出了不同程度的响应，并且对根基因表达具有较多的抑制作用。此外，通过样本两两比较的 RPKM 对数值，老芒麦根和叶基因在不同样本中均表现出较大差异的表达量。

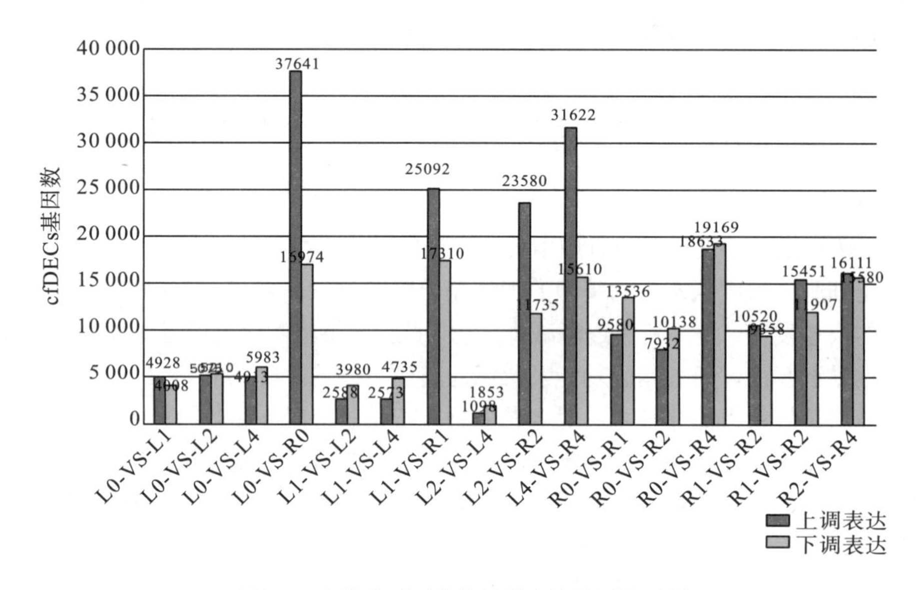


图 6-9　各样本两两比较差异表达基因柱形图

注：柱形图上方数字表示样品两两比较上调与下调基因的数目

### （二）差异基因表达趋势分析

为进一步了解在干旱胁迫（PEG）下随时间变化（0h、1h、2h 和 4h）所引起的不同组织（根和叶）基因表达最显著、最主流的基因群，我们对所有差异基因表达进行了趋势分析（图 6-10，图 6-11）。图 6-11 为根受胁迫后基因差异表达的趋势分析，共有 63 466 个差

异表达基因被划分到 20 个模式图(profile)中，其中有 5 个 profile 表现出显著性($P<0.001$)，profile10 和 profile9 分别包括 9878 和 7174 个基因，并且在 0～2h 的表达量基本不变，但在 2h 后 profile10 的差异基因表达量开始上升，相反 profile9 却突然下降。相比之下，profile0 的基因(1898 个)在整个干旱胁迫过程中一直下降，profile4(7157 个)及 profile13(1689 个)则在 4 个时间点呈现波动变化。

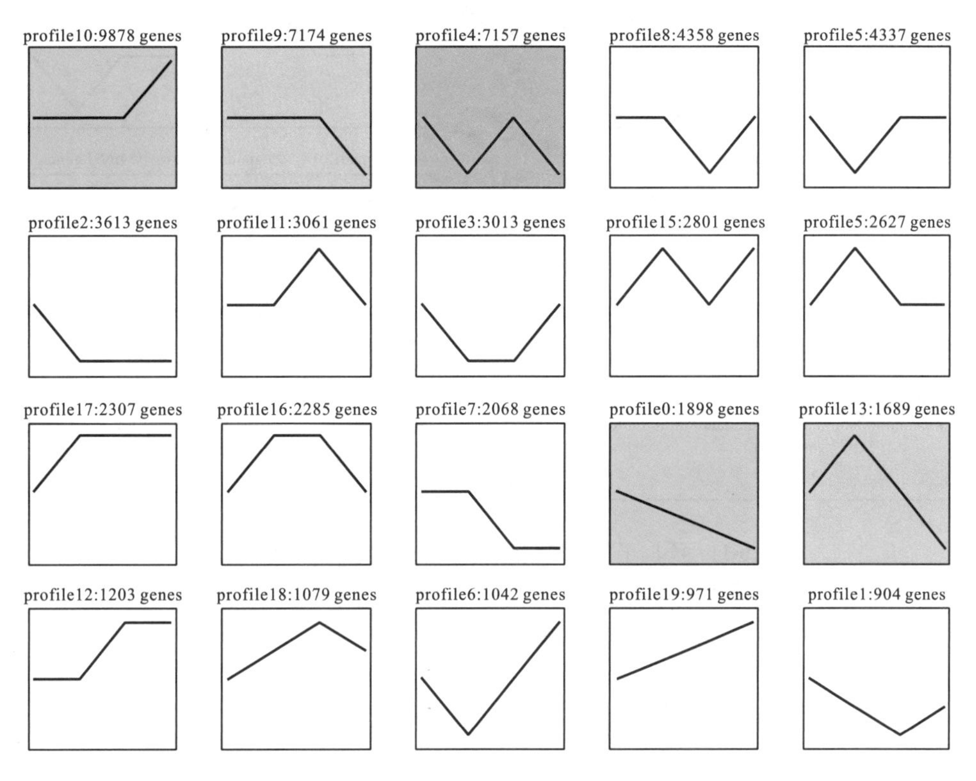


图 6-10　不同干旱胁迫时间点根基因表达趋势分析模式图

注：图中不同颜色代表不同显著性，白色代表没有显著性。每一个模型折线上方的数字分别代表模式的序列编号以及属于这一趋势下所包含的 Unigene 数目

相比根差异基因表达的趋势分析的模式图，虽然仅有 21 069 个差异表达基因存在于叶片样本中，也划分到 20 个模式图(profile)中，但这其中包括 10 个 profile 表现出显著性($P<0.001$)，profile17 和 profile2 分别包括 3082 个和 1299 个基因，profile17 在 0~1h 呈现上升达到最高点后保持不变，相反 profile2 在 0~1h 呈现下降趋势并达到最低点后保持平衡。而 profile0(1476 个)在整个过程中一持续下降，profile19(1314 个)恰好相反，一直上升。profile7(1761 个)为平衡(0～1h)—下降(1～2h)—平衡(2～4h)，profile12(1038 个)为平衡(0～1h)—上升(1～2h)—平衡(2～4h)，其余 4 个模式图：profile14(1397 个)、profile1(1068 个)、profile13(860 个)及 profile18(799 个)则在 4 个时间点呈现波动变化。这些基因根据水分缺失时间长短，在诱导和抑制之间切换表达，表明其在干旱胁迫应激中的重要性。

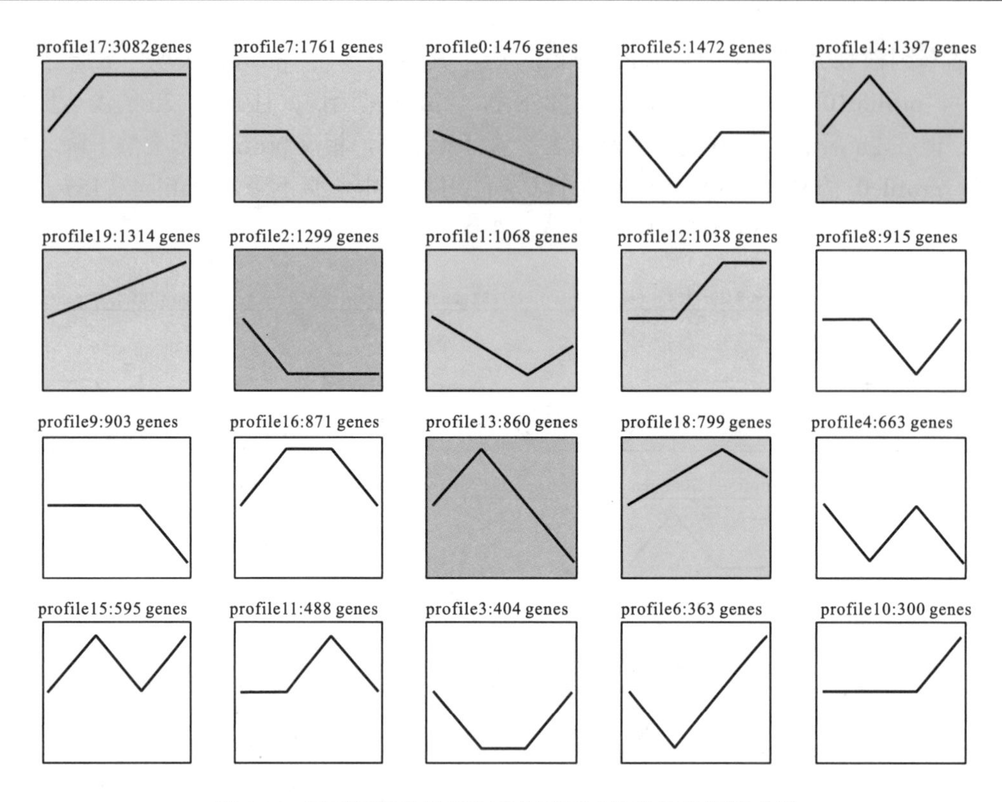


图 6-11　不同干旱胁迫时间点根基因表达趋势分析模式图

注：图中不同颜色代表不同显著性，白色代表没有显著性。每一个模型折线上方的数字分别代表模式的序列编号，以及属于这一趋势下所包含的 Unigene 数目

## 二、转录组 SSR 序列分析

简单重复序列广泛存在于真核生物基因组中，一般采用 SSR 分子标记法对物种种质资源进行遗传多样性分析。在老芒麦的 227 331 条非重复序列基因(Unigene)中共搜索到 17 126 个 SSR 位点，占 Unigene 总序列的 7.53%，其中，有 1792(0.79%)条 Unigene 包含不止一个 SSR 位点。并且 SSR 的类型繁多，从二核苷酸到六核苷酸的重复类型都存在(表 6-22)，比例最高的是三核苷酸重复，达到了 52.83%，接下来依次为二核苷酸重复(26.59%)、四核苷酸重复(14.57%)、五核苷酸重复(4.16%)、六核苷酸重复(1.85%)，并且在所有 SSR 不同重复数时，重复数 5(39.86%)所占的比例最高(表 6-22)。在所有检测到的 SSR 中，出现频率最高基序为 CCG/CGG(16.9%)，其次为 AG/CT(15.3%)(图 6-12)。

表 6-22　利用 MISA 软件描述的 SSR 不同重复序列分布

| 基序 | 重复数 | | | | | | | | | | | | 合计 | 百分比/% |
|---|---|---|---|---|---|---|---|---|---|---|---|---|---|---|
| | 4 | 5 | 6 | 7 | 8 | 9 | 10 | 11 | 12 | 13 | 14 | ≥15 | | |
| 二核苷酸 | 0 | 0 | 2 090 | 943 | 662 | 395 | 299 | 156 | 9 | 0 | 0 | 0 | 4 554 | 26.59 |
| 三核苷酸 | 0 | 6 219 | 2 164 | 630 | 33 | 0 | 1 | 0 | 0 | 0 | 0 | 0 | 9 047 | 52.83 |

续表

| 基序 | 重复数 | | | | | | | | | | | | 合计 | 百分比/% |
|---|---|---|---|---|---|---|---|---|---|---|---|---|---|---|
| | 4 | 5 | 6 | 7 | 8 | 9 | 10 | 11 | 12 | 13 | 14 | ≥15 | | |
| 四核苷酸 | 1 864 | 555 | 76 | 0 | 0 | 0 | 0 | 0 | 0 | 0 | 0 | 0 | 2 495 | 14.57 |
| 五核苷酸 | 666 | 42 | 2 | 0 | 1 | 0 | 1 | 1 | 0 | 0 | 0 | 0 | 713 | 4.16 |
| 六核苷酸 | 300 | 10 | 3 | 1 | 1 | 0 | 1 | 0 | 0 | 0 | 0 | 1 | 317 | 1.85 |
| 合计 | 2 830 | 6 826 | 4 335 | 1 574 | 697 | 395 | 302 | 157 | 9 | 0 | 0 | 1 | 17 126 | 100.00 |
| 百分比/% | 16.52 | 39.86 | 25.31 | 9.19 | 4.07 | 2.31 | 1.76 | 0.92 | 0.05 | 0.00 | 0.00 | 0.01 | 100.00 | |

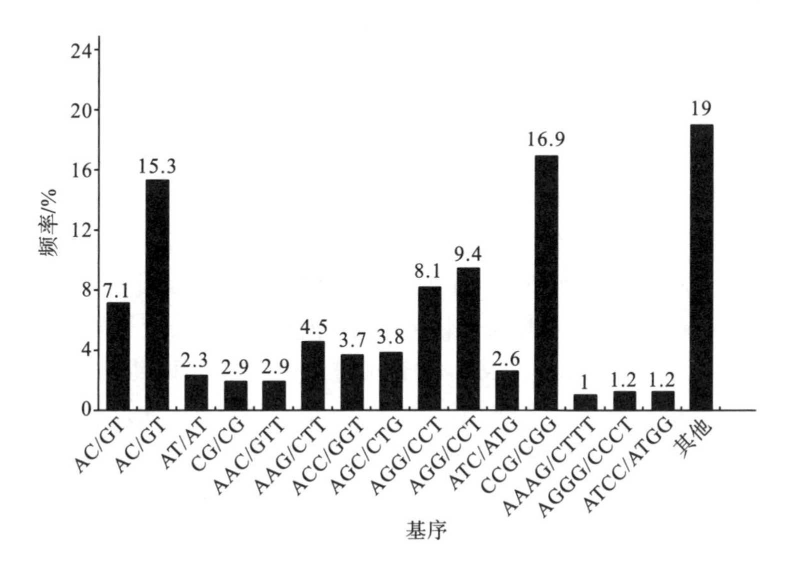


图 6-12　不同串联重复单元类型的 SSR 在总 SSR 中所占比例的统计图

# 第七章　基于近红外光谱技术老芒麦品质模型研究

牧草品质影响草食家畜生长发育、生产效率，并最终影响动物性食品的质量与安全。通过日增重、产奶量等生产性能指标和受胎率、配种指数等繁殖性能指标来评价牧草品质，无疑是最理想的，但成本高昂(Norris et al.，1976)。若牧草中不存在干扰营养成分消化吸收或引起家畜中毒的物质，则家畜生产性能和繁殖性能主要取决于牧草中所含有的营养成分及其消化率，即可用牧草营养成分和消化率来评价牧草品质。传统地，牧草营养成分和消化率的测定几乎完全依赖湿化学方法，其测定成本高、周期长、过程复杂、环境污染。因此，急需低成本、快速、简便、环保的牧草饲用品质评价方法。

近红外光谱技术(near infrared spectroscopy，NIRS)的应用始于20世纪中叶，最早被用于农作物籽实的品质分析。与传统湿化学方法不同，NIRS是一种间接的、相对的物理检测技术，能快速、高效、实时、经济、无损地对有机物样品(或与有机物相关联)的分子结构和化学组成进行定性、定量检测。在牧草方面，NIRS已用于牧草水分含量测定(AOAC：NO. 991.01)、酸性洗涤纤维(acid detergent fiber，ADF)和粗蛋白(crude protein，CP)的含量分析(AOAC：NO. 989.03)，以及牧草中其他营养成分和消化率的测定分析(沈恒胜等，2003)。NIRS在牧草品质分析中的应用，能及时获得被测牧草的品质参数，提高工作效率，节省大量人力、物力；对牧草品质分析和品质育种，家畜日粮组配及畜牧业的发展具有重要意义。

## 第一节　近红外光谱技术简介

### 一、原理

近红外光介于电磁波谱中可见光区与中红外光区之间，美国材料与试验协会(American Society for Testing and Materials，ASTM)定义其波长范围为780～2526nm(12820～3959 $cm^{-1}$)；通常又以1100nm为界，分为短波近红外和长波近红外，前者多用于透射分析，后者主要用于漫反射分析(严衍禄，2005)。近红外光谱主要由分子振动能级的跃迁产生，记录分子中含氢基团(C—H、O—H、N—H、S—H、P—H等)伸缩振动的各级倍频和伸缩振动与弯曲振动的合频吸收。

为便于理解，此处使用Lambert-Beer定律阐述近红外光谱定量分析的数学原理。

$A=-\log(I/I_0)=\varepsilon bC$，式中：$A$ 为吸光度，$I$ 为反射光或透射光束强度，$I_0$ 为入射光束强度，$\varepsilon$ 为待测量组分的吸光系数，$b$ 为光程，$C$ 为待测组分浓度。对于某一特定组分 $\varepsilon$ 不变，当光程固定时，$A$-$C$ 呈线性关系。设样品中某组分含量为 $y$，$x_i$ ($i$=1，2，…，$p$) 为样品在 $p$ 个波长点处的吸光度值，$\beta$ 为回归系数，设方程 $y=\beta_0+\beta_1x_1+\beta_2x_2+\cdots+\beta_px_p$，$y$ 值可由经典方法或标准方法测定，$x_i$ 可通过近红外光谱仪获得。利用一批标准样品，获得特征值和近红外光谱区吸光度后，通过多元回归计算，求出上述回归系数，即可建立定标方程，用于未知样品的测定：

$$\hat{y}=b_0+b_1x_1+b_2x_2+\cdots+b_px_p$$

详细原理可参见《现代近红外光谱分析技术》(陆婉珍，2007)和《近红外光谱分析基础与应用》(严衍禄，2005)。

## 二、光谱仪

近红外光谱仪的基本结构如图 7-1 所示(Cen and He，2007；张丽英，2003)：主要由光源系统、分光系统、反射器、样品室、漫反射检测器、透射检测器及控制和数据处理系统组成，实线为光路，虚线为电路。其中，分光系统是近红外光谱仪的核心。按分光方式的不同，近红外光谱仪可分为滤光片型、色散型(光栅、棱镜)、傅里叶变换型和声光可调滤光型。滤光片型分光系统因其构造简单，只需固定的几个波长点，是便携式 NIR 光谱仪主要发展对象，但波长分辨率差，受外界环境影响大。光栅型在单位时间内只能记录一个光谱点，扫描速度慢。而傅里叶变换型能同时记录扫描谱区内的每一个光谱点，扫描速度快；同时，具有分辨率高、信噪比高、重复性好、稳定性好等优点(Liu et al.，2010)，现已成为近红外光谱仪的主导产品。

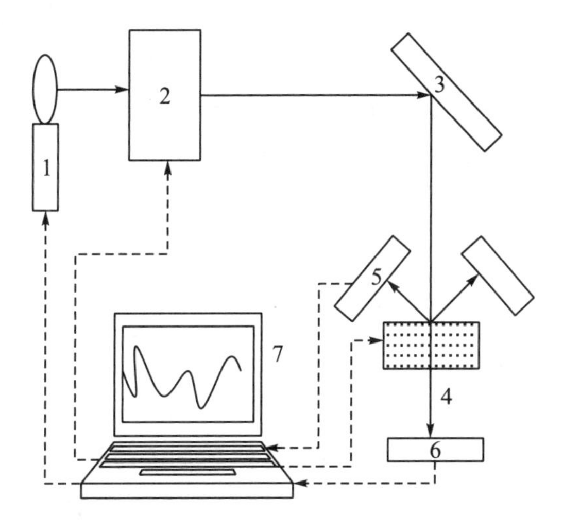


图 7-1 近红外光谱仪基本结构

1. 光源系统；2. 分光系统；3. 反射器；4. 样品室；5. 漫反射检测器；6. 透射检测器；7. 控制和数据处理系统

## 三、分析流程

近红外光谱技术分析过程如下：借助于近红外光谱仪采集代表性样品的光谱数据(*X*)，结合参考方法或标准方法严格、细致地测出代表性样品某一特征值(*Y*)；再利用化学计量学(包括光谱预处理和回归算法)建立光谱数据与特征值之间的校正模型[*f*(*X*)]；并通过对待测样品进行光谱扫描，将获得的光谱数据导入校正模型用以计算待测样品的成分含量或确定性质。整个分析过程如图 7-2 所示，实线为近红外光谱定标模型的建立，虚线为未知样品的预测。

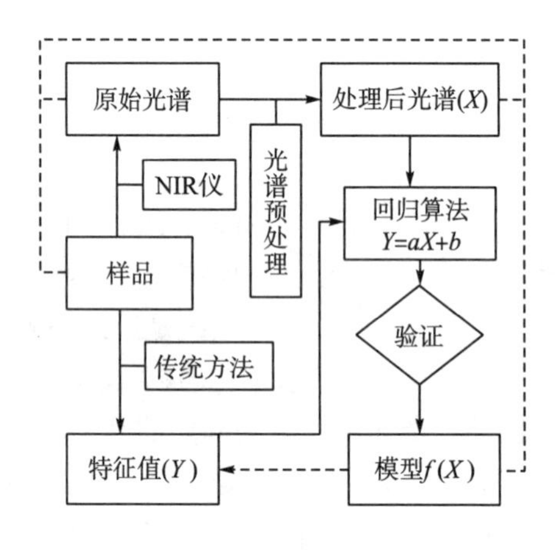


图 7-2 近红外分析系统概述

# 第二节 NIRS 在老芒麦中的应用潜力

近红外光谱技术在土壤、食品、石油、制药等领域已得到广泛应用。在饲草分析方面，主要涉及牧草成分分析(植物学成分和化学组分)和消化率的测定。简要概述目前 NIRS 在牧草中的应用状况，以期为 NIRS 在老芒麦中的应用指明方向。

## 一、成分分析

### (一)植物学成分

近红外光谱技术具有预测牧草茎叶比和混合牧草植物组分的潜力。聂志东等(2008)通过人工配制 41 份叶含量(15%～55%，1%梯度)不同的苜蓿样品，探究了建模样品数量对模型预测性能的影响，发现 15 个建模样品就能够建立预测性能(RPD＝5.50)较好的定标模型。Smart 等(2004)建立了大须芒草、柳枝稷、冰草和无芒雀麦的茎叶比预测模型，其 $RSQ_{val}$ 分别为 0.73、0.96、0.75 和 0.84，并推测 NIRS 能预测大多数禾草的茎叶比。Wachendorf 等(1999)建立了白三叶-禾草混合物、红三叶-禾草混合物中白三叶、红三叶含量的 NIRS 预测模型，其 SECV(1-VR) 分别为 6.5%DM(0.78)、14.2%DM(0.73)，证实 NIRS 能对混合牧草中某一种牧草含量进行预测。此外，Petersen 等(1987)完成了高羊茅-白三叶混合体系中每一种牧草含量的 NIRS 定标。Rumbaugh 等(1988)对苜蓿-禾草二元混合体系中根含量分别进行了 NIRS 分析。

(二)常规养分

自 Norris 等(1976)首次将 NIRS 技术应用于牧草后，相应饲草中粗蛋白(CP)、概略养分(DM)、钙(CA)、粗脂肪(EE)、粗纤维(CF)等概略养分和中洗纤维(DNF)、酸洗纤维(ADF)、酸洗木质素(ADL)等纤维成分的 NIRS 定标模型被大量报道。Cozzolino 和 Labandera(2002)探究了 NIRS 预测鲜草中 DM 和 CP 的能力，其最佳 $RSQ_{cal}$(SECV)，DM 为 0.93(11.7g/kg FW)，CP 为 0.87(18.1g/kg FW)，说明 NIRS 能够对未处理新鲜牧草 DM 和 CP 进行预测。Bertrand 等(1987)比较了 MLR 和 PCR 两种算法对紫花苜蓿 CP 预测效果的影响，发现两种回归方法所建模型均能对 CP 进行很好的预测，通过 PCR 建立的模型预测性能略优；对于 MLR 所建模型其 $r$、SEC 和 SEP 分别为 0.978、0.86%DM 和 0.81%DM，PCR 所建模型其 $r$、SEC 和 SEP 分别为 0.980、0.84%DM 和 0.80%DM。Pojić 等(2010)比较了不同化学方法测定 CA 值作为特征值，建立 5 种豆科牧草(包含苜蓿、红三叶、白三叶、波斯三叶和百脉根)CA 的 NIRS 模型，指出热重量分析法较重量分析法可得到更优的 NIRS 模型，说明参考方法在近红外建模中的重要作用。Herrero 等(1996)建立的隐花狼尾草 CP 和 NDF 的校正模型其 SECV(1-VR) 分别为 11.4g/kg DM(0.94) 和 15.9g/kg DM(0.88)。Zimmer 等(1990)建立了玉米秸秆 NDF、ADF 和 ADL 的 NIRS 定量分析模型。García 等(1993)对牧草混合体系中 CP、NDF、ADF、木质素和纤维素运用 MLR 进行了 NIRS 定标，取得了较好的预测效果，证明 NIRS 在混合体系中的预测潜力。

(三)纯养分

牧草纯养分主要包括矿质元素、维生素、氨基酸和脂肪酸等。Halgerson 等(2002)研究发现 NIRS 能够对晾晒和烘箱干燥苜蓿的 Ca、K 和 P 进行准确预测，而对 Al、B、Fe 和 Mn 等微量元素的测定欠佳。Cozzolino 和 Moron(2004)对紫花苜蓿和白三叶的 Na、S、B、Zn、Mn、Ca 和 Fe 进行了 NIRS 定标，其预测 $RSQ_{cal}$(SECV，mg/kg DM)分别为 0.83(0.8)、0.86(2.5)、0.80(4.4)、0.80(10.6)、0.78(22.9)、0.76(0.83)和 0.57(25.77)，其中，S、Na 和 B(SEP 分别为 5.5、1.2 和 4.2)能被很好地进行预测。González 等(2006)通过远程反射光纤探头获取苜蓿 NIR 光谱，采用 MPLS 建立了维生素 E 含量的定标方程，所建模型 RSQ(SEP，mg/100g)α-生育酚为 0.946(0.321)、(β＋γ)-生育酚为 0.956(0.022)，具有较好的预测能力。NIRS 对氨基酸和脂肪酸含量测定多集中在植物籽实(Chen et al.，2011；Sato et al.，1998)，牧草营养体中 NIRS 定标鲜见报道。

(四)有毒有害物质

牧草因加工贮藏不当被霉菌感染所产生的有毒次级代谢产物和在适应环境过程中形成的次生代谢产物(一类感染营养物质消化吸收或引起家畜中毒以抵抗家畜采食的自我保护物质)构成了对家畜不利的有毒有害物质。牧草因霉菌毒素感染而产生的有毒次级代谢产物，恶化了牧草品质，若家畜采食一定量的霉菌毒素，会影响家畜生长发育、生产性能，严重时危及生命。应用 NIRS 检测牧草受霉菌毒素感染情况，从而指导家畜饲喂具备实时、高效的特点。对次生代谢产物而言，一方面，是牧草在长期进化过程中对环境适应的结果，是牧草抵御外界压力不可或缺的重要物质；另一方面，过多的次生代谢产物不仅降低了营养素的效价，而且某些次生代谢产物对家畜生长和健康极其不利。传统方法检测有毒有害物质，费用高、过程复杂、环境污染。因此，借助多种育种方法，通过NIRS从大批量种质资源中筛选出草畜皆宜、含适量浓度次生代谢产物的种质资源是提高牧草品质的有效途径。

Fernández等(2009)推测由于黄曲霉毒素B1在玉米、大麦中含量极低，近红外光谱并不能对其进行直接感知，但由于黄曲霉毒素B1能引起其他化学成分改变，使NIRS对其含量分级得以实现；分别建立了玉米、大麦中黄曲霉毒素B1(以20μg/kg水平为界)的分级模型，并建立了总的分级模型(包含玉米和大麦)，发现与单个模型相比，并无多大差别。Roberts等(1997)对高羊茅麦角缬氨酸进行了NIRS定标，其测定结果与HPLC相似，并发现2300～2400nm为其特征吸收带。Windham等(1988)将Vanillin-HCl法获得的截叶胡枝子单宁含量与其NIR光谱建立回归，Smith等(1997)将Butanol-HCl法获得的大百脉根浓缩单宁含量与其NIR光谱建立回归，建立的定标模型其化学测定值和模型预测值相关系数分别为0.90和0.82，显示了NIRS对多酚类次生代谢产物的预测能力。Goff等(2011)用分光光度法和气相色谱法测定的氢氰酸值作为参考值，分别建立NIRS预测模型，认为两种参考方法均可建立优秀的氢氰酸NIRS校正模型，但气相色谱法更优，进一步说明参考方法在建模中的重要作用。

## 二、消化率

近红外光谱法测定牧草某一养分消化率，不仅省去了成分含量的湿化学分析，而且省去了价格昂贵的消化实验(体内或体外)，是NIRS中极具发展前景的一个分支。Melchinger等(1986)在建立玉米秸秆CP、ADF、ME(代谢能)的NIR模型的同时，建立了体外可消化有机物(IVDOM)的NIR定标模型($RSQ_{cal}$，0.80～0.82；SEC，1.79%～2.34%DM)，指出近红外测定结果与传统湿化学方法相当，并能够对几个指标同时进行测定，因此NIRS是一种在品质育种中极有前途的分析技术。Nousisainen等(2004)对禾草青贮(梯牧草和羊茅)研究发现，禾草木质素含量再生生长期高于初生生长期，通过木质素作为内源性指示剂并不能获得较好的INDF(不可消化中性洗涤纤维)定标模型($R^2<0.4$)，胃蛋白酶–纤维素酶法获得INDF和DNDF(可消化中性洗涤纤维，g/kg DM)定标模型较好，其SEP($R^2_{val}$)分别为10.0(0.910)和19.1(0.832)。Pujol等(2007)尝试将大麦近红外光谱与猪采食大麦后所测定的回肠可消化蛋白(IDP)、回肠可消化赖氨酸(IDLys)、回肠可消化胱氨酸(IDCys)、回肠可消化甲硫氨酸(IDMet)进行定标，发现IDP、IDLys和IDMet可建立较好的模型，而IDCys定标效果不佳。

## 三、其他

传统的近红外光谱技术将牧草光谱数据与牧草品质参数的化学测定值(如粗蛋白)进行回归，进而建立预测模型对牧草品质进行检测。作为动物代谢性产物，动物粪便不仅包含有所采食牧草的信息也携带有动物本身的信息。近年来，基于动物粪便光谱和牧草品质参数建立的回归模型被大量报道。Li 等(2007)建立了绵羊粪的近红外光谱与日粮 CP 和可消化有机物(DOM)的校正模型，结果表明回归方法 PLSR 优于 SWR，PLSR 获得的校正模型 $R^2$(SEC)，CP 为 0.95(1.08)，DOM 为 0.80(1.51)，说明可以通过对粪便样品的光谱扫描来预测家畜日粮的营养成分。Boval 等(2004)通过获取阉牛(饲喂两种热带牧草作为日粮)粪的近红外光谱，建立了日粮中 CP、NDF、ADF(%OM)，以及有机物消化率(OMD)和有机物进食量(OMI，g/kg $BM^{0.75}$)的预测模型，所建模型的 SEC($R^2$)CP 为 0.33(0.98)、NDF 为 0.96(0.88)、ADF 为 0.81(0.89)、OMD 为 0.02(0.73)、OMI 为 4.62(0.61)，显示出 Faecal-NIRS 用于日粮中化学营养成分和消化率及采食量测定的潜力。Dixon 和 Coates (2009)详细综述了 Faecal-NIRS 在日粮营养成分检测、动物性别鉴别、动物品种鉴定和繁殖及寄生虫感染状态检测中的应用。

由上述研究现状可知，对于老芒麦的 NIRS 定标可以涉及：①植物学组分，包括其茎叶比含量、在草原生态研究中其占其他草原植物的百分比含量；②常规养分，包括 DM、CP、NDF、ADF、ADL、EE 和 ASH 等；③纯养分 Ca、Mg 和 P 等矿质元素，部分重要氨基酸和脂肪酸含量；④有毒有害物质，霉菌所产生的次生代谢产物；⑤老芒麦重要养分的消化率的定标，包括干物质消化率、蛋白质消化率、可消化 NDF 等。上述老芒麦成分含量的 NIRS 定标均可以进行，其定标模型效果可通过模型检验予以评估，以检验模型能否在生产上应用。

## 第三节 近红外光谱法测定老芒麦营养价值

牧草是草食动物的基础日粮，日粮中包含适当比例的牧草既是合理的，也是必需的。在实际生产中，出于不同生产目的(育肥、产奶或妊娠等)，日粮配制不尽相同。与谷物相比，牧草营养成分含量变异大。因此，在配制日粮时，牧草营养成分测定显得尤为重要。以老芒麦主要营养成分(CP、ADF、NDF 和 IVDMD)的 NIRS 模型建立为例(严旭等，2015)，阐述 NIRS 模型的建立流程，可作为老芒麦中其他成分定性和定量模型建立的参照。

### 一、模型建立和评价

为了获得老芒麦代表性样品，采集四川红原、四川乾宁和青海海北，品种包括川草 1 号老芒麦、川草 2 号老芒麦、同德老芒麦、红原老芒麦、川康老芒麦和野生种质资源不同部位(茎、叶、全株)、不同栽培条件(行距、氮肥)、不同生育期(包括初生生长的拔节期、开花期、乳熟期、完熟期及再生生长期)及不同植株年龄的老芒麦。通过烘箱干燥和自然晾干两种常用的干燥方式。再采用 FZ102 微型植物粉碎机粉碎过 40 目筛，装入自封袋中，常温避光保存，准备光谱扫描和化学值测定。

近红外光谱由 NIRFlex N-500 傅里叶型近红外光谱仪(瑞士 Buchi)扫描获得。谱区范围 10 000～4000 cm$^{-1}$，分辨率 8 cm$^{-1}$，扫描间隔 4 cm$^{-1}$，扫描次数 32 次。每个样品重复扫描 3 次(每次扫描重新装样，以减少装样带来的误差)，记录样品的近红外光谱，数据形式以相对漫反射率(*R*)表示。图 7-3 显示了 510 份老芒麦样品的近红外原始光谱，每条光谱记录 1501 个 *R* 值。使用 Kennard-Stone 算法(Matlab 7.0)，从样品中挑选 117 份样品，剔除了具有相似光谱的老芒麦样品。之后依据 GB/T 6432—94、NY/T 1459—2007 和 GB/T 20806—2006 分别对中选样品的 CP、ADF 和 NDF 进行测定；IVDMD 按胃蛋白酶–纤维素酶法测定(郃书静，2010)。将选择的 117 份样品按单个品质参数的湿化学分析值随机进行排列，采用每隔 3 个取 1 个的方式选择样品组成验证集(29 份)，剩下的样品组成校正集(88 份)，并注意调整各项参数的最大、最小浓度使之划归到校正集。

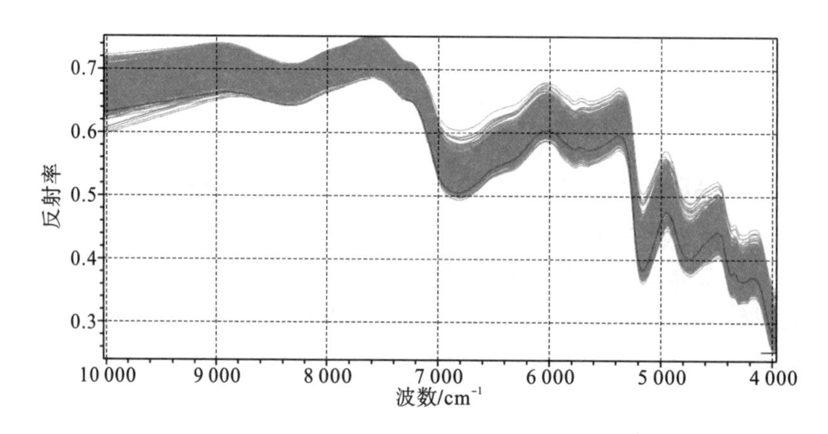


图 7-3 老芒麦的近红外原始光谱

鄢家俊等(2010e)对收集的青藏高原野生老芒麦 CP、ADF 和 NDF 质量分数进行考察，其变幅分别为 8.07%～14.79%、26.77%～31.99%和 49.97%～57.74%。邱翔等(2008)获得的老芒麦 CP 变幅为 6.84%～22.45%。相比之下(表 7-1)，收集的老芒麦获得的各项品质参数变幅更大，覆盖了当前生产和品种选育中常见老芒麦样品 CP 等品质参数的含量变化范围。

**表 7-1 老芒麦校正集和验证集样品统计参数(%DM)**

| 参数 | 校正集(验证集) | | | | |
|---|---|---|---|---|---|
| | 样品个数 | 最小值 | 平均值 | 最大值 | 标准偏差 |
| CP | 84(26) | 2.87(4.56) | 9.96(10.06) | 22.62(18.40) | 4.37(4.12) |
| ADF | 75(24) | 27.79(28.48) | 34.94(34.06) | 42.13(41.12) | 3.48(3.33) |
| NDF | 88(28) | 43.31(52.85) | 62.04(62.23) | 72.56(69.85) | 4.56(4.19) |
| IVDMD | 85(28) | 31.04(38.03) | 54.92(56.24) | 76.47(70.63) | 10.33(9.47) |

应用 Buchi 公司 NIRCal5.4 建模软件进行模型的建立。建模过程中进行异常值检验，CP、ADF、NDF 和 IVDMD 分别剔除 7 个、18 个、1 个和 4 个异常样品。表 7-2 显示了

采用不同光谱预处理方法和不同的回归方法(将光谱数据与化学值进行回归，建立二者的定量关系)得到的 CP、ADF、NDF 和 IVDMD 的最佳校正模型。在此条件下建立的校正模型决定系数最大，标准差最小。与 PCR 和 MLR 相比，PLSR 所建模型较优。由表 7-2 可见，定标决定系数均大于 0.91，标准差较小，各评价指标表明老芒麦主要品质参数定标效果良好。

**表 7-2　老芒麦 CP、ADF、NDF、IVDMD 近红外校正模型建立参数和校正结果**

| 参数 | 光谱预处理 | 回归算法 | 建模波段 | 校正决定系数 | 校正标准差 |
|---|---|---|---|---|---|
| CP | sa3g2+ncl+db1g2 | PLS | 4 800～4 400 $cm^{-1}$<br>6 600～5 400 $cm^{-1}$<br>10 000～7 800 $cm^{-1}$ | 0.9945 | 0.3229 |
| ADF | SNV+sa3+db1g2 | PLS | 7 144～5 000 $cm^{-1}$<br>10 000～7 404 $cm^{-1}$ | 0.9499 | 0.7799 |
| NDF | SNV+db1g2 | PLS | 4 800～4 400 $cm^{-1}$<br>6 600～5 400 $cm^{-1}$<br>10 000～7 800 $cm^{-1}$ | 0.9133 | 1.3430 |
| IVDMD | mf+db1+nle | PLS | 10 000～4 000 $cm^{-1}$ | 0.9822 | 1.3762 |

注：sa3g2. 平滑处理(average 3 points gap 2)；nc1. 归一化处理(by closure)；db1g2. 导数处理 (first derivative BCAP gap2)；SNV. 标准正态变量(standard normal variable)；sa3. 平滑处理(average 3 points)；mf. 多元散射校正[multiple scatter correction (full)]；db1. 导数处理(1st BCAP)；nle. 归一化处理(to unit length)

采用外部验证对校正模型进行评价(表 7-3)各项评价参数均说明预测结果具有较高的准确性。对化学值和预测值进行成对数据双尾 $t$ 检验，$t$ 检验值($t_{0.05}$)验证集均未达到显著水平($P>0.05$)；样品的化学分析值与近红外校正模型测定值的相关分析如图 7-4 所示，其相关系数分别为 0.9969(CP)、0.9720(ADF)、0.9438(NDF)和 0.9895(IVDMD)，达到极显著水平($P<0.01$)。用综合指标进行评价相对分析误差(RPD 值)均大于 3。由此可见，各参数校正模型的预测精确性和准确性均较好，所建立的老芒麦 CP、ADF、NDF 和 IVDMD 含量的 NIRS 分析模型可以用于对老芒麦主要品质参数进行实际检测。

**表 7-3　老芒麦 CP、ADF、NDF 和 IVDMD 近红外校正模型的外部验证结果**

| 参数 | 验证决定系数 | 验证标准差 | 残差 | 斜率 | 相关系数 | 相对分析误差 |
|---|---|---|---|---|---|---|
| CP | 0.9938 | 0.3261 | 0.0132 | 0.9996 | 0.9969 | 12.63 |
| ADF | 0.9449 | 0.7878 | 0.0100 | 0.9146 | 0.9720 | 4.22 |
| NDF | 0.8907 | 1.3852 | 0.2788 | 0.8966 | 0.9438 | 3.02 |
| IVDMD | 0.9790 | 1.4303 | 0.1182 | 1.0214 | 0.9895 | 6.62 |

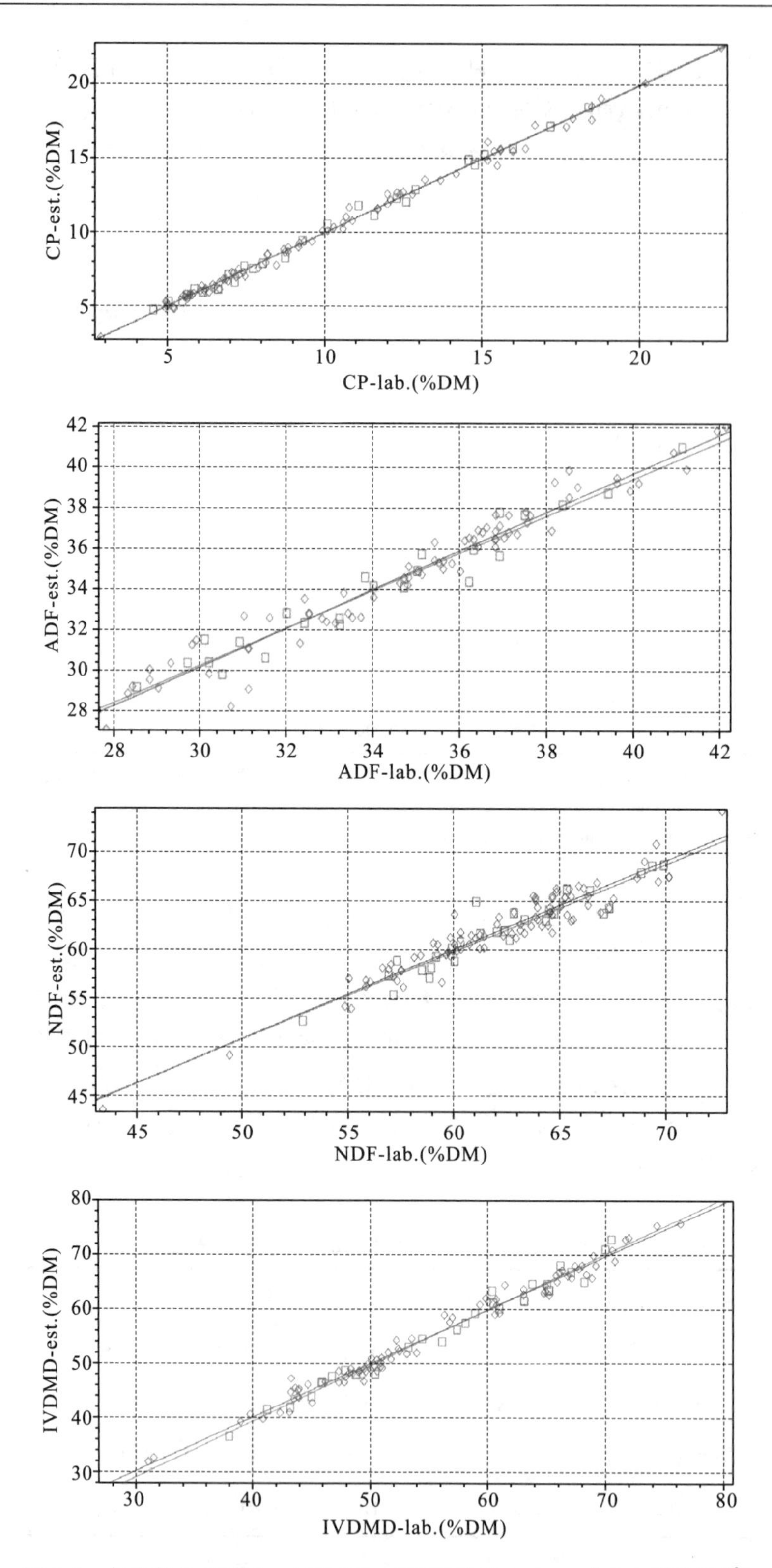


图 7-4 老芒麦中 CP(A)、ADF(B)、NDF(C)和 IVDMD(D)内部校正(◊)和外部校正(□)的化学分析值与预测值的散点图

## 二、模型的维护

老芒麦主要营养价值参数(CP、ADF、NDF和IVDMD)的近红外快速预测模型，各参数均取得了优秀的建模效果，预测精度较高，为老芒麦主要营养价值参数的分析和评价提供了快速、简便、准确、经济和绿色的分析方法。需要注意的是，建立的每个模型只适用于一定的样品范围、一定的装样条件和一定的仪器状态，在使用模型对待测样品进行扫描时，必须检验模型的适配性，即对模型的正确预测能力做出评估。如果模型适配性的检验结果满足需要，则可直接使用所建模型对待测样品进行分析；如果模型不适配，则必须对模型进行维护。模型的维护包括模型转移和模型修正。总之，当待测样品本身的物化信息超出原有模型范围时，则需要扩充建模样品所覆盖的(主成分)空间范围，原样品和新添加的样品合并到一起重新进入模型的优化循环得到最佳模型，即为模型的修正。近红外光谱分析模型需要在实践中不断升级、不断优化，以获得一个精确度和稳定性均较好的模型。

# 第八章　老芒麦种子生产技术

## 第一节　概　　述

牧草种子是建设高产人工草地和生产优质饲草料的重要物质，也是发展草地畜牧业、防止水土流失、保护生态环境、治理国土和绿化美化环境不可缺少的物质基础。在我国，随着退牧还草、草原生态奖补等重大工程的实施，牧草及其种子生产已越来越得到重视，尤其是 2015 年中央 1 号文件提出："加快发展草牧业，支持青贮玉米和苜蓿等饲草料种植，开展粮改饲和种养结合模式试点，促进粮食、经济作物、饲草料三元种植结构协调发展"出台，草种的需求量与日俱增，供需矛盾日显突出，越来越显示出牧草种子生产的重要性及发展我国草种业的紧迫性。

老芒麦作为多年生疏丛型牧草，因为植株高大，叶量丰富，抗寒、抗旱、耐盐性较强，而且在披碱草属牧草中其营养价值最高，已成为河北、内蒙古、青海、西藏、四川等一些地区的主要栽培牧草(盘朝邦和王元富，1992)。农业部和财政部下达了老芒麦种子生产基地建设项目，特别是四川省草原科学研究院和红原县人民政府在红原县建成的国家老芒麦牧草种子基地，实现了牧草种子生产的机械化和规模化，构建了老芒麦牧草良种繁育体系，为川西北牧区乃至青海、西藏等省区草地补播改良、人工草地建设等提供了优良牧草种子，得到了农业部、财政部、四川省委省政府主要领导及社会各界的好评。但目前我国老芒麦种子生产规模还不够大，种子生产能力远不能满足人工种草实际需求。因此，加大老芒麦牧草种子生产基地建设，为草牧业及退牧还草等重大工程提供量大质优的牧草种子具有重要的实践价值。

## 第二节　种子生产技术特点

为了实现老芒麦种子田高产和优质，首先要根据老芒麦的生物学特性，选择适宜老芒麦种子生产的气候区；再在该区域选择适宜的地块作为种子生产田；接下来确定适宜的播种量和行距、适期播种等播种技术；适时除杂、适时适量施肥、合理灌溉等田间管理技术；选择合适的收获期和收获方法等种子收获技术，以及种子清选加工技术等。

## 一、种子生产的地域选择

不同种及品种进行种子生产的适宜地区各不相同，同一牧草在不同地区种子产量相差也很大。新中国成立之初，我国曾在全国各地投资建设了草种子繁殖场，但由于当时不了解牧草种子生产对生产地区的特殊要求，因选点不慎导致目前能进行规模化草种生产的单位寥寥无几，造成了巨大的经济损失。因此，必须根据具体草种或品种生产发育特点和结实特性，选择最适宜的地区进行种子生产，为获得高产的种子奠定基础。

生产地区的气候条件是决定种子产量和质量的基本因素，并且气候条件不能被生产者左右，种子生产者必须根据具体草种生长特性选择最佳气候区进行种子生产，才能最大限度地提高牧草种子产量。老芒麦种子生产对气候的要求为：应有充足的长日照条件，年日照时数不少于 2200h；全年≥10℃积温达到 700℃；在无灌溉条件下，降水量应在 350mm 以上，种子成熟期有干燥、无风、晴朗的天气。

针对草种确定了种子生产的适宜气候区后，选择适宜的土地是牧草种子生产必须考虑的另一重要因素。大部分牧草种子生产最好为中性壤土，利于牧草根系的生长和吸收足够的营养物质。用作老芒麦种子生产的地块，应选择在平坦开阔通风（坡度＜10°）的位置，排灌水良好，病、虫、鼠、草危害轻，土层深厚（30cm 以上），有机质丰富，肥力适中，pH 5.5～8.5，集中连片的地段。

选择老芒麦种子田时，还应当考虑与其他老芒麦种子田的间隔距离符合种子认证规程的要求，并考虑地块的杂草种类和危害程度。申请认证的种子田，应当符合认证规程对前作时间间隔的要求，并且确认前作种植过程中田间没有检疫性杂草危害。将杂草危害较为严重的土壤，选择作为种子田时，应当考虑推迟播种时期，或通过土壤深翻耕和化学法防除清除杂草。

## 二、种子田的准备

种子田准备主要是为牧草播种和种子发芽出苗提供良好的苗床。通过苗床的精细整理还可避免杂草的侵染和其他品种的混杂。同时种子田在整理前需要测试土壤氮肥、磷肥、钾肥、有机肥及有关微量元素含量，或查阅当地土壤调查资料，了解土壤养分水平，以便制定施肥计划。

### （一）除杂

除杂可在耕耙地前后进行（图 8-1）。若在耕耙地时植物还未萌发返青，可先耕耙地，待植物萌发返青后再除杂；若耕耙地时植物已萌发返青，可先除杂再耕耙地。除杂一般选择晴朗天气喷洒灭生型除草剂。

图 8-1 整地前除杂

(二)耕耙地

一般用犁、耙等机械对土壤进行翻、耙、切削等作业，主要是为了改善土壤物理结构，增大土壤孔隙度，改变土壤中水、肥、气、热状况，提高土壤肥力；同时还可耙出杂草根茎、掩埋带菌体及害虫，保持田间清洁。耕耙地一般在播种前 1 个月进行。初垦荒地一般土层紧实，草根密集，一般秋季先用翻转犁进行 25cm 左右深翻，第 2 年植物萌发返青后喷施除草剂，再用耙破碎表层土块，平整地面。在干旱和半干旱地区，翻耕后随即耙地，可起到保墒抗旱的作用。耙地的机械有圆盘耙、钉齿耙等。圆盘耙碎土力强，黏重和潮湿的土壤应选用圆盘耙；钉齿耙除杂草和石块的效果好，在多杂草和石块的荒地上应选用钉齿耙(图 8-2)。

图 8-2 重耙耙地

(三)旋地

耕耙后土块一般较大，不利于播种。生产上常在耕耙地后用旋耕机细碎土块(图 8-3)、平整地面，使土壤表层粗细均匀、质地疏松，以便保墒和播种。结合旋地可以撒施基肥，一般施用有机肥 15 000～37 500kg/hm$^2$(图 8-4)、过磷酸钙 150～300kg/hm$^2$ 或钙镁磷肥 300～375kg/hm$^2$、氯化钾 120～150kg/hm$^2$。

图 8-3 旋地

图 8-4 撒施羊粪(纽荷兰)

(四)镇压

镇压是用镇压器使土壤表层由疏松变紧实的作业。其主要功能是紧实土壤，同时还具有压碎土块、平整地面的作用。镇压可减少土壤中的大孔隙，利于牧草根系与土壤紧密接触，防止“吊根”死苗现象。紧实土壤可增加毛细管作用，进而起到提墒、保持土表湿润的功效。镇压必须在地面较为干燥时进行，以免造成土壤板结。镇压常结合播种，在播种前后进行。镇压的农机有石碾及各种类型的专用镇压器。调查表明播种前镇压的土壤比不镇压土壤含水量提高 0.98%～2.62%。播种镇压出苗率提高 5%～10%。

## 三、种子田的播种

种子生产是籽实生产，多采用无保护的单独条播。条播不仅可以降低种子用量、便于管理，还可以避免因过多营养枝抑制生殖枝的生长发育而提高种子产量构成因子，进而提高种子产量。北方干旱区旱作条件下，行距 20cm 条播较撒播枝条数降低 50.05%，生殖枝数约降低 29.23%，但小穗数增加 26.89%，小花数增加 5.95%，种子数增加 67.86%，理论产量提高 53.18%，实际产量提高 13.95%(表 8-1)(张锦华等，2000)。

表 8-1 密度效应试验结果

| 处理 | 枝条/(条/m$^2$) | 生殖枝数/(条/m$^2$) | 小穗数/穗 | 小花数/小穗 | 种子数/小穗 | 千粒重/g | 理论产量/(kg/hm$^2$) | 实际产量/(g/hm$^2$) |
|---|---|---|---|---|---|---|---|---|
| 撒播 | 1031 | 515 | 30.5 | 4.2 | 1.12 | 3.209 | 566 | 380 |
| 行距 20cm | 513 | 365 | 38.7 | 4.45 | 1.88 | 3.265 | 867 | 433 |
| 增长率/% | −50.05 | −29.23 | 26.89 | 5.65 | 67.86 | 1.75 | 53.18 | 13.95 |

行距首先通过对分蘖数、生殖枝比例、生殖枝数、生殖枝高度、生殖枝直径等的极显著影响，继而造成穗柄长、穗柄直径、穗轴长、小穗数/生殖枝数、小花数/生殖枝数等差异极显著，最终导致结实率、表现种子产量与实际种子产量的差异；单位面积小花总数、潜在种子产量受行距影响不大且趋于稳定。在行距恒定时，株高是影响结实率的主要因素，

花穗柄长度反映小穗数/生殖枝数、种子数/生殖枝数与实际种子产量，通过株高与花穗柄长度可预测结实率与种子产量；千粒重与其他参数相关性低，是相对稳定的种子性状。种子基地因降雨等气候因子本身存在差异，所以不同区域老芒麦种子生产的最佳行距也不一致。在川西北地区，老芒麦以行距 60cm 播种，其潜在种子产量、表现种子产量和实际种子产量最高(游明鸿等，2011b)；青海省海南藏族自治区按行距 45cm 建植的多叶老芒麦种子生产田，可获得较高的种子产量(黎与和汪新川，2007)；北方干旱区旱作条件下，行距 20cm 更利于老芒麦种子增产。

同一行距在不同栽培年限，老芒麦生殖枝数量与比例不同，导致花序营养与空间基础产生差异，使花序长度、粗度等性状不同，对每个花序的小花数有极显著影响，变异范围为 58.33～137.00 个/枝。行距对小花数与生殖枝数量的影响，导致潜在种子产量差异极显著。株高、密度、营养、开花数、结实率等差异共同决定了实际种子产量的极显著差异，变异范围为 55.00～1620.67kg/hm$^2$，相差近 20 倍(表 8-2)。

**表 8-2　不同处理对老芒麦花序性状及种子产量的多重比较**

| 处理(行距-年限) | 小花数/(个/枝) | 种子数/(粒/枝) | 潜在种子产量/(kg/hm$^2$) | 表现种子产量/(kg/hm$^2$) | 实际种子产量/(kg/hm$^2$) |
|---|---|---|---|---|---|
| 30-2 | 81.67HI | 12.00J | 4706.0A | 688.16I | 230.33JI |
| 30-3 | 95.95F | 39.43GF | 2530.8E | 1040.01FE | 454.33G |
| 30-4 | 88.67G | 31.81H | 1134.9HG | 408.24KL | 107.67KLM |
| 30-5 | 58.33K | 26.00I | 352.7K | 158.11O | 55.00M |
| 45-2 | 84.33HG | 24.00I | 3385.8C | 963.36FG | 351.67H |
| 45-3 | 113.27D | 47.84ED | 2994.2D | 1264.63D | 715.67D |
| 45-4 | 101.33E | 45.000E | 1265.1G | 562.96J | 235.67I |
| 45-5 | 80.67HI | 37.67GF | 526.4JK | 247.49MNO | 87.00LM |
| 60-2 | 86.67G | 36.33G | 3590.9CB | 1504.97C | 633.67E |
| 60-3 | 137.00A | 74.58BA | 3799.3B | 2068.29A | 1620.67A |
| 60-4 | 128.00CB | 77.00A | 1346.2G | 809.77H | 603.33FE |
| 60-5 | 75.00J | 44.67E | 588.2JIK | 349.74ML | 227.67JI |
| 75-2 | 88.00G | 39.00GF | 2454.3E | 1087.61E | 622.67FE |
| 75-3 | 129.00B | 73.71BA | 2822.5D | 1612.74B | 1264.67B |
| 75-4 | 124.00C | 72.33B | 849.8HI | 495.99KJ | 276.33I |
| 75-5 | 86.67G | 49.00D | 494.5JK | 279.61MN | 132.33LK |
| 90-2 | 94.00F | 41.00F | 2076.3F | 905.51HG | 551.33F |
| 90-3 | 127.00CB | 68.08C | 2828.7D | 1516.35CB | 995.67C |
| 90-4 | 117.67D | 68.33C | 692.0JI | 401.63KL | 162.00JK |
| 90-5 | 78.67JI | 48.67D | 393.9K | 243.50NO | 117.33LKM |
| $F$ | 166.86 | 245.41 | 179.50 | 229.50 | 274.38 |
| $P$ | $<0.0001$ | $<0.0001$ | $<0.0001$ | $<0.0001$ | $<0.0001$ |

注：同列不同大写字母间差异极显著($P<0.01$)

老芒麦作为多年生牧草，具有较强的分蘖能力，且种子易于落粒，建植时播种量对其结实性能和种子产量的影响差异不显著，因此生产中宜采用低播种量(9.0～15.0kg/hm$^2$)(赖声渭和兰剑，2006；黎与和汪新川，2007；游明鸿等，2011a、b)。

## 第三节　种子田管理

根据老芒麦种子生产的特点，适时使用合理的栽培管理技术是获得种子高产、优质的关键。

### 一、灌溉制度

通过适时适量灌溉，产生适度的土壤水分胁迫条件，保全植株从返青到种子收获保持缓慢而持续的生长，避免营养体徒长，且避免植株遭受严重的干旱胁迫，可以提高牧草有效分蘖数和种子产量(Beukes and Barnand，1985；Taylor and Marble，1986)。在干旱或半干旱地区，灌溉是提高禾本科牧草种子产量的必要措施(王佺珍，2005)。因此为了保证大田老芒麦种子产量，适时适量灌溉是必要的。不同发育阶段不同生长年限的老芒麦对水分的需求不同。李春荣(2010)在半干旱地区的研究表明，老芒麦生长第1年日耗水量最多的是在抽穗阶段，抽穗阶段时间短但需水强度大，需水强度达94.35m$^3$/(hm$^2$·d)；第2年日耗水最多的是在拔节到抽穗期，需水强度最高为122.1m$^3$/(hm$^2$·d)，在拔节-抽穗阶段及时灌水，可促使种子及早成熟。老芒麦每形成1kg种子需要消耗水分2.766m$^3$。半干旱地区垄沟集雨种植可提高老芒麦生殖密度，每生殖枝上的小穗数，花序中下部小穗上的种子数，以及种子千粒重(表8-3)，进而提高老芒麦种子产量。垄宽∶沟宽为60cm∶30cm(MR60)和30cm∶30cm(MR30)的种子产量分别达1.11t/hm$^2$和0.82t/hm$^2$，比平作分别提高2.5倍和1.8倍(图8-5)。

表8-3　不同处理对小穗上种子数和千粒重的影响

| 处理 | 种子数/小穗 | | | 千粒重/g |
|---|---|---|---|---|
| | 花序下部(1～10节) | 花序中部(10～20节) | 花序上部(>20节) | |
| CK | 1.2c | 2.1c | 1.0a | 2.99c |
| MR30 | 1.9b | 2.8b | 1.0a | 3.09b |
| MR60 | 2.8a | 3.0a | 1.1a | 3.51a |

注：同列不同小写字母表示差异性显著($P<0.05$)

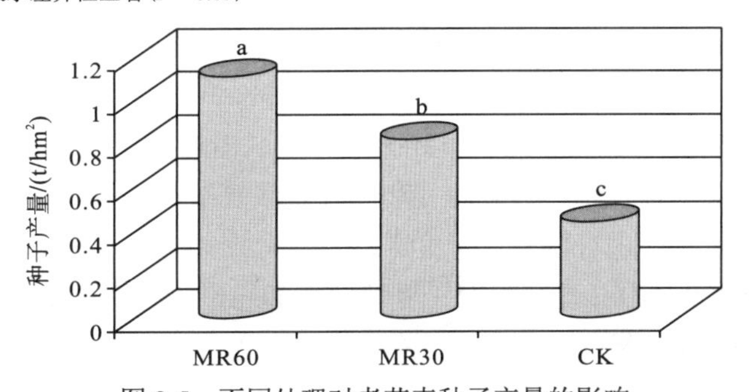


图8-5　不同处理对老芒麦种子产量的影响

种子田灌溉制度是指通过调节各种灌溉参数，进行田间试验，总结获得高产种子的适宜灌溉量、灌溉时间和灌溉次数。灌溉制度的确定包括 3 层含义：一是灌溉的时间与频率；二是每次灌溉量和生长季的灌溉总量；三是不同的生产条件下选择最适宜的灌溉方式。灌水时间要考虑灌水的有效性、土壤贮水量和牧草需水量；同时还要参考当地的气象资料，是否有降水。灌溉方式主要考虑节水增效。以田间蒸散量指标为核心的水分预算法，是农业生产中制定灌溉制度时最为普遍使用的方法(Fereres et al.，1981)。目前，苜蓿等牧草灌溉制度的制定中引入了田间蒸散量指标。其原理是牧草产量与蒸散量呈正相关关系，具体根据农田水分平衡方程：

$$ET=P+I-\Delta W-S$$

式中，$ET$ 为田间蒸散量(mm)；$P$ 为降水量(mm)；$I$ 为灌溉量(mm)；$\Delta W$ 为计划层土体贮水量的变化(mm)；$S$ 为土体下边界净通量(向下为正值，向上为负值)(mm)。

在供作物吸收水分的土体范围内，水分通过农田蒸散作用和土层下边界的排灌而减少，因降雨、灌溉和土层下边界水分向上移动而增加。水分预算法的原理是土壤水分供应不足时，田间蒸散量开始降低。根据一定的土壤质地和土层厚度范围内，每个生长季牧草种子获得最高产量或最佳经济产量的需水规律，确定目标土体中水分散失的允许范围($AD$)，同时估测相应的田间蒸散量($ET$)，由此可以确定下一次灌溉的时间和灌溉量。但目前关于灌溉对老芒麦种子生产的研究较少，管理措施中还没引入该参数，有待下一步引入该参数进行相关研究以制定更加合理的灌溉制度。

## 二、杂草防治

杂草不仅与牧草争光、争肥、争水、争空间，并且是很多病虫害的中间寄主，不仅会降低牧草种子产量，而且还会污染牧草种子降低牧草种子的质量，使其难以销售。混有杂草种子的牧草种子，给清选带来很大困难，反复清选不仅提高了清选成本，还会引起牧草种子的损失。所以，杂草防治是老芒麦种子生产田间管理的关键技术环节，贯穿种子田建植到种子清选全过程。杂草在苗期比较容易防除，并且苗期防除杂草后，进一步清除仍然存活杂草的费用将大幅度降低。局部的杂株、劣株、病株可人为拔除运出田外，大面积种子基地的杂草一般采用化学方法和生态方法进行防治。

### (一)化学方法

化学除杂具有省工、省时、快速、高效的作用。化学除杂主要有 3 个时期：一是播种前选用氟乐灵(trifluralin)或咪草烟(imazethapyr)等土壤芽前除草剂进行封地作业，深度不超过 5cm；二是播种后，在老芒麦和杂草出苗前，进行土壤表面处理；三是老芒麦和杂草种子出苗后，或老芒麦植株成行而杂草还未充分生长时喷施阔叶除草剂。刘刚等(2008)研究表明老芒麦和杂草都长出后，若棘豆和乳浆大戟等杂草较多，可选择“2，4-D 丁酯 180ml+ 野老 0.013g/$m^2$”进行防除；若狼毒、乳浆大戟、棘豆、龙胆、蓬子菜、银莲花等杂草较多，可选择“2，4-D 丁酯 180ml+ 麦草盖 0.09g/$m^2$”进行防除；若问荆、乳浆大戟、狼毒、棘豆、刺儿菜等杂草较多，可选择“2，4-D 丁酯 180ml”进行防除；如果不考虑杂草种类，宜选择“2，4-D 丁酯 180ml+野老 0.013g/$m^2$”进行防除，其整体株防效达到 47.2%。

另外，肥药混施不仅能减少作业次数，实现肥药偶合效益，还可减轻施用除草剂的负面影响(王春生等，1998)，同时具有降低作业次数、节约劳动力、降低成本等优点。除草剂与肥料混施可影响老芒麦地里的杂草，对杂草影响表现依次为“杂草所占生物量＞单位面积杂草生物量＞杂草种类”(表 8-4)，混施可明显降低杂草的竞争能力，使单位面积杂草生物量明显下降，从而降低杂草占总生物量的比例。但是肥料种类与浓度对老芒麦促进作用有差异，致使同一除草剂不同浓度处理下，杂草种类及生物量不同。“尿素 7500g/hm$^2$+磷酸二氢钾 300g/hm$^2$+盖阔 27g/hm$^2$”或“尿素 7500g/hm$^2$+速效 75g/hm$^2$”混合液于老芒麦拔节期叶面喷施，可使老芒麦种子产量提高约 30%(表 8-5)，适宜在老芒麦种子生产中推广与应用(游明鸿等，2010b)。

**表 8-4　肥料除草剂混施对杂草种类及生物量的影响**

| 处　理 | 1 | 2 | 3 | 4 | 5 | 6 | CK | 标准差 SD | 变异系数 CV/% |
|---|---|---|---|---|---|---|---|---|---|
| 杂草种类 | 6.333 | 4.667 | 6.000 | 4.333 | 5.333 | 4.667 | 7.667 | 1.182 | 21.22 |
| 杂草生物量/(kg/m$^2$) | 0.105 | 0.129 | 0.341 | 0.247 | 0.304 | 0.092 | 0.452 | 0.136 | 57.20 |
| 杂草比例/% | 4.788 | 7.512 | 19.716 | 19.511 | 15.336 | 3.433 | 23.053 | 7.982 | 59.86 |

注：1. 7500 尿素+300 磷酸二氢钾+27 盖阔(g/hm$^2$)；2. 7500 尿素+27 盖阔(g/hm$^2$)；3. 15 000 尿素+300 磷酸二氢钾+27 盖阔(g/hm$^2$)；4. 7500 尿素+300 磷酸二氢钾+75 速效(g/hm$^2$)；5. 7500 尿素+75 速效(g/hm$^2$)；6. 15 000 尿素+300 磷酸二氢钾+75 速效(g/hm$^2$)

**表 8-5　肥料、除草剂混施对老芒麦生产性能的影响**

| 处理/(g/hm$^2$) | 小穗数/个 | 小花数/朵 | 花序生物量/(kg/hm$^2$) | 种子产量/(kg/hm$^2$) |
|---|---|---|---|---|
| 7 500 尿素+300 磷酸二氢钾+27 盖阔 | 54.9 | 3.9 | 1265.57 | 2181.15 |
| 7 500 尿素+27 盖阔 | 53.5 | 3.6 | 771.39 | 1760.85 |
| 15 000 尿素+300 磷酸二氢钾+27 盖阔 | 53.5 | 3.7 | 1192.30 | 1660.80 |
| 7 500 尿素+300 磷酸二氢钾+75 速效 | 50.7 | 3.7 | 532.13 | 1085.55 |
| 7 500 尿素+75 速效 | 47.8 | 3.6 | 942.08 | 2211.15 |
| 15 000 尿素+300 磷酸二氢钾+75 速效 | 42.9 | 3.4 | 1826.52 | 2061.00 |
| CK | 42.6 | 3.4 | 1277.65 | 1662.30 |
| CV/% | 8.95 | 4.50 | 39.78 | 21.86 |
| *F* | 4.50 | 1.26 | 81.96 | 7.55 |
| *P* | 0.0096 | 0.3338 | ＜0.0001 | 0.0009 |

### (二)生态方法

生态方法就是通过合理的管理措施达到控制杂草的目的。第一，在选择地段时尽可能避开杂草，建植阶段防治杂草比建植后防治更为有利；第二，根据杂草和老芒麦对环境条件的要求不同，选择适合的播种期可避开杂草的侵害。如在杂草种子大量萌发之前播种老芒麦，使老芒麦先生长，有利于和杂草竞争。第三，利用田间管理措施造成有利于老芒麦的竞争环境而抑制杂草的发育。如提高施肥水平加速老芒麦的建植速度，使老芒麦尽早形成茂密的草层结构，从而抑制杂草的侵入；另外，对于高秆杂草，采取提早刈割阻止其开花，可控制杂草种子的产生；对于茎秆较矮的杂草，收种时通过调整收种机械剪割台的高度，可避免收获时混入杂草种子。

## 三、施肥

### (一)施用大量元素

氮肥是含有作物营养元素氮的化肥。元素氮对作物生长起着非常重要的作用，它是植物体内氨基酸的组成部分，是构成蛋白质的成分，也是对于植物进行光合作用起决定作用的叶绿素的组成部分。磷是生物体内组成核酸、磷脂、三磷酸腺苷及许多辅酶的重要元素，是参与植物体内代谢与合成的基本营养元素，具有促进植物生长发育、加速生殖器官的形成和果实发育的作用。土壤缺磷会使植株幼嫩组织分化、影响开花结实，进而使植株的正常发育和种子产量也受到影响。钾肥在促进种子成熟、籽粒饱满，提高牧草的抗性等方面有重要作用。土壤因连年的耕作往往会大量消耗营养，肥力不断降低，因此为获得较高的种子产量必须适时施肥补充营养元素。当土壤、水分、温度能满足植株生长需要时，肥力是种子产量最主要的限制因子。根据土壤养分状况、气候条件和牧草种子生产对营养物质的需求进行合理的施肥，能够增加老芒麦分蘖中生殖枝的比例(毛培胜，2011)，且使生殖枝得到充分发育，增加健壮度，进而有利于它同营养分蘖竞争养分和同化物，也能减轻因降低倒伏所造成的减产。因此，合理施肥可最大限度地提高牧草种子产量。

对于施肥来说，氮素的供应是决定植物产量高低的首要因素，施氮肥可大幅度地提高产量；只有在氮源足够的情况下，使用其他肥料才能起到显著的效果(贺晓，2004)；氮肥通过增加单位面积的分蘖数、每生殖枝小穗数、每小穗小花数、种子千粒重及提高结实率而使种子产量显著提高(Mejier and Vreeke，1988；高朋等，2010)。施氮几乎对所有类型土壤都有不同程度的增产作用。但是磷或钾的增产作用则视土壤中的磷、钾含量而异。Youngberg(1980)认为，磷、钾的施用量应视土壤测试结果而定，当土壤磷含量低于15ppm时，需施18～26kg/hm$^2$的磷；当土壤磷含量为15～25ppm时，需施13～18kg/hm$^2$的磷；当土壤磷含量高于25ppm时不需要施磷肥；当土壤钾含量低于100ppm时，需施50kg/hm$^2$的钾(贺晓，2004；Youngberg，1980)。

老芒麦是喜肥植物，氮肥、磷肥单施，以及氮肥、磷肥，氮肥、磷肥、钾肥混施可使老芒麦实际种子产量及各产量构成因子指标有显著提高；但氮肥、磷肥混施时由于相互之间的协同作用会使肥料的利用率提高，效果优于氮肥、磷肥单施，可以提高不同土肥条件与不同栽培年限老芒麦的种子产量、改善草种品质(Youngberg，1980；孙铁军，2004)。一定范围内，老芒麦种子产量随着施肥量的增加而增加；当老芒麦种子产量达到最大时，再增加肥料施入量种子产量反而下降，表现出肥料的负效应(贺晓等，2001a；赵利等，2012；张锦华等，2001；于晓娜等，2011)。不同地区老芒麦对肥料的需求存在差异，增产效果也不一样。内蒙古锡林郭勒盟多伦县，在施用 $P_2O_5$ 60kg/hm$^2$ 的基础上，随着施氮量的增加，各种子产量构成因子、潜在产量及实际产量均逐渐增加；当施氮量为 120kg/hm$^2$ 时，潜在产量和实际产量分别比对照提高 23%和 32%；当施氮量为 160kg/hm$^2$ 时，各项指标均下降，表明施氮量偏高，对种子生产起抑制作用。在施氮量 80kg/hm$^2$ 的基础上，不同水平的磷肥对种子产量及构成因子有着与氮肥相同的影响。随着施磷量的增加，各种子产量构成因子、潜在产量及实际产量均逐渐增加；当施磷量为 90kg/hm$^2$ 时，潜在产量和实际产量分别比对照提高 24%和 48%；当施磷量为 120kg/hm$^2$ 时，产量有所下降，表现出抑制的作用。也就是说多伦地区老芒麦种子生产中每公顷施用 120kg 的氮和 90kg 的磷可获得较高的产量(贺晓等，2001a)。北方干旱地区随着施氮量的增加，种子产量逐步提高，在施氮量达到 130kg/hm$^2$ 以后，种子产量开始下降。早春一次性施用纯氮 80kg/hm$^2$ 和纯 $P_2O_5$ 50kg/hm$^2$ 可得到 1027kg/hm$^2$ 的种子产量，较不施肥提高 129%(张锦华等，2001)。徐智明等(2004)在青海高寒地研究老龄多叶老芒麦种子生产时表明，在一定氮钾肥的基础上配施不同水平的磷肥或在一定氮磷肥基础上配施不同水平的钾肥，可增加老龄老芒麦单位面积的生殖枝数和种子千粒重，进而增加种子产量，平衡施肥组合为：N 75kg/hm$^2$、$P_2O_5$ 75kg/hm$^2$、KCl 75kg/hm$^2$。河北坝上高原播种当年施磷肥 90kg/hm$^2$ 作底肥，第 3 年老芒麦种子产量达到最大，为 680.61kg/hm$^2$，比对照增加了 47.61%，施磷量为 120kg/hm$^2$，种子产量有所下降(赵利等，2012)。川西北高原老芒麦拔节期追施复合肥 225kg/hm$^2$，种子产量最高，3 年平均达 808.4kg/hm$^2$；且施肥提高了种子发芽指数、活力指数(游明鸿等，2011a)。高寒地区多叶老芒麦增施钾肥后，可提高单位生殖枝数、千粒重等性状，进而增加种子产量。当施钾水平 105kg/hm$^2$ 时，种子产量较对照增加 13.33%(魏卫东，2006)。

(二)施用微量元素

植物正常生长过程中对微量元素的需要量虽很低，但微量元素的作用非常重要。尤其是在 N、P、K 等大量元素对植物生长不构成限制因子时，植物对微量元素的需求就会表现出来。众多关于微量元素的实验表明，当微量元素量小于某一值时对植物无明显影响，当微量元素量大于植物耐受的最高临界值时对植物有负面影响。关于微量元素对老芒麦种子生产的研究报道不多。贺晓等(2001b)在内蒙古多伦县试验区土壤中硼(1.1ppm)含量较高，锰(20ppm)、锌(1.0ppm)含量较低，钼含量未检测到的土壤基况下，于老芒麦抽穗期喷施 0.05%浓度的硼、锰、锌、钼后，对种子产量均产生负效应。但这些微肥对老芒麦种子质量有明显影响。硼通过促进糖分的积累、增加种子的糖含量而提高种子的质量，显著提高了老芒麦种子活力；通过促进种子干物质的积累加速种子成熟。锰也可促进糖分的积累增加可溶性糖含量而显著地提高种子的千粒重和活力。锌显著地影响种子氨基酸和蛋白质的代谢过程，能提高游离氨基酸和种子粗蛋白的含量，也提高了老芒麦种子的活力。但钼的施用对老芒麦种子质量有负面影响，表现为种子百粒重下重，发芽特性指标下降，老化发芽率明显降低(贺晓，2004；贺晓等，2005；贺晓和李青丰，2007)。另外，这些微肥也影响老芒麦的耐贮性。

(三)施用时间

肥料在不同时间施用对同一建植年份的禾本科牧草种子产量影响不同。章崇玲和梁祖绎(1997)认为分蘖期至拔节期是影响种子产量最关键的时期，加强此期的水肥管理可提高牧草种子产量；但 Rolston 等(1985)认为早春温度较低，分蘖期植株吸收氮素的速度较慢，氮肥宜在较晚时间施用。很多研究禾草种子生产的科研人员发现秋季形成的分蘖大多数能发育成生殖枝，且 11 月具有 4～5 片叶的分蘖比仅具 2～3 片叶的分蘖成为生殖枝的可能性更大(王佺珍，2005)，因此加强禾草的秋季管理对于种子生产至关重要。秋季施氮可以增加禾草潜在生殖枝数，进而提高种子产量；秋季施氮数量还决定翌春最佳施氮量(Nordestgaard，1980)。秋季施氮的主要目的是在冬季低温期来临前促进分蘖大量形成，而春季施氮的目的是为每个分蘖的继续发育提供更多的营养，使其完全成熟并最终形成发育良好的花序。这种施肥方式与植物的生长发育规律有直接的关系。春季牧草返青后，生长发育迅速，春季施肥可保证植物有充足的养分供生长发育，能促进花序的分化，提高种子的潜在产量，进而提高种子的实际产量。而进入抽穗期后，植物由营养生长转入生殖生长，进入另一养分需求高峰，此时施氮可充分满足植物生殖生长的需要，提高种子的结实率，从而达到增产的目的；但是过量施用氮会造成叶片生长过多，易于早期倒伏并出现病害，亦影响种子的结实和发育(贺晓等，2001b)。Colvill 和 Marshal(1984)研究表明，禾本科牧草从开花到种子成熟这一时期对氮的吸收为整个生育期的 1/5，因此在植物生殖生长阶段保证氮素的供应是必要的。但高朋等(2010)研究表明老芒麦种子生产地春秋分次追施氮肥虽增加单位面积生枝数和种子产量，但与秋季或春季一次施用时的产量差异不显著。

肥料对不同建植年份的种子田效应也不同，一般施肥对多年龄种子田的效应大于刚建植的。施肥可提高不同种植年限的老芒麦种子质量，且对种植第 3 年的老芒麦种子质量影响较大(毛培胜等，2001)。在河北坝上高原，老芒麦种植当年施入过磷酸钙后，第 2～3 年施磷，种子不但没有显著增产，反而会有所下降；第 4 年，随着施磷量的增加，老芒麦单位面积生殖枝数、每生殖枝小穗数和千粒重都显著增加，进而使种子产量极显著增加，当施磷 120kg/hm$^2$ 时，种子产量达最大，为 385.18kg/hm$^2$，较对照提高了 86.78%。也就是说坝上地区老芒麦种子生产一次性施入 P 90kg/hm$^2$ 可以满足接下来 3 年的种子生产需求(于晓娜等，2011；赵利等，2012；王明亚和毛培胜，2014)。游明鸿等(2011a)通过施肥时期与栽培年限研究表明，肥力管理影响了单位面积生殖枝数量与比例，使单个花序营养与空间基础有差异，致使花序小花数、种子数和结实率不同。播种当年小花数极低，第 2～3 年达到最大值，第 4 年明显下降。每个花序的小花数变异范围为 18.67～135.34 朵/枝，种子结实率变异范围为 25.18～66.08。生殖枝数量、小花数、结实率的差异，使不同处理的潜在种子产量、表现种子产量、实际种子产量都表现为极显著不同，实际种子产量变异范围为 1.37～1667.54kg/hm$^2$。小花数/枝、种子数/枝、结实率、潜在种子产量、表现种子产量主要受栽培年限影响，实际种子产量主要受年限与肥力互作的影响；基肥组成影响实际种子产量，分蘖期、拔节期追施氮肥可提高实际种子产量，分蘖期、拔节期和孕穗期追施磷肥、钾肥对种子生产没有明显的促进作用。

另外，刘金平和游明鸿(2010)研究表明拔节期叶面喷施肥药混合液，导致盛花期花序性状累积呈现差异，进而使花序生物量间表现出极显著差异(CV/%=39.78，$F$=81.86，$P$<0.0001)。其中“尿素 7500g/hm$^2$+磷酸二氢钾 300g/hm$^2$+盖阔 27g/hm$^2$”“尿素 15000g/hm$^2$+磷酸二氢钾 300g/hm$^2$+速效 75g/hm$^2$”和“尿素 7500g/hm$^2$+速效 75g/hm$^2$”混施组合，因

为营养生长为生殖生长与种子发育提供了物质基础，种子产量分别比对照(喷清水)高出24%～33%(表 8-5)，说明肥药混施是提供种子产量的有效管理措施之一。

## 四、田间病虫害防治

种子基地的病虫害主要影响其种子质量，进一步影响用于建植人工草地的牧草品质和产量。病虫害严重的种子基地也显著降低种子产量。所以种子基地一旦发现病虫害危害，需要立即进行防治。

老芒麦的主要病害是秆锈病、条锈病、冠锈病和叶锈病等，偶有坚黑穗病(南志标，1990)。锈病主要侵染植物的叶、叶鞘及茎秆，大面积锈病可于始发期和始盛期，及时喷洒 20%三唑酮乳油、25%敌力脱乳油、敌锈钠可湿性粉剂防治。高温高湿天气抽穗后若发现坚黑穗病株，需要及时拔除，并带离田间集中烧毁。若植株密度较大、水肥条件较好的条件下，老芒麦也可能感染白粉病(侯天爵，1993)。播前用三唑酮可湿性粉剂拌种，根据品种特性和地方合理密植，合理施肥等措施都可有效防治白粉病的危害。在川西北高原，偶因连续多天降雨导致病原物传播与入侵，新播种老芒麦株高 3～5cm 时也会遭茎腐病危害，发病率达 78.54%、死亡率为 24.96%、病情指数为 53.09%，其病原物包括细菌与真菌(刘金平等，2011)。该病发病初期茎基部出现水渍状黑褐色病斑，随即包围全茎，并迅速向上扩展，叶片开始出现失绿变红，最后茎基部腐烂，植株下垂枯萎死亡。发病时叶面喷施施乐福(恶毒灵)2000～2500 倍液与瑞苗清(恶霉灵＋甲霜灵)2000～3000 倍液，不仅能有效防治茎腐病，而且还可使株高与叶片性状普遍高于对照。另外，张玉民等(2004)报道在内蒙古莫力达瓦达斡尔族自治旗，可能因为病菌在土壤中病残体上越冬或种子带菌，老芒麦播种出苗后出现根腐病，至生长中后期病虫害较轻，未造成危害。

老芒麦虫害总体来说很少。连续高温高湿天气可能导致老芒麦遭受黏虫危害，一旦发现，立即喷洒 400ml/亩的毒丝本可进行有效防治。

种子基地病虫害用上述的药剂处理具有快速、高效的作用。合理轮作也是防治病虫害的有效栽培措施之一，它既有利于牧草的生长，同时又使某些病虫害失去了寄主，可达到消灭或减少病虫害的目的。另外，收种后及时清除残茬和杂草也可收到防治病虫害的效果。

## 五、行内疏枝

在管理和生产条件不高的情况下，为保证出苗率，种子田的实际播种量往往大于最适播种量，建植的种子田植株密度往往也过大。幼苗数量过多时，为保证幼苗的茁壮和足够的生长空间，要进行疏苗疏枝。一般成株可以用交叉方法，也可以用去掉整行的方法进行疏苗疏枝。大量研究表明，枝条密度显著影响种子产量构成因子及种子产量。王佺珍(2005)通过疏行处理将扁穗冰草的行宽由 15cm 扩大到 45cm 时，虽然生殖枝数不是最高，但提高了小穗数、小花数、种子数、千粒重，种子产量最高为 924.3kg/hm$^2$；疏行至 30cm 时种子产量为 851.3kg/hm$^2$；不疏行处理(15cm)时产量最低，仅为787.2kg/hm$^2$。李存福(2005)对无芒雀麦疏枝处理的研究表明，疏枝强度大(行距 50cm，留 10cm，去 20cm）的处理种子产量高于疏枝处理强度小的。但老芒麦种子生产的适宜枝条密度因种子田的生态区域的不同也存在明显差异。张锦华等（2000）对北方干旱区（东部季风区）老芒麦种子生产的研究表明，每穗小花数和小花结实率对密度敏感，老芒麦枝条密度从 1031 株/$m^2$ 降低到 513 株/$m^2$ 时，小花结实率提高 67.87%，每生殖枝小穗数增加 26.89%，实际产量增加 13.95%。游明鸿等（2011a）在川西北高原（高原温带季气候区）的研究表明，老芒麦枝条密度从 2628 株/$m^2$ 降低到 1337 株/$m^2$ 时，生殖枝比例增加 51.4%，每生殖枝小穗数增加 32.5%、每生殖枝小花数增加 43.3%、每生殖种子数增加 89.1%、小花结实率提高 30%、实际种子产量增加 50%。川西北高原大面积老芒麦种子生产实践证明，播种时由于播种机没到位以撒播方法建植的种子基地，当老芒麦处于拔节期时，将喷杆式喷雾机 3WQ-500 的出水孔留一个、用拖布堵一个，再将灭生型除草剂装入药箱兑水后，用拖拉机牵引着喷雾机顺着一个方向开过去，到边缘时掉头留 50cm 左右顺向开回来，这样一来一去，就将撒播的种子田变成了“50cm 左右播幅+50cm 左右行距”的条播种子田，种子产量增产明显（图 8-6）。

图 8-6 除草剂开行

## 六、生长抑制剂处理

生长抑制剂是抑制植物亚顶端分生组织生长的调节剂，有缩短节间、矮壮植株、加深叶色、防止徒长和倒伏、增强抗性等作用，生产中常用多效唑（$PP_{333}$）、矮壮素（CCC）、$B_9$、助壮素（PIX）等生长抑制剂对大田作物降矮抗倒。大量研究表明，$PP_{333}$、RSW0411、CCC 等生长抑制剂对多年生黑麦草（*Lolium perenne*）、高羊茅（*Festuca arundinacea*）、狗牙根（*Cynodon dactylon*）、蓝茎冰草（*Agropyron smithii*）及多花黑麦草（*Lolium multiflorum*）等牧草的构件性状、物质积累及种子产量有影响，尤其对抑制株高、促进物质积累和转运、提高抗倒伏能力有重要的作用（Gilley and Fletcher，1998；刘伟等，2008）。刘金平和游明鸿（2013）研究表明生长抑制剂对种群生殖投入有极显著影响（$P<0.01$），抑制剂种类、浓度及施用时间对生殖枝密度、花序生物量与能量密度均有影响；多效唑显著促进种群花序

生物量与能量累积，矮壮素则抑制种群生物量、能量向花序分配；拔节期比孕穗期施用更有利于种群的生殖投入。生长抑制剂对潜在种子产量、实际种子产量、成熟率及收益率均有极显著的影响($P<0.01$)；多效唑对种子产量的促进作用显著高于矮壮素；拔节期施用200～800mg/L 的多效唑可显著提高种子产量($P<0.05$)，尤其施用 600mg/L 的多效唑使潜在种子产量和实际种子产量分别比对照提高 46.21%和 65.89%(图 8-7，表 8-6)，值得在生产中推广应用，但多效唑降低了种子成熟率与生殖投入收益率。生长抑制剂对种子千粒重、发芽指数与活力指数有极显著影响($P<0.01$)，拔节期施用提高种子的发芽指数，孕穗期施用则降低发芽指数；抑制剂种类、浓度对发芽指数与活力指数的影响无明显规律(表8-6)。

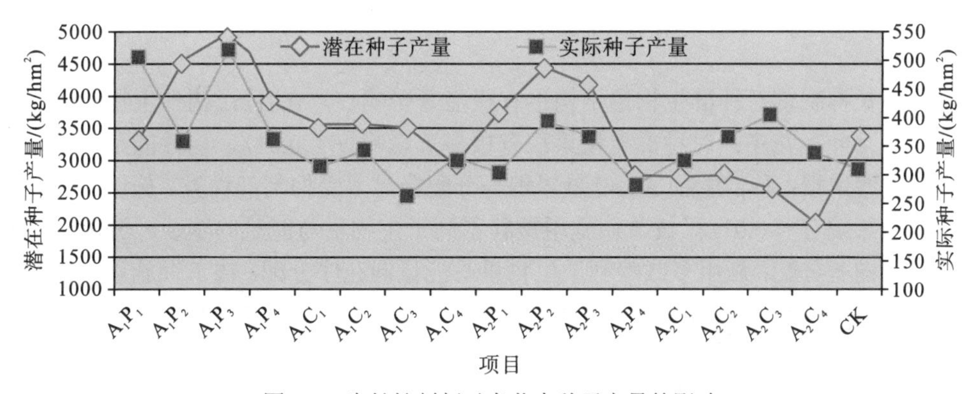


图 8-7　生长抑制剂对老芒麦种子产量的影响

**表 8-6　生长抑制剂对生殖投入收益及种子活力影响的多重比较**

| 项目 | 潜在种子产量/($kg/hm^2$) | 实际种子产量/($kg/hm^2$) | 成熟率/% | 收益率/% | 千粒重/g | 发芽指数 | 活力指数 |
|---|---|---|---|---|---|---|---|
| $A_1P_1$ | 3340.87H | 507.48A | 15.19C | 58.61C | 3.68ABC | 63.05HI | 18.48E |
| $A_1P_2$ | 4555.31B | 360.74C | 7.92M | 32.78P | 3.74AB | 63.78G | 18.77D |
| $A_1P_3$ | 4943.34A | 516.37A | 10.45G | 47.24G | 3.78A | 65.41E | 18.71D |
| $A_1P_4$ | 3916.75D | 364.07C | 9.29J | 38.57L | 3.45EF | 66.01C | 18.10F |
| $A_1C_1$ | 3545.27FG | 314.05EF | 8.86K | 44.02H | 3.64ABCD | 65.67D | 19.80A |
| $A_1C_2$ | 3574.26EF | 341.84D | 9.56I | 41.67I | 3.70ABC | 69.80A | 18.64DE |
| $A_1C_3$ | 3489.75FGH | 262.91H | 7.53N | 33.25O | 3.63ABCD | 64.96F | 17.73G |
| $A_1C_4$ | 2933.76I | 332.59DE | 11.35F | 48.21F | 3.65ABCD | 63.23H | 17.67G |
| $A_2P_1$ | 3754.21DE | 304.59F | 8.11L | 35.15N | 3.65ABCD | 67.57B | 19.56B |
| $A_2P_2$ | 4448.22B | 395.75B | 8.89K | 39.64K | 3.57BCDEF | 62.98I | 19.17C |
| $A_2P_3$ | 4161.06C | 369.63C | 8.88K | 38.01M | 3.52CDEF | 51.49N | 14.54J |
| $A_2P_4$ | 2802.71IJ | 282.36G | 10.07H | 30.37Q | 3.48DEF | 43.88O | 14.59J |
| $A_2C_1$ | 2745.79JK | 330.72DE | 12.04E | 51.86E | 3.58BCDEF | 55.46M | 16.14H |
| $A_2C_2$ | 2764.33IJ | 369.63C | 13.37D | 52.11D | 3.61ABCDE | 61.43K | 15.57I |

续表

| 项目 | 潜在种子产量/(kg/hm²) | 实际种子产量/(kg/hm²) | 成熟率/% | 收益率/% | 千粒重/g | 发芽指数 | 活力指数 |
|---|---|---|---|---|---|---|---|
| $A_2C_3$ | 2573.57K | 408.03B | 15.85B | 61.13A | 3.23G | 61.85J | 16.03H |
| $A_2C_4$ | 2042.47L | 339.61D | 16.63A | 59.59B | 3.42F | 58.75L | 15.75I |
| CK | 3381.04GH | 311.27F | 9.21J | 40.10J | 3.60ABCDEF | 63.05HI | 18.73D |
| $F$ | 145.01 | 112.63 | 2464.84 | 28409.7 | 4.27 | 9570.24 | 711.92 |
| $P$ | <0.0001 | <0.0001 | <0.0001 | <0.0001 | 0.0002 | <0.0001 | <0.0001 |

注：同列不同大写字母间差异极显著($P < 0.01$)；$A_1$、$A_2$分别表示拔节期和孕穗期喷施；$P_1$、$P_2$、$P_3$、$P_4$分别表示多效唑的浓度为200mg/L、400mg/L、600mg/L、800mg/L；$C_1$、$C_2$、$C_3$、$C_4$分别表示矮壮素的浓度为100mg/L、200mg/L、300mg/L、400mg/L

施用生长抑制剂对种群生物量结构也有极显著影响($P<0.01$)，构件生物量受影响程度为根>茎>叶>花序；对种群能量累积有极显著影响($P<0.01$)，构件能量影响顺序为茎>叶>花序>根；种群生物量、能量累积与分配极显著受抑制剂种类、施用时间与浓度及互作间的影响($P<0.01$)；拔节期施用矮壮素利于生物量与能量向茎、叶分配，孕穗期施用仅利于向茎分配；施用多效唑利于生物量与能量向花序分配，拔节期施用效果显著高于孕穗期。生长抑制剂显著提高了根系生物量，降低了倒伏率，多效唑适合拔节期施用，矮壮素适合孕穗期施用(图8-8)。

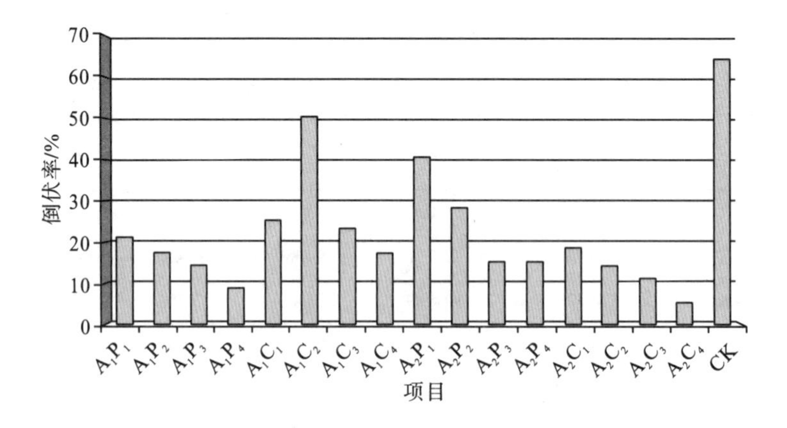


图8-8 生长抑制剂对老芒麦植株倒伏率的影响

## 七、辅助授粉

老芒麦作为禾本科牧草为风媒花植物，借助于风力传播花粉。有研究表明，人工辅助授粉可以显著提高禾本科牧草种子产量。生产上常采用人工辅助授粉提高牧草的授粉率，增加牧草种子的产量。对猫尾草、无芒雀麦、草地羊茅、鸭茅等种子田进行一次人工辅助授粉，种子可增产11.0%～28.3%，进行两次人工辅助授粉，可使种子增产23.5%～37.7%。

对禾本科牧草进行人工辅助授粉，必须在大量开花期间及一日中大量开花的时间且花粉活力强时进行。不同熟性的老芒麦花粉活力持续时间不同。早熟老芒麦盛花期后不同天数的花数活力高于中熟和晚熟老芒麦；早熟老芒麦花粉活力从最高到无可持续 6d，中熟老芒麦和晚熟老芒麦可持续 5d。3 种熟性的老芒麦柱头在盛花期开始后头 2d 可授性强。早熟和中熟老芒麦的柱头从盛花期第 1d 开始直至第 10d 均有可授性，晚熟老芒麦的柱头从盛花期第 1d 开始至第 8d 均有可授性。因此，根据老芒麦柱头可授粉期和花粉活力可知，老芒麦人工辅助授粉宜在盛花后 5～6d 内完成，但最佳授粉期为盛花期后第 1～2d(德英等，2013)。具体措施为人工或机具于田地两侧，拉张一绳索或线网于老芒麦盛花期后第 1～2d 从草丛上掠过。空摇农药喷粉器或小型直升机低空飞行也可使植株摇动，达到辅助授粉的功效。

## 八、残茬的管理

老芒麦牧草种子收获后及时清除残茬，对于牧草的分蘖形成、牧草的再生、枝条感受低温春化、生殖枝的增加和翌年种子产量的提高都具有重要的作用。

(一) 焚烧

焚烧残茬，不仅可以防治病虫害，而且还可以抑制种子落地后产生的自生苗和杂草。收获后马上焚烧残茬，通常能提高多数牧草翌年的种子产量。但由于残茬焚烧造成空气污染，且易引发火灾，此种方法基本限制使用。

(二) 刈割

老芒麦种子收获后，植株的残茬枝叶还处于青绿状态，因此收种后立即用割草机把残茬割下晒干，用打捆机把草打成捆搬离种子基地(图 8-9)；或直接用联合收割机收获种子后，用打捆机把晒干的草打成捆搬离种子基地，有利于枝条感受低温的刺激，促进新分蘖的形成。

(三) 放牧

在土壤封冻后适当放牧羊群，不仅可以清除地面残留的枯草，还可以随羊群排放粪尿起到施肥的作用，有利于种子生产。

图 8-9　收种后刈割牧草

# 第四节　种子收获加工和贮运

## 一、收获时间

老芒麦的开花期一般较长且各小花不是同时开花，造成种子成熟期很不一致，且种子成熟时又容易脱落。落粒也是植物长期生存竞争中形成的一种适应特性，是有效繁衍后代、扩大种群及抵御恶劣自然条件的一种适应机制(王立群等，1996)。落粒使多年生禾本科牧草种子实际产量仅为潜在产量的10%～20%(Lorenzentti，1993)。多年生禾本科牧草种子落粒性严重程度与牧草的种、品种和生态型的遗传因素及长期以来环境条件的塑造有直接关系，一般栽培历史短的牧草种子自然脱落比较严重(王立群等，1996)。因此收获不及时或收获方法不当会造成很大损失。种子收获是一项时间性很强的工作，收获过早会因成熟度差、籽粒不饱满而降低种子活力和质量，收获过晚又会因种子落粒而降低产量。最佳收获时间是关系到种子产量高低和质量优劣的决定性因素。确定适宜的收种时间，一直是广大老芒麦种子生产者关注的问题。生产当中人们经常以种子含水量、种皮颜色和种子成熟度等指标作为判断种子收获的依据。

(一)种子含水量

老芒麦种子发育过程中，自然脱落状况与其含水量有密切关系。盛花后22d(灌浆中期)种子含水量高达72.92%，为落粒起始时间，但此期胚与胚乳刚开始发育，种子没有发芽力，为不能利用阶段。随着种子的发育进程推进，种子营养物质不断累积含水量逐步下降，到盛花后46d(完熟后期)含水量仅8.16%，种子落粒率达80%以上(表8-7)(游明鸿等，2011a)。大量研究表明种子含水量是指示牧草种子收获的理想指标。当老芒麦种子含水量为35%～40%(盛花后38d)时收获种子可获得高的种子产量(毛培胜等，2003)。种子含水量应在开花结束10d之后，每隔2d取一次样进行测定或用红外水分测定仪于田间直接测定。也可将穗夹在两指间轻轻拉动，多数穗上有1～2个小穗被拉掉时，即可收获。

**表8-7　老芒麦种子发育期与落粒的关系分析**

| 项目 | 成熟度/期 | 千粒重/g | 含水量/% | 种柄脱落 | | | 小穗柄脱落 | | |
|---|---|---|---|---|---|---|---|---|---|
| | | | | 脱落数/粒 | 标准差 | 变异系数/% | 脱落数/粒 | 标准差 | 变异系数/% |
| 22d | 灌浆 | 5.91 | 72.92A | 3.2G | 2.66 | 83.07 | 0.5D | 0.71 | 141.42 |
| 24d | 灌浆 | 5.67 | 70.02A | 5.9FG | 3.14 | 53.27 | 0D | 0 | — |
| 26d | 乳熟 | 5.34 | 66.3B | 7.6FG | 7.01 | 83.47 | 0.1D | 0.32 | 316.23 |
| 28d | 乳熟 | 5.14 | 60.77C | 7.6FG | 7.75 | 48.15 | 1.5BC | 1.08 | 72.01 |
| 30d | 乳熟 | 5.1 | 55.86CD | 14.9DE | 10.81 | 55.17 | 2B | 1.25 | 62.36 |
| 32d | 蜡熟 | 4.98 | 52.34D | 19.6CD | 2.98 | 38.74 | 0.2D | 0.63 | 316.23 |
| 34d | 蜡熟 | 5.11 | 50.54D | 23.3BC | 7.47 | 23.33 | 2.9A | 1.2 | 41.28 |
| 36d | 蜡熟 | 5.05 | 48.62DE | 28.3B | 15.3 | 49.66 | 2.1AB | 0.99 | 47.35 |

续表

| 项目 | 成熟度/期 | 千粒重/g | 含水量/% | 种柄脱落 | | | 小穗柄脱落 | | |
|---|---|---|---|---|---|---|---|---|---|
| | | | | 脱落数/粒 | 标准差 | 变异系数/% | 脱落数/粒 | 标准差 | 变异系数/% |
| 38d | 蜡熟 | 4.82 | 43.58EF | 38.5A | 11.81 | 43.27 | 1.4BC | 1.35 | 96.42 |
| 40d | 完熟 | 4.41 | 34.65EF | 9.7EF | 4.33 | 45.06 | 1.9B | 0.99 | 52.34 |
| 42d | 完熟 | 4.38 | 33.67F | 7.8FG | 4.95 | 58.84 | 0.8CD | 0.79 | 98.6 |
| 44d | 完熟 | 3.27 | 17.23G | 5.7FG | 3.68 | 64.62 | 0.7CD | 0.48 | 69.01 |
| 46d | 完熟 | 3.25 | 8.16H | 1.3H | 1.47 | 12.33 | 0.1D | 0.32 | 316.23 |
| $F$ | — | — | 197.34 | 19.17 | — | — | 10.57 | — | — |
| $P$ | — | — | <0.01 | <0.01 | — | — | <0.01 | — | — |

注：同列不同大写字母间差异极显著($P < 0.01$)

(二)种子颜色

牧草大部分的果实变成黄色或褐色是种子成熟的表现。当老芒麦有60%～80%穗子变色时，即可收种。拖延收获会因早熟的种子掉落而影响种子产量和质量。收获方法也对种子的适宜收获时间有影响。老芒麦种子70%以上穗子变色时可用谷神收种机或联合收割机收获种子，在50%左右穗子变色时可用4LSC300型收种机收获种子，在30%左右穗子变色时可人工收获种子。

(三)种子成熟度

长期连续观察发现老芒麦种子发育的灌浆期、乳熟期、蜡熟期、完熟期持续时间分别为4～6d、4～6d、6～8d、6～8d，完成种子发育需要20～28d(表8-7)。在种子发育的整个过程都伴随有不同程度的落粒现象。灌浆期、乳熟期、蜡熟期、完熟期的落粒率分别为4.73%、20.78%、75.67%、87.73%(图8-9)。落粒有种柄脱落与小穗柄脱落，但种柄脱落占主导地位(游明鸿等，2011a)。因此选择最佳收获时间是关系到种子产量高低和质量优劣的决定性因素。蜡熟期收种是提高老芒麦种子产量和质量的有效途径。

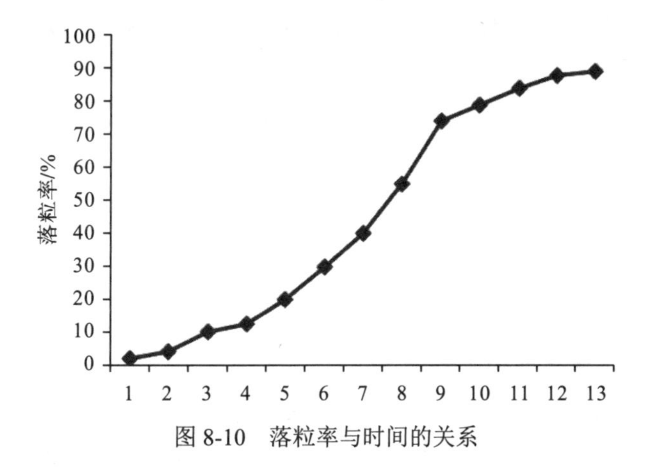


图8-10　落粒率与时间的关系

注：横轴1、2、3、…、13分别代表花后第22d、第24 d、第26 d……第46 d

## 二、收获方法

老芒麦种子可直接人工搓种，或人工刈割穗部再脱粒或直接机械收种。小面积老芒麦种子田一般人工搓种或人工刈割穗部再脱粒；大面积老芒麦种子生产基地的种子用4LSC300 型种子收获机(图 8-11)、谷神收种机(图 8-12)或联合收割机收获。人工收种宜蜡熟初期(30%左右的穗子变色)进行，用收种机尤其是联合收割机收种可以等到蜡熟末期(70%～80%的穗子变色)时进行收获。

图 8-11 4LSC 收种机收种

图 8-12 谷神收种机收种

收种机在使用之前需要进行彻底清理，以防止其他植物种子混入。用机械收获种子，收获速度快，种子收获工作能在短期内完成。特别是采用联合收割机收种，不仅因收种和割草同时进行，可显著减少生产成本，而且还会大大降低收种导致的落粒损失，因此是大面积种子生产基地的理想收种机具。但是我国没有老芒麦种子生产专用的收获机械，致使收种时造成较大部分种子损失，这也是目前较大面积老芒麦种子田生产中存在的主要问题。据大田生产观察研究表明，机械收种的实际种子产量仅为表现种子产量的40%～50%。

## 三、种子加工

(一)种子干燥

种子含水量是种子贮藏过程中影响种子质量和寿命的一个最重要的因素，老芒麦种子含水量在 11%～14%时被认为是安全贮存的含水量。刚收获的种子含水量较高不利于保藏，因此必须立即进行干燥处理，使其含水量达到规定标准，以减弱种子内部生理生化作用对营养物质的消耗、加速种子的成熟，提高种子的质量。

老芒麦种子干燥可采用自然干燥和人工干燥两种方法。自然干燥是利用日晒、通风、摊晾等方法降低种子的含水量，此法适用于空气湿度小、太阳光照强、种子收获时多晴天的地区。人工干燥即采用干燥设备进行干燥，适用于多雨天气或气候潮湿地区。常用干燥设备有火力滚动烘干机、蒸气干燥机等。人工干燥时种子出机温度应保持在 30～40℃。种子含水量较高时，最好进行两次干燥，采取先低后高的温度，使种子不致因干燥而降低其质量。牧草种子安全干燥的适宜温度与种子含水量有关(表 8-8)。

表 8-8　不同含水量下种子安全干燥的最高温度(Fairey et al.，1998)

| 种子含水量/% | 最高干燥温度/℃ |
| --- | --- |
| >20 | 32 |
| 18～20 | 34 |
| 14～17 | 37 |
| 11～13 | 40 |

(二)种子清选

老芒麦种子在田间收获过程中，不可避免地混入了大量的茎秆、叶片、杂草种子、石子等杂质及空瘪种子，为提高种子净度，并将其他植物种子和不同饱满程度的种子分离，提高种子的纯净度和等级，使得种子质量达到相关要求(如认证种子的质量要求、种子销售的分级要求或产销合同中的约定等)，就必须对干燥后的种子进行清选、除芒、分离杂物等加工处理。种子清选通常是利用老芒麦种子与混杂物物理特性的差异，通过采用具有风筛清选、比例清选、窝眼清选等功能的成套机械设备进行。要求清选后的种子达到国家规定的三级以上质量标准。

## 四、种子包装与贮藏

(一)种子包装

老芒麦种子成品必须经过干燥、清选、质量检验，认证种子还必须通过认证机构的审核，按照有关规定进行包装和缄封，以便贮存和运输。包装袋要干燥、牢固、无破损、清洁，避免散漏、受闷返潮、品种混杂和种子污染，一般用能透气的麻袋、布袋或尼龙袋包装。老芒麦种子一般每袋装 25kg，种子袋内外都要标有相同内容的标签，注明种和品种名称(中文名、拉丁学名)、认证等级、种子批号、种子产地、生产单位、生产时间、种子净度、发芽率等内容。

(二)种子贮存

影响老芒麦种子贮存寿命的主要因素有3个：温度、水分和通风状况。在一定的范围内，种子的贮存寿命随着贮存温度的升高而缩短。高水分含量的种子如果采用密封包装，温度升高缩短种子寿命的速度比透气条件好的更快。因此，科学地贮存老芒麦种子，可以延缓种子质量的下降，尤其是种子的活力。种子活力是种子生活能力的总表现，决定着种子或种子批在发芽和种苗生长期的活性及行为表现水平。提高与保持种子活力是种子生产、加工、贮存的主要目标。

种子含水量是影响种子劣变的关键因素。收获时种子的含水量基本上由当时的天气状况决定。收获之后，种子水分含量取决于周围空气的相对湿度和种子容器的类型。当种子的含水量降低到适当的范围，并且在防水包装或容器中贮存时，贮存地周围空气的相对温度对种子的贮存寿命影响不大。但是，对于敞开式堆放或透气的包装，相对温度的高低则非常重要。有专家表明，种子安全贮存的指标应是相对湿度(%)+相对温度(℉)［摄氏温度=519(相对温度-32)］不超过100的数值。老芒麦种子于0～15℃的低温密闭贮存，种子的发芽率和活力都较高，在常温下随着贮存条件通透性增加而下降(表8-9)(李青等，1993)。敞开式堆放或通气包装的种子的含水量，很大程度上受贮存地大气相对温度的影响，相对温度升高，种子的含水量也随之升高；相对温度降低，种子的含水量也降低。在大的种子贮存罐中，靠近表面或其周围的种子，其含水量变化较中央部分种子含水量变化快。因此，在大罐中贮存的老芒麦种子应当定时进行混合或通风，以实现罐中的水分平衡。

表8-9 不同贮存条件老芒麦种子实验结果及方差分析

| 序号 | 测定指标 | 地上室藏 | | | 地下窖藏 | *F* |
|---|---|---|---|---|---|---|
| | | 布袋装 | 塑袋装 | 缸装 | 缸装 | |
| 1 | 平均根长/cm | 4.67 | 5.19 | 5.36 | 7.10 | |
| 2 | 平均发芽率/% | 65.0B | 71.4B | 74.4B | 98.3A | 23.77** |
| 3 | 简化活力指标/G.S | 3.03B | 3.77B | 3.99B | 6.98B | 22.91** |
| 4 | 还原TTC含量/μg/粒 | 9.11BC | 13.22Bb | 13.30Bb | 18.82A | 21.21** |
| 5 | 平均含水量/% | 10.94A | 11.32A | 9.52B | 9.59B | 299.41** |
| 6 | 通透性(评价) | 极强 | 强 | 中等 | 差 | |
| 7 | 平均发芽势/(%/5d) | 50.0C | 60.0BC | 69.5B | 93.3A | 26.22** |

注：不同字母表示显著差异，**表示 $P<0.01$ 的显著差异

用透气尼龙编织袋盛装的老芒麦种子，在自然条件下贮存，种子的活力下降较快，发芽率、发芽势、发芽指数、活力指数随贮存年限的增加呈下降趋势。随着贮存年限延长，种子细胞膜受害加重，膜透性增大，外渗电导率升高，外渗电导率的大小与种子活力的高低呈负相关关系。另外，有效的田间管理措施可提高老芒麦种子的耐贮性。如抽穗期叶面喷施硼酸钠、硫酸锰、硫酸锌、钼酸氨，都一定程度地改善存放了多年的老芒麦种子的萌发力，提高了老芒麦种子的耐贮性，其中钼能显著提高种子的耐贮性(师桂花等，2006；

姚敏娟等，2007)。贮存超过 6 年的老芒麦种子发芽指数和活力指数下降到一个极低的水平，已经失去种用价值。因此老芒麦种子在常温条件下的寿命为 6 年(王勇等，2012)。

种子作为高等植物的繁殖器官，会携带大量危害种苗或植株的病原，既是病害的载体，同时也是受害者(Sinclair，1979)；而在所有病原中，真菌是对种子质量影响最为严重的一类(Mirocha et al.，1979)。种带真菌既可混杂于种子中间或黏附于种子表面，也可侵入种子组织内部，导致病害在时间上进行延续(从一个生长季到下一个生长季)和空间上进行扩展(从此地到彼地)(南志标和刘若，1997)。种带真菌不仅对种子的萌发、幼苗的健康生长产生负面影响(南志标和刘若，1997)，而且能在贮存期间降低种子的品质。陈溙和南志标(2015)对来自青海 5 个不同收获年份的老芒麦种样进行系统的种带真菌研究表明，老芒麦种样带菌率为 24%～38%。种带真菌量随着贮存时间的延长而呈下降趋势，收获当年年底测试种样带菌率最高，达到 38%，显著高于前几年种样($P<0.05$)。青霉和曲霉是老芒麦最常见的种带真菌，燕麦镰孢、串珠镰孢、镰孢菌、离蠕孢和德氏霉 5 种真菌是老芒麦最主要的致病真菌，均显著地降低了老芒麦种子的萌发、抵制了幼苗的生长、降低了幼苗的生物量($P<0.05$)。温度和湿度对种带病害的发生和发展有着极为重要的影响。老芒麦种子选择在天气晴朗时快速收获，及时晒干，且贮存时注意通风透气，可降低病原真菌对种子的侵染。

# 第五节　种子良繁体系

## 一、种子认证等级的划分

在发达国家，种植面积大、应用范围广的优良牧草种子与主要农作物一样被纳入种子认证体系进行生产。种子认证(seed certification)是在种子扩繁生产过程中，保证植物种或品种基因纯度及农艺性状稳定、一致的一种制度或体系。它通过对种子田的种植、田间管理、种子收获加工等各个重要环节的行政监督和技术检测，控制种子生产全过程，从而保证所生产的优质牧草或草坪草品种种子的基因纯度和真实性。在中国，“种子认证”一词也被称为“种子注册”、“种子证明”、“种子标准”、“种子体系”或“种子系谱”。2006 年 12 月 6 日，农业部发布了《牧草与草坪草种子认证规程》，并于 2007 年 2 月 1 日实施，其中对老芒麦种子的认证技术做了详细的规定。我国和美国的种子认证均采用育种家种子—基础种子—登记种子—认证种子 4 个认证等级。各认证等级的种子标签颜色为：

育种家种子

基础种子　白色

登记种子　紫色

认证种子　蓝色

## 二、种子认证的程序、标准和要求

老芒麦种子认证主要是针对基础种子、登记种子和认证种子三级种子生产的种源、田间管理，以及种子收获和加工的检查和质量控制。种子认证程序和内容包括申请、田间检查、种子收获和加工过程中的监督、种子质量检验、种子袋及其他种子容器的贴签和封缄、对照检验等。

凡欲种植或已经种植了的老芒麦种子田，计划进行认证的种子生产单位或个人，每年都得向种子认证机构提出申请。当年新播种的老芒麦种子田初审日期为播种后 60d 之内，播种 1 年以上的老芒麦种子田进行复审，需要在 4 月 1 日前提交申请材料。

田间管理的要求包括前作的时间间隔、种子田的隔离距离、繁殖代数、田间污染植株、其他植物和杂草的数量等。我国老芒麦认证规程规定，基础种子、登记种子和认证种子均要求前作历史中，近 2 个收获季不能生长披碱草属的其他种或品种，但同一品种和相同认证等级的种子田可以连续种植。田间检查标准及隔离距离要求，以及种子室内质量检验标准见表 8-10 和表 8-11。

**表 8-10　我国老芒麦田间检查标准及隔离距离要求**

| 认证等级 | 污染植株(包括异植株以及披碱草属其他种及品种的植株) | 最小隔离距离/m | |
|---|---|---|---|
| | | 面积≤2hm$^2$ | 面积>2hm$^2$ |
| 育种家种子 | 无 | 300 | 200 |
| 基础种子 | 无 | 200 | 100 |
| 登记种子 | 1 株/样方 | 100 | 50 |
| 认证种子 | 1 株/样方 | 100 | 50 |

注：样方面积为 10m$^2$(10m×1m)(韩建国等，2006)

**表 8-11　我国老芒麦种子质量检验标准**

| 检验项目 | 基础种子 | 登记种子 | 认证种子 |
|---|---|---|---|
| 净种子含量/(%，最低) | 97.0 | 95.0 | 95.0 |
| 其他作物种子含量/(%，最低) | 0.1 | 0.3 | 0.5 |
| 杂草种子含量/(%，最高) | 0.2 | 0.3 | 0.3 |
| 发芽率/(%，最低) | 80 | 80 | 80 |

注：不能出现检疫性杂草(韩建国等，2006)

为了减少认证体系的种子生产过程中品种的遗传漂变、基因变异或污染，各个国家对认证种子的繁殖世代数做了明确的限制，特别是在原育种地以外的地区进行种子繁殖，不同的环境条件可能对品种的基因纯度产生影响，因此种子生产的世代数不宜过长。我国的种子认证规程中规定，老芒麦育种家种子收获 1 季，然后降级生产基础种子 3 季；基础种子收获 2 季，然后降级生产登记种子 2 季；登记种子收获 2 季，然后降级生产认证种子 2 季；认证种子收获 4 季。同一种子田生产的种子只能降级 1 次，降级末期生产的种子不能再认证。

种子收获过程中必须谨防混杂，联合收割机和脱粒机在使用前必须进行彻底的清理，种子在运出种子田之前必须带有标签。利用晒场打碾时，不同的种、品种或者认证等级的种子必须设置不同的晒场专门堆放、打碾或清选，严禁将不同的种、品种或认证等级的种子在同一个晒场堆放、打碾或清选。相同的品种但产地、收获时间、认证等级不同的种子应当划分为不同的种子批，并给予不同的种子批号。

清选之前必须对清选设备彻底清理，清选过程应当在认证机构的代表或委托的代表监督下进行。清选加工后的认证种子按照国家牧草种子检验规程的规定扦样、检验，对于种子质量检验结果低于原认证等级规定的种子批，若结果达到次一级种子的质量要求则可以降低认证等级使用，或者进一步清选加工再次按原申请等级认证。种子品种纯度完全合格，但其他质量检验项目不符合要求的种子批，可以降低种子认证等级使用。如果包括纯度在内的种子质量检验结果不合格且没有补救措施的种子不能通过认证。

通过认证将作为商品出售的各认证等级的老芒麦种子，必须按照种子认证机构确认的包装袋或容器重新包装、封缄，并加挂标签，不同认证等级使用的标签颜色不同。标签注明种子认证机构、种子批号、种名、品种名、认证等级、种子生产者的登记号和统一的编号等。认证机构还将为认证合格的每个种子批出具一个证书，包括种子标签上的内容和种子质量检验结果。种子认证标签及证书有效期为 12 个月。

为进一步保证种子田生产用种或所生产的种子真实性和遗传纯度符合认证标准，种子认证机构对生产用种和所生产的种子分别进行田间的前对照检验和后对照检验。同一生产者生产相同品种的基础种子其后对照检验结果可以作为其登记种子的前对照检验结果，登记种子的后对照检验结果可以作为认证种子的前对照检验结果。

# 第九章　老芒麦人工草地建植技术

## 第一节　概　　述

老芒麦是禾本科披碱草属多年生疏丛型中旱生植物，具有适应性强、抗寒、粗蛋白含量高、适口性好和易栽培等优良特性，常用于建植人工草地(鄢家俊等，2007)。人工草地建植是利用综合农业技术，对天然草地(包括农田)进行翻耕，通过人为播种建植人工草本群落，并实施一系列田间管理，以获取稳产、高产、优质饲草料的草地。人工草地是建植管理程度最高、生产能力最强的草地，是发展草产业的基础和前提。世界上发达国家十分重视人工草地建设，通过提高人工草地占草地总面积的比例，有效解决了畜牧业发展所需饲草料等问题，促进了畜牧业的快速发展，并产生了巨大的经济效益。近年来，随着国家天然草原退牧还草、草原生态奖补、草牧业等重大工程的实施，我国的人工种草发展迅速，但与发达国家相比，发展还比较滞后，人工草地占草地总面积比例不足2%，且牧草产量和品质都不高。

人工草地在牧草产量形成过程中，光照、温度、降水这几个气象因子都起着重要的作用。只是不同气候区，对牧草产量形成的主要限制因子不同。例如，在青海地区，由于气温和日照相对稳定，各月降水的变异系数远高于气温和日照的变异系数，且降水与青海老芒麦牧草产量呈极显著正相关，而日照和温度的变化对青海老芒麦产量的影响不显著，所以青海地区降水成为影响青海老芒麦牧草产量的关键气候因子(丁生祥，2007；汪新川等，2005)。降水量和牧草产量之间的回归方程为：$y$=20 792+3 401.4$x$($r$=0.96)。甘肃河西半荒漠草地，影响老芒麦草地产量及利用寿命的主要因素也是降水量和降水的季节分布，4～10月的降水在220mm以上的年份，老芒麦草地可以正常生产，降水量在280mm以上的年份，能获得很高的产量(何得元等，1988)。而在川西北高原的亚高山草甸环境中，由于水分充足而热量水平低，气温及其季节变化为影响牧草产量的主导因素。旬均温的高低与产草量增长率呈显著或极显著正相关；降水的影响从总体来说未达到显著水平，仅在出现明显干旱时才会成为阻碍因素(盘朝邦和王元富，1992)。

## 第二节　老芒麦人工草地建植

牧草生产对气候条件要求不高，在有野生资源分布的区域一般都可以作为牧草生产区。科学利用当地的温度、水分、光照等生态因子，是低成本建植高产优质老芒麦人工草地的基础和关键。老芒麦具有广泛的可塑性，能适应较为复杂的气候条件。一般选择海拔2000～4000m、年均降水量≥400mm、≥0℃积温达1000～1800℃的温带、寒温带大陆性季风气候区建植老芒麦人工草地。如果降水量小于400mm，为保证牧草出苗和正常生长，应有灌溉条件。

## 一、选地整地

(一) 选地

老芒麦对土壤要求不严，在瘠薄、弱酸、微碱或含腐殖质较高的土壤中均生长良好。在pH 7～8的微盐渍化土壤中亦能生长。在地块上一般选择地势相对平坦开阔，土层厚度30cm以上，不易引起风蚀沙化，土壤质地较好，适合播种老芒麦牧草生长，且便于机械作业，距养殖业农户和畜群点比较近、交通方便的草甸草地、鼠害鼠荒地、撂荒地及其他适宜的土地或草地。

(二) 整地

整地是通过改善土壤结构，把植物残茬和基肥等掩埋并掺和到土壤中去，控制杂草等，给植物创造一个疏松且水、肥、气、热较为协调的土壤环境。整地中采取的耕耙地、旋地、镇压、除杂等措施的要求与第八章第二节相同。

## 二、播种

优质种子是出好苗的前提条件。优质种子需纯净度高、籽粒饱满、生活力强、无病虫害等。老芒麦饲草生产基地建植需选择经法定种子检验机构检验，质量达到三级及以上标准的种子。老芒麦种子具较长的芒，机械播种或飞播前需对带芒的种子去芒处理。

(一) 播种时期

老芒麦播种当年生长缓慢，草产量一般不高，但适期播种，可以充分有效地利用自然条件中的有利因素，克服自然条件中的不利因素，苗齐苗壮，播种当年收到一定的产草量。老芒麦一般春播，亦可秋播。春播4月下旬至6月中旬，秋播9月中旬至10月底。

(二) 播种方式

老芒麦可单独条播或撒播。有研究表明播种方式影响老芒麦的出苗、返青速度、茎叶比等。出苗和返青均表现为撒播早于条播，但从整个生育期来看影响不大；牧草生长前期，撒播的株高高于条播，但中后期则相反。中前期(7月16日前)撒播茎叶比高于条播，但后期则条播高于撒播(王生文等，2014)。所以在有条件的情况下，老芒麦人工草地最好采取条播，条播行距20～40cm。老芒麦亦可与披碱草属的其他种及早熟禾属、羊茅属和冰草属等禾本科牧草或紫花苜蓿等豆科牧草混播。

(三) 播种量

适量播种不仅能调控牧草生产的合理植株密度，还可避免过高用种量提高生产成本。单一老芒麦人工草地条播播种量15～30kg/hm$^2$，撒播播种量22.5～45kg/hm$^2$。一般气候条件好时用种量低，气候条件差时用种量高；整地质量好时用种量低，整地质量差时用种量高；土壤墒情好时用种量低，土壤墒情差时用种量高。混播时，可将老芒麦和扁穗冰草、芨芨草按1∶1∶1混播，也可老芒麦和中华羊茅、早熟禾、无芒雀麦混播；禾豆混播，可将老芒麦和苜蓿按种间比例1∶1混播。

(四)覆土镇压

老芒麦播后覆土 1～2cm。播种后镇压可起到覆土的作用，同时使种子与土壤接触紧密，利于种子吸水发芽。在气候干旱的北方地区，播种前后常需要镇压，以便保墒。质地疏松的土壤，播种前后最好镇压，以便控制播深和保证播种效果。黏性潮湿土壤一般不镇压，否则容易造成表土板结，阻碍种子顶土出苗。

## 第三节　老芒麦人工草地混播

混播是按牧草形态、生长特性、营养等的互补或对光、温、水、肥的要求各异的原则，将不同草种或不同品种混合播于同一块地的牧草种植方式。最常用的牧草混播是禾本科牧草与豆科牧草混播。禾本科与豆科牧草混播具有以下几方面优势：

一是产量高。因为禾本科和豆科为不同类型牧草，地上部分及地下部分在空间上具有合理的配置比例，能充分利用水、肥、光等资源，可制造更多的有机物，使之转化为更多的草产品。同时利用复合群体内牧草间的不同特性，增强对灾害天气的抗逆能力，从而减轻自然灾害造成的损失，所以牧草混播在各个年份的产量也较单播稳定。在同一地区选用几种抽穗、开花期不同的牧草混播，就能使产草量均衡，利用期延长，可以发挥各个种的优点。所以在多数情况下，禾豆混播牧草的产量高而稳定。

二是品质好。禾本科牧草含有较多的碳水化合物，但蛋白质含量较低；而豆科牧草含有较高的蛋白质、钙和磷，且豆科牧草因根瘤菌的固氮作用可以提高土壤肥力。所以禾本科牧草与豆科牧草混播，不仅能减少草地管理中氮肥的投入，还可使草地牧草蛋白质含量增加。

三是可以改良土壤。混播草地由于根系分布不同，使单位面积土壤中根量较单播草地增加。根系死亡后在土壤中遗留大量有机质，在土壤微生物作用下形成土壤腐殖质，其中含有丰富的氮、磷、硫等元素，它们的有机化合物是植物营养物质在土壤中的主要存在形式，并使植物营养元素在土壤中得以保存和聚积。因为豆科牧草为直根系，入土很深，对下层土壤有良好的疏松作用，且可吸收土壤较深层的营养物质和水分。因此混播在恢复土壤结构、提高土壤肥力上具有很大的作用。

四是可以减轻杂草危害。禾本科牧草和豆科牧草由于各自的株高和株型不同，混播后形成的草丛覆盖度大，可以有效地抑制杂草种子的萌发和杂草的生长。

因此，牧草混播是建立人工和半人工草地、提高草地生产力、改善草地质量和增强草地持久力的一项十分有效的措施。目前世界各国在栽培牧草、建立人工和半人工草地时，都十分重视牧草的混播，特别是在寒冷地区(陈宝书，2001；彭华，2008；李志昆，2008)。

目前关于老芒麦与豆科混播的牧草主要是紫花苜蓿。老芒麦与紫花苜蓿按种间比例1∶1混播后，老芒麦能从与之混作的紫花苜蓿固定的氮中获得植株生长所需34.9%的氮，使老芒麦对肥料氮的需求降低了 20.7%，对土壤氮的需求降低了 35.22%，从而减轻了老芒麦对混播系统中肥料和土壤氮的竞争，并使紫花苜蓿的固氮率提高 19.47%(表 9-1)。两年平均混播干草产量比老芒麦单播提高 171.4%，差异显著(表 9-2)。混合干草中老芒麦与紫花苜蓿的组成质量比为 1∶0.9，搭配合理，营养完全(朱树秀和杨志忠，1992)。

表 9-1 老芒麦单播与混播系统中老芒麦的氮来源及苜蓿固氮

| 处理 | | 肥料氮/% | | | 土壤氮/% | | | 转移氮/% | | 苜蓿固氮/% | | |
|---|---|---|---|---|---|---|---|---|---|---|---|---|
| | | 单播 | 混播 | 降低 | 单播 | 混播 | 降低 | 单播 | 混播 | 单播 | 混播 | 提高 |
| 盆栽 | 1987.7.21 | 2.14 | 1.81 | 15.42 | 97.86 | 75.27 | 23.08 | — | 22.92 | 27.94 | 66.96 | 139.66* |
| | 1987.10.12 | 0.86 | 0.61 | 29.07 | 99.14 | 66.06 | 33.37 | — | 33.33 | 65.62 | 83.16 | 35.87 |
| | 1988.7.28 | 0.98 | 0.81 | 17.35 | 99.02 | 43.15 | 56.42 | — | 56.04 | 80.09 | 87.87 | 12.21 |
| 大田 | 1987.8.30 | 7.71 | 5.95 | 22.83 | 92.29 | 52.61 | 42.99 | — | 41.82 | 82.34 | 94.57 | 14.85 |
| | 1988.6.28 | 5.64 | 4.59 | 18.62 | 94.35 | 75.25 | 20.24 | — | 20.16 | 80.55 | 92.58 | 14.93 |
| 平均值 | | | | 20.7 | 20.66 | | 35.22 | | 34.85 | | | 19.47 |

注：*表示 139.66%未计在平均数内

表 9-2 苜蓿与老芒麦混播与老芒麦单播产量比较

| 年份 | 混播 | | | 老芒麦单播 | 比单播增产/% |
|---|---|---|---|---|---|
| | 草种 | 栽培条件 | 草产量 | | |
| 1987 | 新疆大叶苜蓿×老芒麦 | 盆栽(g/盆) | 128.7 | 51.4 | 150.3** |
| | | 草场(g/2.5m²) | 792.2 | 279.2 | 183.7** |
| | 北疆大叶苜蓿×老芒麦 | 草场(g/2.5m²) | 589.1 | 279.2 | 110.0** |
| | 平均值 | | | | 148 |
| 1988 | 新疆大叶苜蓿×老芒麦 | 盆栽(g/盆) | 97.9 | 46.5 | 118.5** |
| | | 草场(g/2.5m²) | 1106.3 | 383 | 188.6** |
| | 北疆大叶苜蓿×老芒麦 | 草场(g/2.5m²) | 1445.4 | 383 | 277.4* |
| | 平均值 | | | | 194.8 |
| | 两年平均值 | | | | 171.4 |

注：*表示在 $P<0.05$ 水平上差异显著，**在 $P<0.01$ 水平上差异显著

相同草种以不同方式混作增产效果不同。老芒麦和紫花苜蓿间行混播的干草产量较同行混播增产 23%～25.1%，较老芒麦单播增产 46%，差异显著($P<0.05$)；间行混播的粗蛋白产量较同行混播增产 31%～35.8%，差异显著($P<0.05$)，较老芒麦单播蛋白质产量增产 109%，差异极显著($P<0.01$)。其中 1∶1 混播组合的干草产量和蛋白质产量都显著高于其他播种比例($P<0.05$)，比老芒麦单播的干草产量增产 42.4%～59.6%，蛋白质产量增产 97.8%～128.6%，差异都达极显著水平($P<0.01$)(表 9-3，表 9-4)。即老芒麦和紫花苜蓿按其常规用量的 50%(即 1∶1)进行间行条混播，可获得最高的草产量和粗蛋白产量(白音仓，2011)。间行混作时若苜蓿接种根瘤菌，种植的第二年老芒麦根际土壤细菌的群落组

成会发生改变；随种植时间延长，间行混作对牧草根际土壤细菌群落组成的作用效果增强，对牧草根际土壤细菌群落的大小没有显著影响(孙艳梅等，2009)。但刘美玲和宝音陶格涛(2004)研究表明老芒麦与草原2号苜蓿以3∶1比例混播较好，茎叶比小，叶所占比例大，光合能力强，生产能力高，适口性好，较老芒麦单播增产32.6%。

**表9-3 不同播种方式草产量和粗蛋白产量比较**

| 播种方式 | 草产量/(kg/hm$^2$) | | 粗蛋白产量/(kg/hm$^2$) | |
|---|---|---|---|---|
| | 2009年 | 2010年 | 2009年 | 2010年 |
| 老芒麦单播 | 5042.3Cd | 7733.8Bd | 443.22Cd | 706.9Cc |
| 间行混播 | 7387.7Bb | 11325.3Aa | 926.04Bb | 1474.1Aa |
| 同行混播 | 6006.4Bc | 9050.0Bb | 706.81Bc | 1085.3Bb |

注：同列大写字母表示在$P<0.01$水平上差异显著，同列小写字母表示在$P<0.05$水平上差异显著

**表9-4 不同混播比例下草产量和粗蛋白产量比较**

| 混播比例 | 草产量/(kg/hm$^2$) | | 粗蛋白产量/(kg/hm$^2$) | |
|---|---|---|---|---|
| | 2009年 | 2010年 | 2009年 | 2010年 |
| 老芒麦单播 | 5042.3Ce | 7733.8Bd | 443.2De | 706.9Cd |
| 2∶1 | 6448.6Bc | 8530.65Bb | 771.4Cc | 1109.97Bc |
| 1∶2 | 5595.45Cd | 11016Aa | 664.5Cd | 1331Ab |
| 1∶1 | 8045.05Ab | 11016.3Aa | 1013.3Bb | 1398.17Aa |

注：同列大写字母表示在$P<0.01$水平上差异显著，同列小写字母表示在$P<0.05$水平上差异显著

老芒麦作为疏丛型上繁草，与根茎型上繁草、密丛型下繁草、根茎疏丛型下繁草等混播，可充分利用阳光、空气和土层中不同深度的养分，进而提高牧草的产量和营养价值。在青海甘子河地区老芒麦和扁穗冰草、芨芨草按1∶1∶1混播，播后第2年产鲜草17 857.7kg/hm$^2$，比单播老芒麦的人工草场增产39.36%；播后第3年产鲜草19 227.6kg/hm$^2$，比单播老芒麦人工草地增产54.26%(施玉辉等，1981)。在高寒地区对混作禾草地的生产性能进行灰色关联度分析表明，青牧1号老芒麦+中华羊茅+青海扁茎早熟禾+无芒雀麦四组分混作或青牧1号老芒麦+中华羊茅+青海扁茎早熟禾三组分混作，灰色关联度值($R$)≥0.7，为高寒地建植人工混作禾草地的最佳组合。各指标对混作草地灰色关联度的影响表现为粗蛋白含量＞总有机碳含量＞中性洗涤纤维含量＞生物量＞可溶性淀粉含量＞可溶性糖含量＞酸性洗涤纤维含量(刘皓栋，2015)。

另外，老芒麦作为多年生牧草，播种当年生长慢，除极少数当年能完成生育期外，大多数植株播种当年仅处于拔节-孕穗期。所以当年的草产量很低，且易遭杂草危害，种草效益难以体现。将生长快的燕麦等一年生牧草作为保护作物与老芒麦混播，一方面有效地抑制了杂草的生长，播种当年可以不除杂或减少除杂次数，降低了草地建植成本；另一方面通过一年生作物的收获，增加了种草当年的收益。只是一年生保护作物的播种量不能太高，一般用其常规播种量的20%左右，否则会影响翌年老芒麦的返青。同时，在保护作物

的选择时，还要考虑对老芒麦牧草生长的影响差异，通过混播后老芒麦牧草生产性状差异分析研究表明，在青海环湖地区草原性气候区土壤缺乏灌水的条件下，油菜对老芒麦牧草第 1～2 年生长的影响最小，其次是燕麦，青稞的影响最大(李锦华等，2002)。所以采用保护播种油菜可作为首选保护作物，其次是燕麦。

## 第四节　老芒麦人工草地田间管理

老芒麦建植成功后，田间管理是收获高产优质饲草料的重要环节。田间管理的任务就是根据老芒麦生物学特性、外部形态表现及不同生育阶段对环境条件的不同要求，及时采用相应的技术措施，使之向有利于丰产的方向发展。

### 一、草地杂草及其防治

杂草会与牧草争光、争肥、争水、争空间，致使牧草产量下降，品质降低。老芒麦因为是多年生牧草，播种当年幼苗生长缓慢，易受杂草危害，所以苗期需要加强杂草防控。同时观察发现，阔叶类毒杂草入侵会导致建植 3～5 年的老芒麦人工草地群落结构发生变化，使群落盖度和植株高度降低，草地利用价值大幅度下降，呈现出草地急速退化的特征。大面积老芒麦人工草地的杂草多选用高效、低毒、低残留的阔叶除草剂(如 2，4-D 丁酯或阔极等)进行防控。2，4-D 丁酯对多种双子叶杂草均有较好的灭杀效果，但需要采用适宜的施药量和施药时间。研究表明 2，4-D 丁酯施用量以 0.32ml/m$^2$ 效果较好，小于 0.2ml/m$^2$ 时杂草灭除效果不佳，大于 0.4ml/m$^2$ 时杂草灭除率增加不多(张耀生等，2003)。从施用时间来说，建植当年的老芒麦人工草地一般待老芒麦三叶期后可进行叶面喷施；对于青藏高寒牧区已建成返青生长的老芒麦人工草地，在 6 月底喷施效果较好，过早灭除率不高，过晚灭除率又逐渐下降。因为青藏高原 4～5 月气温虽开始回升，但波动较大，除长期适应高寒气候的嵩草属植物能抵御低温而萌动返青外，多数双子叶植物的耐寒性均较弱，仅有少数处于萌动阶段。5 月下旬至 6 月下旬青藏高原气温回升很快，此阶段大部分杂类草破土而出且生长较快，这一时期杂草处于营养生长阶段，植株较小，地上部分幼嫩、抗药性很弱。6 月以后，各种植物均已处于茂盛生长阶段，或者进入花期，植株较大，抗药性增强。因此青藏高寒区 6 月下旬喷施 2，4-D 丁酯 0.32ml/m$^2$，阔叶类毒杂草会得到很好的控制，杂草灭除率达 80%以上。

游明鸿等(2010b)研究表明，2，4-D 丁酯对老芒麦人工草地里的蒿、高原毛茛、微孔草、委陵菜、菥冥等防效很好；盖阔(75%苯磺隆)对老芒麦人工草地里的甘露子、毛茛、菥冥、微孔草等有很好的抑制作用，对老鹳草、委陵菜有一定效果；速效(28%苯磺·唑酮)对蒿、菥冥、毛茛、蒲公英、灰灰菜等抑制效果明显。有研究报道肥料与除草剂混合施用，不仅具有节约劳动力、降低成本等优点，还可能增强除草剂的活性。如 Scifer 报道，叶面肥料使 2，4-D 的除草活性增加 50%，草甘膦与液体尿素或硫酸铵混用也增加了除草活性。不同 N 肥与除草剂混施不仅抑制了杂草，还对老芒麦分蘖形成与生长速度有促进作用。

相同浓度尿素下，不同除草剂对老芒麦生长影响不同，相同除草剂混合不同浓度尿素其影响也有差异。除草剂对分蘖抑制顺序为盖阔＞2，4-D 丁酯＞速效(表 9-5)，对株高抑制顺序为 2，4-D 丁酯＞速效＞盖阔(表 9-6)，对杂草防除效果速效＞盖阔＞2，4-D 丁酯。特别是尿素 5000～7500g/hm$^2$+速效 75g/hm$^2$ 或盖阔 27g/hm$^2$ 混合液于苗期叶面喷施防除杂草效果明显，同时在促进老芒麦分蘖形成和提高生长速度方面作用显著(游明鸿等，2010b)。

表 9-5 肥药混施对分蘖数影响的多重比较

| 处理及编号 | 5d | 10d | 15d | 20d | 25 | 30d | 35d |
|---|---|---|---|---|---|---|---|
| 2500+750 ($A_1$) | 1.2BC | 4.4B | 25.6C | 40.6C | 66.4C | 68.2D | 69D |
| 5000+750 ($A_2$) | 2A | 3.8CB | 35B | 57.2A | 73.8B | 75.6C | 76.4C |
| 7500+750 ($A_3$) | 1.2BC | 1.6D | 13F | 23.4F | 48.6F | 51.2G | 52.6G |
| 2500+27 ($B_1$) | 1.2BC | 2.6CD | 19.4D | 29.4E | 59.6D | 64E | 65.2E |
| 5000+27 ($B_2$) | 2A | 2.4D | 19D | 29.4E | 60D | 64.4E | 65.6E |
| 7500+27 ($B_3$) | 1.2BC | 2D | 16E | 22F | 53.4E | 57.6F | 59.8F |
| 2500+75 ($C_1$) | 1.2BC | 4.4B | 25.6C | 36.2D | 68.6C | 73.8C | 75.2C |
| 5000+75 ($C_2$) | 1.8BA | 7A | 33.6B | 51.2B | 77.6BA | 79.2B | 81.4B |
| 7500+75 ($C_3$) | 1.8BA | 7A | 37.6A | 60.6A | 81.2A | 84.4A | 85.8A |
| CK | 1C | 2D | 7.7G | 16G | 40.7G | 43.7H | 46.7H |
| CV/% | 18.42 | 220.08 | 4629.97 | 11078.00 | 7968.0 | 7608.12 | 7241.68 |
| $F$ | 2.61 | 19.53 | 130.34 | 135.27 | 87.87 | 115.18 | 109.42 |
| $P$ | 0.0178 | ＜0.0001 | ＜0.0001 | ＜0.0001 | ＜0.0001 | ＜0.0001 | ＜0.0001 |

注：同列不同字母表示存在极显著差异($P$＜0.01)；

A. 尿素(g/hm$^2$)+2，4-D 丁酯(ml/hm$^2$)；B. 尿素(g/hm$^2$)+盖阔(g/hm$^2$)；C. 尿素(g/hm$^2$)+速效(g/hm$^2$)

表 9-6 肥药混施对株高影响的多重比较

| 处理及编号 | 5d | 10d | 15d | 20d | 25 | 30d | 35d |
|---|---|---|---|---|---|---|---|
| 2500+750 ($A_1$) | 10.6D | 15.6EF | 18.2G | 24.4FG | 30.6FE | 48F | 55.6E |
| 5000+750 ($A_2$) | 13BC | 18.4CB | 21.6FE | 26.6FE | 33.8CBD | 53ECD | 61.8DC |
| 7500+750 ($A_3$) | 13.8 BA | 17.4ED | 19.4GF | 25.8FG | 31.2FED | 50.4EF | 60D |
| 2500+27 ($B_1$) | 11.8DC | 20.6B | 24.4CDE | 31.4C | 35.6CB | 51.6ED | 63.2BC |
| 5000+27 ($B_2$) | 14BA | 25.2A | 29B | 34.8BA | 39.6A | 54.2BCD | 64.4BAC |
| 7500+27 ($B_3$) | 14.8A | 26.2A | 33.8A | 36.8A | 41.8A | 58.4A | 67A |
| 2500+75 ($C_1$) | 11.6DC | 19.6ED | 25.4CD | 29.8DC | 35CB | 52.4ECD | 61.6DC |
| 5000+75 ($C_2$) | 14.8A | 20.4CB | 24.2DE | 28.6DE | 33.4CED | 55BC | 65.8BA |
| 7500+75 ($C_3$) | 14.8A | 24.4A | 27.4CB | 32.4 BC | 36.4B | 56BA | 67A |
| CK | 10.7D | 14F | 18G | 23.7G | 30.3F | 51.ED | 64.3BC |
| CV/% | 193.04 | 876.98 | 1396.02 | 1072.85 | 843.04 | 596.82 | 767.16 |
| $F$ | 9.16 | 35.33 | 21.36 | 22.04 | 14.38 | 8.90 | 11.20 |
| $P$ | ＜0.0001 | ＜0.0001 | ＜0.0001 | ＜0.0001 | ＜0.0001 | ＜0.0001 | ＜0.0001 |

注：同列不同字母表示存在极显著差异($P$＜0.01)；

A. 尿素(g/hm$^2$)+2，4-D 丁酯(ml/hm$^2$)；B. 尿素(g/hm$^2$)+盖阔(g/hm$^2$)；C. 尿素(g/hm$^2$)+速效(g/hm$^2$)

## 二、施肥

老芒麦作为多年生牧草，一旦建植成草地在持续利用下，土壤养分将随草产品的输出被过量带出草地，在得不到有效补充营养情况下，草地土壤肥力逐渐下降，严重影响草地生产力。合理的施肥措施不仅可以延长老芒麦人工草地的利用年限，而且可以提高草地生产力，较大幅度地提高牧草的产量并改善其品质。

牧草生长的整个生育期可分为 3 个阶段：自养生长阶段—营养生长阶段—生殖生长阶段。不同生育阶段需肥规律不相同。科学使用肥料，不仅能够提高牧草产量，还可避免因施肥不当造成的不必要损失和浪费。老芒麦在三叶期前处于自养阶段，不需要追肥。三叶期后，牧草开始分蘖，进入分蘖期。从分蘖至拔节这一阶段，是营养生长最旺盛的阶段，此期茎叶和分蘖枝生长快，需要肥量大。此时追肥，可显著促进牧草生长，肥效最高。孕穗期后，牧草生长中心由营养生长转入生殖生长，此时施肥只对开花结实的生殖过程起主导作用，而对增加草产量作用不大。

氮肥是牧草生长和发育所必需的肥料。作为禾本科的老芒麦，因其本身没有固氮作用，要想改变其生长特性和提高其产量必须适量地增加氮肥。在一定的施氮肥范围内，随着施入氮肥数量的增加，禾本科牧草的分蘖数、株高、粗蛋白含量和氨基酸的含量及产量也不同程度地增加。高寒地区多叶老芒麦草地施纯氮 37.5～75kg/hm$^2$，不但可获得较高的草产量，而且经济上最合算（雷生春，1991）。磷作为牧草生长发育所需的大量营养元素之一，在土壤中的状态相对稳定，流失量和植物吸收利用量都很小，因此，一次施入土壤的磷肥可在几年内逐渐被植物利用。在加拿大西部相对干旱地区的研究表明，施入土壤的磷肥在 4～10 年内可以被植物有效利用（Holt and Winkelman，1983）。Malhi 等（2001）在土壤速效磷含量仅为 1mg/kg 的严重缺磷土壤上，连续 5 年的研究发现，对于 5 年的施肥（P）总量分别为 50kg/hm$^2$、100kg/hm$^2$、150kg/hm$^2$ 和 200kg/hm$^2$ 的处理，每年平均施入 10kg/hm$^2$、20kg/hm$^2$、30kg/hm$^2$ 和 40kg/hm$^2$，与第一年一次性施入对提高牧草干物质产量、蛋白质产量、磷肥的利用效率、磷肥的恢复效率和净收益的效果相似。钾肥是植物生长必要的大量元素之一，它在改善植物品质、提高产量和抗逆性中起着重要作用。由于钾素对植物外观形态的影响不及氮素明显，在人工草地建植后，人们常常重视氮肥施用而忽视钾肥的配施或施量不足，加上每年进行多次刈割饲草饲养牲畜，带走养分，加剧了土壤缺钾。施钾肥后，可提高茎叶比、单叶面积，以及青干草中粗蛋白、粗脂肪含量和青干草产量。当施钾水平为 105kg/hm$^2$时，青干草、粗蛋白和粗脂肪含量较对照增加 17.76%、15.7%和 17.19%（魏卫东，2006）。肥料单施虽然提高了老芒麦鲜草产量，但配施增产效果更显著，尤其是 75kg/hm$^2$ 纯 N+75kg/hm$^2$ 纯 $P_2O_5$ 配施，播种后第 2 年和第 3 年两年年均鲜草产量比不施肥增产 35.22%，比单施磷肥增产 29.04%，比单施氮肥增产 13.82%（张维云等，2005）。另外有机肥与无机肥配施也可显著增加建植多年的老芒麦草产量、改善牧草品质。特别是复合肥 150～225kg/hm$^2$，配合兔粪堆肥产品 1600～1800kg/hm$^2$，降低了建植 7 年老芒麦的茎叶比、改善了品质、增强了适口性；配合兔粪堆肥产品 1200kg/hm$^2$，建植 7 年的老芒麦干草产量达 7096.95kg/hm$^2$，较常规追肥增产显著（杜胜等，2010）。

对 8 龄多叶老芒麦人工草地进行施磷、钾试验。结果显示，施磷肥对抽穗期、开花期和乳熟期老芒麦的地上生物量分别增重 16.25%～50.32%、5.86%～35.74%和 10.72%～44.37%，施钾肥分别增重 16.96%～51.56%、9.63%～58.32%和 12.70%～46.91%。在氮钾或氮磷施用量适中时，配施磷肥 112.5kg/hm$^2$ 或配施钾肥 75kg/hm$^2$ 时，老芒麦的地上生物量最大。配施磷和钾能显著增加老芒麦 0～25cm 的根重($P$<0.05)。配施磷或钾 75kg/hm$^2$ 时，老芒麦 0～5cm 的根重分别为 8.97g/m$^2$、9.06g/m$^2$，0～25cm 的根重分别为 21.39g/m$^2$、23.84g/m$^2$。配施磷和配施钾时，老芒麦茎秆中粗蛋白(CP)和粗脂肪(CF)含量呈先增后降变化趋势，施磷 75 kg/hm$^2$ 或施钾 112.5kg/hm$^2$ 时，老芒麦茎秆中 CP 和 CF 的含量最大。配施等量磷、钾肥，施磷茎秆中 CP 和 CF 含量高于施钾，二者最大值差分别是 0.53%和 0.38%。3 个生育期内，老芒麦地上部分与地下根系增重不总是与施肥量呈正相关，相同施肥量下钾肥的增重略高于磷肥(韩德梁等，2009)。

另外，除草剂与氮、磷、钾混施，更是对老芒麦植株根、茎、叶等构件质量、数量性状产生了显著影响。尤其是尿素 7500g/hm$^2$＋磷酸二氢钾 300g/hm$^2$＋盖阔 27g/hm$^2$ 和尿素 15000g/hm$^2$＋磷酸二氢钾 300g/hm$^2$＋速效 75g/hm$^2$ 两个混施组合，使老芒麦茎叶构件的数量和质量都较高，干草产量分别比对照高出 31.53%和 51.89%；鲜草产量分别比对照高出 38.36%和 71.6%；干草产量分别比对照提高 71.5%和 51.9%(表 9-7)。

**表 9-7 肥料、除草剂混施对老芒麦生产性能的影响**

| 处理/(g/hm$^2$) | 株高/cm | 叶生物量/(kg/hm$^2$) | 茎生物量/(kg/hm$^2$) | 鲜草产量/(kg/hm$^2$) | 干草产量/(kg/hm$^2$) |
|---|---|---|---|---|---|
| 7 500 尿素+300 磷酸二氢钾+27 盖阔 | 137.17 | 2 877.48 | 5 741.94 | 20 910.45 | 9 885 |
| 7 500 尿素+27 盖阔 | 127.73 | 2 391.31 | 4 551.20 | 15 907.95 | 7 713.9 |
| 15 000 尿素+300 磷酸二氢钾+27 盖阔 | 127.8 | 1 963.79 | 3 857.45 | 13 906.95 | 7 013.55 |
| 7 500 尿素+300 磷酸二氢钾+75 速效 | 105.1 | 1 257.75 | 3 047.63 | 10 205.1 | 4 837.5 |
| 7 500 尿素+75 速效 | 143.83 | 2 654.96 | 4 967.35 | 16 808.4 | 8 564.4 |
| 15 000 尿素+300 磷酸二氢钾+75 速效 | 133.53 | 2 739.78 | 6 849.45 | 25 912.95 | 11 415.75 |
| CK | 103.3 | 1 954.06 | 4 283.89 | 15 112.95 | 7 515.6 |
| CV/% | 12.42 | 23.48 | 27.51 | 29.98 | 25.93 |
| $F$ | 8.20 | 68.42 | 75.12 | 27.77 | 20.02 |
| $P$ | 0.0006 | <0.0001 | <0.0001 | <0.0001 | <0.0001 |

## 三、灌溉

在我国典型的大陆性干旱半干旱气候区，光热资源足以满足牧草生长发育的需要，而水分是该区域牧草生长发育的限制因子(程荣香和张瑞强，2000)。降水量的多少影响老芒麦的生长和植株高度，从返青期到抽穗期是老芒麦牧草生长需水关键期，此期降水量达到或超过 185mm，老芒麦长势良好，草产量较高(买买提・阿布来提等，2008)。

在华北农牧交错带天然草地的产草量在灌溉后比不灌溉可提高 8～10 倍，灌溉的栽培草地比天然草地产草量提高 20～40 倍(李春荣，2010)。老芒麦每形成 1kg 干物质生长第 1 年需消耗 0.560m$^3$ 水，生长第 2 年需消耗 0.498m$^3$ 水；第 3 年再生草需水系数为 1.422m$^3$/kg(表 9-8)。生长第一年耗水量最多在抽穗阶段，需水强度达 94.35m$^3$/(hm$^2$·d)。生长第 2 年拔节-抽穗期耗水量最大，达 1587m$^3$/hm$^2$，占整个生育期内耗水量的 27.9%，需水强度最高达 122.1m$^3$/(hm$^2$·d)；开花-结实期耗水 1292m$^3$/hm$^2$；抽穗-开花期耗水 1028m$^3$/hm$^2$。干旱地区灌溉促进了老芒麦根长密度、根重密度、株高及地上地下生物量的增加，大幅度提高了老芒麦草产量。但灌溉时间比灌溉量更能影响老芒麦地上部的生长(李子忠等，2005；刘文清和陈凤林，2004)。在老芒麦返青期、拔节期、抽穗期、开花期灌溉比不灌水提高产草量 2.5～5.9 倍。老芒麦全生育期灌水 4～5 次，每次灌水 600～750m$^3$/hm$^2$，全生长期灌溉定额为 2550～3000m$^3$/hm$^2$(刘文清和陈凤林，2004)。

**表 9-8　老芒麦耗水量与产量的关系**

| 项目 | 产量/(kg/hm$^2$) | 耗水量/(m$^3$/hm$^2$) | 需水系数/(m$^3$/kg) |
|---|---|---|---|
| 第 1 年干草 | 12 203 | 6 837.0 | 0.560 |
| 第 2 年干草 | 11 400 | 5 683.2 | 0.498 |
| 再生草 | 1 365 | 1 941.2 | 1.422 |

干旱半干旱区，水分是影响栽培草地建设发展的主要限制因子，发展草地灌溉，是促进该区域畜牧业生产稳定发展积极有效的措施。旱作农田采用垄沟集雨增产种植技术，选择不同垄沟比种植带型，建立沟垄相间的垄面产流区和沟内带状集雨种植区，使作物在全年生长期对有限降水量实行时间与空间的有效富集，产生水分叠加效应，改善植物种植区的水分状况，充分发挥环境资源和水肥生态因子的协同作用，提高农业生产力水平(李凤民和王静，1999)。在我国北方典型草原区，利用覆膜垄沟集雨种植老芒麦，通过覆膜改善垄面的表面状况，有效阻止降水在垄面下渗，降低临界径流系数，特别是改善了对于小于 5mm 无效降水的充分利用；同时利用地形起伏，对老芒麦生育期内有限降水进行富集叠加和优化利用，改善垄沟间“V”形区域的田间小气候，促进老芒麦个体发育，可显著提高老芒麦株高，促进老芒麦分蘖，增加老芒麦密度，在一定程度上增加叶片数目、叶长和叶宽，进而提高单位面积牧草产量。当垄宽∶沟宽为 60cm∶30cm(MR60)时，老芒麦植株高度比平作提高了 33.5%～61.3%；鲜、干草产量分别达到 15 988kg/hm$^2$、4196kg/hm$^2$，与平作相比分别提高了 105%和 96%。当垄宽∶沟宽为 30cm∶30cm(MR30)时，植株高度以比平作提高了 20.14%～44.1%；鲜、干草产量分别达到 11 497kg/hm$^2$、2824kg/hm$^2$，分别比平作提高了 48%和 32%(图 9-1)(李春荣，2010)。

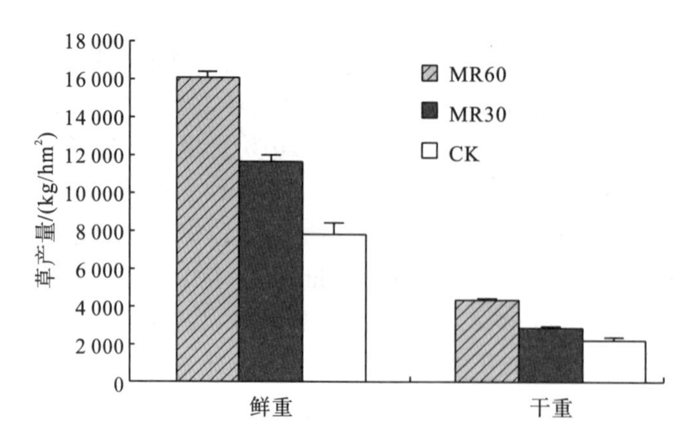


图 9-1 覆膜垄沟集雨种植老芒麦鲜、干草产量比较

## 四、老芒麦病虫害及其防治

老芒麦的病虫害整体来说较少，如连续几天的高温多雨天气，可能引起一些病虫害。直接危害禾本科牧草的病害可能有锈病、茎腐病和黑穗病；虫害可能有黏虫。

结合土地整治，在表土施用杀菌剂、杀线虫剂可清除土壤中的病菌。表土施入三唑酮(1.2kg/亩)和敌锈钠可控制锈病；表土施苯菌灵(1.8～3.8kg/亩)可消除土壤中黑穗病；施乐福 2000～2500 倍液和瑞苗清 2000～3000 倍液在苗期喷施，可有效防治老芒麦苗期茎腐病。喷施 40ml/亩的毒丝本可防治老芒麦草地中的黏虫。

其实，一旦发现老芒麦在遭受病虫危害，最好在大面积扩散前就刈割利用。另外，合理的轮作既有利于牧草的生长，又使某些病虫失去了寄主，可达到消灭或减少病虫害的目的。

# 第五节 老芒麦人工草地利用

老芒麦人工草地牧草主要在适宜刈割期，采用割草机刈后晾晒成青干草捆或调制成青贮草料用于冬季补饲，也可直接放牧利用或用刈割后的再生草放牧用(图 9-2～图 9-5)。

图 9-2 机械割草

图 9-3 机械搂草

图 9-4 打方草捆(纽荷兰)

图 9-5 打圆捆(上海世达尔)

## 一、刈割时期

适时刈割是人工草地管理和利用的重要手段。老芒麦拔节至孕穗以前，叶多茎少，粗纤维含量低，质地柔嫩，蛋白质含量丰富，但草产量低；到生育后期，草产量显著增加，但蛋白质含量显著下降，茎的比例增加，粗纤维素含量增多，消化率降低。因此，必须根据老芒麦牧草生育期间的营养变化，同时兼顾到产量、再生性及下一年的生产力等综合因素，确定适宜的刈割期。调制干草或青贮时，应于花期-灌浆期刈割，秋季刈割应不晚于霜冻前 30d。

## 二、留茬高度和刈割次数

适宜的留茬高度和刈割次数也是多年生人工草地管理和利用中必须考虑的因素之一。它能促进牧草的再生与分蘖，提高草产量改善营养品质，过度刈割将损害其正常生长发育，降低草产量，减少经济寿命(霍成君等，2001；孙彦等，1998)。

老芒麦的草产量及纤维含量主要集中于基部，由下向上逐渐减少(郭连云等，2007)。一般来说低留茬与高留茬相比，高留茬利于再生，但减少当年收获产量，增加次年再生草产量。对于老芒麦的有效利用年限来说，高留茬的生物量并不一定高于低留茬的生物量。因为高留茬能促进营养物质的储存，并为下一年的再生提供能量。不同气候区老芒麦的刈割留茬高度研究都表明，老芒麦留茬 5～6cm 刈割，草产量和牧草品质能达到更好的平衡(王生文等，2015；雷雄等，2016；公保才让和窦爱民，2000)。

多次刈割会抑制各茬草的生殖生长，再生草的营养生长又会提高牧草的饲用价值，可见多次刈割利于提高牧草的营养价值。但多次刈割利用又会降低牧草的产量，缩短牧草的寿命，同时还对牧草的来年生长产生影响。在青藏高原及北方寒冷地区，老芒麦一般只能刈割利用一次。但在生长季相对较长、气候相对温和的区域，老芒麦刈割 2 次(花期和停止生长前)，其再生速度、再生强度、干草产量和粗蛋白产量表现都较好，其干草产量和粗蛋白产量分别比刈割 1 次提高 76%和 233%(表 9-9，表 9-10)(王生文等，2014)。

表 9-9　播量与刈割次数下的干草产量　（单位：$kg/hm^2$）

| 播量 | 刈割次数 | 头茬 | 第 2 茬 | 第 3 茬 | 总产量 |
|---|---|---|---|---|---|
| 31.5 | 1 次 | 1615 | | | 1615h |
| | 2 次 | 1987 | 1060 | | 3047d |
| | 3 次 | 1987 | 506 | 202 | 2695e |
| 45 | 1 次 | 2175 | | | 2175f |
| | 2 次 | 2337 | 1490 | | 3827a |
| | 3 次 | 2337 | 818 | 288 | 3442b |
| 58.5 | 1 次 | 1886 | | | 1886g |
| | 2 次 | 2060 | 1293 | | 3354c |
| | 3 次 | 2060 | 733 | 253 | 3047d |
| *F* | 播量 | | | | 276** |
| | 留茬高度 | | | | 1436** |
| | 播量×留茬高度 | | | | 10.8** |

注：不同字母表示存在显著差异（$P$<0.05）；**表示 $P$ < 0.01 水平差异显著

表 9-10　播量与刈割次数下的粗蛋白产量　（单位：$kg/hm^2$）

| 播量 | 刈割次数 | 头茬 | 第 2 茬 | 第 3 茬 | 总产量 |
|---|---|---|---|---|---|
| 31.5 | 1 次 | 7.77 | | | 125f |
| | 2 次 | 14.49 | 15.2 | | 449c |
| | 3 次 | 14.49 | 20.59 | 15.68 | 395d |
| 45 | 1 次 | 7.72 | | | 168e |
| | 2 次 | 14.61 | 15.21 | | 560a |
| | 3 次 | 14.61 | 20.82 | 16.42 | 538a |
| 58.5 | 1 次 | 7.76 | | | 146ef |
| | 2 次 | 14.69 | 14.87 | | 483b |
| | 3 次 | 14.69 | 20.86 | 15.93 | 478b |
| *F* | 播量 | | | | 128.5** |
| | 留茬高度 | | | | 1995** |
| | 播量×留茬高度 | | | | 13.22** |

注：不同字母表示存在显著差异（$P$<0.05）；**表示 $P$ < 0.01 水平差异显著

# 第十章 老芒麦免耕草地培育技术

## 第一节 概 述

草蓄平衡是促进草原生态系统良性循环，实现草原畜牧业可持续发展的基础。草蓄矛盾主要体现在区域不平衡与季节不平衡两个方面：①由于超载过牧，导致草地严重退化、生态环境日趋恶化；②由于特殊气候条件，牧草全年枯草期长于生长期，冬春缺草成为发展畜牧业长期面临的主要矛盾。因此，积极建设高产人工草地和饲草饲料基地，缓解天然草原的放牧压力是提高当前川西北牧区乃至整个青藏高原地区畜牧业发展水平的重要措施。

长期以来，利用传统的农业翻耕种草方式建植人工草地效果并不理想，尤其在生态极其脆弱的高寒草地，翻耕后植被很难恢复，而且表土极易风蚀，造成沙化或形成砾石滩，破坏了生态环境，导致饲草生产无法持续进行。研究发现，免耕草地培育技术是相对于传统翻耕种植方式的一种新型的耕作技术，并且也是适宜高寒牧区的一种人工种草技术。关于免耕的概念，国内外说法不一，归纳起来有广义和狭义之分，广义的免耕是将免耕、间耕、秸秆还田、化学除草及机播、机收等技术综合在一起的配套技术体系；狭义的免耕又称零耕，是指作物播种前不用犁耙整理土地，作物生长期间不使用农具进行土壤管理，并全年在土壤表面留下作物残茬的种植方式。免耕技术的创新点主要包括：①以免耕或者少耕代替传统的翻耕作业，尽量减少作业的次数和工序，降低生产成本；②以作物秸秆残茬覆盖地表代替传统的裸露休闲，在培肥土壤肥力的同时，减少土壤风蚀水蚀和水分无效蒸发。

高寒牧区人工免耕种草选择种植多年生牧草为佳，相比一年生牧草，多年生牧草为一次性投入，经济效益更好，老芒麦是川西北地区免耕草地培育技术中使用的先锋草种。20世纪 90 年代以来，四川省草原科学研究院率先在川西北高寒牧区开展免耕法建植老芒麦人工草地的研究，在地址选择、地面处理、播种时间、播种技术、草种搭配、草地培肥、杂草防除及牧草收割利用等技术方面进行了系统的研究并取得了一些成果，为高寒地区草地蓄牧业的发展和草地生态环境的保护提供了一条有效的途径。

## 第二节 机械设备

免耕牧草播种机是建植老芒麦免耕人工草地，改良天然退化草场的重要机械设备，可实现掘土、耕地、播种与施肥一体化。目前，免耕牧草播种机主要包括国外进口免耕牧草播种机和国产免耕牧草播种机。

目前，可用于老芒麦种子的国外进口免耕牧草播种机的配套动力基本都为轮式拖拉机，根据机型不同可分为拖挂式、牵引式与悬挂式。拖挂式机型有法国百利灵 SS10 型草籽播种机，用前镇压轮齿压平耙细苗床，牧草种子均匀地撒播在苗床上，后镇压轮盖土镇压，约有 60%的种子播深在 1.2cm 左右，40%的种子播深在 1cm 以上，该机播种时要求地表平整干燥，如遇地湿则易黏土黏种，地软时易推土，且轴承易损坏。牵引式机型有美国大平原 1000/1205/1500 型免耕播种机、加拿大泰工厂 2000 系列、巴西 SPD3000 型免耕播种机，该机型主要用波纹或直面圆盘破茬开沟，双圆盘施肥播种，后面有橡胶镇压轮。悬挂式机型主要有澳大利亚 A ITLHISON 型免耕播种机，该机型有专门的牧草种子箱和海绵摩擦盘式排种器，直面圆盘切断秸秆草皮，用弹齿与凿铲开沟器播种，铁制浮动镇压轮镇压。

近些年，在学习国外先进免耕播种技术的基础上，我国已研发出改良天然草场的免耕牧草播种机，大致有 2 种类型：①草地免耕松土补播机（图 10-1），土壤工作部件采用圆盘切刀和松土铲，同时进行牧草松土与播种，先由数个 10cm 宽的轮子压出数条种床，再由排种管撒播种子，随后由覆土链条覆土。有专门的海绵摩擦盘式排种器，排种量均匀、稳定，能播多种形状的种子，非常适用于流动性较差的老芒麦种子，采用了无级变速箱调节排种量，满足不同种子播种量的要求，如 9MSB-2.1 型。②草原松土补播机，其土壤工作部件采用圆盘切刀及大弹簧直犁刀开沟，配备有老芒麦等优良牧草的禾本科和豆科牧草种箱及排种装置。作业时，圆盘切刀靠重力切开草皮，大弹簧直犁刀开沟器在切缝中开出种，播种后，大链环覆土链进行覆土，完成播种，如 9SB-2.4 机型。

此外，在免耕老芒麦人工草地建植前喷施除草剂可采用喷雾器或专用的化学药剂除草机。老芒麦为有芒的禾本科牧草种子，在播种前应对其进行去芒，以免堵塞播种机的排种管，可用去芒机，特别是锤式去芒机，包括去芒、筛离和通风排气 3 个工作环节，或采用镇压器碾轧去芒，然后筛除，也可收到去芒的效果。

图 10-1　国产免耕牧草播种机

## 第三节　地块选择与地面处理

### 一、地块选择

高寒牧区开展人工种草，主要是解决冬草贮备问题。培育老芒麦免耕人工草地一般选择距离牧户定居点较近的亚高山退化草甸区域。为了利于地面处理和播种，同时兼顾生态脆弱带治理，主要选择植被盖度低的严重退化草地、鼠害鼠荒地、撂荒地(前几年种植农作物或牧草后弃耕的地块)和牲畜卧圈卧地(戴良先和李才旺，2008)。

### 二、地面处理

为了给人工播种老芒麦创造适宜的土体条件，在播种前需进行科学有效的地面处理，包括清除植被、平整地面、疏松表土等环节。

(一)清除植被

分全清除和部分清除。全清除是将地面原有植被全部清除，在地面植物返青期间，进行除草剂药液的配制，可用除草剂农达 0.2g/m$^2$+克无踪 0.2g/m$^2$，兑水配制成 0.5%的药液，每亩用量 50kg，于晴天露水干后喷洒；若喷后 6h 之内遇雨，需重新施药(戴良先和李才旺，2008)。若地面有灌丛，先人工砍伐，待重新发芽后用上述药液进行点喷灭杀。部分清除是指只清除双子叶杂类草和灌丛，保留禾草等单子叶植物，方法是每亩用 2，4-D 丁酯 200g 兑水 50kg 于双子叶植物返青后进行叶面喷施(戴良先和李才旺，2008)。药液需要现配现用，不得沉淀，喷洒均匀才能达到彻底除杂的目的。考虑到建植成本及效率，一般都是进行部分清除。

(二)平整地面

一是用人工或机械平整土丘；二是拣除较大石块和其他杂物。

(三)疏松表土

疏松表土包括两种方式：①面积较大的地块可选用机械松土，采用旋耕机或重耙处理，使地表有 5～10cm 的松土层。②针对面积较小的地块一般选用人工松土方式，一般采用钉耙于雨后耙松表层土。

## 第四节　播　　种

### 一、播种期

老芒麦既可春播也可秋播。春播的适宜播种期为 4 月中下旬，最迟一般不晚于 6 月下旬。秋播以 10 月中旬未冻土前最佳，由于秋播翌年出苗早，出苗率、分蘖率高，产草量比春播高，且节约播种成本。如需大面积种植，可错开播种时间，根据当地的条件选择春播或秋播。

## 二、播种技术

免耕种草技术是适宜高寒牧区的一种人工种草技术，优良的牧草组合是这项技术得以应用和推广的基础，郑群英等(2006)通过针对川西北牧区的多年生牧草混播试验发现，免耕多年生人工草地建植中适宜的草种组合为“川草 2 号老芒麦+本地披碱草”。从群落结构和稳定性来看，李才旺(2002)研究表明，每亩川草 1 号老芒麦 2kg 与燕麦 5kg 组合效果最佳。从产草量，每亩粗蛋白生产量和投入、产出来看，柏正强和董昭林(2005)研究表明，川草 2 号老芒麦 2kg＋虉草 0.2kg 为适合川西北高寒牧区免耕种植的多年生牧草较优组合。免耕草地一般采用撒播播种方式，但因不同类型地块的具体情况不同，其具体的播种技术也不一样。

### (一)亚高山退化草地和鼠害鼠荒地

亚高山草甸草地是牧区主要的冬春草场和打草场，由于长期超载过牧，退化和鼠虫危害特别严重，是开展免耕种草的重要区域。在大面积免耕情况下，采用“旋耕+ 撒播+ 钉耙盖种”技术组合方式，即先以旋耕机松土，然后撒播草种，再用钉耙人工盖种。在有重耙的条件下，可采用“重耙松土+撒播+钉耙盖种+牛羊践踏”技术组合方案，即先重耙松土后撒播草种，然后用钉耙盖种，再驱赶牛羊践踏。由于老芒麦种子细小，盖种太深影响出苗，所以播种后切忌再用重耙或旋耕盖种。

### (二)撂荒地

采用“重耙松土+撒播+重耙盖种”方法效果较佳，即先用重耙疏松表土后撒播种子，再用重耙拖拉盖种，其出苗率高，杂草较少，产草量也最高。

### (三)牲畜卧圈卧地

由于牧区每户的牲畜卧圈、卧地一般面积较小，只有几亩，使用钉耙即可。采用“钉耙松土+撒播+钉耙盖种”方法，即先用钉耙疏松表土，再撒播草种，最后再用钉耙人工盖种，可以有效地提高出苗率和产草量。

# 第五节　田间管理

## 一、除杂

由于老芒麦苗期生长缓慢，与杂草竞争养分的能力较弱，因此，幼苗阶段应及时清除杂草，确保幼苗生长。经调查(戴良先和李才旺，2008)，牲畜卧圈卧地和撂荒地的杂草主要种类是微孔草、酸模、曼陀罗、播娘蒿、青蒿、艾蒿等；亚高山退化草甸草地和鼠害鼠荒地的杂草种类主要是毛茛、委陵菜、龙胆草、狼毒、金莲花、藏茴香、马先蒿、野葱等。这些杂类草大部分都属于双子叶植物，采用杀灭双子叶植物的除草剂即可。一般情况下，于免耕建植当年，在禾本科牧草苗期至分蘖始期间进行。

## 二、施肥

为了提高免耕老芒麦人工草地的产草量和延长利用年限，进行草地培肥是一项关键措施。施肥试验表明(戴良先等，2007b)，施用有机肥、无机肥、叶面追肥、有机肥与无机肥结合、有机肥与叶面追肥结合等均有明显的增产作用。不同施肥处理间，以有机肥+尿素的增产效果最显著。播种当年初冬季节，在免耕草地适度放牧羊群，采食地面枯草，并以其粪尿作为有机肥施用，放牧时间一般为7d左右，在放牧结束后进行一次检查，对没有粪便或粪便少的地方适当补施牛羊粪。翌年5月，在老芒麦分蘖期按照5kg/亩用量施用尿素。若有条件，在牧草分蘖期叶面喷施一次叶面肥(每亩5g“施丰乐”兑水50kg)，该方案增产效果最好且简单实用。

## 三、封育

免耕老芒麦人工草地应做好草地封育工作，不及时封育不仅会影响当年的产草量，还会影响其利用年限。封育办法是在草地周围设置围栏，在牧草生长期间禁止牲畜进入草场内采食牧草和践踏草地，以保证牧草正常生长。

# 第六节　利　　用

免耕老芒麦人工草地的利用方式一般为刈牧兼用。在3～4月，牧草生长比较旺盛，此时有计划地划区轮牧，小范围圈地围栏饲养，有利于促进牧草的分蘖和生长。5～8月是牧草盛产期，生长速度也非常快，放牧草地利用不完，因此，可将刈割晒制成青干草，或进行青贮草调制，收藏保存供冬季补饲。

## 一、收草期

老芒麦宜于在抽穗至始花期刈割，此时刈割的牧草品质较佳，粗蛋白含量高，粗纤维含量低，适口性较好，产量也较高。若过早刈割，干草产量低，过晚刈割则干草质量下降，适口性也差。

## 二、青干草调制

应选择晴天收割，将刈割的牧草散放在地上晾晒，一般晾晒3～4d，期间要不间断地翻草使其水分挥发均匀，晒至牧草含水率15%左右时，即可收贮堆垛备用。

## 三、青贮草调制

老芒麦可采用牧草整株半干地面青贮。整株刈割老芒麦将其晒至含水量50%左右时，即可进行青贮。青贮地点一般选择离定居点或牲畜棚圈较近、地势稍高的地段，进行平整后铺一层农用薄膜。具体步骤为：首先，在晴天将晒后的老芒麦平铺于农用薄膜上，厚30～40cm，接着撒一次食盐，食盐用量占牧草总量的1%～1.5%，用脚踩紧；其次，再继续堆放一层，撒一次食盐，直到堆至离地面1.5m左右时，收顶呈馒头状，然后覆盖塑料薄膜；最后，在塑料薄膜上覆盖约20cm厚的细土，密闭保存45～60d后，即可启用(戴良先和李才旺，2008)。

# 第十一章　老芒麦青贮产品加工与利用

## 第一节　概　　述

传统上，农牧民在夏末秋初刈割牧草，就地晒制青干草。在北方或气候干燥地区，能够调制出优质老芒麦青贮饲料。然而，老芒麦收获时恰值雨季，干草调制困难，品质较差。然而，在高原气候条件下，紫外线照射强烈，饲草收获（7～8 月）时气候比较潮湿，干草储藏过程中常发生霉变、腐烂（陈立坤等，2014）。青贮是有效保存饲草营养成分的储草方式。收获的老芒麦可溶性碳水化合物含量较低，附着（内生）乳酸菌在密闭条件下生长速率较低，未能有效启动乳酸发酵，导致发酵末期青贮饲料品质较低。在北方或者平原地区，已经通过添加乳酸菌/可发酵底物来改善青贮饲料品质。20 世纪 70 年代以来，川西北高寒牧区进行过一些青贮饲料调制技术的研究，以期为家畜生产常年提供优质粗饲料。通过添加剂处理和含水量控制可以有效提高青贮饲料品质，相关技术方法已经趋于成熟并在平原地区反复试验和论证。但川西北高寒牧区调制青贮饲料存在诸多困难，青贮饲料至今难以推广。其中最主要的原因是，7 月以后，气温迅速降低（≤15℃），抑制了乳酸菌活性，乳酸发酵不充分，酸性环境形成较慢，最终因耐低温有害微生物大量增殖导致青贮饲料变质霉烂。尽管在低海拔地区或平原地区青贮调制技术研究早已进入生理生化特性及机制层面，但适宜川西北高寒牧区青贮调制的相关基础性研究仍不完善，相关报道不多，也未形成有效的青贮技术体系。本章主要综述川西北高寒牧区乃至青藏高原地区老芒麦青贮饲料调制技术的研究进展。

## 第二节　水　　分

萎蔫有利于青贮饲料乳酸发酵。北方或干燥地区老芒麦调制青贮时所需的含水量已经较为明确（65%～75%），但适宜川西北高寒牧区饲草青贮的适宜含水量选择及其对青贮饲料发酵品质与营养品质影响的报道仍旧较少。川西北高寒牧区，6 月初进入雨季，此时收获饲草，不仅能够保证老芒麦再次刈割，还能够确保饲草具有较高营养品质，满足牲畜的营养需要。但是，收获时较高的含水量（75%～80%）使得老芒麦和燕麦不适于直接青贮。生产上，往往通过萎蔫控制原料含水量，提高青贮饲料发酵品质，减少渗出液的产生，避免营养损失。

与此同时，青藏高原平均紫外线辐射强度高于其他相同纬度地区（Bian，2009）。大量研究表明，生态系统中各生物因子均受紫外线照射水平的影响，尤其是植物叶表面真菌的数量变化(Wang and Xi，2009)。至于饲草加工利用方面，在田间生产或者收获后的萎蔫过程中，强紫外线辐射对青贮饲料品质可能会产生影响(Kung and Lim，2015)。萎蔫过程中，老芒麦的干物质含量在萎蔫4h后达到300.1～317.4g/kg，达到了优质青贮饲料的干物质水平。然而，相同干物质含量调制出的青贮饲料发酵品质出现差异，并且表现出相似的规律：随着萎蔫时间的增加(＞4h)，青贮饲料的发酵品质降低。作为重要的发酵底物，青贮原料中可溶性碳水化合物含量达到了调制优质青贮饲料的要求。萎蔫过程中，青贮原料中其他营养成分，如粗蛋白、中性洗涤纤维、酸性洗涤纤维含量变化较小。这说明，在川西北高寒牧区，饲草生长前期，原料含水量和营养成分不是影响青贮饲料发酵品质的决定性因素。原料中微生物数量和组成是青贮饲料调制过程中的一个重要指标(Li and Nishino，2013)。

相关研究表明，萎蔫处理导致原料有害微生物数量存在差异，降低了原料乳酸菌数量(＜$10^5$cfu/g FM)；随着萎蔫时间的延长，青贮饲料酵母菌、丝状真菌和大肠杆菌数量呈增加趋势，乳酸菌数量呈降低趋势(图11-1)。事实上，大气层中平流层的减少会引起地面紫外线照射强度增加，影响植物表面微生物的生长和繁殖(Albert et al.，2008)。为在强紫外线强度照射下生存，微生物已形成较为复杂的耐受机制，总体上呈现出真菌较细菌更耐紫外线辐射，芽孢杆菌较非芽孢杆菌更耐紫外线辐射(Fedina and Georgieva，2003；Dai and Wang，2009)。因此，萎蔫影响了青贮前饲草附着微生物组成。

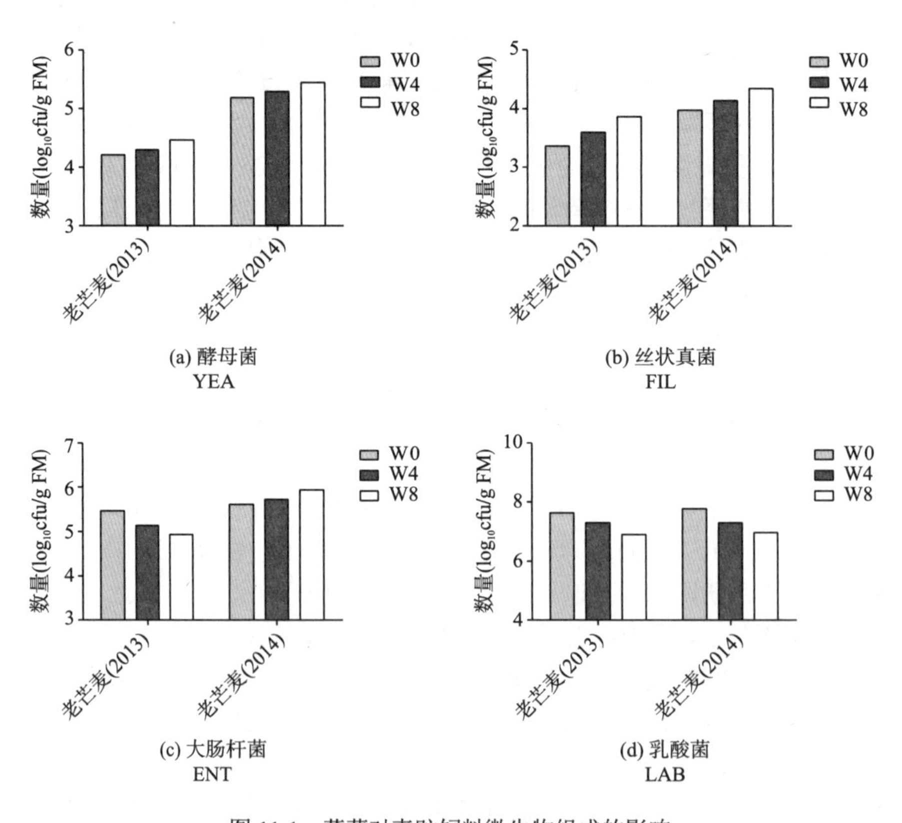


图11-1 萎蔫对青贮饲料微生物组成的影响

在很多国家，如果条件适宜，萎蔫是一种提高青贮饲料品质的有效措施(McDonald and Henderson，1991)。老芒麦青贮饲料的乳酸/乙酸值>3，表明同型乳酸发酵在青贮调制过程中起主导作用。萎蔫 8h 降低了乳酸和乙酸含量，导致青贮饲料具有较高 pH 和氨态氮/总氮值，可能原因是：乳酸菌活性在较高干物质含量饲草中的活性受到抑制，青贮饲料发酵进程推迟，乳酸含量较低，不能有效抑制蛋白酶活性。但是，也有研究表明，萎蔫能够降低青贮饲料的氨态氮/总氮值(Liu and Zhang，2011；Krawutschke and Thaysen，2013)。因而，在川西北高寒牧区饲草过度萎蔫并不利于青贮饲料发酵品质的改善(表 11-1)。

**表 11-1　老芒麦青贮饲料的感官评价结果**

| 凋萎时间 | 指标得分 / 分 | | | 总分 / 分 | 等级 |
|---|---|---|---|---|---|
| | 气味 | 结构 | 色泽 | | |
| 2h | 8 | 2 | 1 | 11 | 2 |
| 8h | 11 | 3 | 2 | 16 | 1 |
| 18h | 13 | 2 | 2 | 17 | 1 |

关于青贮饲料营养成分的研究已有较多报道(McDonald and Henderson，1991)。萎蔫能减少青贮体渗透液，降低干物质损失。经过萎蔫处理的老芒麦青贮饲料蛋白质水平较低，可能原因是：延长萎蔫时间，将强的紫外线辐射破坏了饲草中蛋白质结构，使蛋白质降解成为非蛋白氮(Carpintero and Suarez，1992)。体外产气量最初是用来预测动物饲料瘤胃降解率和代谢能的，在评价动物饲料的研究中已经得到广泛认可(Muck and Filya，2007；Van Ranst and Fievez，2009)。Zhou 和 Li(2011)证实饲料中营养组成和干物质消化率与体外产气量具有相关性。研究中，老芒麦青贮饲料的可溶性组分直接为瘤胃发酵过程中微生物提供了底物。这主要是，青贮饲料中较高的可溶性碳水化合物和粗蛋白能更容易被瘤胃中的微生物利用，立即产生甲烷、二氧化碳等气体(Tang S X and Tang Z L，2006)。不同饲料类型也会影响体外产气量。萎蔫 8h 的青贮饲料参数不可溶组分产气量(B)、潜在产气量和体外产气量(GP)低于萎蔫 4h 处理的青贮饲料，可能是由营养物质的减少造成的(表 11-2)。

**表 11-2　老芒麦青贮饲料的体外产气量**

| 萎蔫 | 可溶组分产气量<br>A<br>/(ml/200mg DM) | 不可溶组分产气量<br>B<br>/(ml/200mg DM) | 潜在产气量<br>A+B<br>/(ml/200mg DM) | 产气速率<br>C<br>/(ml/h) | 体外产气量<br>GP<br>/(ml/200mg DM) |
|---|---|---|---|---|---|
| W0 | 2.9±0.8a | 46.4±2.2b | 49.3±2.8b | 0.02 | 42.5±2.5b |
| W4 | 1.5±0.3b | 60.0±6.0a | 61.5±5.3a | 0.02 | 52.7±4.5a |
| W8 | 2.8±0.1a | 47.7±3.6b | 50.5±3.7b | 0.02 | 43.5±3.2b |
| SEM | 0.3 | 1.3 | 1.8 | 0.0 | 1.4 |

注：同列不同小写字母表示差异性显著($P < 0.05$)

简言之，适当萎蔫处理使青贮饲料具有较高乳酸含量、总酸含量、可溶性碳水化合物含量和粗蛋白含量，较低 pH 和氨态氮/总氮值，有利于改善青贮饲料的发酵品质和营养品质。川西北高寒牧区饲草萎蔫过程中，较强紫外线辐射致使原料附着微生物的组成和数量发生明显变化，萎蔫时间过长反而不利于青贮发酵，青贮原料含水量应控制在70%～75%。

## 第三节 温 度

青贮发酵过程与环境温度具有密切相关性。温度影响青贮饲料中乳酸菌的活性和发酵产物组成。为缩短发酵时间，青贮调制往往在作物收获后立即进行。北方或干燥地区，由于老芒麦收获时物候期适时，气温相对较高（>20℃），适宜预处理之后能够使乳酸菌快速形成优势群落，能够有效启动乳酸发酵，形成酸性环境，保存营养成分。然而，川西北高寒牧区 7 月中下旬以后，气温逐渐降低，昼夜温差较大，不能够在较短时间内启动乳酸发酵，青贮品质较差。提高贮存温度能够加速乳酸和挥发性脂肪酸产生，利于营养组分的保存，降低机械和能源成本。已有研究表明，过高贮存温度（≥35℃）抑制了乳酸菌活性，降低了青贮饲料乳酸含量；低温导致青贮体水活（water activity）降低，乳酸菌不能够有效利用植物细胞渗出液中的可溶性碳水化合物提供能量，快速产酸，抑制丁酸菌和丝状真菌活性（Weinberg and Chen，2013）。

选择适宜贮存温度是饲草青贮成功的关键技术之一。低温（10℃）贮存条件下调制青贮饲料具有较高 pH，即使延长发酵时间（90d），青贮饲料的乳酸和乙酸含量均较低，氨态氮/总氮值较高，说明青贮饲料发酵过程中乳酸菌活性受到抑制。温度影响青贮饲料发酵产物组成和微生物活性（Mulrooney and Kung，2008），发酵温度低于 20℃或者高于 30℃均会抑制乳酸和丙酸产生，增加乙酸含量和氨态氮/总氮值（Kim and Adesogan，2006a）。更多研究表明，温度升高有利于乳酸菌活动，快速产生乳酸，降低 pH，从而提高青贮发酵品质。秦丽萍等（2013）通过研究发现，与 15℃相比，25℃处理明显增加了青贮饲料乳酸含量。已有研究表明，在低温潮湿地区，通过提高温度（15℃、25℃），青贮饲料 pH、丁酸含量和氨态氮/总氮值降低，乳酸和丙酸含量增加，发酵品质得到改善。

对于低温环境中，青贮饲料发酵参数的动态研究较少。王鹏等（2011）探讨了低温条件（0℃和 4℃）对芦苇发酵品质的影响，结果表明，延长发酵时间（>6 周）可获得优质青贮饲料。低温潮湿环境中，15℃和 25℃贮存条件的老芒麦青贮饲料 pH 始终低于 10℃贮存条件，并且随着时间延长趋于降低。这说明，15℃和 25℃贮存条件有利于老芒麦青贮饲料快速形成酸性环境。作为降低青贮饲料 pH 的主要有机酸，乳酸和乙酸在总酸中的比例越高越好。研究表明，老芒麦乳酸和乙酸产量保持较高水平，发酵过程中以乳酸为主。同时，15℃和 25℃贮存条件下的青贮饲料乳酸含量高于 10℃贮存条件下的乳酸含量，说明提高温度促进了乳酸发酵。与 25℃贮存环境中青贮饲料相比，低温贮存条件下（≤10℃）的发酵速度较慢，酸度较低（图 11-2）。

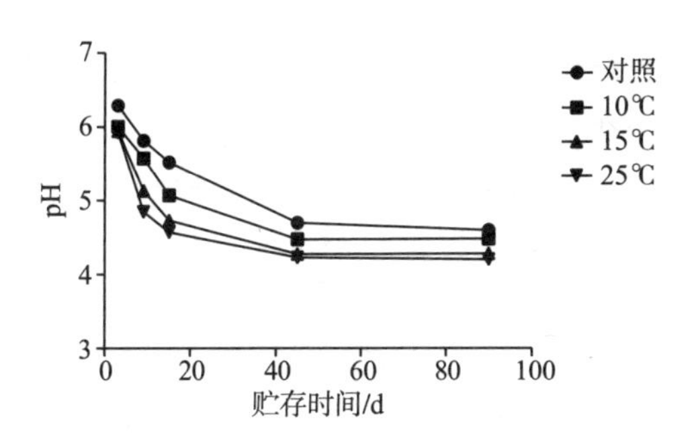


图 11-2　贮存温度对青贮饲料 pH 的影响

环境温度更替变化对青贮饲料发酵品质的影响目前研究较少。Green 和 Bartzanas(2012)通过监测青贮窖温度变化，发现青贮发酵温度与环境温度呈正相关。环境温度的变化能够影响微生物的活性，改变发酵进程，从而导致不同温度条件下调制出的青贮饲料存在品质差异(Borreani and Tabacco，2010)。我们首次设计青贮饲料贮存过程中温度波动，发现其对青贮饲料发酵品质具有显著影响：相对恒温贮存(15℃、25℃)，变温(2～20℃)贮存的老芒麦青贮饲料 pH、丁酸含量和氨态氮/总氮值较高，乳酸含量和乙酸含量较低。在发酵初期，变温贮存(2～20℃)，老芒麦青贮饲料乳酸和乙酸产生速率低于恒温贮存(15℃、25℃)，而氨态氮和丁酸产生速率显著高于恒温贮存($P<0.05$)。这说明青贮饲料发酵过程中环境温度的变化会延迟优势菌群乳酸菌对发酵底物的利用转化，不能够有效/快速产生乳酸和乙酸，青贮品质较差。因此，青贮发酵初期环境温度的变化对青贮饲料发酵品质的影响具有主导作用。

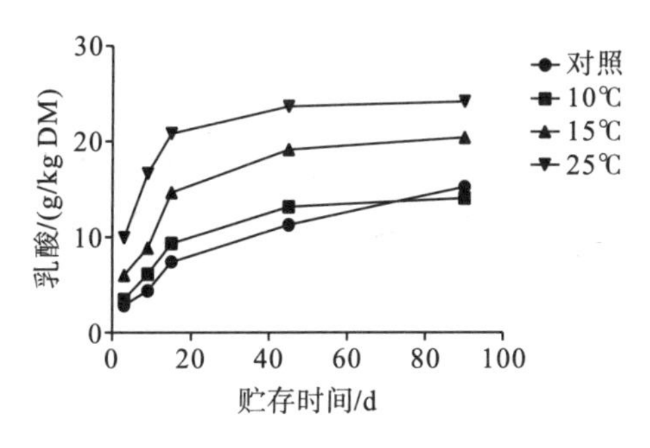


图 11-3　贮存温度对青贮饲料乳酸含量的影响

为减少营养损失，应尽量缩短青贮发酵时间(Cone and Gelder，2008；Dunière and Sindou，2013)。然而，为获得较低青贮饲料 pH，一味缩短青贮时间未能有效抑制青贮饲料中有害微生物的生长，会导致更多的营养流失(McGechan and Cooper，2000)。Murdoch 和 Holdsworth(1960)通过一系列的研究发现，低温利于青贮饲料营养保存，适当提高发酵温度，有助于青贮品质的提高。较高发酵温度有助于降低可溶性碳水化合物损失，降低中性洗涤纤维和酸性洗涤纤维含量，增加粗蛋白含量，提高青贮饲料体外消化率(Kim and Adesogan，2006a)。然而，其他一些研究表明，温度对青贮饲料的营养成分影响不大。刘平督(2010)研究发现，不同温度下紫花苜蓿青贮饲料干物质含量变化不大。秦丽萍等

(2013)研究发现，温度对青贮饲料主要营养成分没有显著影响。本试验中，提高贮存温度，青贮饲料粗蛋白含量具有增加趋势。这说明提高贮存温度能够改善青贮饲料营养品质。

温度对老芒麦青贮饲料可溶性碳水化合物含量影响不同(图 11-4)。在较高的贮存温度下(15℃、25℃)，可溶性碳水化合物在青贮 45d 后变化不显著。这表明在较低温度下，青贮饲料中酵母菌、霉菌等有害菌的活性比乳酸菌的活性强。同时，15℃和 25℃处理的青贮饲料可溶性碳水化合物含量高于自然条件下贮存的青贮饲料可溶性碳水化合物，说明贮存温度变化影响青贮饲料中微生物对发酵底物的转化效率。在青贮过程中，作为反映饲料中蛋白质降解程度的重要指标，15℃和 25℃处理的青贮饲料氨态氮/总氮值低于对照和10℃处理，这说明青贮前期(≥15d)贮存温度波动(5～15℃)不利于蛋白质的保存。

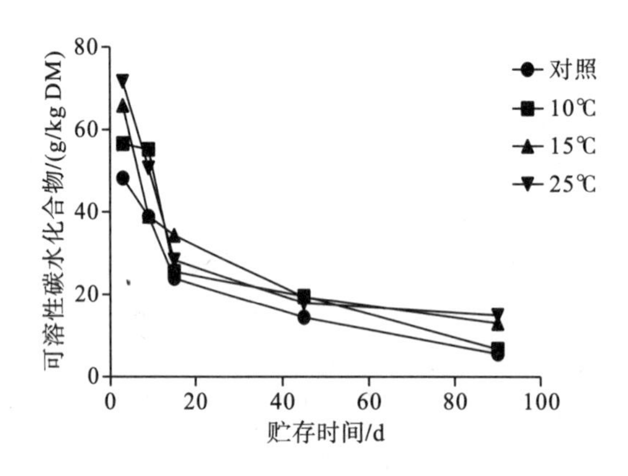


图 11-4 贮存温度对青贮饲料可溶性碳水化合物含量的影响

综上所述，提高贮存温度(≥15℃)，青贮饲料 pH、丁酸含量和氨态氮/总氮值降低，乳酸含量增加，有利于蛋白质的保存。川西北高寒牧区常年月平均温度≤15℃，昼夜温差较大(2～20℃)(图 11-5)，抑制了乳酸菌活性，影响了发酵进程。在青贮发酵前期(≥15d)采取保温措施有利于青贮饲料发酵品质的改善。然而，青贮饲料贮存环境人工增温存在较大难度，可筛选低温乳酸菌改善青贮饲料发酵品质。

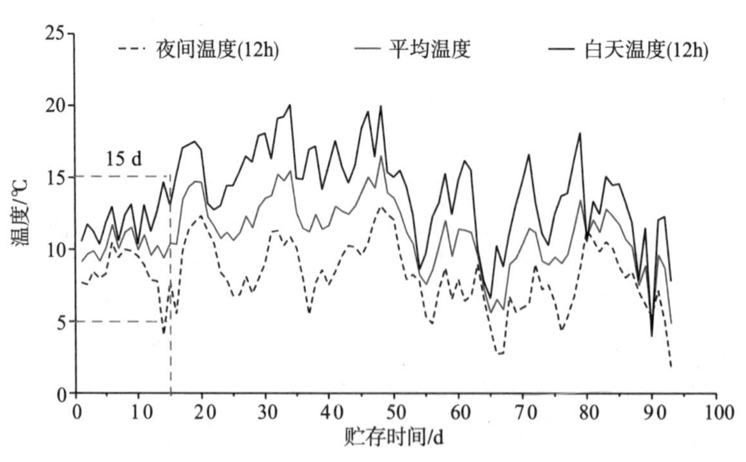


图 11-5 青贮饲料贮存温度的变化

# 第四节 发酵底物

在川西北高寒牧区，7 月中旬收获饲草，能够兼顾产量和品质。然而，实际生产过程中，由于气候条件不适宜（下雨）、短期内不能够找到有效贮存饲草的库房（窖）、设备短时间内不能够到位等，饲草收获往往晚于最佳物候期。延迟收获除降低了原料含水量和可溶性碳水化合物含量，还提高了酵母菌、霉菌、芽孢杆菌等有害微生物数量，不利于乳酸发酵。为提高青贮饲料发酵品质，如纤维素酶（Weinberg and Ashbell，1995）、蔗糖（Heinritz and Martens，2012）、葡萄糖（Shao and Ohba，2004）、糖蜜（Huisden and Adesogan，2009；Lima and Lourcnso，2010；Lima and Díaz，2011；Hashemzadeh and Khorvash，2014；Li and Zi，2014；Yuan and Wang，2015）等已被作为底物用来促进乳酸发酵。然而，青贮饲料发酵过程中，原料附着乳酸菌利用不同糖分转化成有机酸的效率存在差异。例如，蔗糖能够增加青贮饲料乳酸含量，降低青贮饲料 pH 和氨态氮含量，提高青贮饲料有氧稳定性；葡萄糖能够降低发酵初期有害微生物（酵母菌和霉菌）造成的可溶性碳水化合物损失，确保青贮后期乳酸菌能够利用充足的可溶性碳水化合物快速增殖，产生足够的乳酸，维持较低的 pH；果糖能够加速链球菌、片球菌和乳杆菌的乳酸盐脱氢酶的活性，降低乙酸和丁酸的产生。值得注意的是，川西北高寒牧区饲草收获时（蜡熟期以后）气温持续降低，进一步抑制乳酸菌活性，不能够在较短的时间内有效降低青贮 pH，抑制耐低温有害微生物对营养成分的耗损。

糖或纤维素酶处理的青贮饲料第 60 天的发酵参数（pH、乳酸、乙酸等）均在已有报道优质青贮饲料发酵参数范围内（McDonald and Henderson，1991）。同时，糖或纤维素酶处理的青贮饲料未检出丁酸，这与 Ward 和 Readfern（2001）的研究结果一致。本试验中，添加糖或纤维素酶处理的青贮饲料 pH 低于 Ward 和 Readfern（2001）报道的 pH，但是高于 Hassanat 和 Mustafa（2007）报道的 pH，与 Messman 和 Weiss（1992）报道的 pH 基本一致。

青贮发酵初期 pH 的快速降低有利于饲草营养组分的保存，而初始可溶性碳水化合物含量对青贮过程中 pH 降低速率具有显著影响。这有助于解释添加糖或纤维素酶的青贮饲料前 30d pH 具有降低趋势。与此类似，青贮前增加割手密可溶性碳水化合物含量可以在青贮前 30d 快速降低 pH。对于发酵后期可溶性碳水化合物含量继续增加的可能原因是添加的糖分能够为耐酸乳酸菌继续提供足够发酵底物；部分乳酸菌将乳酸转化成乙酸、丙酸等挥发性脂肪酸，进一步刺激乳酸产生。虽然青贮饲料中并未检测出丁酸，但是羧酸菌利用乳酸转化成丁酸可能是刺激乳酸在青贮后期呈增加趋势的另一个原因（Mustafa and Senuin，2002）。

青贮饲料的中性洗涤纤维和酸性洗涤纤维含量显著高于其他研究报道（Hassanat and Mustafa，2007），可能与使用的青贮原料物候期较晚有关。试验中，添加糖分未能显著提高青贮饲料的粗蛋白含量（图 11-6），这与 Hassanat 和 Mustafa（2007）研究结果一致（较高可溶性碳水化合物的青贮饲料具有较高的氨态氮）。事实上，以前的研究已经表明，增加可溶性碳水化合物导致青贮饲料 pH 快速降低，有效抑制植物蛋白酶的活性（Winters et al.，

2004）。因而，添加糖的青贮饲料具有较低氨态氮/总氮值。

纤维素酶降解细胞壁组分成小分子糖，为乳酸菌提高可发酵底物。因而，青贮前添加纤维素酶能够导致青贮饲料 pH 快速降低，改善青贮特性。然而，仍有 12.5%的研究表明纤维素酶对青贮饲料品质没有显著性改善(Eun and Beauchemin，2007)。即使纤维素酶能够降低豆科-禾本科混合青贮 pH，但丁酸含量增加，对狗牙根干物质和中性洗涤纤维消化率无显著性影响(Mandebvu and West，1999)。根据 Sheperd 和 Kung(1996)的研究，纤维素酶对玉米青贮饲料中有机酸、氨态氮和中性洗涤纤维无影响。在 Kozelov 和 Iliev(2008)的研究中，青贮饲料 pH 和中性洗涤纤维含量不受纤维素酶影响，而乳酸含量在青贮初期即显著增加。本试验中，使用纤维素酶作为添加剂，增加了乳酸、乙酸、可溶性碳水化合物、粗蛋白和中性洗涤纤维含量，同时降低了 pH、丁酸含量和氨态氮/总氮值，改善了青贮饲料品质(图 11-6)。

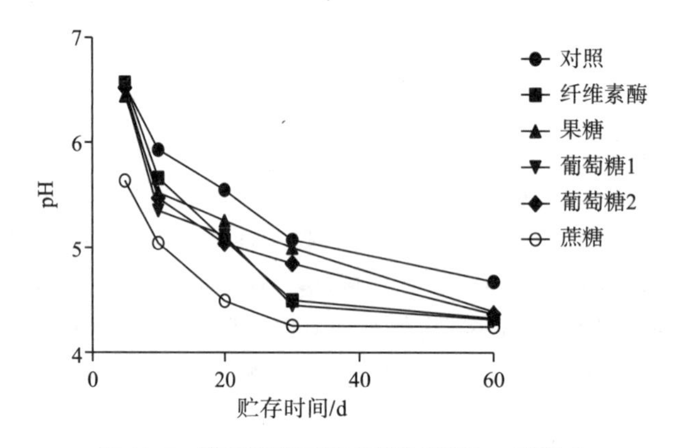


图 11-6　糖和纤维素酶对青贮饲料 pH 的影响

已有研究报道，添加纤维素酶和糖对青贮饲料品质的改善具有相似效果。例如，青贮前添加纤维素酶能够降低饲草纤维素含量(Eun and Beauchemin，2007)。但是，本试验中添加糖分后的青贮饲料 pH、乙酸含量和丁酸含量显著低于纤维素酶处理，燕麦青贮饲料尤为明显。原因可能是：糖分能够直接为青贮饲料发酵初期提供足够的发酵底物，快速产生有机酸，降低 pH；而纤维素酶的活性受到饲草种类和物候期、环境温度、添加量等的影响。Sun 和 Liu(2009)也得到类似结果。

综上所述，添加糖和纤维素酶能够增加乳酸含量，降低 pH、丁酸含量、氨态氮/总氮值和酸性洗涤纤维含量，改善青贮饲料发酵品质和营养品质。青贮饲料贮存 30d 后品质趋于稳定，蔗糖处理效果最佳。饲草生长后期，饲草中可溶性碳水化合物含量持续降低，可通过增加原料中的糖分促进乳酸发酵，缩短青贮时间。

## 第五节　添 加 剂

使用青贮添加剂可以改善青贮饲料品质。川西北高寒牧区属于长江、黄河的发源地，也是生物多样性的关键地区和气候影响敏感地区，从生态保护的角度出发，应尽量避免使用甲酸、乙酸、丙酸等添加剂。

玉柱等(2008)以老芒麦为原料，通过添加青宝Ⅱ号(FS)、纤维素酶(CE)、蔗糖(S)、玉米粉(CF)和甲酸(FA)等添加剂，研究了调制老芒麦青贮的方法。结果表明：老芒麦直接青贮可调制出优质的青贮饲料。纤维素酶(2.5g/t)和蔗糖(2%和 4%)处理下，青贮饲料中乳酸含量和总酸含量显著高于对照($P<0.05$)，且氨态氮占总氮比例显著低于对照($P<0.05$)，可以改善老芒麦青贮饲料的发酵品质；乳酸菌制剂(青宝Ⅱ号 2.5g/t)处理、乳酸菌制剂和纤维素酶的混合(青宝Ⅱ号 2.0g/t+纤维素酶 2.5g/t)处理未能改善青贮饲料的发酵品质；玉米粉(5%和 10%)处理青贮饲料的 CP 含量与对照差异不显著($P>0.05$)，NDF 和 ADF 含量显著低于对照($P<0.05$)，可改善青贮饲料的营养价值。

夏白雪等(2015)选择四川省阿坝藏族羌族自治州红原县瓦切草场的青贮饲草作为实验原料，研究青贮饲草的乳酸菌、酵母菌、霉菌数量的 3 项微生物指标，在青贮起止两个时间点测定 pH、水分、粗蛋白、氨态氮、酸性洗涤纤维、中性洗涤纤维和乳酸含量 7 项理化指标。研究表明：在青贮过程中，添加“核心料”能有效降低饲草 pH，抑制青贮过程腐败微生物生长，稳定饲草中蛋白质含量，降低纤维素含量，从而提高青贮营养价值，改善青贮品质。

随着畜牧业的发展，乳酸菌制剂在青贮饲料中应用越来越广泛。大量研究表明，乳酸菌添加效果因代谢类型、原料特性和气候环境的不同而有所差异。

桂荣和刘晗璐(2007)以内蒙古草地禾本科披碱草、老芒麦为研究对象，进行禾本科牧草附着不同微生物的分离计数，并将分离于原料牧草的植物乳杆菌(*Lactobacillus plantarum*)和蒙氏肠球菌(*Entericoccus mundtii*)(已由 IMCAS 鉴定)作为添加剂，研究其对披碱草、老芒麦混合牧草青贮发酵品质的影响。结果表明：①披碱草和老芒麦上附着乳酸菌的数量远低于霉菌、酵母菌等青贮有害菌的数量。②添加乳酸菌可以明显降低青贮的 pH($P<0.05$)，明显增加乳酸(LA)含量($P<0.05$)，降低青贮干物质的损失量(DML)，其中球菌与杆菌组可显著降低青贮中氨态氮的含量($P<0.05$)。

刘晗璐(2008)选择禾本科牧草——披碱草和老芒麦为主要研究对象，筛选其中所附着的优良乳酸菌(LAB)；经种属鉴定确定其分类；并且将此 LAB 作为青贮添加剂加入披碱草和老芒麦混合牧草青贮中，研究其对青贮发酵品质的影响；将此微生物培养物作为添加剂，应用于田间青贮生产，研究所调制的青贮对家畜生产性能的影响，阐释其对青贮发酵品质与家畜生产性能改善的机制。为农牧区禾本科牧草高品质利用开辟道路，为畜牧业可持续发展提供有力保证。本研究结果表明，披碱草和老芒麦鲜牧草上附着的微生物主要以一般细菌、酵母菌和霉菌为主，它们的含量均大于 $10^6$cfu/g FM(每克鲜牧草含菌落单位)，乳酸菌的数量较少，最高含量低于 $5\times10^4$cfu/g FM。由此可知，这不能满足常规青贮乳酸菌的最低数量($>10^5$cfu/g FM)需求。因此要想获得优质的禾本科牧草青贮必须额外添加乳酸菌才能主导发酵进行。利用倾注分离法，在披碱草和老芒麦鲜牧草上共分离得到 15 株乳酸菌，通过形态学、生理生化指标及碳水化合物发酵实验进行筛选、鉴定，最终选择 2 株过氧化氢酶阴性，产酸迅速，无运动性，可在广泛的温度范围内生长，可以迅速有效地利用各种碳水化合物的优良同型发酵乳酸菌，一株为植物乳杆菌(*Lactobacillus plantarum*) S2409，一株为蒙氏肠球菌(*Enterococcus mundtii*) S1518。这两株乳酸菌繁殖迅速，在接种后 2h 即可进入对数分裂期，最高活菌数接近 $10^{10}$cfu/ml 培养液。这些特性对促进作物的乳酸发酵均具有良好的效果。应用分离得到的植物乳杆菌和蒙氏肠球菌作为青贮添加剂，进行披碱草和老芒麦混合牧草青贮发酵特性的研究。试验共分 4 个处理：对照组(CK)，喷洒等量的水；S1518 球菌组(Em)；S2409 杆菌组(Lp)；S1518+S2409 组(EL)。每个处理设 8 个重复。由实验结果可知，添加乳酸菌可以明显降低青贮 pH($P<0.05$)；明显增加乳酸含量($P<0.05$)，其中 EL 组增加效果更显著($P<0.01$)；丙酸及丁酸的含量明显下降($P<0.05$)；EL 组显著降低青贮中 $NH_3$-N 含量($P<0.05$)，Em、Lp 组也有降低的趋势，但差异不显著($P>0.05$)；添加乳酸菌可以降低青贮 DM 的损失量，Em、Lp 及 EL 组 DM 的损失量分别降低 0.98、1.32、0.6 个百分点；此外调制成青贮可以较好地保存牧草中的 β-胡萝卜素含量，但添加组的保存效果低于对照组($P<0.05$)。添加乳酸菌可以促进青贮发酵初期乳酸菌迅速地增殖，抑制霉菌和丁酸菌的生长，从整个试验期来看，EL 组效果更显著，但对酵母菌没有太大的影响。因此添加乳酸菌可以改善试验牧草青贮发酵品质，EL 组对试验牧草青贮品质改善效果最优。应用分离得到的植物乳杆菌和蒙氏肠球菌作为添加剂进行中等规模的无芒雀麦田间青贮生产，进行西门塔尔牛饲喂试验。结果表明，在西门塔尔牛日粮中添加含乳酸菌的无芒雀麦青贮，与饲喂干草的西门塔尔牛组相比可以明显增加 DMI($P<0.05$)，分别为 16.71kg/d、14.28kg/d；可以增加乳产量 0.52kg/d($P<0.1$)，明显提高乳中总固形物($P<0.05$)及乳脂肪含量($P<0.05$)；但对乳蛋白($P>0.05$)、非脂固形物($P>0.05$)、乳糖($P>0.05$)及酪蛋白($P>0.05$)含量均无明显影响；此外干草组和青贮组提供的 β-胡萝卜素均可以满足家畜对 VA 的需求，分别为 42.20μg/dl 和 43.87μg/dl；但是在以无芒雀麦青贮和干草为主要粗饲料来源时，需要额外补充维生素 E。补饲 LAB 添加剂青贮，西门塔尔牛粪中乳酸菌($P<0.1$)，肠球菌的数量有增加的趋势($P<0.1$)，大肠杆菌数量呈下降趋势($P<0.1$)，对一般细菌的数量基本无影响($P>0.05$)。综上所述，饲喂添加植物乳杆菌和蒙氏肠球菌的无芒雀麦青贮可以提高西门塔尔牛的生产性能。

魏日华等(2010)以禾本科牧草为研究对象，从人工种植的无芒雀麦(*Bromus inermis*)、披碱草(*Elymus dahuricus*)和野生牧草老芒麦(*E. sibiricus*)、野生冰草(*Agropyron cristatum*)、羊草(*Leymus chinensis*)上共分离得到 8 株异型发酵乳酸菌，依据生理生化试验方法，将 8 株异型发酵乳酸菌鉴定到种的水平，其中布氏乳杆菌(*L. buchneri*)4 株、短乳杆菌(*L. brevis*)2 株、食果糖乳杆菌(*L. fructivorans*)2 株。通过测定 8 株异型发酵乳酸菌的生长曲线和产酸速率，研究这 8 株异型发酵乳酸菌的生长特性，最终筛选出生长速度快、产酸性能好、适宜用作青贮饲料添加剂的 2 株布氏乳杆菌。

李平等(2012b)为探讨川西北高寒牧区主推草种青贮效果，以收种后的老芒麦(*Elymus sibiricns* L.)和虉草(*Phalaris arundinacea* L.)为原料，对其叶围微生物进行计数，使用纤维素酶、蔗糖、尿素和乙酸作为添加剂，灌装青贮 60d 后进行品质分析。结果表明：老芒麦和虉草附着的乳酸菌数量远低于霉菌、酵母菌和丁酸菌；蔗糖和尿素处理下，乳酸含量显著高于对照，氨态氮与总氮比值显著低于对照($P<0.05$)，能够改善老芒麦青贮饲料和虉草青贮饲料发酵品质；乙酸处理下，pH、氨态氮/总氮值显著低于对照，乙酸含量显著高于对照($P<0.05$)，能够改善老芒麦青贮饲料和虉草青贮饲料的发酵品质；纤维素酶对改善虉草青贮饲料发酵品质无显著影响。与此同时，李平等(2012a)研究了不同类型乳酸菌

对老芒麦青贮饲料发酵品质(表 11-3)和营养品质(表 11-4)的影响。

表 11-3　乳酸菌和物候期对青贮饲料发酵品质的影响

| 添加剂 | 物候期 | pH | %DM | | | | | 有氧稳定性/h |
|---|---|---|---|---|---|---|---|---|
| | | | LA | AA | PA | 6-BA | $NH_3$ | |
| 对照 | 抽穗期 | 4.35 | 1.69 | 0.52 | 0.22 | 0.14 | 10.30 | 98.7 |
| | 花期 | 4.40 | 2.38 | 0.92 | 0.16 | 0.17 | 5.96 | 92.0 |
| | 乳熟期 | 4.52 | 1.70 | 0.90 | 0.32 | 0.19 | 7.38 | 107.3 |
| 植物乳杆菌(LP) | 抽穗期 | 3.75 | 3.86 | 0.82 | 0.15 | 0.06 | 8.60 | 156.7 |
| | 花期 | 4.13 | 2.78 | 0.82 | 0.12 | 0.04 | 6.25 | 191.3 |
| | 乳熟期 | 4.31 | 2.69 | 0.38 | 0.17 | 0.06 | 5.55 | 155.0 |
| 布氏乳杆菌(LB) | 抽穗期 | 3.82 | 3.10 | 1.61 | 0.82 | 0.01d | 7.09 | 241.0 |
| | 花期 | 4.28 | 2.38 | 1.48 | 0.75 | 0.05 | 9.07 | 224.3 |
| | 乳熟期 | 4.20 | 2.22 | 0.93 | 0.98 | 0.01 | 6.12 | 206.7 |
| LP+LB | 抽穗期 | 4.14 | 3.32 | 0.96 | 0.52 | 0.03 | 9.07 | 171.7 |
| | 花期 | 4.34 | 2.78 | 0.21 | 0.49 | 0.01 | 7.71 | 200.7 |
| | 乳熟期 | 4.32 | 2.13 | 0.80 | 0.43 | 0.04 | 5.96 | 170.0 |

表 11-4　乳酸菌和物候期对青贮饲料营养品质的影响

| 添加剂 | 物候期 | WSC(%DM) | CP(%DM) | NDF(%DM) | ADF(%DM) |
|---|---|---|---|---|---|
| 对照 | 抽穗期 | 0.85 | 11.17 | 56.69 | 34.28 |
| | 花期 | 0.85 | 7.49 | 62.25 | 40.48 |
| | 乳熟期 | 1.13 | 5.52 | 61.41 | 41.39 |
| 植物乳杆菌(LP) | 抽穗期 | 0.90 | 12.77 | 55.49 | 33.65 |
| | 花期 | 0.60 | 8.08 | 62.87 | 44.38 |
| | 乳熟期 | 0.68 | 6.47 | 63.51 | 44.52 |
| 布氏乳杆菌(LB) | 抽穗期 | 1.06 | 12.28 | 55.47 | 35.61 |
| | 花期 | 1.21 | 7.52 | 60.84 | 44.22 |
| | 乳熟期 | 0.63 | 6.88 | 61.45 | 43.90 |
| LP+LB | 抽穗期 | 1.41 | 10.98 | 56.79 | 36.07 |
| | 花期 | 0.61 | 8.60 | 61.48 | 38.80 |
| | 乳熟期 | 1.19 | 4.74g | 60.36 | 39.27 |

李平等(2012a)以抽穗期川草 2 号老芒麦为研究对象，探讨青宝Ⅱ号(FS)、乳酸菌制剂Ⅰ(LABⅠ)、乳酸菌制剂Ⅱ(LABⅡ)等 3 种乳酸菌制剂的不同添加比例对川西北老芒麦青贮品质的影响。结果表明：不同乳酸菌制剂添加比例对老芒麦青贮饲料的发酵品质和化学成分影响不同；青宝Ⅱ号(FS，0.03g/kg FM)能够改善老芒麦青贮饲料的营养成分；LABⅠ和 LABⅡ均能够显著降低老芒麦青贮饲料的 pH、氨态氮/总氮值和酸性洗涤纤维含量($P<$

0.05)，提高干物质、乳酸和乙酸的含量，改善老芒麦青贮饲料的发酵品质和营养成分。

目前国内外有关乳酸菌的筛选研究主要集中在低海拔地区或平原地区，而针对川西北高寒牧区，乃至青藏高原高寒牧区极端环境下的饲草本身附着乳酸菌生理生化特性和应用基础等方面的研究较少。试验中，我们试图通过添加海星微贮王、青宝Ⅱ号等商业乳酸菌改善川西北高寒牧区老芒麦和燕麦青贮饲料发酵品质，但受温度、饲草含水量和糖分的影响，青贮效果不稳定。这说明，一般的商业乳酸菌并不完全适合川西北高寒牧区饲草不同生长季节青贮加工。与此同时，在川西北高寒牧区，尤其是地处偏远、经济不发达、技术落后的区域，因受设备滞后、资金紧张、技术欠缺、产能有限等客观条件制约，在青贮饲料生产过程中推广使用保温设备来增加贮存环境温度改善青贮饲料发酵品质的措施并不现实。因此，针对川西北高寒牧区低温气候特点，从自然中筛选出 3 株优良乳酸菌，最适生长温度为 15℃，表现出较高的产酸性能，具有耐低温、耐酸、耐盐等生理生化特征，同时能够抑制有害微生物(大肠杆菌、沙门氏菌、枯草芽孢杆菌等)的生长繁殖，较弱(或不具有)耐药性，为青贮调制创造了有利条件。与此同时，通过实验室和田间青贮饲料生产试验，验证了 3 株乳酸菌的青贮潜力：相对于蔗糖、柠檬酸钾和青宝Ⅱ号处理，耐乙醇片球菌 P-14、植物乳杆菌 148 和拟干酪乳杆菌 171 处理在低温条件下缩短了乳酸发酵时间(≤20d)；青贮饲料乳酸含量增加了 98.5%～105.1%，pH 和氨态氮/总氮值分别降低了 5.0%～6.0%和 12.8%～50.0%。

综上所述，所筛选的低温乳酸菌 P-14、148 和 171(图 11-7)有利于青贮饲料品质的改善，可制成复合乳酸菌制剂，用于川西北高寒牧区 8 月中旬以后青贮饲料生产，初步形成了以“萎蔫-添加糖分-提高贮存温度/接种低温乳酸菌”为核心的青贮技术。

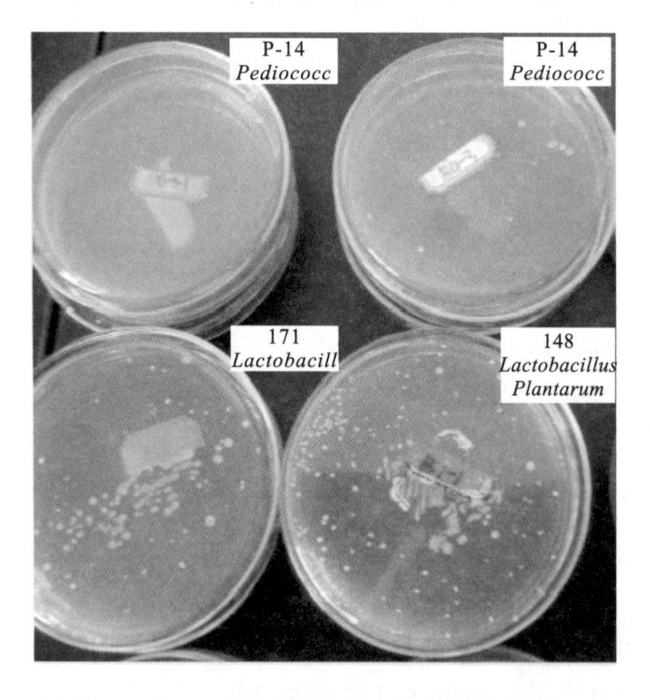


图 11-7 已筛选的 3 株低温乳酸菌

# 第六节　青贮设备设施

## 一、老芒麦窖贮

青贮窖是应用最普遍的青贮设施，按位置可分为地下式、半地下式和地上式青贮窖。在地势地平、低下水位较高的地方，易建造半地下或地上式青贮窖。长方形窖适于青藏高原地区小规模农牧民采用，开窖从一端启用，先开挖 1～1.5m 长，从上而下，逐层使用；饲喂完后再开一端，便于管理。青贮窖应用砖、石、水泥建造，窖壁用水泥挂面，壁光滑，以减少青贮饲料水分被窖壁吸收和利用压紧；窖地只用砖铺面，不抹水泥，以便使多余水分渗漏。

在川西北地区进行老芒麦窖贮时，应选择适宜的收割时间（图 11-8），一般应在 7 月中旬左右老芒麦进行抽穗，刈割高度为 5～10cm。选择整株青贮或者切碎青贮均可以，但是一定要考虑牧草的含糖量，否则窖贮极易失败。晾晒调整青贮原料含水率（70%左右），凋萎好的老芒麦应及时入窖，收获时注尽量避免混入杂草、粪便、泥土等异物。

图 11-8　青贮用老芒麦适时收割

入窖的老芒麦应层层装填，先采用人工踩踏，后用拖拉机碾压或者石夯镇压，装填时注意墙体角落和周围的压实。根据青贮原料的物理性状和生理性状，可以选择植物乳杆菌或甲酸作为添加剂促进乳酸发酵，利于保存青贮饲料的营养价值。

装满压实之后，采用塑料膜或者帆布进行封窖，在塑料膜或者帆布上铺上轮胎或者沙土，注意封窖时墙体周围的密封，避免被雨水、飞鸟、老鼠等破坏，同时也应随时检查由于青贮体下沉后窖顶裂缝渗入的空气，及时封填。青贮饲料的感官品质应该根据颜色、气味、质地等三方面进行鉴定，具体的方法与袋装青贮饲料鉴定一致。

青贮料成熟后，就可启窖饲用，开窖时间据需要而定，一般尽可能避开高温或严寒季节。

取用青贮饲料时，先将取用端的土和腐烂层除掉，注意不要让泥土混入青贮饲料中。然后从打开的一端逐段开始取用，按一定的厚度，自表面一层一层地往下取，使青贮饲料一直保持一个平面。每次取用一日料。每次取料后，应用草帘、塑料薄膜等覆盖物将剩余的饲料封闭严实，以免空气侵入引起饲料霉变(饲喂后引起中毒或其他疾病)。取料后及时清理窖周废料。一旦开窖利用，必须连续取用。开窖后，感观鉴定青贮饲料的品质，品质低劣或污染较重的青贮料不能饲用。地下窖开窖后应做好周围排水工作，以免雨水和融化的雪水流入窖内，使青贮饲料发生霉变。

## 二、老芒麦袋装青贮

袋装青贮使用方面，易堆放和搬运。塑料薄膜厚度应大于 10 丝，小型袋宽一般为 50cm，长 80～120cm，每袋装填 40～50kg。大型袋式青贮技术，是将饲草切碎后，采用袋式灌装机械将饲草高密度地装入由塑料拉伸膜支撑的专用青贮袋中，可持续装入 100t 的饲草。

刈割高度对老芒麦再生和青贮原料微生物附着数量和微生物菌群有重要影响。研究表明：在刈割高度为4cm时，乳酸菌的数量却显著高于丁酸菌，适宜的刈割高度为10～15cm。

收割时尽量保证牧草上无露水，根据收割时天气状况进行凋萎处理，一般凋萎时间为 2～8h，控制老芒麦的含水率在 60%～75%，此时便于进行青贮。收获老芒麦时，采用人工或者机器收获，尽量减少泥土、杂草、粪便等的污染。

将凋萎好的老芒麦揉丝 5～10mm，装袋。根据研究发现，在川西北高寒牧区进行老芒麦青贮调制时，建议使用添加剂改善青贮发酵品质，目前使用的主要添加剂为乳酸菌制剂、糖蜜、丙酸等。

将喷洒好青贮添加剂的老芒麦混匀，装袋，尽可能压实，装袋时用真空封口机抽真空，装满后用绳子将袋子封口(图 11-9，图 11-10)。12h 后解开绳子放完牧草发酵产生的气体，再用真空机抽空气、用封口机密封形成产品。置于室温、阴凉处长期储放，避免老鼠、飞鸟等对青贮袋的破坏。

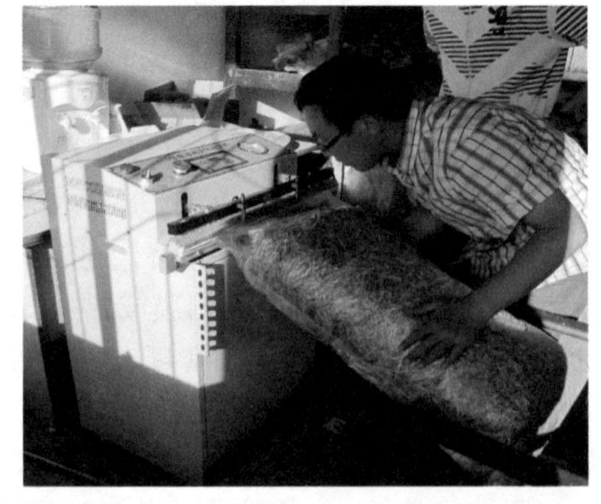

图 11-9 老芒麦袋装青贮

图 11-10　老芒麦袋装青贮机械

开袋后，对青贮饲料进行感官评定，依据德国农业协会的青贮饲料感官评定方法(DLG)，从色泽、气味、质地和霉变等方面对青贮饲料的品质进行评定，品质评定为合格的青贮料进行合理利用。

青贮料成熟后，就可开袋饲用，开袋时间和开袋数量据需要而定，一般尽可能避开高温或严寒季节。高温会造成青贮饲料短期内腐败变质，低温会造成青贮饲料结冰成块，不利于牲畜对青贮饲料的取食。

## 三、老芒麦拉伸膜裹包青贮

将粉碎好的青贮原料用打捆机进行高密度压实打捆，让后通过裹包机用拉伸膜包裹起来，从而制造严格的厌氧发酵环境，最终完成乳酸发酵过程(表 11-5，图 11-11)。常用的小型牧草拉伸膜青贮配套机械为圆捆机、墨捆裹包机和专用青贮裹包膜，大规模生产拉伸膜裹包青贮的配套机械和材料为圆捆机和专用青贮裹包网(表 11-6，图 11-12，图 11-13)，生产 1t 青贮料的膜成本为 35～75 元。

**表 11-5　小型裹包青贮技术**

| 主要参数 | 技术要点 | 机械配置 |
| --- | --- | --- |
| 收获期 | 抽穗期 | 压扁式割草机，刈割高度 10～15cm |
| 切碎度 | 整株/切碎 2～3cm/揉丝 | 视物候期而定 |
| 打捆密度 | 40～50kg/捆 | 国内通用打捆机 |
| 包膜层数 | 拉伸膜 5～8 层 | 国内通用拉伸膜 |
| 添加剂 | 乳酸菌制剂、糖蜜、丙酸等 | |
| 贮存时期 | ＞60d | 贮草棚贮存，干草保温 |

图 11-11 小型裹包青贮

表 11-6 大型裹包青贮技术

| 主要参数 | 技术要点 | 机械配置 |
|---|---|---|
| 收获期 | 抽穗期/乳熟期 | 压扁式割草机 |
| 切碎度 | 整株 | |
| 打捆密度 | 500～600kg/m$^3$ | 纽荷兰 BR6090 combi |
| 包膜层数 | 拉伸膜 6～10 层 | 国内通用拉伸膜 |
| 贮存时期 | ＞45d | 露天贮存/保温棚 |

图 11-12 大型裹包青贮机械

图 11-13 大型裹包青贮

## 四、老芒麦发酵 TMR 技术

全混合日粮(total mixed rations，TMR)：根据牦牛、绵羊等家畜的营养配方，将含有所需营养成分的干草、青贮饲料或其他农副产品等粗饲料、精饲料、矿物质及维生素等均匀混合而成的一种营养平衡日粮，含水量一般控制为35%～55%。

TMR 饲喂技术的优点：避免挑食；改善瘤胃机能，防止消化障碍；供给瘤胃微生物稳定而平衡的营养成分；改善体况，提高生产能力和繁殖效率；饲养管理科学、精确、简单，易于机械作业，提高劳动效率；开发饲料资源，降低饲料成本。

发酵 TMR 产品的优点：饲料品质稳定，地域性非粮型资源的有效利用，提高适口性和采食量，好氧稳定性，便于 TMR 的商品化和流通。

(1) TMR 的配方设计：

原料：精饲料——能量饲料、蛋白质饲料等。

粗饲料：青贮、青干草、青绿饲料，农作物秸秆等。

副产品：糟渣类等食品加工副产品。

补充料：矿物质添加剂、维生素添加剂等。

(2) 配套设备：

搅拌设备：固定式、可移动式 TMR 混合搅拌设备。

发酵设备及资材：裹包机及其配套动力，青贮专用拉伸膜，打捆专用绳，抽真空机、聚乙烯塑料袋、尼龙外袋等。

# 第十二章　老芒麦青干草调制与贮存

青干草指适时收割的牧草、细茎饲料作物，在产量较高、质量较好时期刈割后，经过自然或人工干燥调制成的能够长期贮存的青绿饲料。优质青干草是指收割期适当、含叶量丰富、绿色并带特殊的干草芳香味道、不混杂有毒有害物质、含水量10%～15%、营养成分丰富的干草(胡成波等，2011)。调制好的青干草青绿、芳香、易消化，反刍动物特别爱吃，是舍饲养畜冬季的主要饲料。青干草与精料相比不但蛋白质品质较好，而且其他各种营养物质的含量也比较均衡，胡萝卜素的含量较为丰富，矿物质的组成较好，钙的含量丰富(吴凤霞等，2012)。青干草调制作为畜牧业生产的传统办法，可以把饲草从旺季保存到淡季，能够解决丰草期大量牧草霉烂、枯草期饲草缺乏等问题，且具有简便易行、成本低、便于长期大量储存等优势，是解决草畜平衡问题的一项重要措施(黄文娟，2008)。随着我国草牧业的发展，草产品交易的日趋频繁，青干草已经是最主要的草产品，目前紫花苜蓿和燕麦青干草产品已经是草产品交易的主力，但是市场对青干草品质的要求也越来越高，传统青干草调制方法已经不能满足品质需求。现代化的大型农机具的广泛使用、青干草调制和贮藏技术的提高，将使青干草产品品质得以保障。

川西北牧区虽然建植了大面积的老芒麦人工割草地，但低成本、轻简实用、能有效保证牧草品质的收、储、调制、加工的技术、机械设备、服务组织及模式还不成熟和完善。传统青干草调制技术虽然成本低、方法简便、牧民容易操作，但调制青干草时也是该地区雨水比较多的时候，不仅造成了牧草利用率低、营养物质流失严重，而且在收储过程中常有霉变、腐烂发生，容易引起家畜中毒，给畜牧业生产带来了严重危害。因此加快研究优质青干草调制技术，提高该地区饲草料质量已迫在眉睫(陈立坤等，2014)。

## 第一节　青干草调制原理

干草调制过程中，牧草的水分和营养物质要经过生理变化和生化变化两个复杂的过程。

### 一、生理变化

#### (一)水分散失规律

在生理变化阶段，植物体内散失的水分主要是细胞间隙中的自由水，植物体内的自由水散失主要通过维管系统、细胞间隙和气孔进行，其散失速度取决于牧草与大气间的水势差、气孔和空气阻力(曹致中，2005)，因此在天气晴朗、通风条件良好的环境下，植物体内的自由水分能快速散失，禾本科牧草体内的自由水分在该阶段能降到40%～45%。

(二)营养物质变化

青草刈割后含水量降到40%以前，蒸腾作用、呼吸作用等生理活动仍在继续进行，细胞的生命活动还在继续，但是由于此时细胞的水分和其他营养物质的供应已经中断，只能依靠植物体内储存的营养物质来进行，导致部分淀粉转化为二糖或单糖，部分蛋白质被分解成氨基酸为主的氨化物等营养物质。这时牧草体内进行的是以氧化作用为主导的代谢，称为饥饿代谢(曹致中，2005)。牧草的含水量降到40%左右时，细胞失去恢复膨压的能力之后趋于死亡，代谢活动停止。在此阶段，牧草的营养物质将会持续损失，该阶段持续的时间越长，牧草的营养损失就越多，因此必须缩短饥饿代谢时间，使植物体内含水量尽快降到40%左右，加快细胞的死亡，减少牧草的营养损失。由于水解酶的活动将各种蛋白质、糖类分解成氨基酸和单糖，使得一些重要的氨基酸，如赖氨酸和色氨酸的含量有所增加(武红，2010)。

## 二、生化变化

(一)水分散失规律

生理变化之后，牧草体内水分含量降至40%左右，这时的水分主要为细胞内水分。水分从细胞内进入细胞间隙时，细胞壁阻力较大，此阶段牧草的水分散失方式以角质层散失为主。通常角质层含有一部分蜡质，当水分在生理变化阶段大量散失时，蜡质往往被挤压渗出角质层，从而阻挡了水分通过角质层而散失，同时，牧草内部水分散失后，与大气间的水势差减小，导致牧草内部水分向外散失减缓(曹致中，2005)。在自然条件下，要使牧草含水量由40%～55%降到18%～20%，通常需要1～2昼夜甚至更长时间(陈辉，2002)。

(二)营养物质变化

当牧草水分含量降到40%左右时，植物体内有酶参与作用的生化过程逐渐代替生理过程。此时细胞开始死亡，进入自体溶解阶段，原生质渗透性提高，在潮湿的情况下，维生素及可溶性营养物质损失较多。此外，在强烈的阳光直射和体内的氧化酶作用下，植物体内所含的胡萝卜素、叶绿素和维生素 C 等会被分解而损失，晾晒时间越长，其损失程度越严重(刘维，2006)。水溶性糖在酶的作用下变化较大，而淀粉、纤维素等多糖变化较小。如果干燥时间较长，酶的活动便会增强，造成蛋白质分解，会损失较多的蛋白质。同时，植物本身的酶类与各种微生物的活动而产生的酶相结合，造成氨化物被进一步分解成氨而损失，糖类被分解成二氧化碳和水而损失，胡萝卜素受到体内氧化酶的破坏和阳光的漂白作用而损失，因此加快干燥速度是调制优质干草的关键(侯建杰，2013)。

## 第二节 饲草刈割

### 一、刈割时间

适时刈割不仅能获取单位面积饲草产量最大量和单位面积营养物质最大量，而且有利于多年生牧草次年的返青和生长发育。禾本科牧草在抽穗期刈割，为了获取单位面积最大饲草产量和营养物质最大量，刈割时间以始花期为好(黄文娟，2008)。另外，在原料收割时，也要注意剔除有毒有害的杂草(马志宁，2011)。根据国家行业标准规定，调制特级禾本科青干草需要在抽穗前刈割，人工草地及改良草地杂类草不超过 1%，天然草地杂类草不超过 3%；一级禾本科青干草需要在抽穗前刈割，人工草地及改良草地杂类草不超过 2%，天然草地杂类草不超过 5%；二级禾本科青干草需要在抽穗初期或抽穗期刈割，人工草地及改良草地杂类草不超过 5%，天然草地杂类草不超过 7%；三级禾本科青干草可在结实期刈割，干草杂类草不超过 8%(中国农业科学研究院畜牧研究所，2003)。

目前老芒麦的青干草调制技术还相对落后，其产品只是当地牧民用于秋冬季草料储备，因此对青干草质量的要求较低，其刈割时间可以推迟到结实期。但是随着老芒麦青干草产品市场化程度的加深，老芒麦青干草质量急需提高，因此老芒麦刈割时间结合实际情况，可提前到抽穗期。

### 二、刈割气候的选择

传统的青干草调制主要是自然干燥，因此刈割气候的选择对青干草能否调制成功、品质好坏具有重要意义。由于雨淋可使易被反刍动物消化、利用的养分显著流失，粗蛋白平均损失 40%，热能损失 50%，连续的阴雨霉烂将导致损失一半以上甚至全部的营养物质(吴凤霞等，2012)，所以晒制青干草时要选择晴好天气。同时由于川西北地区老芒麦刈割季节恰逢当地的雨季，使得调制老芒麦青干草难度加大，对气候的选择就更加重要。老芒麦刈割前应向当地气象部门咨询近期天气，确保选择一个连续晴天较长的时间段进行刈割。刈割时尽量使用大型割草机以确保刈割效率，充分利用宝贵的晴朗时间，并为下一步的老芒麦自然干燥保障时间。如选择人工烘干，对气候的要求就相对较低，确保气候有利于机械刈割即可，但是为了降低烘干成本，刈割也最好选择在晴天。

## 第三节 影响老芒麦青干草调制的因素

### 一、水分含量

刚刈割的青草在晒制过程中，其细胞并未死亡，仍在进行呼吸，会造成大量养分损失，从而降低其利用价值(吴凤霞等，2012)。生理变化阶段细胞的呼吸作用和生化变化阶段细胞内酶类的作用，使部分无氮浸出物水解成单糖，少量蛋白质因分解为氨、水和二氧化碳而损失，部分胡萝卜素也因受到氧化酶的破坏和阳光的曝晒作用而损失(吴凤霞等，2012)。当植物的水分含量降到40%左右时，植物的呼吸作用才会停止(马志宁，2011)，当水分含量降至 17%左右时，酶类作用才停止。所以应采取适当措施使水分含量迅速降到 17%左右，另外还应尽可能减少直接曝晒。

### 二、机械操作损失

老芒麦在青干草调制过程中，搂草、翻草、搬运、堆垛都不可避免地造成细枝嫩叶破碎脱落，且调制过程中流程越多，损失越大(吴凤霞等，2012)。

### 三、阳光照射

在阳光的直接照射下，植物体所含胡萝卜素连同叶绿素因光化学作用而破坏，植株中的维生素 C 几乎全部损失(吴凤霞等，2012)。青草曝晒 1 天，胡萝卜素的损失量高达75%，但干草中的维生素 D 含量却显著增加。因此在青干草的调制过程中有条件的话尽可能采用日晒与风干相结合的方法(吴凤霞等，2012)。

## 第四节　老芒麦青干草干燥方法

干燥是青干草调制的重要环节，也是影响草产品质量的关键环节，目前禾本科牧草干燥方法主要为自然干燥和人工干燥两种，老芒麦的干燥目前以自然干燥为主。

### 一、自然干燥法

自然干燥法根据干燥的方式又可分为地面干燥、草架干燥和发酵干燥 3 种(吴凤霞等，2012)。

(一)地面干燥

地面干燥法不需要特殊设备，基本上靠手工操作，一般农户均可采用。但地面干燥法的干燥效率低，劳动强度大，制作的干草质量差。在牧草适宜收割期，选择晴天收割后即将青牧草平铺地面，厚度以 10～15cm 为宜，在日光下曝晒 4～8h，定时翻动，以加快水分蒸发，使水分降到 40%左右(取 1 束草在手中用力拧紧，有水但不下滴)即达到半干程度，将半干的草拢集成松散的小堆，堆高 1m，直径 1.5m，重约 50kg，继续晾晒 4～5d 或移到通风良好的阴棚下晾干，使水分含量降低至 14%～17%(将干草束在手中抖动有声，揉卷搊叠不脆断，松手时不能很快自动松散)即达干燥可贮存程度。如遇阴雨天气，可将平铺地面的牧草收起或拢成小堆，尽量减少雨淋面积。天晴后，当地面干燥后将草堆散开，铺成薄行晾晒，定时翻动，使水分均匀蒸发，达到可贮存程度。

（二）草架干燥

草架可用树干或木棍搭成，也可采用铁丝做原料，草架搭成三角形或长方形。割下的老芒麦在田间晒至水分达45%～50%时，将其一层一层放置于草架上，或将草束扎成直径10～20cm的小捆，搭在草架上，放草时要由下而上逐层堆放，堆成圆锥形或房脊形。堆草应蓬松，厚度不超过70～80cm，最下层草离地面20～30cm，堆中应留通道，以利空气流通。牧草堆放完毕后，将草架牧草整理平顺，可使雨水沿其表面流至地表，减少雨水浸入草堆内（胡成波等，2011）。由于川西北地区风大，草架一定要坚固，以防止被风吹倒。

草架干燥法非常适于川西北地区老芒麦的青干草干燥，但是该方法干燥老芒麦效率较低，不适于规模化的老芒麦青干草干燥，少量的老芒麦青干草干燥可采用。

（三）发酵干燥

将割下的青草晾晒至水分降至50%左右，然后分层夯实压紧堆积，表层用塑料薄膜覆盖。牧草依靠自身呼吸和细菌、霉菌活动产生的热量使草堆温度上升至70～80℃时打开草堆，水分蒸发而使饲草迅速干燥。为防止发酵过度，应逐层堆紧，每层可撒上饲草质量0.5%～1.0%的食盐。发酵干燥需1～2个月方可完成，其间也可适时把草堆打开，使水分蒸发。这种方法养分损失较多，故多在阴雨连绵时采用（胡成波等，2011）。

在实际生产中，还可结合以下两种方法提高干燥效率。

（一）压扁青干草

压扁青干草是指在收获时用机械将青草茎秆压扁，在地面干燥时，结合此法可以缩短干燥时间50%以上。由于该方法能加速老芒麦后期的干燥，因此在条件许可的情况下川西北地区应尽可能采用，规模化生产老芒麦青干草，更应该装备带有压扁功能的割草机，使老芒麦在刈割的同时就被压扁，既提高效率也方便后期的干燥。

（二）化学调制干燥

在老芒麦刈割前后，对其喷施一些化学添加剂如碳酸钾、碳酸钠等，经化学反应破坏茎表面的蜡质层（胡成波等，2011），促进老芒麦体内水分散失，加快干燥速度，缩短干燥时间，提高蛋白质含量和干物质产量。

采用添加剂能有效地促进老芒麦的干燥，这种方法可以与地面干燥、压扁青干草、草架干燥等自然干燥法联合使用。

## 二、人工干燥

人工干燥法需要一定的设备，干燥效率高，劳动强度小，制作的干草质量好，但成本高。

（一）常温通风干燥

老芒麦刈割压扁后，在田间干燥至含水量35%～40%时运往有通风设备的草库，将其堆在通风管上，开动鼓风机使老芒麦含水量降至17%左右。该方法与草架干燥法原理类似，只是在室内继续干燥时有通风设备。

（二）低温烘干

将老芒麦刈割后，立即输送到具有烘干设备的烘房内，运转烘干设备，使室温保持在45～150℃，温度根据实际情况进行设置。使牧草干燥到含水量为15%左右即可。

（三）高温干燥

将老芒麦刈割后，立即输送到500～1000℃的干燥机内，热空气脱水，在数分钟甚至数秒钟内老芒麦含水量可降到15%左右。

### 三、人工干燥和自然干燥比较

自然干燥法简便易行，成本低，不需特殊设备，但受天气的限制，遇阴雨天很难干燥，故适用于一般牧民家庭。该方法生产的青干草具有青草的芳香味，产品有较高的消化率和很好的适口性，但干草养分损失大。在川西北地区进行老芒麦干燥，如果采用自然干燥，选择适宜的干燥天气是关键，大型农机具的使用能够给老芒麦干燥挤出宝贵的适宜干燥时间；适当采用压扁青干草、发酵干燥及添加干燥添加剂相结合的综合自然干燥法，能大大提高该区域老芒麦的干燥速度；当地牧民小规模的老芒麦干燥，适宜采用草架干燥法进行干燥。

人工干燥不受天气限制，干燥迅速，保存养分多，但需较复杂的设备，耗能大，适用于大规模集约化生产。该方法加工出来的青干草蛋白质损失少，但芳香性氨基酸容易被挥发掉，无芳香味，致使适口性有所降低。随着草牧业的发展，川西北地区老芒麦产地规模化地进行青干草生产是必然趋势，应培育或者引进有实力的公司，形成老芒麦烘干生产线，促进老芒麦青干草产业在该地区的发展。

## 第五节　添 加 剂

### 一、尿素

尿素可以有效地抑制霉菌的生长，减少热害，可使干草保持良好的色泽，同时降低纤维的含量。

### 二、化学干燥剂

化学干燥剂干燥法是国外20世纪70年代末发展起来的一种新的饲草干燥技术。使用的干燥剂主要为碳酸钾（$K_2CO_3$）、碳酸钠（$Na_2CO_3$）、碳酸氢钠（$NaHCO_3$）、碳酸氢钾（$KHCO_3$）和碳酸钙（$CaCO_3$）。饲草干燥剂主要作用是破坏饲草秸秆表皮的蜡质层，促进其内部水分的蒸发，从而加快饲草干燥速度，减少干草营养成分的损失（卜登攀和崔慰贤，2001）。目前，常用的干燥剂是碳酸钠与碳酸钾，使用时多制成0.1mol/L的水溶液，在收割前喷洒在草垄上（约220L/$hm^2$）。

# 第六节　青干草调制技术研究

要调制优质的老芒麦青干草需要注意的环节很多，且很多环节相互影响，因此需要成套的老芒麦青干草调制技术，才能确保老芒麦青干草的质量，但是目前有关老芒麦青干草调制技术的研究较少。

陈立坤等(2014)通过含水量、打捆密度及防腐剂筛选试验，具体实验处理见表 12-1，对川草 2 号老芒麦青干草捆的粗蛋白、可溶性糖含量、酸性洗涤纤维、中性洗涤纤维、干物质含量进行研究。

**表 12-1　不同处理的青干草捆**

| 处理号 | 含水量 | 打捆密度/（$kg/m^3$） | 尿素用量/（g/kg） |
|---|---|---|---|
| A | 31%～35% | 150 | 0 |
| B | 31%～35% | 200 | 2 |
| C | 31%～35% | 250 | 4 |
| D | 31%～35% | 300 | 6 |
| E | 26%～30% | 150 | 2 |
| F | 26%～30% | 200 | 0 |
| G | 26%～30% | 250 | 6 |
| H | 26%～30% | 300 | 4 |
| I | 21%～25% | 150 | 4 |
| J | 21%～25% | 200 | 6 |
| K | 21%～25% | 250 | 0 |
| L | 21%～25% | 300 | 2 |
| M | 16%～20% | 150 | 6 |
| N | 16%～20% | 200 | 4 |
| O | 16%～20% | 250 | 2 |
| P | 16%～20% | 300 | 0 |

注：大写字母表示不同处理对照

## 一、感官评定

不同青干草调制处理的感官评定发现影响感官的主要因素是含水量，老芒麦含水量在16%～26%时，感官评定的评分最高(表 12-2)。

表 12-2 不同处理的草捆感官评定表

| 处理号 | 感官指标得分 | | 色泽 | 总分 | 等级 |
|---|---|---|---|---|---|
| | 气味 | 结构 | | | |
| A | 4 | 2 | 0 | 6 | III |
| B | 4 | 2 | 0 | 6 | III |
| C | 4 | 2 | 0 | 6 | III |
| D | 4 | 2 | 0 | 6 | III |
| E | 10 | 2 | 1 | 13 | II |
| F | 10 | 2 | 1 | 13 | II |
| G | 10 | 2 | 1 | 13 | II |
| H | 10 | 2 | 1 | 13 | II |
| I | 14 | 4 | 2 | 20 | I |
| J | 14 | 4 | 2 | 20 | I |
| K | 14 | 4 | 2 | 20 | I |
| L | 14 | 4 | 2 | 20 | I |
| M | 14 | 2 | 1 | 17 | I |
| N | 14 | 2 | 1 | 17 | I |
| O | 14 | 2 | 1 | 17 | I |
| P | 14 | 2 | 1 | 17 | I |

注：大写字母表示不同处理对照

## 二、不同处理对粗蛋白含量的影响

从表 12-3 和图 12-1 可以看出，在处理 A、B、C、D、E、F、G、H 中粗蛋白的含量比较高，均超过 7%。可能的原因是刈割后牧草的干燥时间较短，营养物质粗蛋白的损失较少，但随着干燥时间的变长，含水量减少，粗蛋白的含量呈下降趋势。处理 K、L 在气味、结构、色泽方面都表现较好，粗蛋白的含量也较高，分别达到了 8.10%和 8.32%。

表 12-3 不同处理对老芒麦草捆营养成分含量的影响(%)

| 处理号 | 营养成分 | | | | |
|---|---|---|---|---|---|
| | 粗蛋白 | 酸性洗涤纤维 | 中性洗涤纤维 | 可溶性糖 | 干物质 |
| A | 7.74 | 45.6 | 58.44 | 0.729 | 80.53 |
| B | 8.39 | 43.78 | 63.62 | 0.819 | 81.59 |
| C | 7.69 | 38.5 | 63.37 | 0.954 | 82.29 |
| D | 8.19 | 36.54 | 60.09 | 1.386 | 81.86 |
| E | 8.28 | 42.11 | 64.68 | 2.448 | 85.43 |
| F | 7.69 | 43.81 | 53.37 | 3.006 | 85.07 |
| G | 8.43 | 38.08 | 58.91 | 2.963 | 85.77 |
| H | 7.08 | 39.56 | 62.61 | 2.988 | 84.57 |

续表

| 处理号 | 营养成分 | | | | |
|---|---|---|---|---|---|
| | 粗蛋白 | 酸性洗涤纤维 | 中性洗涤纤维 | 可溶性糖 | 干物质 |
| I | 6.40 | 38.15 | 61.86 | 2.277 | 84.4 |
| J | 7.76 | 41.19 | 58.24 | 2.52 | 85.28 |
| K | 8.10 | 40.24 | 61.1 | 3.025 | 83.51 |
| L | 8.32 | 40.04 | 56.04 | 3.618 | 84.02 |
| M | 6.33 | 44.88 | 66.55 | 2.664 | 84.97 |
| N | 7.83 | 39.6 | 66.6 | 3.366 | 83.9 |
| O | 6.79 | 41.44 | 65.35 | 2.871 | 84.33 |
| P | 7.44 | 48.2 | 63.32 | 2.807 | 83.49 |

注：大写字母表示不同处理对照

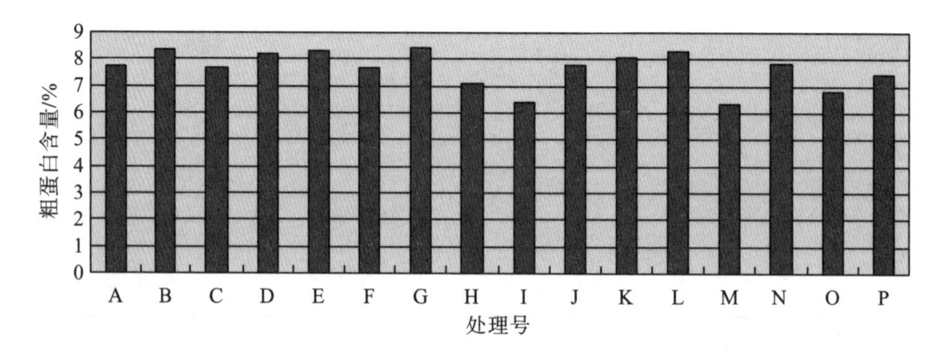


图 12-1 草捆的粗蛋白含量

## 三、不同处理对可溶性糖含量的影响

可溶性糖含量的高低直接影响着饲草的适口性和饲喂效果，从表 12-3 和图 12-2 可以看出，处理 K、L 和 N 表现出较高的可溶性糖含量，处理 L 在各处理中最高，达到 3.618%。而处理 A、B、C、D 在各个处理中可溶性糖含量较低，处理 A 最低，仅 0.729%。

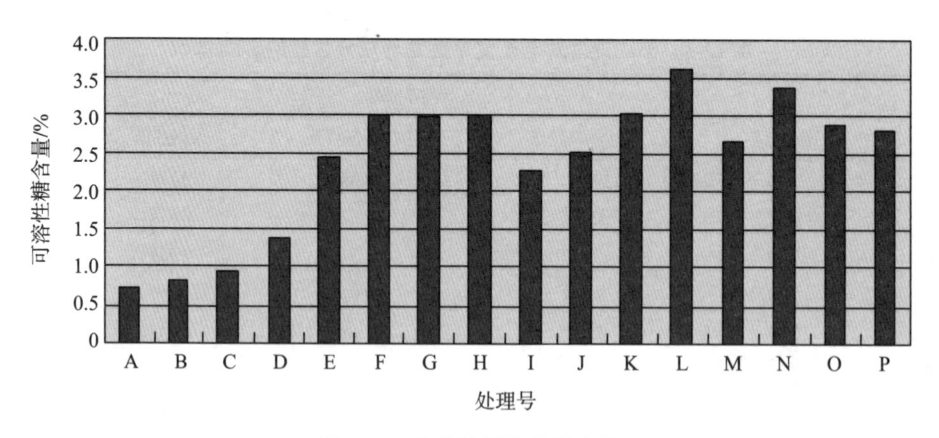


图 12-2 草捆的可溶性糖含量

## 四、不同处理对酸性洗涤纤维和中性洗涤纤维含量的影响

处理 A、B、C、D、M、N、O、P 表现出较高的水平，酸性洗涤纤维的数值已接近45%，最高值处理 M 达到了 44.88%。中性洗涤纤维最高值处理 N 达到了 66.60%。而处理 E、F、G、H、I、J、K、L 的酸性洗涤纤维和中性洗涤纤维均表现出较低的水平，处理 I、J、K、L 的酸性洗涤纤维和中性洗涤纤维含量较稳定，波动均不大(表 12-3，图 12-3)。

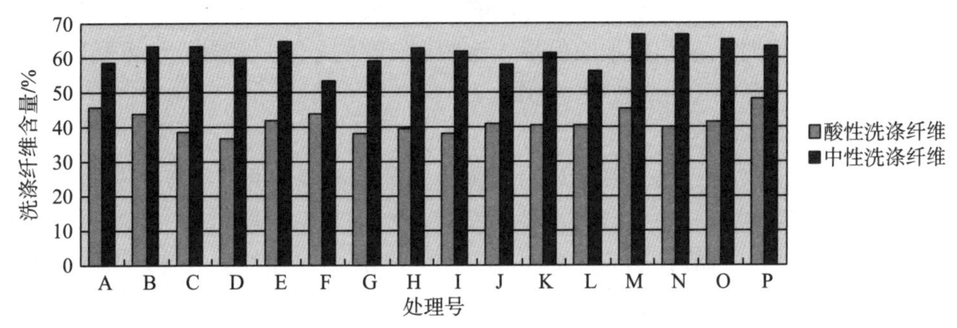


图 12-3　草捆的酸性洗涤纤维和中性洗涤纤维含量

## 五、试验结论

通过试验可知，川草 2 号老芒麦在含水量为 21%～25%、打捆密度为 300kg/m$^3$、尿素用量为 2g/kg 时，粗蛋白、可溶性糖含量较高，酸性洗涤纤维和中性洗涤纤维含量较稳定，有利于提高牧草利用率、消化率和适口性，减少营养物质流失，同时适宜其贮存、运输及利用。

# 第七节　青干草贮存与质量评价

## 一、青干草贮存原则

调制好的青干草应及时妥善贮存，以免引起青干草发酵、发热、发霉而变质，降低其饲用价值。贮存方法可根据具体情况和需要而定，但不论采用哪种贮存方法，都应尽量减小与空气的接触面，减少日晒雨淋等影响(胡成波等，2011)。

## 二、青干草贮存方法

### (一)散干草堆藏

老芒麦青干草堆应选择在地势高而平坦、干燥、排水良好，雨、雪水不能流入垛底的地方。为了减少干草的损失，垛底要用木头、树枝、老草等垫起铺平，高出地面 40～50cm，

还要在垛的四周挖 30～40cm 深的排水沟，草垛的大小视具体情况而定。堆垛时，第 1 层先从外向里堆，使里边的一排压住外面的梢部。如此逐排向内堆排，堆成外部稍低、中间隆起的弧形，每层 30～60cm 厚，直至封顶。干草堆垛后，一般用干燥的杂草、麦秸或塑料薄膜封顶，青干草堆顶不能有凹陷和裂缝，以免进雨、蓄水。青干草堆的顶脊必须用绳子或泥土封压坚固，以防大风吹刮(胡成波等，2011)。

(二)草棚堆藏

在气候湿润地区或条件较好的牧场应建造干草棚或青干草专用贮存仓库，以避免日晒雨淋。草棚应建在离动物圈舍较近、易管理的地方，要有一个防潮底垫，堆草方法与露天堆垛基本相同。堆垛时干草和棚顶应保持一定距离，有利于通风散热。也可利用空房或房前屋后能遮雨的地方贮存(胡成波等，2011)。

(三)压捆青干草的贮存

散干草体积大，为便于装卸和运输，将损失降至最低限度并保持青干草的优良品质，生产中常把青干草压缩成长方体或圆柱体的草捆，然后一层一层叠放贮存。草捆垛的大小可根据贮存场地确定，一般长 20m，宽 5m，高 18～20m，每层应有 0.3m 的通风道，其数目根据青干草含水量与草捆垛的大小而定(胡成波等，2011)。

## 三、老芒麦青干草贮存中的管理

为了保证垛藏青干草的品质和避免损失，对贮存的青干草要指定专人负责检查和管理，注意防水、防潮、防霉、防火、防人为破坏，还要注意防止鼠类动物的破坏和污染。堆垛初期要定期检查，发现有漏缝应及时修补，垛内的发酵温度为 45～55℃时，应及时采取散热措施，否则干草会被毁坏，或有可能发生自燃。散热办法是用一根粗细和长短适当的直木棍，一端削尖，在草垛的适当部位打几个通风眼，使草垛降温(胡成波等，2011)。

## 四、禾本科青干草质量评价

由于包括老芒麦在内的禾本科青干草的质量受刈割时期、天气情况、干燥方法等诸多因素的影响，所调制的青干草质量不一样，因此在饲用或交易时，需要对青干草产品进行评价。

禾本科青干草主要从有毒有害及杂类草含量、外部感官、水分及蛋白质含量等指标进行评价，目前国内的评价标准主要是 2003 年颁布、2004 年开始实施的《禾本科牧草干草质量分级》(NY/T 728—2003)。

# 第十三章　老芒麦国家牧草种子基地建设与产业化示范

由于资金、土地原因等原因，国家种子基地的持续维持一直是我国牧草种子基地建设面临的难题，大部分种子基地在项目验收之日即是种子基地结束之时，很难长期维持。为了打破这种尴尬局面，四川省草原科学研究院经过长期探索，在红原县建立的川草 2 号老芒麦国家牧草种子基地，打破常规经营模式，从 2003 年建立至今依然运转良好，开创了老芒麦国家牧草种子基地建设的长效机制。

## 第一节　老芒麦国家牧草种子基地运行模式

四川省草原科学研究院依托单位育成的具有自主知识产权的优良国审牧草新品种——川草 1 号老芒麦和川草 2 号老芒麦，争取到农业部“川草 2 号老芒麦育繁推一体化项目”、国家农发办“四川省川草 1、2 号老芒麦良种扩繁建设项目”和“四川省红原县青藏高原牧草种子繁育基地产业化项目”等优良牧草种子生产基地建设项目，在红原县累计建立老芒麦良种繁育示范基地 2 万亩，同时，以项目的成果作为主要技术支撑，在阿坝州阿坝县和若尔盖县等地建老芒麦良种扩繁基地 3 万亩。为了配合种子基地项目的实施，四川省草原科学研究院完善了基础配套设施的建设，购置农机设备 37 台(套)，种子加工成套设备 2 套，建种子加工厂房、仓库、晒场、农机具房、晾棚、看守房、田间道路等配套基础设施 8100 余平方米，布置电力线路 4000m。

为了维持种子基地的持续运转，四川省草原科学研究院以项目经费和技术为股本、红原县以土地为股本联合成立了四川红原兴牧科技开发有限责任公司，并由其具体实施和经营牧草种子生产、加工和销售，形成省、州、县共建的种子基地经营实体。同时，在国家天然草原恢复治理、退牧还草等生态工程招标中规定或建议使用川草 2 号老芒麦等优良牧草新品种，使种子基地生产的优质老芒麦种子在川西北及青藏高原地区大面积推广，由此获得经费支撑维持了种子基地的可持续发展。

同时，在四川省草原科学研究院研制的配套技术和牧草标准支撑下，种子基地成功实现了老芒麦种子生产的规模化、标准化和机械化，并树立了具有自主知识产权的“川草”品牌，催生了“川草”“兴牧”“龙达”“唐克”等草业公司，构建了老芒麦等优良牧草“育—繁—推，产—加—销”一体化的产业体系(图 13-1)。基地建成后，老芒麦草层高度达 1.2m 以上，年产优质种子 65kg/亩，收种后又可收青干草 300kg/亩。为解决川西北牧区冬春严重缺草、常年遭受雪灾危害的现状，四川省草原科学研究院与红原县政府合作建立了以种子基地为基础的抗灾保畜新机制。充分利用种子基地生产的青干草，建立县级冬春抗灾、防灾牧草贮备库，在雪灾来临前，以青干草作为救灾物资代抵现金发放给牧民，通过冬春牦牛补饲，不仅大大降低了冬春牦牛等牲畜的死亡率，还解决了因饲草料不足造成的牲畜冬春掉膘等问题，为改善牧区生产生活条件开拓了一条长期可行之路，深受农牧民欢迎。

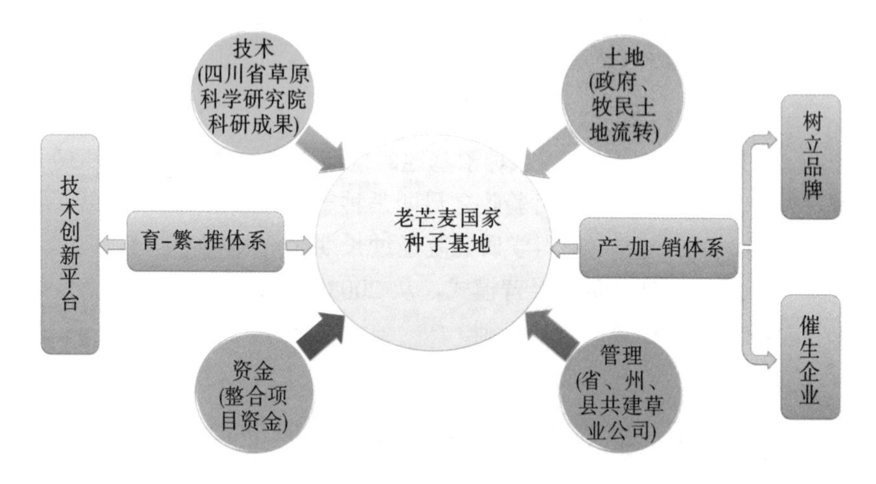


图 13-1　川草 2 号老芒麦国家种子基地经营模式

## 第二节　产业化示范与推广

四川省草原科学研究院针对老芒麦的利用开展了良种繁育、种子加工、人工饲草料基地建设、天然草地补播、退化草地治理等方面的产业化示范及配套技术应用推广，形成了以资源收集评价为基础，新品种选育为核心，种子基地建设为纽带，示范推广为目标的牧草“育—繁—推，产—加—销”一体化的牧草产业体系，对促进青藏高原地区畜牧业发展、生态建设和民族团结起到了重要作用(图 13-2)。

### 一、优质人工饲草料基地建设

2001 年开始，以家庭联户牧场为主，开展人工种草示范，在红原县的龙壤乡和安曲乡各选 50 户(共 100 户)牧户，由项目组提供技术支持，指导每户建立老芒麦等人工打贮草基地 10～20 亩，示范户第 1 年收干草 300kg/亩，第 2～5 年收干草 500～600kg/亩，取得了显著的效益，深受农牧民欢迎。随后，结合国家天然草原恢复与建设和退牧还草等重大项目工程的实施，老芒麦、虉草、披碱草等新品种(系)及其配套栽培技术在川西北高寒牧区及周边地区的人工草地建设中得到大面积应用，截至 2012 年年底，累计建植优质人工饲草料生产基地 75.5 万亩，建成的人工饲草料生产基地植被高达 50～120cm，鲜草产量平均达 1900kg/亩，较天然草地年均增产优质青干草 533kg/亩。

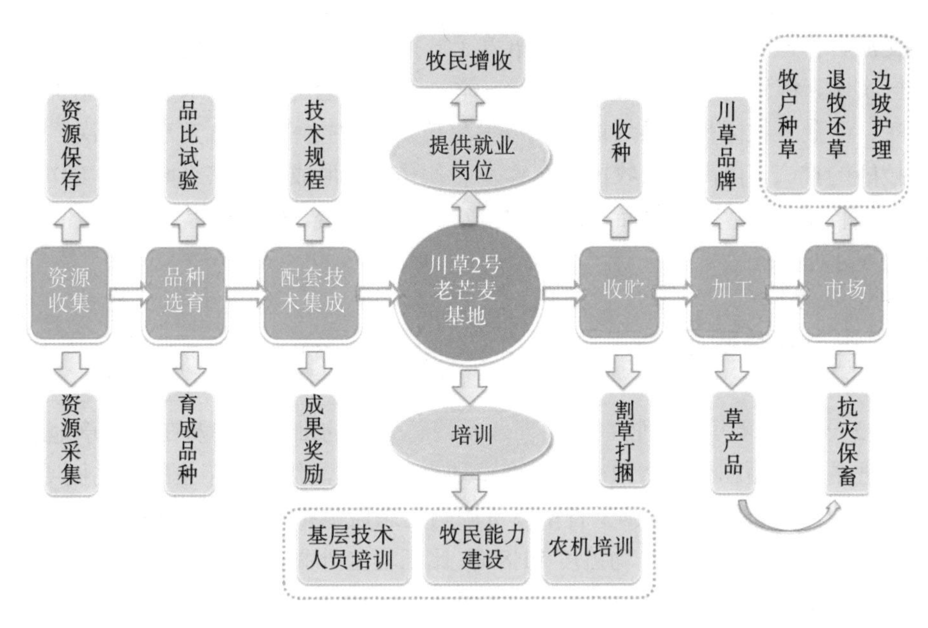


图 13-2 老芒麦牧草产业体系模式

## 二、退化草地治理及配套技术示范

结合国家天然草原恢复与建设、国家退牧还草、生态补奖等项目，国家种子基地生产的优质草种和研制的退化草地治理配套技术在青藏高原地区退化草地治理中得到大面积应用。截至 2012 年年底，改良治理退化、沙化草地累计达 590 万亩，退化草地经治理后，植被盖度达 80%以上，鲜草产量达 450kg/亩，较天然草地每年平均增产优质青干草 75kg/亩，治理效果十分显著。

## 三、建立了抗灾保畜新机制

为解决川西北牧区冬春严重缺草、常年遭受雪灾危害的现状，项目组与红原县政府合作建立了以种子基地为基础的抗灾保畜新机制。充分利用种子基地生产的青干草，建立县级冬春抗灾、防灾牧草贮备库，在雪灾来临前，以青干草作为救灾物资代抵现金发放给牧民，通过冬春牦牛补饲，不仅大大降低了冬春牦牛等牲畜的死亡率，还解决了因饲草料不足造成的牲畜冬春掉膘等问题，为改善牧区生产生活条件开拓了一条长期可行之路，深受农牧民欢迎，在青藏高原地区树立了科研院所与地方政府合作的典范。

## 四、建立开放式科研基地，形成农牧民能力建设和基层技术人才培训示范平台

借助项目研究形成的开放式科研平台，先后与四川大学、四川农业大学、西南民族大学、四川师范大学、中国农业科学院草原研究所、中国科学院成都生物研究所等单位开展

广泛的交流合作，通过项目实施，联合培养了一批博士、硕士和少数民族高级专家。同时结合牧区实际，将科研基地办成田间学校，举办各类草地畜牧业技术参与式培训，为川西北、青海、西藏等牧区州、县培训现代牧民和基层专业技术人才3.2万余人次，促进了实用技术技能的推广，提高了农牧民种草养畜的积极性。形成了国家级博士后工作站、牧草体系阿坝综合试验站、国家草品种区域试验站等科研平台，极大地提升了青藏高原地区草业科技研发水平。

## 五、生态效益明显

川草2号老芒麦等优良牧草在川西北及周边地区的推广种植及在天然草地改良和退化草地治理中的大面积使用，改变了天然草地群落结构，优良多年生牧草比例明显增加。据四川省农业厅发布的2013年全省草原资源与生态监测报告显示，与非项目区相比，实施退牧还草的地区草原植被平均盖度81.8%，比工程区外高5.7%；植被平均高度18.9cm，比工程区外高35.2%；工程区内鲜草生物产量平均359.2kg/亩，比工程区外高14.3%。随着项目的实施，草地生物多样性得到较好保护和可持续利用，草原涵养水源、保持水土、防风固沙的能力有效增强，使川西北地区真正成为了长江、黄河上游的绿色生态屏障和青藏高原生物多样性的重要组成部分。

通过建植的国家种子基地、人工饲草料基地和补播改良退化草地，每年增产的青干草用于冬春补饲，从而减轻了草地压力，降低了草原超载率，在项目实施区一定范围内实现了草畜平衡。

# 参 考 文 献


白音仓，2011．不同播种方式及比例对紫花苜蓿和老芒麦混播草地的影响[D]．呼和浩特： 内蒙古农业大学．

白玉娥，易津，2005．八种根茎类禾草种子耐盐性研究[J]．中国草地，27(2)：55-59.

柏正强，董昭林，2005．高寒牧区免耕种草适宜的草种组合筛选[J]．四川草原，(9)：21-24.

卜登攀，崔慰贤，2001．苜蓿干草的田间调制[J]．宁夏农学院学报，22(3)：65-70.

蔡联炳，1997．中国鹅观草属的分类研究[J]．植物分类学报，35(2)：148-17.

蔡联炳，冯海生，1997．披碱草属3个种的核型研究[J]．西北植物学报，17(2)：238-241.

曹致中，2005．草产品学[M]．北京：中国农业出版社：4-19.

陈宝书，2001．牧草饲料作物栽培学[M]．北京：中国农业出版社：140-145，205-222.

陈功，贺兰芳，2004．高寒地区两种老芒麦生态适应性和生产性能评价[J]．草业科学，21(9)：39-42.

陈辉，2002．紫花苜蓿合理晒制打捆技术[J]．当代畜牧，24(4)：31-33.

陈立坤，白史且，泽柏，等，2014．川西北高原优质青干草捆加工调制关键技术研究[J]．安徽农业科学，(16)：5050-5051.

陈立坤，沈敏，2007．不同行距、不同施肥量处理对川草2号老芒麦种子生产的影响[J]．草业与畜牧，142(9)：21-27.

陈灵芝，1993．中国的生物多样性[M]．北京：科学出版社：99-113.

陈鹏飞，戎郁萍，韩建国，等，2007. 近红外光谱法测定紫花苜蓿青贮鲜样的营养价值[J]. 光谱学与光谱分析，27(7)：1304-1307.

陈仕勇，陈智华，周青平，等，2006．青藏高原垂穗披碱草种质资源形态多样性分析[J]．中国草地学报，38(1)：27-33.

陈仕勇，马啸，张新全，等，2008．10个四倍体披碱草属物种的核型[J]．植物分类学报，46(6)：886-890.

陈泰，南志标，2015．不同储存年限老芒麦种子种带真菌检测及致病性测定[J]．草业学报，24(2)：96-103.

陈香波，张爱平，姚泉洪，2001．植物抗寒基因工程研究进展[J]．生物技术通讯，12(4)：318-323.

陈有军，2013．青藏高原老芒麦光合特性及生产性能研究[D]．西宁：青海大学．

陈有军，周青平，刘文辉，2013．青藏高原老芒麦气孔密度及SPAD的比较[J]．草业科学，30(9)：1374-1378.

陈云，闫伟红，吴昊，等，2014．干旱胁迫下老芒麦遗传多样性分析[J]．草原与草坪，34(2)：11-17.

程荣香，张瑞强，2000. 发展节水灌溉是我国干旱半干旱草原区人工草地建设的必然举措[J]. 草业科学，17(2)：53-56.

戴高兴，彭克勤，皮灿辉，2003. 钙对植物耐盐性的影响[J]. 中国农学通报，19(3)：97-101.

戴良先，戴杰帆，李才旺，2007a．免耕人工草地的生态生物学研究[J]．四川畜牧兽医，(4)：22-23.

戴良先，董昭林，柏正强，2007b．免耕人工草地的管理及利用技术[J]．草业与畜牧，(6)：60-61.

戴良先，李才旺，2008．免耕人工草地的生态与生产力动态变化研究[J]．牧草与饲料，(1)：30-32.

戴高兴，邓国富，陈仁天等，2015．早晚兼用型超级稻新品种桂两优2号的选育及应用[J] ．南方农业学报．46(4)：560-563.

德英，穆怀彬，解继红，等，2013．老芒麦花粉活力和柱头可授性及授粉方式研究[J]．湖北农业科学，52(18)：4469-4472.

德英，王琴，穆怀彬，等，2014．老芒麦染色体核型研究[J]．中国草地学报，36(6)：79-83.

丁成龙，沈益新，顾洪如，2002．春施多效唑对高羊茅生长及种子生产的影响[J]．草业学报，11(4)：88-93.

丁生祥，2007．影响青海1号老芒麦产量的气候因子分析[J]．安徽农业科学，35(23)：7137，7183.

窦声云，周学丽，莫玉花，2010．$Na_2CO_3$胁迫对老芒麦和星星草种子萌发的影响[J]．草业科学，27(9)：124-127.

杜占池，1989．刈割对牧草光合作用特性影响的研究[J]．植物生态学，(13)：317-323.

杜胜，游明鸿，文斌，等，2010. 兔粪堆肥产品在老芒麦生产上的应用效果初试[J]. 草业与畜牧，(12)：13-16.

付艺峰，2015. 老化老芒麦种质遗传完整性研究[D]. 呼和浩特：内蒙古农业大学.

高飞，柴守诚，2006. 基于形态学的中华鹅观草遗传多样性分析[J]. 麦类作物学报，26(3)：12-17.

高朋，李聪，陈本建，等，2010. 施氮对老芒麦种子产量及其构成因子和种子活力的影响[J]. 东北师大学报(自然科学版)，42(2)：126-131.

高伟，王坤波，刘方，等，2013. SSR 引物及多态性位点数对陆地棉野生种系聚类结果的影响[J]. 植物遗传资源学报，14(2)：54-59.

葛颂，1994. 遗传多样性及其检测方法—生物多样性原理与方法[M]. 北京：中国科技出版社：38-43.

公保才让，窦爱民，2000. 不同密度、不同刈割高度对老芒麦种群生物量的影响[J]. 青海草业，(4)：9-12.

苟文龙，何光武，张新跃，等，2005. 多效唑对多花黑麦草生长及种子产量的影响[J]. 草地学报，13(4)：349-351.

顾晓燕，郭志慧，张新全，等，2014. 老芒麦种质资源遗传多样性的 SRAP 分析[J]. 草业学报，23(1)：205-216.

桂荣，刘晗璐，2007，披碱草和老芒麦附着微生物检测及添加乳酸菌对其青贮发酵品质的影响[J]. 中国饲料，(13)：39-42.

中国科学院中国植物志编辑委员会，1987. 中国植物志(第九卷第三分册)[M]. 北京：科学出版社：(7)，104.

郭连云，公保才让，张旭萍，等，2007. 不同密度、不同刈割高度下老芒麦种群生物量的变化[J]. 草业与畜牧，136(3)：16-19，32.

郭子武，李宪利，高东升，等，2004. 植物低温胁迫响应的生化与分子生物学机制研究进展[J]. 中国生态农业学报，21(2)：54-57.

韩德梁，徐智明，艾琳，等，2009. 磷肥和钾肥对老龄多叶老芒麦牧草生物量和品质的影响[J]. 植物营养与肥料学报，15(6)：1486-1490.

韩建国，毛培胜，王赟文，等，2006. 牧草与草坪草种子认证规程(NY/T1210—2006)[S]. 中华人民共和国农业部.

韩鹰，陈刚，王忠，2000. Rubisco 活化酶的研究进展[J]. 植物学通报，17(4)：306-331.

何得元，谭成虎，安明福，1988. 河西半荒漠区建立老芒麦人工草地研究[J]. 中国草业科学，5(1)：20-24.

何文兴，李洪梅，徐莺，等，2006. 川草 2 号老芒麦(*Elymus sibiricus* L.)UV-B 辐射敏感. 基因 rbc L 的克隆及其调控表达研究[J]. 中国生物工程杂志，(12)：56-62.

何文兴，徐莺，唐琳，等，2005. 川草 2 号老芒麦(*Elymus sibiricus* L.)*atp A* 基因的克隆及其调控表达[J]. 生物化学与生物物理进展，32(1)：67-74.

何学青，王娟，胡小文，2010. NaCl 胁迫对老芒麦种子发芽及幼苗荧光特性的影响[J]. 草地学报，18(6)：805-809，815.

贺丹霞，李洪杰，徐世昌，2005. 二倍体、四倍体和六倍体小麦以及粗山羊草抗病性鉴定[J]. 2005 年全国作物遗传育种学术研讨会暨中国作物学会分子育种分会成立大会论文集 (一).

贺晓，2004. 冰草与老芒麦种子生产的研究[D]. 呼和浩特：内蒙古农业大学.

贺晓，李青丰，2007. 4 种微量元素对老芒麦种子质量的影响[J]. 草业学报，16(3)：88-92.

贺晓，李青丰，陆海平，2005. 四种微量元素对老芒麦种子发育过程中水分、糖及蛋白质代谢的影响[J]. 草业学报，(6)：100-105.

贺晓，李青丰，索全义，2001a. 旱作条件下施肥对牧草种子产量及构成的影响Ⅱ-分期施氮及微量元素对牧草种子产量及构成的影响[J]. 干旱区资源与环境，15(5)：84-87.

贺晓，李青丰，索全义，2001b. 旱作条件下施肥对老芒麦和冰草种子产量及构成的影响 I-氮、磷、钾对牧草种子产量及构成的影响[J]. 干旱区资源与环境，15(5)：79-83.

贺晓，李青丰，赵明旭，等，2003. 施肥对牧草种子萌发性能的影响[J]. 草地学报，11(2)：159-162.

洪德元，1990. 植物细胞分类学[M]. 北京：科学出版社.

侯建杰，2013. 高寒牧区燕麦青干草品质的影响因素研究[D]. 兰州：甘肃农业大学.

侯天爵，1993．我国北方草地病害调查及主要病害防治[J]．中国草地，(3)：56-60.

胡成波，于海洋，姜政伟，2011．青干草晾晒贮存加工新技术[J]．中国草食动物，31(2)：83-84.

胡延吉，赵檀力，1994．小麦农艺性状主成分分析与种质资源评价的研究[J]．作物研究，8(2)：31-34.

胡跃高，1988．青干草调制技术的研究与应用[J]．内蒙古草业，(4)：23-25.

黄顶，李子忠，樊奋成，2003．日光辐射对老芒麦再生草光合特性的影响[J]．草地学报，11(4)：338-342.

黄帆，李志勇，李鸿雁，等，2015．老芒麦种质资源形态多样性分析[J]．中国草地学报，37(3)：111-115.

黄文娟，2008．青干草调制、贮存及利用[J]．草业与畜牧，(9)：48-49.

霍成君，韩建国，洪绂曾，等，2000a．刈割期和留茬高度对新麦草产草量及品质的影响[J]．草地学报，8(4)：319-327.

霍成君，韩建国，洪绂曾，等，2001．刈割期和留茬高度对混播草地产草量和品质的影响[J]．草地学报，23(4)：258-264.

霍成君，韩建国，毛培胜，等，2000b．矮壮素和多效唑对草地早熟禾草坪质量的影响[J]．草地学报，8(2)：137-143.

贾继增，1996．分子标记种质资源鉴定和分子标记育种[J]．中国农业科学，29(4)：1-10.

贾慎修，史德宽，1987．中国饲用植物志[M]．北京：农业出版社：91-97.

金亮，2009. 水稻关联定位群体的构建及若干品质性状的关联分析[D]. 杭州：浙江大学.

赖声渭，兰剑，2006．半干旱区多叶老芒麦种子生产性能的研究[J]．黑龙江生态工程职业学院学报，19(6)：10，12.

郎需勇，吴建功，杨亮，等，2012．SSR 分子标记技术在杂交棉纯度鉴定中的应用[J]．中国棉花，(9)：17-20，23.

雷俊，孙聚涛，邢邯，2012. 大豆芽菜相关性状 QTL 的关联定位：第 23 届全国大豆科研生产研讨会[Z]. 中国黑龙江大庆.

雷生春，1991．高寒草地施氮量对多叶老芒麦产量和营养成分含量的影响[J]．青海畜牧兽医杂志，(3)：6-7.

雷雄，游明鸿，闫利军，等，2016．不同刈割高度对“川草 2 号”老芒麦牧草产量与品质的影响[J]．草业与畜牧，224(1)：14-18.

雷云霆，窦全文，2012．青藏高原老芒麦和垂穗披碱草 SSR 分子标记鉴别[J]．草业科学，29(6)：937-942.

雷云霆，赵闫闫，喻凤，等，2015．利用基因组 SSR 分子标记对老芒麦品种(种质)鉴别和品种纯度鉴定[J]．草地学报，23(1)：151-155.

黎定军，高必达，2000．植物抗寒冻胁迫基因工程研究进展[J]．作物研究，(3)：45-48.

黎与，汪新川，2007．多叶老芒麦种子田最佳播种量和行距的试验初报[J]．草业与畜牧，145(12)：11-12.

李才旺，2002．川西北高寒牧区免耕种草技术研究[J]．四川畜牧兽医，29(S1)：7-8，10.

李春杰，王彦荣，朱廷恒，等，2002．紫花苜蓿种子对逆境贮藏条件的反应[J]．应用生态学报，13(8)：957-961.

李春荣，2010．半干旱地区垄沟集雨种植对老芒麦(*Elymus sibiricus* L.)生长和产量的影响[D]．北京：北京林业大学.

李存福，2005．无芒雀麦-紫花苜蓿繁殖特性及种子生产技术研究[D]．北京：中国农业大学.

李达旭，张杰，赵健，等，2006. 根癌农杆菌介导转化川草 2 号老芒麦胚性愈伤组织[J]. 植物生理与分子生物学学报，32(1)：45-51.

李凤民，王静，1999. 半干旱黄土高原集水高效旱地农业的发展[J]. 生态学报，19(2)：259-264.

李锦华，陈功，向述荣，等，2002. 青海环湖地区多年生牧草与一年生作物混播效果比较研究[J]. 草原与草坪，96(1)：30-33，40.

李景欣，杨帆，赵娜，2013．4 种披碱草属牧草苗期耐盐性评价[J]．黑龙江畜牧兽医（科技版），(5)：77-79.

李懋学，张赞平，1996．作物染色体及其研究技术[M]．北京：中国农业出版社.

李平，白史且，鄢家俊，等，2012a．添加不同乳酸菌制剂对“川草 2 号”老芒麦青贮品质的影响[J]．草业与畜牧，(12)：1-5.

李平，鄢家俊，白史且，等，2012b．川西北高寒牧区老芒麦和虉草青贮效果初步研究[C]．四川省畜牧兽医学会 2012 年学术年会.

李青，易津，李青丰，1993．不同贮藏条件对老芒麦种子活力的影响[J]．内蒙古草业，4(Z1)：70-72.
李世忠，韩建国，2010．氮肥及多效唑对蓝茎冰草生长及种子产量的影响[J]．农业科学研究，31 (1)：19-22.
李淑娟，2007．披碱草属野生种质资源的农艺性状及遗传多样性研究[D]．西宁：青海大学.
李小雷，鲍红春，于卓，等，2014．老芒麦×紫芒披碱草杂种 $F_1$ 幼穗再生体系的建立[J]．内蒙古农业科技，(3)：12-14.
李永干，闫贵兴，1985．五种国产披碱草属牧草的核型分析[J]．中国草原，(3)：56-60.
李造哲，马青枝，云锦凤，等，2000．加拿大披碱草和老芒麦及其杂种 F1 同工酶分析[J]．中国草地，(5)：28-31.
李造哲，云锦凤，于卓，等，2005．披碱草和野大麦杂种 F1 与 BC1 代细胞遗传学研究[J]．草地学报，(4)：269-273.
李志华，聂朝相，陈宝书，1994．氮磷钾肥单施与混施对燕麦生产性能的影响[J]．草业科学，11(4)：24-26.
李志昆，2008．牧草混播在高寒地区的应用[J]．养殖与饲料，(4)：110-112.
李子忠，黄顶，王忠彦，2005．灌溉制度对老芒麦(*Elymus sibiricus*)生长的影响[J]．中国农业科学，38(8)：1621-1628.
梁明山，曾宇，周翔，等，2001．遗传标记及其在作物品种鉴定中的应用[J]．植物学通报，18(3)：257-265.
梁小玉，张新全，陈元江，等，2005．氮磷钾平衡施肥对鸭茅种子生产性能的影响[J]．草业学报，14(5)：47-69.
刘大钧，1999．细胞遗传学[M]．北京：中国农业出版社：43，46-49.
刘刚，李达旭，高兰阳，等，2008．川西北老芒麦种子基地除草剂筛选试验研究[C]．中国草业发展论坛文集：345-349.
刘晗璐，2008．禾本科牧草乳酸菌发现及发酵品质检测与动物生产性能影响研究[D]．呼和浩特：内蒙古农业大学.
刘晗璐，桂荣，塔娜，2008．乳酸菌添加剂对禾本科混合牧草青贮发酵特性的影响[J]．畜牧兽医学报，39(6)：739-745.
刘皓栋，2015．高寒地区多年生禾草混作草地适应性评价[D]．兰州：甘肃农业大学.
刘杰，刘公社，齐冬梅，等，2000．用微卫星序列构建羊草遗传指纹图谱[J]．植物学报，42(9)：985-987.
刘金平，游明鸿，2010．肥料和除草剂混施对老芒麦构件组成及生物量结构的影响[J]．中国草地学报，32(4)：42-48.
刘金平，游明鸿，2012．生长抑制剂对老芒麦种群生物量结构、能量分配及倒伏率的影响[J]．草业学报，21(5)：195-203
刘金平，游明鸿，2013．生长抑制剂对老芒麦种群生殖投入与收益及种子质量的影响[J]．中国草地学报，35(1)：42-48.
刘金平，游明鸿，白史且，2012．行距对老芒麦种群构件组成、生物量结构及能量分配的影响[J]．草业学报，21(3)：69-74.
刘金平，游明鸿，白史且，等，2011．三种杀菌剂对老芒麦苗期茎腐病的防治效果[J]．湖北农业科学，50(11)：2244-2246
刘金平，游明鸿，张小晶，等，2015a．灌浆期老芒麦位叶对光照强度响应能力及光合贡献率分析[J]．中国草地学报，(6)：49-55.
刘金平，游明鸿，曾晓琳，等，2015b．老芒麦种子发育时不同位叶光合速率和生物量变化与种子产量的相关分析[J]．草业学报，24(11)：118-127.
刘锦川，2011．加拿大披碱草与老芒麦亲缘关系及抗性生理研究[D]．呼和浩特：内蒙古农业大学.
刘美玲，宝音陶格涛，2004．老芒麦与草原 2 号苜蓿混播试验[J]．中国草地，26(1)：22-27.
刘平督，2010．不同温度条件下紫花苜蓿青贮发酵品质的研究[D]．南京：南京农业大学.
刘世贵，朱文，杨志荣，等，1995．一株蝗虫病原菌的分离和鉴定[J]．微生物学报，35(2)：86-89.
刘维，2006．紫花苜蓿常用的干燥加工方法[J]．畜禽业，25(3)：15-18.
刘伟，干友民，刘显义，等，2008．矮壮素对高羊茅的生长及内源激素含量的影响[J]．湖北农业科学，47(12)：1464-1466.
刘文清，陈凤林，2004．老芒麦需水特性及灌溉效果的研究[J]. 草地学报，12(1)：57-59.
刘新亮，德英，赵来喜，2010．我国野生老芒麦种质资源形态特征比较[A]．中国草学会青年工作委员会学术研讨会论文集(上册).
刘玉红，1985．我国 11 种披碱草的核型研究[J]．武汉植物学研究，3(4)：323-330.
刘育萍，1994．晚熟老芒麦与披碱草种间天然远缘杂种的细胞遗传学研究[J]．内蒙古草业，12(Z1)：60-62.

龙兴发，蒋忠荣，李太强，等，2014．康巴老芒麦新品种选育[J]．草原与草坪，34(1)：86-89.

卢宝荣，1994．*E. nutans* 和 *E. sibiricus*、*E. burchanbuddae* 的形态学鉴定及其染色体组亲缘关系的研究[J]．植物分类学报，32(6)：504-513.

卢少云，陈斯曼，陈斯平，等，2003．ABA、多效唑和烯效唑提高狗牙根抗旱性的效应[J]．草业学报，12(3)：100-104.

陆开形，2008．盐胁迫对大豆光合作用和抗氧化系统的影响及其调控机制[D]．杭州：浙江大学.

陆婉珍．2007．现代近红外光谱分析技术[M]．北京：中国石化出版社.

马建华，郑海雷，赵中秋，2001．植物抗盐机理研究进展 [J]．生命科学研究，5(3)2：20-226.

马晓林，赵明德，王慧春，等，2016．高寒牧草在不同温度和盐胁迫作用下的生理生化响应[J]．生态科学，35(3)：22-28.

马啸，2008．老芒麦野生种质资源的遗传多样性及群体遗传结构研究[D]．雅安：四川农业大学.

马啸，陈仕勇，白史且，等，2009a．应用 RAPD 分析川西北高原老芒麦自然居群的遗传多样性[J]．农业生物技术学报，17(3)：488-495.

马啸，陈仕勇，白史且，等，2012．川西北高原野生老芒麦群体遗传结构的 RAPD 分析[C]. 2012 第二届中国草业大会论文集.

马啸，陈仕勇，张新全，等，2009b．老芒麦种质的醇溶蛋白遗传多样性研究[J]．草业学报，18(3)：59-66.

马志宁．2011．优质青干草加工调制技术[J]．农村养殖技术，15：44.

马宗仁，郭博，1991．短芒披碱草和老芒麦在水分胁迫下游离脯氨酸积累的研究[J]．中国草地，(4)：12-16.

买买提・阿布来提，萨拉姆，肉孜・阿基，2008. 老芒麦牧草生长的气候条件分析[J]. 新疆农业科学，45(s1)：222-224.

毛培胜，2011．牧草与草坪草种子科学与技术[M]．北京：中国农业大学出版社.

毛培胜，韩建国，王颖，等，2001．施肥处理对老芒麦种子质量和产量的影响[J]．草业科学，18(4)：7-13.

毛培胜，韩建国，吴喜才，2003. 收获时间对老芒麦种子产量的影响[J]. 草地学报，11(1)：33-37.

毛培胜，王颖，2001．施肥处理对老芒麦种子质量和产量的影响[J]．草业科学，18：7-13.

毛培胜，王颖， 2004. 牧草种及品种鉴定技术的发展现状与应用前景[J]. 种子，23(2)：41-44.

南志标，1990．陇东黄土高原栽培牧草真菌病害调查与分析[J]．草业科学，7(4)：30-34

南志标，刘若，1997．沙打旺种带真菌检测[J]．草业学报，6(4)：11-16.

内蒙古农牧学院，2006．牧草及饲料作物栽培学[M]．北京：中国农业出版社.

聂志东，韩建国，玉柱，等，2007. FT-NIR 光谱法测定紫花苜蓿青干草的 6 项品质指标[J]. 光谱学与光谱分析，27(7)：1308-1311.

聂志东，韩建国，玉柱，等，2008．近红外光谱法测定苜蓿中的叶含量[J]．光谱学与光谱分析，28(2)：317-320.

潘瑞炽，等，2007．植物生理学[M]．北京：高等教育出版社.

盘朝邦，王元富，1992．老芒麦、垂穗披碱草产草量形成与水热季节变化的关系[J]．草业科学，9(6)：13-17.

彭华．2008．混播优良牧草对人工建植草地与改良天然草场效果的比较[J]．当代畜牧，(12)：37-38.

齐晓，韩建国，聂志东，等，2008．利用近红外漫反射光谱法预测紫花苜蓿茎组分营养价值的研究[J]．光谱学与光谱分析，28(7)：2062-2066.

祁娟，2009．披碱草属(*Elymus* L.)植物野生种质资源生态适应性研究[D]．兰州：甘肃农业大学.

祁娟，徐柱，王海清，等，2009．披碱草与老芒麦苗期抗旱性综合评价[J]．草地学报，17(1)：36-42.

祁万录，公保才让，郭连云，2006．高寒牧区多叶老芒麦高产栽培技术研究[J]．草业与畜牧，130(9)：11-14.

钱宝云，李霞，2013．植物气孔运动调节的新进展[J]．植物研究，33(1)：120-128.

乔婷婷，姚明哲，周炎花，等，2009．植物关联分析的研究进展及其在茶树分子标记辅助育种上的应用前景[J]．中国农学通报，25(6)：165-170.

秦爱琼，2012．西藏那曲野生披碱草生物学特性及生产性能研究[D]．北京：中国农业研究院.

秦丽萍，柯文灿，丁武蓉，等，2013．温度对垂穗披碱草青贮品质的影响[J]．草业科学，30(9)：1433-1438.
邱翔，杨满业，江明锋，等，2008．川西北高寒草地潜在生态草种营养成分的比较研究[J]．湖北农业科学，47(5)：567-570.
全国牧草和饲料作物品种资源协作组，1976．牧草和饲料作物良种集(第一册)[M]．西宁：青海人民出版社.
沈恒胜，陈君琛，种藏文，等，2003．近红外漫反射光谱法(NIRS)分析稻草纤维及硅化物组成[J]．中国农业科学，36(9)：1086-1090.
沈允钢，魏家，匡廷云，2003．光合作用原初光能转化过程的原理与调控[M]．南京：江苏科学技术出版社：358-370.
盛宝钦，王剑雄，段霞瑜，等，1994．新疆地区小麦白粉病菌寄主范围的研究[J]．微生物学报，(6)：8.
师桂花，贺晓，李青丰，2006．施肥对老芒麦种子活力-耐贮性的影响[J]．中国草地学报，(2)：23-27.
施玉辉，周翰信，李成魁，1981．芨芨草、扁穗冰草、老芒麦混播试验报告[R]．青海省海北州畜牧兽医科学研究所(1978-1981).
孙兰菊，岳国峰，王金霞，等，2001．植物耐盐机制的研究进展[J]．海洋科学，25(4)：28-31.
孙启忠，1990．水分胁迫下四种冰草萌发特性及其与幼苗抗旱性的关系[J]．中国草地，4(9)：10-12.
孙清洋，李志勇，李鸿雁，等．2016．不同盐浓度下 9 份老芒麦种质材料的萌发及生理特性[J]．草业科学，33(11)：2266-2275.
孙铁军，2004．施肥对禾本科牧草种子产量形成及种子发育过程中生理生化特性的影响[D]．北京：中国农业大学.
孙彦，史德宽，杨青川，1998．施肥与刈割对新麦草产量影响的研究[J]．草地学报，6(1)：11-19.
孙艳梅，张楠楠，李宝珍，等，2009．苜蓿与老芒麦间作及间作接种根瘤菌对根际土壤微生态环境的影响[A]．土壤资源持续利用与生态环境安全学术会议论文集：323-328.
孙义凯，董玉琛，1992．东北地区小麦族 11 种植物的核型报道[J]．植物分类学报，30(4)：342-345.
孙志勇，季孔庶，2010．干旱胁迫对杂交鹅掌楸无性系叶片内源激素含量的影响[J]．安徽农业科学，38(31)：17362-17364.
邰书静，2010．品种、氮肥和种植密度对玉米产量与品质的影响[D]．杨凌：西北农林科技大学.
邰书静，张仁和，史俊通，等，2009．近红外光谱法测定玉米秸秆饲用品质[J]．农业工程学报，25(12)：151-155.
田文忠，1994．提高籼稻愈伤组织再生频率的研究[J]．遗传学报，21(1)：215-221.
汪新川，张海梅，张生莲，2005．影响同德老芒麦产草量的关键气候因子分析[J]．青海草业，14(3)：14-15.
王比德，1986．牧草栽培技术[M]．呼和浩特：内蒙古教育出版社.
王伯荪，彭少麟，1997．植被生态学——群落与生态系统[M]．北京：中国环境科学出版社.
王春生，沈运河，毕公中，1998．除草微肥施用效果试验初报[J]．安徽农业科学，26(2)：159-160.
王德霞，张玉民，赵永富，等，2004．莫力达瓦达斡尔族自治旗人工草地主要病虫害发生原因及对策研究[J]．内蒙古民族大学学报(自然科学版)，19(3)：310-312.
王立群，杨静，石凤翎，1996．多年生禾本科牧草种子脱落机制及适宜采收期的研究[J]．中国草地，(3)：7-17.
王明亚，毛培胜，2014．施氮、磷肥对老芒麦种子产量、产量组分及成熟期冠层 NDVI 值的影响[J]．草业科学，31(4)：683-688
王宁，2009．不同玉米品种苗期对盐胁迫的生物学响应及耐性机制研究[D]．沈阳：沈阳农业大学.
王鹏，白春生，刘林，等，2011．低温条件下混合乳酸菌制剂对芦苇发酵品质的影响[J]．草地学报，19(1)：127-131.
王强，温晓刚，张其德，2003．光合作用光抑制的研究进展[J]．植物学通报，20(5)：539-548.
王琴，郜丽华，哈斯巴根，等，2013．披碱草属七种植物核型及其亲缘关系的研究[J]．内蒙古师范大学学报(自然科学汉文版)，42(2)：192-200.
王佺珍，2005．水肥耦合对 6 种禾本科牧草种子产量和生产性能的效应[D]．北京：中国农业大学.
王荣焕，王天宇，黎裕，2007a．关联分析在作物种质资源分子评价中的应用[J]．植物遗传资源学报，8(3)：366-372.
王荣焕，王天宇，黎裕，2007b．植物基因组中的连锁不平衡[J]．遗传，29(11)：1317-1323.
王生文，史静，宫旭胤，等，2014．播量与刈割次数对老芒麦产量及品质的影响[J]．草原与草坪，(6)：62-67.

王生文，史静，宫旭胤，等，2015. 播量与留茬高度对老芒麦产量及品质的影响[J]. 草业科学，32(1)：107-113.

王述明，曹永生，Redden R J，等，2000. 我国小豆种质资源形态多样性的鉴定和分类研究[J]. 作物学报，28(6)：729-733.

王晓龙，2014. 五种禾本科牧草生物学特性、农艺性状及抗逆性研究[D]. 呼和浩特：内蒙古农业大学.

王学霞，马静，安永平，2012. SSR 标记在水稻种质研究中的应用进展[J]. 陕西农业科学，(6)：137-140，194.

王岩春，干友民，陈立坤，等，007a. 高寒地区川草 1 号老芒麦夏季光合生理生态特性的初步研究[J]. 草业科学，24(11)：42-46.

王岩春，干友民，邱英，等，2007b. 高寒地区老芒麦川草 2 号的光合生理特性[J]. 江苏农业科学，(6)：211-213.

王岩春，干友民，邱英，等，2008. 高寒地区“川草 2 号”老芒麦夏季光合生理生态特性的初步研究[J]. 草业与畜牧，24(1)：1-3.

王勇，徐春波，韩磊，2012. 不同贮藏年限老芒麦种子活力研究[J]. 种子，31(8)：14-17.

王宇灵，白小明，罗仁峰，等，2010. 多效唑对多年生黑麦草扩展性和根系特性的影响[J]. 中国沙漠，30(6)：1319-1324

王赞，李源，吴欣明，等，2008. PEG 渗透胁迫下鸭茅种子萌发特性及抗旱性鉴定[J]. 中国草地学报，1(30)：50-54.

武俊英，刘景辉，张磊，等，2011. 营养因子对燕麦生长及 K～+、NA～+含量的耐盐性调控研究[J]. 华北农学报. 26(06)：108-113.

危文亮，张艳欣，吕海霞，等. 2012. 芝麻资源群体结构及含油量关联分析[J]. 中国农业科学，45(10)：1895-1903.

魏日华，桂荣，塔娜，2009. 牧草中异型发酵乳酸菌的分离与鉴定[C]. 中国草学会饲料生产委员会第 15 次饲草生产学术研讨会：149-153.

魏日华，桂荣，塔娜，2010. 牧草中异型发酵乳酸菌的分离与鉴定[J]. 草业科学，27(10)：149-153.

魏卫东，2006. 高寒地区施钾对多叶老芒麦生产性能的影响[J]. 甘肃畜牧兽医，189(4)：9-11.

吴凤霞，杨永红，姜延琴，等，2012. 青干草的调制方法、影响因素及品质评定[J]. 养殖技术顾问，(8)：57，145.

吴昊，2013. 9 省区老芒麦种质遗传多样性的 SSR 分析[D]. 曲阜：曲阜师范大学.

吴舒致，黎裕，1997. 谷子种质资源的主成分分析和图论主成分分类[J]. 西北农业学报，6(2)：46-50.

武红，2010. 苜蓿干草优化调制技术研究[D]. 呼和浩特：内蒙古农业大学.

夏白雪，金燕，金玉兰，等，2015. 川西北高寒牧区老芒麦和燕麦裹包青贮品质的研究[J]. 中国测试，41(12)：49-53.

辛金霞，李春燕，刘荣堂，等，2010. 一年生黑麦草、高羊茅及杂交羊茅黑麦草种子萌发期抗旱性研究[J]. 湖南农业科学，(5)：121-124.

徐智明，周青平，曹致中，2004. 施肥对老龄多叶老芒麦生产性能的影响[J]. 青海畜牧兽医杂志，34(4)：4-6.

鄢家俊，白史且，常丹，等，2010a. 青藏高原老芒麦种质遗传多样性的 SSR 分析[J]. 中国农学通报，26(9)：26-33.

鄢家俊，白史且，马啸，等，2007. 川西北高原野生老芒麦居群穗部形态多样性研究[J]. 草业学报，16(6)：99-106.

鄢家俊，白史且，张昌兵，等，2006. 川西北高原野生老芒麦种质资源考察初报[J]. 草业与畜牧，(12)：23-26.

鄢家俊，白史且，张昌兵，等，2010b. 青藏高原老芒麦野生种群生态特性与形态变异研究[J]. 中国草地学报，32(04)：49-57.

鄢家俊，白史且，张昌兵，等，2010c. 青藏高原野生老芒麦种质牧草生产性能多样性评价[J]. 湖北农业科学，(9)：2193-2198.

鄢家俊，白史且，张新全，等，2010d. 青藏高原东南缘老芒麦自然居群遗传多样性的 SRAP 和 SSR 分析[J]. 草业学报，(4)：122-134.

鄢家俊，白史且，张新全，等，2010e. 青藏高原老芒麦种质基于 SRAP 标记的遗传多样性研究[J]. 草业学报，19(1)：173-183.

鄢家俊，白史且，张新全，等，2009a. 青藏高原野生老芒麦种质醇溶蛋白遗传多样性分析[J]. 农业生物技术学报，17(05)：891-901.

鄢家俊，白史且，张新全，等，2009b. 川西北高原老芒麦的遗传多样性研究[J]. 湖北农业科学，48(1)：31-35.

闫贵兴，2001．中国草地饲用植物染色体研究[M]．呼和浩特：内蒙古人民出版社：69-71.

严旭，白史且，鄢家俊，等，2015．近红外光谱法测定老芒麦营养价值[J]．光谱学与光谱分析，35(8)：2103-2107.

严学兵，郭玉霞，周禾，等，2007．青藏高原垂穗披碱草遗传变异的地理因素分析[J]．西北植物学报，27(2)：328-333.

严学兵，王堃，周禾，等，2008．不同来源 SSR 标记在我国披碱草属植物的通用性和效率评价[J]．草业学报，17(6)：112-120.

严学兵，周禾，王堃，等，2005．披碱草属植物形态多样性及其主成分分析[J]．草地学报，13(2)：111-116.

严学兵，郭玉霞，周禾，等，2006．影响披碱草属植物遗传分化和亲缘关系的地理因素分析[J]．植物资源与环境学报，15(4)：17-24.

严衍禄，2005．近红外光谱分析基础与应用[M]．北京：中国轻工业出版社.

杨瑞武，周永红，郑有良，2000．披碱草属的醇溶蛋白研究[J]．四川农业大学学报，18(1)：11-14.

杨瑞武，周永红，郑有良，2003．小麦族披碱草属、鹅观草属和猬草属模式种的 C 带研究[J]．云南植物研究，25(1)：71-77.

杨胜先，2011. 大豆品种群体株高、分枝数、主茎节数、茎粗和单株荚数的关联分析[D]. 南京：南京农业大学.

杨小红，严建兵，郑艳萍，等，2007. 植物数量性状关联分析研究进展[J]. 作物学报，33(4)：523-530.

杨月娟，张灏，周华坤，2015．盐胁迫对高寒草地牧草老芒麦幼苗生理指标的影响[J]．西北农业学报，24(7)：156-162.

杨志荣，朱文，葛绍荣，等，1996．复合细菌灭蝗剂对脊椎动物的致病性研究[J]．中国生物防治，12(3)：114-116.

姚敏娟，李青丰，贺晓，等，2007．施肥对牧草种子耐贮性的影响[J]．内蒙古草业，19(2)：1-4.

游明鸿，2011. 川西北高原老芒麦种子丰产关键技术研究[D]. 成都：四川农业大学.

游明鸿，刘金平，白史且，等，2010a．肥料和除草剂混施对老芒麦生产性能的影响[J]．草业学报，19(5)：283-286.

游明鸿，刘金平，白史且，等，2010b. 苗期 N 肥与除草剂混施对老芒麦生长及杂草的影响[J]. 西南农业学报，(5)：1559-1564.

游明鸿，刘金平，白史且，等，2011a．老芒麦落粒性与种子发育及产量性状关系的研究[J]．西南农业学报，24(4)：1256-1260.

游明鸿，刘金平，白史且，等，2011b. 行距对“川草 2 号”老芒麦生殖枝及种子产量性状的影响[J]. 草业学报，20(6)：299-304.

游明鸿，刘金平，白史且，等，2013．行距对老芒麦光合性能及种子产量的影响[J]．草业与畜牧，206(1)：10-13，18.

于晓娜，朱萍，毛培胜，2011．氮磷处理对老芒麦根系及种子产量的影响[J]．草地学报，19(4)：637-643.

于卓，宋永富，李造哲，等，2002．加拿大披碱草×披碱草杂种 $F_1$ 的生育及细胞遗传学研究[J]．草地学报，10(4)：258-264.

余方玲，2012．川西北草原 5 种牧草抗旱性研究[D]．雅安：四川农业大学.

俞玲，马晖玲，2014．干旱胁迫下甘肃野生老芒麦内源激素水平的动态变化[J]．草原与草坪，34(2)：18-22.

玉柱，孙启忠，邓波，等，2008．老芒麦青贮研究[J]．中国农业科技导报，10(1)：98-102.

袁庆华，张吉宇，张文淑，等，2003．披碱草和老芒麦野生居群生物多样性研究[J]．草业学报，(12) 5：44-49.

云锦凤，杜建才，1997. Interspecific Hybridization and its Cytology of *Elymus canadensis* × *E. sibiricus*[J]. 中国草地，(1)：32-35，48.

云锦凤，王照兰，杜建才，等，1997．加拿大披碱草与老芒麦种间杂交及 $F_1$ 代细胞学分析[J]．中国草地，(1)：32-35.

泽柏，但其明，李昌平，等，2008．川西北牧区草地畜牧业可持续发展对策研究[J]．草业与畜牧，(8)：1-7.

曾怡，2009．川西北高原野生老芒麦种质资源抗旱性初步研究[J]．雅安：四川农业大学.

张晨妮，周青平，颜红波，等，2010．PEG-6000 对老芒麦种质材料萌发期抗旱性影响的研究[J]．草业科学，27(1)：119-123.

张春晓，李悦，沈熙环，1998．林木同工酶遗传多样性研究进展[J]．北京林业大学学报，20(3)：58-66.

张大勇，姜新华，1999．遗传多样性与濒危植物保护生物学研究进展[J]．生物多样性，7(1)：31-37.

张东晖，2008．加拿大披碱草与老芒麦及其种间杂种 $F_1$ 代生物学特性及抗旱耐盐性的研究[D]．呼和浩特：内蒙古农业大学.

张栋，陈季楚，1995．ABA、NAA 诱导水稻胚性愈伤组织的研究[J]．实验生物学报，28(3)：230-234.

张海燕，赵建，尹鸿翔，等，2002．在大肠杆菌中克隆类产碱假单胞菌基因启动子[J]．四川大学学报(自然科学版)，39(5)：

961-964.

张锦华，李青丰，李显利，2000．旱作老芒麦种子产量构成因子的研究[J]．中国草地，(6)：34-37.

张锦华，李青丰，李显利，2001．氮、磷肥对旱作老芒麦种子生产性能作用的研究[J]．中国草地，23(2)：38-41.

张丽娟，张淑艳，赵丽清，等，2000．几种冰草属植物种子萌发期及幼苗期抗旱性比较研究[J]．哲里木畜牧学院学报，10(4)：1-7.

张丽英，2003．饲料分析及饲料质量检测技术[M]．2版．北京：中国农业大学出版社.

张倩倩，2012. SSR标记与玉米自交系主要性状的关联分析[D]. 青岛：山东农业大学.

张瑞珍，何光武，张新跃，等，2011．川西北高寒牧区鸭茅产草量年际动态研究[J]．草地学报，19(6)：1055-1059.

张瑞珍，张新跃，何光武，等，2015．川西北高寒牧区紫花苜蓿和披碱草生产性能研究[J]．草地学报，23(4)：874-877.

张体操，乔琴，钟扬，2013．青藏高原生物资源开发的现状与前景[J]．生命科学，25(5)：446-450.

张维云，周青平，徐成体，2005．共和地区施肥对多叶老芒麦生产性能的影响[J]．青海草业，14(2)：2-6.

张文，杨志荣，1998．类产碱假单胞菌杀虫物质的分离纯化和鉴定[J]．微生物学报，38(1)：57-62.

张小娇，2014．披碱草属(*Elymus* L.)野生种质材料生态适应性及其评价[D]．兰州：甘肃农业大学.

张晓燕，毛培春，孟林，等，2011．三份偃麦草种质的染色体核型分析[J]．草业学报，20(4)：194-201，230.

张耀生，赵新全，黄德清，2003．青藏高寒牧区多年生人工草地持续利用的研究[J]．草业学报，12(3)：22-27.

张玉民，王德霞，赵永富，等，2004．内蒙古莫旗人工草地主要病虫害发生原因及防治对策[J]．草业科学，21(7)：52-54.

张云杰，王秉山，1994．山地草原旱作老芒麦研究[J]．草业科学，11(2)：55-58.

张众，云锦凤，王润莲，2005．农牧老芒麦良繁播种期试验研究[J]．中国草地，27(4)：35-38.

章崇玲，梁祖绎，1997．多花黑麦草生育特性和种子生产性能研究[J]．草业科学，14(3)：40-45.

赵俊权，李淑安，1991．氮磷钾肥对非洲狗尾草及纳罗克种子产量和干物质的影响[J]．草业科学，8(2)：64-68.

赵利，王明亚，毛培胜，等，2012. 不同氮磷处理对老芒麦种子产量、产量组分及根系的影响[J]. 草地学报，20(4)：662-668.

赵敏，戎郁萍，2012．扁蓿豆24个居群遗传多样性的SSR研究[J]．西北植物学报，32(12)：2405-2411.

赵平，曾小平，孙谷畴，2004．路生植物对UV-B辐射增量相应研究进展[J]．应用环境生物学报，10(1)：122-127.

郑慧敏，毛培胜，黄莺，2015．老芒麦染色体组型分析[J]．草业学报，24(8)：225-230.

郑群英，王丽焕，杨满业，等，2006．牧区免耕种草技术研究——牧草组合筛选[J]．农业科技与信息，(7)：28-29+31.

中国农业科学研究院畜牧研究所，2003．NY/T 728—2003．禾本科牧草干草质量分级[S].

周丽英，杨丽涛，郑坚瑜，2001．植物抗寒冻基因工程研究进展[J]．植物学通报，18(3)：325-331.

周卫生，干友民，李才旺，等，2003．细胞遗传学在我国牧草中的应用[J]．草业科学，20(8)：33-35.

周学东，沈景林，高宏伟，等，2000．叶面施肥对高寒草地产草量及牧草营养品质的影响[J]．草业学报，9(4)：27-31.

周志红，2014．3种冷季型草坪草对盐胁迫的生理响应[J]．草原与草坪，34(2)：81-85.

朱连发，李太强，龙新发，等，2009. 牧草品种鉴定的常用方法[J]. 草业与畜牧，(12)：29-31.

朱树秀，杨志忠，1992．紫花苜蓿与老芒麦混播优势的研究[J]．中国农业科学，25(6)：63-68.

Agafonov A V，Agafonov O V，1992. SDS-PAGE of endosperm Proteins in the Genus Elymus(L) with different genomic structure. sib. Biol. zh.，3：7-12.

Agafonov A V，Agafonova O V，1990. Intraspecific variation in the prolamins of *Elymus sibiricus* established by means of one-dimensional eletrophoresis[J]. Genetiak Moskva，26：304-311.

Agafonova O V，1997. Genetic analysis of short-awned siberian wildrye[J]. Doklady Biological Sciences，353：175-176.

Albert，K R，Mikkelsen T N，Ro-Poulsen H，2008. Ambient UV-B radiation decreases photosynthesis in high arctic *Vaccinium uliginosum*[J]. Physiologia Plantarum, 133 (2): 199-210.

Allan W, Mihaly C, Ivan K, et al, 1997. Frequent collinear long transfer of DNA inclusive of the whole binary vector during *Agrobactorium*-mediated transformation[J]. Plant Molecular Biology (Netherland), 34(6): 913-922.

Aranzana M J, Kim S, Zhao K, et al, 2005. Genome-wide association mapping in *Arabidopsis* identifies previously known flowering time and pathogen resistance genes[J]. PLoS genetics, 1(5): 60.

Asano Y, Ito Y, Fukam I M, et al, 1998. Herbicide-resistance transgenic creeping bentgrass plants obtained by electroporation using an altered buffer[J]. Plant Cell Reports, 17(12): 963-967.

Agafonov AV and Agafonova OV, 1992. SDS-PAGE of endosperm proteins in the Genus *Elymus*(L.) with different genomic structure. Sib. Biol. 2h, 3: 7-12.

Bai Y, Qu R, 2001. Factor influencing t culture responses of mature seeds and immature embryos in turf-type tall fescue[J]. Plant Breeding, 120: 239-242.

Bao R L, Rolang V B, 1990. Intergeneric hybridization between *Hordeum* and Asiatic *Elymus*[J]. Hereditas, 112(2): 109-116.

Barret P, Cevre A M, Delounne R, 1995. Interspecific amplification of STMS (dequence-tagged microsatellites) between *Arabidopsis thaliana* and *Brassica napus*[C]. Proc 9th International Rapeseed Congress, 4: 1187-1189

Bean E W, 1980. Factors affecting the quality of herbage seeds. *In*: Hebblethwaite P D. Seed Production[M]. London: Butterworths: 593-604.

Bertrand D, Lila M, Furtoss V, et al, 1987. Application of principal component analysis to the prediction of lucerne forage protein content and *in vitro* dry matter digestibility by NIR spectroscopy[J]. Journal of the Science of Food and Agriculture, 41(4): 299-307.

Beukes D J, Barnand S A, 1985. Affects of level and timing of irrigation on growth and water use of Lucerne[J]. South Africa Journal of Plant Soil, 2(4): 197-202.

Bian J C, 2009. Features of ozone mini-hole events over the Tibetan Plateau[J]. Adv. Atoms. Sci. 26(2): 305-311.

Bjorn L O, Callaghaan T V, Gehrke C, et al, 1998. The problem of ozone depletion in Northern Europe[J]. Ambio, 27(4): 275-279.

Borreani G, Tabacco E, 2010. The relationship of silage temperature with the microbiological status of the face of corn silage bunkers[J]. Journal of Dairy Science, 93 (6): 2620-2629.

Boval M, Coates D B, Lecomte P, et al, 2004. Faecal near infrared reflectance spectroscopy (NIRS) to assess chemical composition, *in vivo* digestibility and intake of tropical grass by Creole cattle[J]. Animal Feed Science and Technology, 114(1-4): 19-29.

Britt A B, Chen J J, Wykoff D, et al, 1993. A UV-sensitive mutant of a rabidopsis defective in the repair of pyrimidine-pyrimidinone (6-4) dimmers[J]. Science, 261(5128): 1571-1574.

Bussel J D, 1999. The distrubution of random amplified polymorphic DNA (RAPD) diversity amongst population of *Isotoma patraea* (Lobeliaceae)[J]. Mole Ecol, 8: 775-789.

Caldwell C R, 1994. Modification of the cellular heat sensitivity of cucumber growth under supplements UV-B radiation[J]. Plant Physiol, 104(2): 395-399

Carpintero C, Suarez A, 1992. Effects of the extent of heating before ensiling on proteolysis in alfalfa silages[J]. Journal of Dairy Science, 75 (8): 2199-2204.

Carter O, Yamada Y, Takahashi E, 1967. Tculture of oats[J]. Nature (London), 214: 1029-1030.

Cen H Y, He Y, 2007. Theory and application of near infrared reflectance spectroscopy in determination of food quality[J]. Trends in Food Science & Technology, 18(2): 72-83.

Chaudhury A, Qu R, 2000. Somatic embryogenesis and plant regeneration of turf-type bermugarass effect of 6-benzyladenine in callus induction medium[J]. Plant Cell Tiss OrgCult，60(2)：113-120.

Chen G L，Zhang B，Wu J G，et al，2011. Nondestructive assessment of amino acid composition in rapeseed meal based on intact seeds by near-infrared reflectance spectroscopy[J]. Animal Feed Science and Technology，165(1-2)：111-119.

Chen X, Hedatale V, Tenmykh S, et al, 1998. Amplification and sequence divergence of rice microsatellite markers in three monocot and three dicot plant species[C]//International Plant and Animal Genome VII Conference：18th-22nd Jan.，San Diego，CA.

Cheng T，Smith H H，1975. Organogenesis from callus culture of *Hordeum valgare*[J]. Planta，123(3)：307-310.

Cho M J，Jiang W，Lemaux P G，1998. Transformation of recalcitrant barley cultivars through improvement of regenerability and decreased albinism[J]. Plant Sci，138(2)：0-244.

Colvill K E，Marshal C，1984. Tiller dynamics and assimilate partitioning in *Lolium perenne* particular reference to flowering[J]. Journals of Applied Biology，104(3)：543-557.

Cone J W，Gelder A H V，1999. Different techniques to study rumen fermentation characteristics of maturing grass and grass silage[J]. Journal of Dairy Science，82 (5)：957-966.

Cone J W，Gelder A H V，2008. Effects of chop length and ensiling period of forage maize on *in vitro* rumen fermentation characteristics[J]. NJAS-Wageningen Journal of Life Sciences，55 (2)：155-166.

Conger B V，McDonnell R E，1983. Plantlet formation from cultured inflorescences of *Dactylis glomerata* L[J]. Plant Cell，T and Organ Cult，2(3)：191-197.

Cozzolino D，Labandera M，2002. Determination of dry matter and crude protein contents of undried forages by near-infrared reflectance spectroscopy[J]. Journal of the Science of Food and Agriculture，82(4)：380-384.

Cozzolino D，Moron A，2004. Exploring the use of near infrared reflectance spectroscopy (NIRS) to predict trace minerals in legumes[J]. Animal Feed Science and Technology，111(1-4)：161-173.

Dai J, Wang Y, 2009. *Hymenobacter tibetensis* sp. nov., a UV-resistant bacterium isolated from Qinghai-Tibet plateau[J]. Systematic and Applied Microbiology，32 (8)：543-548.

Dale P J，1980. Embryoids from cultured immature embryos of *Lolium multiflorum*[J]. Z. Pflanzenphysiol，100(1)：73-77.

Davies D R，Merry R J Williams A P,et al，1998. Proteolysis during ensilage of forages varying in soluble sugar content[J]. Journal of Dairy Science，81 (2)：444-453.

Davies S T，1987. Plant hormones and their role in plant growth and development[M]. Dordrecht：Martinus Nijhoff Pubilishers：411-430.

De L P, Lorz A H, Schell J, 1987. Transgenic rye plants obtained by injecting DNA into young floral tillers[J]. Nature, 325(6101)：274-276.

Dewey D R，1974. Cytogenetics of *Elymus sibiricus* and its hybrids with *Agropyron tauri*，*Elymus canadensis*，and *Agropyron caninum*[J]. Botanical Gazette，135(1)：80-87.

Dewey D R，1984. The genome system of classification as a guide to intergeneric hybridization with the perennial Triticeae//Gustafson J P. Gene Manipulation in Plant Improvement[M]. New York：Plenum Press：209-280.

Díaz O, Salomon B, von Bothmer R, 1999. Genetic variation and differentiation in Nordic populations of *Elymus alaskanus* (Skrib. ex Merr.) Löve (Poaceae)[J]. Theor Appl Genet，99(1-2)：210-217.

Díaz O, Sun G L, Salomon B, et al, 2000. Levels and distribution of allozyme and RAPD variation in populations of *Elymus fibrosis* (Schrenk) Tzvel. (Poaceae)[J]. Genet Resour Crop Evol，47(1)：11-24.

Dixon R, Coates D, 2009. Review: Near infrared spectroscopy of faeces to evaluate the nutrition and physiology of herbivores[J]. Journal of Near Infrared Spectroscopy, 17(1): 1-31.

Dong J, Bergmann D C, 2010. Chapter Nine-Stomatal Patterning and Development[J]. Current topics in developmental biology, 91: 267-297.

Douglas R D, 1974. Cytogenetics of *Elymus sibiricus* and its hybrids with *Agropyron tauri*, *Eliymus canadensis*, and *Agropyron caninum*[J]. Botanical Gazette, 135(1): 80-87.

Du L, Dong K, Yang G, 2011. Effects of different saline-alkali grassland on the photosynthetic physiological characteristics of *Elymus dahuricus*[J]. Acta Prataculturae Sinica, 20(5): 49-56.

Dunière L, Sindou J, 2013. Silage processing and strategies to prevent persistence of undesirable microorganisms[J]. Animal Feed Science and Technology, 182 (1-4): 1-15.

Dunlap W C, Yamamoto Y, 1995. Small molecule antioxidants in marine organisms: antioxidant activity of mycosporine-glycine[J]. Comp Biochem Physio, 112(1): 105-114.

Eun J S, Beauchemin K A, 2007. Use of exogenous fibrolytic enzymes to enhance *in vitro* fermentation of alfalfa hay and corn silage[J]. Journal of Dairy Science, 90 (3): 1440-1451.

Fairey D T, Fairey N A, Fairey D T, et al, 1998. *Medicago sativa* L. (lucerne/alfalfa) in Canada[J]. Forage Seed Production, 1: 361-375.

Fedina I S, Georgieva K, 2003. Response of barley seedlings to UV-B radiation as affected by proline and NaCl[J]. Biologia Plantarum, 47(4): 549-554.

Fereres E, Kitlas P M, Goldfien R E, et al, 1981. Simplified but scientific irrigation scheduling[J]. California Agriculture California Agricultural Experiment Station, 36(5-6): 19-21.

Fernández I V, Soldado A, Martínez F A, et al, 2009. Application of near infrared spectroscopy for rapid detection of aflatoxin B1 in maize and barley as analytical quality assessment[J]. Food Chemistry, 113(2): 629-634.

Flint Garcia S A, Thuillet A C, Yu J, et al, 2005. Maize association population: a high - resolution platform for quantitative trait locus dissection[J]. The Plant Journal. 44(6): 1054-1064.

Formm M E, Morrish F, Aemstrong C, et al, 1990. Inheritance and expression of chimeric genes in the progeny of transgenic maize plants[J]. Bio Technology, 8(9): 833-839.

Fromm M E, Taylorl P, Walbot V E, 1986. Report of the committee on genetic engineering[J]. Nature, 319: 791-793.

García C A, García C B, Pérez C M, et al, 1993. Application of near-infrared reflectance spectroscopy to chemical analysis of heterogeneous and botanically complex grassland samples[J]. Journal of the Science of Food and Agriculture, 63(4): 419-426.

Gaudett M, Salomon B, Sun G L, 2005. Molecular variation and population structure in *Elymus trachycaulus* and comparison with its morphologically similar *E alaskanus*[J]. Plant Syst Evol, 250(1-2): 81-91.

Geng W J, Liao K, Xie J, et al, 2012. The optimization of the ssr reaction system for wild european plum (*Prunus domestica* L.) [J]. The Third Conference on Horticulture Science and Technology, (12): 254-257.

Gilley A, Fletcher R A, 1998. Gibberellin antagonizes paclobutrazol induced stress protection in wheat seedling[J]. Journal of Plant Physiology, 153(1): 200-207.

Goff B M, Moore K J, Fales S L, et al, 2011. Comparison of gas chromatography, spectrophotometry and near infrared spectroscopy to quantify prussic acid potential in forages[J]. Journal of the Science of Food and Agriculture, 91(8): 1523-1526.

González M I, Hernández H J M, Bustamante R M, et al, 2006. Near-infrared spectroscopy (NIRS) reflectance technology for the determination of tocopherols in alfalfa[J]. Analytical and Bioanalytical Chemistry, 386(5): 1553-1558.

Green O, Bartzanas T, 2012. Spatial and temporal variation of temperature and oxygen concentration inside silage stacks[J]. Biosystems Engineering, 111 (2): 155-165.

Griffin J D, Dibble M S, 1995. High-frequency plant regeneration from seed-derived callus cultures of Kentucky bluegrass (*Poa pratensis* L) [J]. Plant Cell Report, 14(11): 721-724.

Groth G, Mills D A, Christiansen E, et al, 2000. Characterization of a phosphate binding domain on the αsubunit of chloroplast ATP synthase using the photoaffinity phosphate analogue 4-azido-2-nitrophenyl phosphate[J]. Biochemistry, 39(45): 13781-13787.

Guerche P, Charbonnier M, Jouanin L, et al, 1987. Direct gene transfer by electroporation in *Brassica napus*[J]. Plant Science, 52(1-2): 111-116.

Gupta P K, Varshney R K, 2000. The development and use of microsatellite markers for genetic analysis and plant breeding with emphasis on bread wheat[J]. Euphytica, 113(3): 163-185.

Halgerson J L, Sheaffer C C, Martin N P, et al, 2002. Near-infrared reflectance spectroscopy prediction of leaf and mineral concentrations in alfalfa[J]. Agronomy Journal, 96(2): 344-351.

Hampto J G, Fairey D T, 1997. Components of seed yield in grasses and legumes[J]. CAB International, Forage seed production, 1: 45-54.

Hamrick J L, 1987. Gene flow and distrubution of genetic variation in plant populations. *In*: Urbanska K. Differentiation Patterns in Higher Plants[M]. New York: Academic Press: 53-67.

Hamrick J L, Godt M J W, 1989. Allozyme diversity in plant species. *In*: A. H. D. Brown A H D, Clegg M T, Kahler A L, et al. Plant Population Genetics, Breeding and Genetic Resources[M]. Sinauer Associates, Inc, Sunderland, MA: 43-63.

Hamrick J L, Godt M J W, 1996. Effects of life history traits on genetic diversity in plant species[J]. Philosophical Transactions: Biological Sciences, 351(1345): 1291-1298.

Harma H S S, Mellon R M, Given D I, et al, 2012. Evaluation of perennial ryegrass (*Lolium perenne* L.) for digestibility using thermogravimetry[J]. Animal Feed Science and Technology, 177 (1-2): 30-39.

Harrington J F, 1972. 3-Seed storage and longevity[J]. Insects & Seed Collection Storage Testing & Certification, 2(4): 145-245.

Hashemzadeh C F, Khorvash M, 2014. Interactive effects of molasses by homofermentative and heterofermentative inoculants on fermentation quality, nitrogen fractionation, nutritive value and aerobic stability of wilted alfalfa (*Medicago sativa* L) silage[J]. Journal of Animal Physiology and Animal Nutrition, 98 (2): 290-299.

Hassanat F, Mustafa A F, 2007. Effects of inoculation on ensiling characteristics, chemical composition and aerobic stability of regular and brown midrib millet silages[J]. Animal Feed Science and Technology, 139 (1-2): 125-140.

Hebblethw ait P D, Ivins J D, 1997. Nitrogen studies in *Lolium perenne* grown for seed Ⅰ. level of application[J]. Grass and Forage Science, 32(4): 195-204.

Heinritz S N, Martens S D, 2012. The effect of inoculant and sucrose addition on the silage quality of tropical forage legumes with varying ensilability[J]. Animal Feed Science and Technology, 174 (3-4): 201-210.

Herrero M, Murray I, Fawcett R H, et al, 1996. Prediction of the *in vitro* gas production and chemical composition of kikuyu grass by near-infrared reflectance spectroscopy[J]. Animal Feed Science and Technology, 60(1-2): 51-67.

Hiei Y, Ohta S, Komari T, et al, 1994. Efficient transformation of rice (*Oryza sativa* L.) mediated by Agrobac-terium and sequence analysis of the boundaries of the T-DNA[J]. Plant J. 6(2): 271-282.

Holt N W, Winkelman G E, 1983. Availability of residual fertilizer phosphorus as measured by bromegrass-alfalfa dry matter and phosphorus yield and by extractable soil phosphorus[J]. Canadian Journal of Plant Science, 63(1): 173-181.

Huang D, Li Z Z, Fan F C, 2003. Study of net photosynthesis on *Elymus sibiricus* L. regrowth under different sunlight radiations[J]. Acta Agrestia Sinica, (4): 338-342.

Huang Y W, Dennise S, 1989. Factors influencing stable transformation of maize protoplasts by electroporation[J]. Plant Cell Tissue & Organ Culture, 18(3): 281-296.

Huh M K, 1999. Genetic diversity and population structure of Korean alder (*Alnus japonica*: Betulaceae)[J]. Can. J. For. Res, 29(9): 1311-1316.

Huisden C M, Adesogan A T, 2009. Effect of applying molasses or inoculants containing homofermentative or heterofermentative bacteria at two rates on the fermentation and aerobic stability of corn silage[J]. Journal of Dairy Science, 92 (2): 690-697.

Humphreys L R, Riveros F, 1986. Tropical Pasture Seed Production[M]. Food and Agriculture Organization of the United Nations, Rome: 90-91.

Jordan B R, James P E, Mackerness S A H, 1998. Factors affecting UV-B induced changes in *Arabidopsis thaliana* L. Gene expression: the role of development, protective pigments and the chloroplast signal[J]. Plant Cell Physiol, 39(7): 769-778.

Kell A, Glaser R W, 1993. On the mechanical and dynam is properties of plant cell membrances: their role in growth, direct gene transfer and protoplast fusion[J]. Journal of Theoretical Biology, 160(1): 41-62.

Kevin B J, Bjorn S, 1995. Cytogenetics and morphology of *Elymus panormitanus* var. *heterophyllus* and its relationship to *Elymus panormitanus* var. *panormitanus* (Poaceae: Triticeae) [J]. Int J Plant Sci., 156(6): 731-739.

Kevin B J, Eichard R, Wang C, 2011. Cytogenetics of *E. caucasicus* and *E. longearistatus* (Triticeae: Poaceae)[J]. Genome, 34(6): 860-867.

Kevin B J, 1993. Cytogenetics of *Elymus magellanicus* and its intra- and inter-generic hybrids with *Pseudoroegneria spicata*, *Hordeum violaceum*, *E. trachycaulus*, *E. lanceolatus*, and *E. glaucus* (Poaceae: Triticeae)[J]. Genome, (36): 72-76.

Kim S C, Adesogan A T, 2006a. Influence of ensiling temperature, simulated rainfall, and delayed sealing on fermentation characteristics and aerobic stability of corn silage[J]. Journal of Dairy Science, 89 (8): 3122-3132.

Kim S C, Adesogan A T, 2006b. Influence of replacing rice straw with wormwood (*Artemisia montana*) silage on feed intake, digestibility and ruminal fermentation characteristics of sheep[J]. Animal Feed Science and Technology, 128 (1-2): 1-13.

Kisaka H, Sang H, Kameya T, 1998. Characterization of transgenic rice plants that express *rghl*, the gene for a small GTP-binding protein from rice[J]. Theoretical & APP Genetics, 97(5-6): 810-815.

Klein T M, Fromm M E, Gradziel T, et al, 1988. Factors influencing gene delivery into *Zea mays* cell by high velocity microprojectiles[J]. Bio/technology, 6(6): 923-926

Kondo M, Shimizu K, 2005. Changes in nutrient composition and in vitro ruminal fermentation of total mixed ration silage stored at different temperatures and periods[J]. Journal of the Science of Food and Agriculture, 96(4): 1175.

Kostina E V, Agafonov A V, Salomon B, 1998. Electrophoretic properties and variability of endosperm proteins of *Elymus caninus* L. *In*: Jaradat A A. Tritieeae III[M]. New Hampshire: Science Publishers: 265-272.

Kozelov L K, Iliev F, 2008. Effect of fibrolytic enzymes and an inoculant on *in vitro* degradability and gas production of low-dry matter alfalfa silage[J]. Journal of the Science of Food and Agriculture, 88 (14): 2568-2575.

Krawutschke M, Thaysen J, 2013. Effects of inoculants and wilting on silage fermentation and nutritive characteristics of red clover-grass mixtures[J]. Grass and Forage Science, 68 (2): 326-338.

Kung J L, Lim J M, 2015. Chemical composition and nutritive value of corn silage harvested in the northeastern United States after

Tropical Storm Irene[J]. Journal of Dairy Science, 98 (3): 2055-2062.

LaRue C D, 1949. Cultures of the endosperm of maize[J]. Am J Bot, 36: 798-813.

Latif H H, 2014. Physiological responses of *Pisum sativum* plant to exogenous ABA application under drought conditions[J]. Pak J Bot, 46(3): 973-982.

Leclerc D, Wirth T, Bernatchez L, 2000. Isolation and characterization of microsatellite loci in the yellow perch (*Perca flavescens*), and cross-species amplification within the family Percidae[J]. Molecular Ecology, 9(7): 995-997.

Lee S H, Lee K W, Lee D G, 2015. Identification and functional characterization of Siberian wild rye (*Elymus sibiricus* L.) small heat shock protein 16.9 gene (EsHsp16.9) conferring diverse stress tolerance in prokaryotic cells[J]. Biotechnology letters, 37(4): 881-890.

Lee Y H, Balyan H S, Wang B J, et al, 1994. Cytogenetic analysis of three *Hordeum ×Elymus hybrids*[J]. Euphytica, 72(1-2): 115-119.

Li D X, Zhang J, Zhao J, et al, 2006a. Plant regeneration via somatic embryogenesis of *Elymus sibiricus* cv. 'chuancao No. 2' [J]. Plant Cell, Tissue and Organ Culture, 84(3): 285-292.

Li H, Tolleson D, Stuth J, ea al, 2007. Faecal near infrared reflectance spectroscopy to predict diet quality for sheep[J]. Small Ruminant Research, 68(3): 263-268.

Li M, Zi X, 2014. Effects of sucrose, glucose, molasses and cellulase on fermentation quality and *in vitro* gas production of king grass silage[J]. Animal Feed Science and Technology, 197: 206-212.

Li N, Jiang J B, Li J F, et al, 2010. Development of Molecular Marker Linked to Cf-10 Gene Using SSR and AFLP Method in Tomato[J]. Journal of Northeast Agricultural University, 19(4): 30-36.

Li X L, Yu Z, Ma Y H, Liu J, et al, 2006b. Study on the growth, development and cytogenetics etc. of F1 hybrid derived from *Elymus sibiricus* and *E. purpuraristatus*[J]. Journal of Triticeae Crops, (26): 37-41.

Li Y, Nishino N, 2013. Changes in the bacterial community and composition of fermentation products during ensiling of wilted Italian ryegrass and wilted guinea grass silages[J]. Animal Science Journal, 84 (8): 607-612.

Lima R, Díaz R F, 2011. Multifactorial models to assess responses to sorghum proportion, molasses and bacterial inoculant on *in vitro* quality of sorghum-soybean silages[J]. Animal Feed Science and Technology, 164 (3-4): 161-173.

Lima R, Lourenço M, 2010. Effect of combined ensiling of sorghum and soybean with or without molasses and lactobacilli on silage quality and *in vitro* rumen fermentation[J]. Animal Feed Science and Technology, 155 (2-4): 122-131.

Linacero R, Vazquez A M, 1990. Somatic enbryogenesis from immature inflorescences of rye[J]. Plant Sci, 72(2): 253-258.

Liu J, You M, 2012. Effect of growth inhibitors on biomass structure, energy distribution and lodging rates for populations of *Elymus sibiricus* [J]. Acta Prataculturae Sinica, 21(5): 195-203.

Liu J, Yun J, Zhang L, 2010. Physiological Characteristics of Three *Elymus* Grass under NaCl Stress [J]. Acta Agrestia Sinica, 18(5): 694-697.

Liu L, Zhang Z, Bi J, 2009. Comparison test of drought tolerance on five forage breeds in typical grassland[J]. Journal of Inner Mongolia Agricultural University (Natural Science Edition), 30(02): 270-273.

Liu Q, Zhang J, 2011. The effects of wilting and storage temperatures on the fermentation quality and aerobic stability of stylo silage[J]. Animal Science Journal, 82 (4): 549-553.

Liu X, Han L, Yang Z, et al, 2008. Prediction of silage digestibility by near-infrared reflectance spectroscopy[J]. Journal of Animal and Feed Sciences, 17(4): 631-639.

Lorenzentti F, 1993. Achieving potential herbage seed yields in species of temperate regions[C]. Proceeding of the XVII International Grassland Congress：1621-1628.

Löve A, 1984. Conspectus of the Triticeae[J]. Feddes Report, 95：425-521.

Lu B R, Salomon B, von Bothmer R, 1990. Cytogenetic studies of progenies from the intergeneric crosses *Elymus*×*Hordeum* and *Elymus*×*Secale*[J]. Genome, 33(3)：425-43.

Lu B R, 1992. Dihaploids of *Elymus* from the interspecific crosses *E. dolichatherus*×*E. tibeticus* and *E. brevipes* × *E. panormitanus*[J]. Theor Appl Genet, (83)：997-1002.

Lu Y Q, Li H Y, Jia Q, et al, 2011. Identification of SSR loci in Betula luminifera using birch EST data[J]. Journal of Forestry Research, 22(2)：201-204.

Lu B R, 1993. Biosystematic investigations of Asiatic wheatgrasses *Elymus* L.(Triticeaa, Poaceae)[C]. Alnarp：The Swedish University of Agricultural Sciences, Sweden.

Lüttge U, 1993. Plant cell membranes and salinity：structural, biochmical and biophsical changes[J]. R Bras Fisiol Veg, 5 (2)：217-224.

Ma X, Zhang X Q, Zhou Y H, et al, 2008. Assessing genetic diversity of *Elymus sibiricus* (Poaceae：Triticeae) populations from Qinghai-Tibet Plateau by ISSR markers[J]. Biochem. Syst. Ecol, 36(3)：514-522.

Mackerness S A H, Butt P J, Jordan B R, 1996. Amelioration of UV-B induced down regulation of mRNA leaves for chloroplast proteins by high irradiance is mediated by photosynthesis[J]. Plant Physiol, 148(1-2)：100-106.

MacRitchie D, Sun G, 2004. Evaluating the potential of barley and wheat microsatiellite markers or genetic analysis of *Elymus trachycaulus* complex species[J]. Theoretical and Applied Genetics, 108(4)：720-724.

Maher C A, Kumar-Sinha C, Cao X, et al, 2009. Transcriptome sequencing to detect gene fusions in cancer[J]. Nature, 458(7234)：97-101.

Malhi S S, Zentner R P, Heier K, 2001. Banding increases effectiveness of fertilizer P for alfalfa production[J]. Nutrient Cycling in Agroecosystems, 59(1)：1-11.

Mandebvu P, West J W, 1999. Effect of enzyme or microbial treatment of bermudagrass forages before ensiling on cell wall composition, end products of silage fermentation and *in situ* digestion kinetics[J]. Animal Feed Science and Technology, 77 (3-4)：317-329.

Marchant H J, Davidson A T, Kelly G J, 1991. UV-B protecting compounds in the marine alga *Phaeocystis poucheftrioim*[J]. Antarctica. Mar. Biol, 109(3)：391-395.

Marton L, Hrouda M, Pecsvaradia A, et al, 1994. T-DNA-insert-independent mutations induced in transformed plant cells during *Agrobacterium co-cultivation*[J]. Transgenic Research, 3(5)：317-325.

Mayr E, 1999. Understanding evolution[J]. Trend. Evol. Ecol, 14：372-373.

McCabe D E, Swain W E, Msrtinell B J, et al, 1988. Stable transformation of soybean by particle acceleration[J]. Bio Techology, 6(8)：923-926.

McDaniel J K, Conger B V, Graham E F, 1982. A histological study of t proliferation, embryogenesis and organogenesis from t cultures of *Dactylis glomerata* L[J]. Protoplasma, 110(2)：121-128.

McDonald P, Henderson R, 1991. The Biochemistry of Silage[M]. 2nd ed. London：Chalcolmbe Publications, Marlow, United Kingdom.

McGechan M B, Cooper G, 2000. An assessment of macerating mowers for zero effluent silage production[J]. Journal of Agricultural

Engineering Research, 75 (3): 291-313.

Mejier W M, Vreeke S, 1988. Nitrogen fertilization of grass seed crops as related to soil mineral nitrogen[J]. University of Newcastle Upon Tyne, 148(1):316-327.

Melchinger A E, Schmidt G A, Geiger H H, 1986. Evaluation of near infra-red reflectance spectroscopy for predicting grain and stover quality traits in maize[J]. Plant Breeding, 97(1): 20-29.

Mendel R R, Clauss E, Hellmund R, et al, 1990. Gene transfer to barley. *In*: Nijkamp H J J, et al. Progress in Plant Cellular and Molecular Biology[M]. Dordrecht: Kluwer Academic Publishers: 73-78.

Messman M A, Weiss W P, 1992. Evaluation of pearl millet and field peas plus triticale silages for midlactation dairy cowsl[J]. Journal of Dairy Science, 75 (10): 2769-2775.

Mirocha C, Pathre S, Schauerhamer B, et al, 1979. Natural occurrence of Fusarium toxins in feedstuff[J]. Applied and Environmental Microbiology, 32(4): 553-556

Montoro P, Teinseree N, Rattana W, et al, 2000. Effect of exogenous calcium on *Agrobacterium* tumefaciens-mediated gene transfer in *Hevea brasiliensis* (rubber tree) friable calli[J]. Plant Cell Rep, 19(9): 851-855.

Morrison J W, Rajhathty T, 1959. Cytogenetic studies in genus *Hordeum* Ⅲ. Pairing in some interspecific and intergeneric hybrids[J]. Can J Genet Cytol, (1): 65-77.

Mortazavi A, Williams B A, Mccue K, et al, 2008. Mapping and quantifying mammalian transcriptomes by RNA-Seq[J]. Nature Methods, 5(7): 621-628.

Motsny I I, Simonenko V K, 1996. The influence of *Elymus sibiricus* L. genome on the diploidization system of wheat[J]. Euphytica, 91(2): 189-193.

Mu K G, Zhang W J, Li J Q, et al, 2000. Research and application of interaction between pesticide and fertilizer[J]. World Agriculture, 4: 39-41.

Muck R E, Filya I, 2007. Inoculant effects on alfalfa silage: *in vitro* gas and volatile fatty acid production[J]. Journal of Dairy Science, 90 (11): 5115-5125.

Mulrooney C N, Kung L, 2008. Short communication: the effect of water temperature on the viability of silage inoculants[J]. Journal of Dairy Science, 91 (1): 236-240.

Murdoch J C, Holdsworth M C, 1960. The effects of temperature in the mass on the chemical composition of silage[J]. Grass and Forage Science, 15 (3): 240-245.

Musashi M, Ota S, Shiroshita N, 2000. The role of protein kinase C isoforms in cell proliferation and apoptosis[J]. Int J He Matol, 72(1): 12-19.

Mustafa A F, Seguin P, 2002. Effects of cultivars on ensiling characteristics, chemical composition, and ruminal degradability of pea silage[J]. Journal of Dairy Science, 85 (12): 3411-3419.

Neuhaus G, Sopangtenberg G, Mittelsten-Scheid O, et al, 1987. Transgenic rapeseed plants obtained by the microinjection of DNA into microscope-derived embryoids[J]. Theor Appl Gen, 75(1): 30-36.

Nordestgaard A, 1980. The effects of quantity of nitrogen date of application and the influence of autumn treatment of the seed yield of grass. *In*: Hebblethwaite P D. Seed Production, Proc. Easter School in Agric. Sci. 28th[M]. London: Univ. of Nottingham, Butterworths: 105-119.

Norris K H, Barnes R F, Moore J E, et al, 1976. Predicting forage quality by infrared reflectance spectroscopy[J]. Journal of Animal Science, 43(4): 889-897.

Nousisainen J, Ahvenjärvi S, Rinne M, et al, 2004. Prediction of ingigestible cell wall fraction of grass silage by near infrared reflectance spectroscopy[J]. Animal Feed Science and Technology, 115(3): 295-311.

Nybom H, 2004. Comparison of different nuclear DNA markers for estimating intraspecific genetic diversity in plants[J]. Molecular Ecology, 13(5): 1143.

Panaud O, Chen X, McCouch S R, 1996. Development of microsatellite markers and characterization of simple sequence length polymorphism (SSLP) in rice (*Oryza sativa* L.)[J]. Mol Gen Genet, 25(2): 597-607.

Petersen J C, Barton F E, Windham W R, et al, 1987. Botanical composition definition of tall fescue-white clover mixtures by near infrared reflectance spectroscopy[J]. Crop Science, 27(5): 1077-1080.

Pirasteh-Anosheh H, Emam Y, Pessarakli M, 2013. Changes in endogenous hormonal status in corn (*Zea mays*) hybrids under drought stress[J]. Journal of Plant Nutrition, 36(11): 1695-1707.

Pojić M, Mastilović J, Palić D, et al, 2010. The development of near-infrared spectroscopy (NIRS) calibration for prediction of ash content in legumes on the basis of two different reference methods[J]. Food Chemistry, 123(3): 800-805.

Predier I S, Norman H A, Krizek D T, et al, 1995. nfluence of UV-B radiation on membrance lipid composition and ethylene evolution in doyenne dhiver pearshoots grown *in vitro* under different photosynthetic photon fluxes[J]. Env Exp Bot, 35: 151-160.

Pujol S, Pérez V A M, Torrallardona D, 2007. Evaluation of prediction of barley digestible nutrient content with near-infrared reflectance spectroscopy (NIRS)[J]. Livestock Science, 109(1): 189-192.

Qingcai Z, Zifa X, Keyong Z, et al, 2012. Construction of DNA fingerprint using SSR marker for hybrid rice cultivars approved by Hunan Province[J]. Agricultural Biotechnology, 1(4): 7-10, 14.

Quatrano R S, Ballo B L, Williamson J D, et al, 1983. ABA-controlled expression of embryospecific genes during wheat grain development[J]. Plant Molecular Biology, 343-353.

Roberts C A, Joost R E, Rottinghaus G E, 1997. Quantification of ergovaline in tall fescue by near infrared reflectance spectroscopy[J]. Crop Science, 37(1): 281-284.

Röder M S, Plaschke J, Konig S U, 1995. Abundance, variability and chromosomal location of microsatellites in wheat[J]. Mol Gen Genet, 246(3): 327-333.

Rolston M P, Rowarth K R, Hare M D, et al, 1985. Grass seed production: weeds, herbicides and fertilizers. *In*: Hare M D, Bocrk J L. Producing Herbage Seeds. New Zealand Grassland Association[M]. New York: Palmerston North: 15-22.

Rumbaugh M D, Clark D H, Pendery B M, 1988. Determination of root mass ratios in alfalfa-grass mixtures using near infrared reflectance spectroscopy[J]. Journal of Range Management, 41(6): 488-490.

Rupert C S, Tu K, 1996. Substrate dependence of the action spectrum for photoenzymatic repair of DNA[J]. Journal of Photochemistry and Photobiology, 24(3): 229-235.

Sacristan M D, Gergemann K M, Schieder O, 1988. Transformation of *Brassica nigra* through protoplast cocultivation with *Agrobacterium tumefaciens*[J]. Current Plant Science and Biotechnology Agriculture, 7: 351-352.

Sadao S, 1982. Studies on Artificial Hybrids among *Elymus sibiricus*, *E. dahuricus* and *Agropyron tsukushiense* in the Tribe Triticeae, Gramineae[J]. Journal of Plant Research, 95(4): 375-383.

Sanford J C, Klein T M, Wolf E D, et al, 1987. Delivery of substances in cells and tissues using a particle bombardment process[J]. J Plant Sci Tech, 5(1): 27-37.

Sankar B, Gopinathan P, Karthishwaran K, et al, 2016. Variation in growth of peanut plants under drought stress condition and in combination with paclobutrazol and ABA[J]. Current Botany, 5: 14-21.

Sato T, Uezono I, Morishita T, et al, 1998. Nondestructive estimation of fatty acid composition in seeds of *Brassica napus* L. by near-infrared spectroscopy[J]. Journal of the American Oil Chemists' Society, 75(12): 1877-1881.

Schnick C, Kortgen N, Groth G, 2002. Complete inhibition of the tentoxin-resistant F1-ATPase from *Escherichia coli* by the phytopathogenic inhibitor thetoxin after substitution of critical residues in the α and β subunit[J]. J Biol Chem, 277 (52): 51003-51007.

Seo M S, Bae C H, Choi D O, et al, 2002. Investigation of transformation efficiency of rice using agrobacterium tumefaciens and high transformation of GPAT (glycerol-3-phosphate acyltransferase) gene relative to chilling tolerance[J]. Korean J Plant Biotechnlogy, 29: 85-92.

Shao T, Ohba N, 2004. Effects of adding glucose, sorbic acid and pre-fermented juices on the fermentation quality of guineagrass (*Panicum maximum* Jacq.) silages[J]. Asian-Australasian Journal of Animal Sciences, 17(6): 808-813.

Sharma H C, Gill B S, Uyemoto J K, 1984. High level of resistence in *Agropyron* species to barley yellow dwarf and wheat streak mosaic viruses[J]. Theor Appl Genet, 77: 369-374.

Sheperd A C, Kung L, 1996. An enzyme additive for corn silage: effects on silage composition and animal performancel[J]. Journal of Dairy Science, 79 (10): 1760-1766.

Shu S, Chen B, Zhou M, et al, 2013. De novo sequencing and transcriptome analysis of *Wolfiporia cocos* to reveal genes related to biosynthesis of triterpenoids[J]. PLoS One, 8(8): e71350.

Sinclair J B, 1979. The seed: a microcosm of microbes[J]. Journal of Seed Technology, 4(2): 68-73.

Smart A J, Schacht W H, Moser L E, et al, 2004. Prediction of leaf/stem ratio using near-infrared reflectance spectroscopy (NIRS): a technical note[J]. Agronomy Journal, 96(1): 316-318.

Smith Kevin F, Kelman Walter M, 1997. Predicting condensed tannin concentrations in *Lotus uliginosus* Schkuhr using near-infrared reflectance spectroscopy[J]. Journal of the Science of Food and Agriculture, 75(2): 263-267.

Smith R L, Grando M F, Li Y Y, et al, 2002. Transformation of bahiagrass (*Paspalum notatum* Flugge) [J]. Plant Cell Rep, 20(11): 1017-1021.

Stebbins G L, 1957. Articial polyploid as a tool in plant breeding[J]. Brookhaven Symp Bio, 9: 37-52.

Stebbins G L, 1999. A brief summary of my idea on evolution[J]. Amer J Bot, 86(8): 1207-1208.

Straus J, LaRue C D, 1954. Maize endosperm tisue growth in vitro Ⅰ Culture requirements[J]. Am. J. Bot, 41(8): 687-694.

Strid A, Chow W S, Anderson J M, 1996. Temperature dependency of changes in the relaxation of relectrochromic shifts of chlorophyll fluorescence and in the levels of mRNA transcripts in detached leaves from *Pisum sativum* exposed to supplementary UV-B radiation[J]. Plant Science, 115(2): 0-206.

Sun G L, Díaz O, Salomon B, et al, 1998. Microsatellite variation and its comparison with allozyme and RAPD variation in *Elymus fibrosis* (Schrenk) Tzvel. (Poaceae)[J]. Hereditas, 129: 275-282.

Sun G L, Díaz O, Salomon B, et al, 2001. Genetic diversity and structure in a natural *Elymus caninus* population from Denmark based on microsatellite and isozyme analyses[J]. Plant Syst Evol, 227(3-4): 235-244.

Sun G L, Salomon B, 2003. Microsatellite variability and heterozygote deficiency in the arctic-alpine Alaskan wheatgrass (*Elymus alaskanus*) complex[J]. Genome, 46(5): 729-736.

Sun G L, Salomon B, von Bothmer R, 1997. Analysis of terraploid *Elymus* species using wheat microsatellite marker and RAPD marker[J]. Genome, 40(6): 806-814.

Sun G L, Salomon B, von Bothmer R, 2002. Microsatellite polymorphism and genetic differentiation in three Norwegian populations of *Elymus alaskanus* (Poaceae) [J]. Plant Syst Evol, 234(1-4): 101-110.

Sun Z H, Liu S M, 2009. Effects of cellulase or lactic acid bacteria on silage fermentation and *in vitro* gas production of several morphological fractions of maize stover[J]. Animal Feed Science and Technology, 152 (3-4): 219-231.

Takeuchi Y, Kubo H, Kasahara H, et al, 1996. Adaptive alterations in the activities of scavengers of active oxygen in cucumber cotyledons irradiated with UV-B[J]. Plant Physiol, 147(5): 589-592

Tang S X, Tang Z L, 2006. A comparison of *in vitro* fermentation characteristics of different botanical fractions of mature maize stover[J]. Journal of Animal and Feed Sciences, 15(3): 507-517.

Taylor A J, Marble V L, 1986. Lucerne irrigation and soil water use during bloom and seed set on a red-brown earth in south-eastern Australia[J]. Australia Journal of Experimental Agriculture, 26(5): 577-581.

Thompson D J, 1993. Effects of clipping and nitrogen fertilization on tiller development and flowering in *Kentucky bluegrass*[J]. Canadian Journal of Plant Science, 1993: 569-575.

Thomzik J E, Hain R, 1990. Transgenic *Brassica napus* plants obtained by co-cultivation of protoplast with *Agribacterium tumefaciens*[J]. Plant Cell Reports, 9(5): 233-236.

Triplett B A, Quatrano R S, 1982. Timing localization and control of wheat germ agglutinin synthesis in developing wheat embryos[J]. Devel Biol, 91(2): 491-496.

Tucker W C, Du Z, Hein R, et al, 2001. Role of the ATP synthase α subunit in conferring sensitivity to tentoxin[J]. Biochemistry, 40 (25): 7542-7548.

Uzé M, Wunn J, Puonti-Kaerlas J, et al, 1997. Plasmolysis of precultured immature embryos improves Agrobacterium mediated gene transfer to rice (*Oryza sativa* L.) [J]. Plant Sci, 130(1): 0-95.

Van Ranst G, Fievez V, 2009. Influence of ensiling forages at different dry matters and silage additives on lipid metabolism and fatty acid composition[J]. Animal Feed Science and Technology, 150 (1-2): 62-74.

Van Ark H F, Zaal M Z C M, Creemers-Molennaar J, et al, 1991. Improvement of the t culture response of seed-derived callus cultures of *Poa pratensis* L: effect of gelling agent and abscisic acid[J]. Plant Cell T and Organ, Culture, 27(3): 275-280.

Vasil I K, Vasil V, 1986. Regeneration in Cereal and other Grass Species in Cell Culture and Somatic Cell Genetics of Plants (Vasil IK. eds) [M]. New York: Acad. Press: 121-150.

von Bothmer R, Jacobsen N, Baden C, 1995. An Ecogengraphical Study of the Genus *Hordeum*[M]. 2nd ed. Rome: International Plant Genetic Resources Institute Press: 127.

Vrensen T W M, Takatsuji H, 1999. Developmental and wound-cold-desiccation, ultraviolet-B stress-induced moldulation in the expression of the petania zine figer transcription factor gene ZPTZ-2[J]. Plant Physiol, 121: 1153-1162.

Wachendorf M, Ingwersen B, Taube F, 1999. Prediction of the clover content of red clover- and white clover-grass mixtures by near-infrared reflectance spectroscopy[J]. Grass and Forage Science, 54(1): 87-90.

Wang C, Xi J, 2009. Effects of UV pretreatment on microbial community structure and metabolic characteristics in a subsequent biofilter treating gaseous chlorobenzene[J]. Bioresource Technology, 100 (23): 5581-5587.

Wang S, Liu S, Li Yong, et al, 2012. Multiplex PCR system optimization with potato SSR markers[J]. Journal of Northeast Agricultural University, 19(3): 20-27.

Wang Y, Gan Y, Chen L, et al, 2007. Primary study on physiological and ecological characteristics of photosynthesis of *Elymus sibiricus* cv. Chuancao No. 1 in summer in alpine area [J]. Pratacultural Science, (11): 42-46.

Ward J D, Readfern D D, 2001. Chemical composition, ensiling characteristics, and apparent digestibility of summer annual forages in a subtropical double-cropping system with annual ryegrassl[J]. Journal of Dairy Science, 84 (1): 177-182.

Weinberg Z G, Ashbell G, 1995. The effect of cellulase and hemicellulase plus pectinase on the aerobic stability and fibre analysis of peas and wheat silages[J]. Animal Feed Science and Technology, 55 (3-4): 287-293.

Weinberg Z G, Chen Y, 2013. Effects of storage period on the composition of whole crop wheat and corn silages[J]. Animal Feed Science and Technology, 185 (3-4): 196-200.

Westman A L, Kresovich S, 1998. The potential for crosstaxa simple-sequence repeat (SSR) amplification between *Arabidopsis thaliana* L. and crop brassicas[J]. Theor Appl Genet, 96(2): 272-281.

Windham W R, Fales S L, Hoveland C S, 1988. Analysis for tannin concentration in *Sericea lespedeza* by near infrared reflectance spectroscopy[J]. Crop Science, 28(4): 705-708.

Winters A L, Minchin F R, Davies Z, et al, 2004. Effects of manipulating the protein content of white clover on silage quality[J]. Animal Feed Science and Technology, 116 (3-4): 319-331.

Wright S, 1951. The genetical structure of populations[J]. Genetics, 15(4): 323-354.

Xian Q H, Genzbitelle L, 2012. Fabre F. indication of genetic linkage map for sunflower (*Helianthus annuus* L.) by SSR markers[J]. Agricultural Science & Technology, 13(12): 2484-2488, 2495.

Xiao L W, Stevn R L, Zanmin H, et al, 2003. Molecular genetic linkage maps for allotetraploid *Leymus wildryes* (Gramineae: Triticeae) [J]. Genome, 46(4): 627-646.

Yan H F, Mao P S, Sun Y, 2016. Impacts of ascorbic acid on germination, antioxidant enzymes and ultrastructure of embryo cells of aged *Elymus sibiricus* seeds with different moisture contents[J]. International Journal of Agriculture & Biology, 18(1): 149-156.

Youngberg H W, 1980. Techniques of seed production in Oregon. *In*: Hebblethwaite P D. Seed Production, Porc. Easter Sehool in Agric. Sci. 28th[M]. London: Univ. of Nottingham, Butterworths: 203-213.

Yu J, Buckler E S, 2006. Genetic association mapping and genome organization of maize[J]. Current Opinion in Biotechnology, 17(2): 155-160.

Yu S G, Bjorn L O, 1997. Effects of UVB radiation on light-dependent and light-indepent protein phosphorylation in thylakoid proteins[J]. J Photochem Photobiol B: Biol, 37(3): 212-218.

Yu Z, Ma Y H, Li Z Z, 2004. Identification of Chromosome and Fertility of Chromosome Doubling Plant of Triploid Hybrid F1 between *Elymus canadensis* and *Hordeum brevisubulatum*[J]. Grassland of China, (5): 2-9.

Yuan, X J, Wang J, 2015. Effects of ethanol, molasses and Lactobacillus plantarum on fermentation characteristics and aerobic stability of total mixed ration silages[J]. Grass and Forage Science, 71(2): 328-338.

Zaghmout O M F, Torello W A, 1990. Isolation and culture of protoplasts from embryogenic suspension cultures of red fescue (*Festuca rubra* L) [J]. Pl Cell Rep, 9(6): 340-343.

Zhang C, Zhang D W, Sun Y, et al, 2017. Photo-protective mechanisms in reed canary grass to alleviate photo-inhibition of PSII on the Qinghai-Tibet Plateau[J]. Journal of Plant Physiology, 215: 11-19.

Zhang G, Wang B, Meng L, 2005. Study on the diurnal variations of photosynthetic characteristics of four elytrigia desv[J]. Acta Agrestia Sinica, 13(4): 344-348.

Zhang J, Zhao J, Li D X, et al, 2009. Cloning of the gene encoding an insecticidal protein in *Pseudomonas pseudoalcaligenes*[J]. Annals of Microbiology, 59 (1) 45-50.

Zhang Q F, Zhou Z Q, Yang G P, et al, 1996. Molecular marker heterizy gosity and hybrid performance in indica and japonica rice[J]. Theor Appl Genet, 93(8): 1218-1224.

Zhang X Q, Salomom B, von Bothmer R, et al, 2000. Patterns and levels of genetic differentiation in North American populations of the Alaskan wheatgrass complex[J]. Hereditas, 133(2): 123-132.

Zhang X Q, Salomom B, von Bothmer R, 2002. Application of random amplified polymorphic DNA markers to evaluate intraspecific genetic variation in the *Elymus alaskanus* complex (Poaceae)[J]. Genet Resour Crop Evol, 49(4): 397-407.

Zhou H L, Li M, 2011. Nutritive value of several tropical legume shrubs in Hainan province of China[J]. Journal of Animal and Veterinary Advances, 10(13): 1640-1648.

Zhu C, Gore M, Buckler E S, et al, 2008. Status and prospects of association mapping in plants[J]. The Plant Genome, 1(1): 5-20.

Zimmer E, Gurrath P A, Paul C, et al, 1990. Near infrared reflectance spectroscopy analysis of digestibility traits of maize stover[J]. Euphytica, 48(1): 73-81.

Zhang X, Zhang Q, Zhang Z, et al, 2015. Rechargeable Li—$CQ_2$ batteries with carbon nanotubes as air cathodes[J]. Chemical Commumcations. 51(78): 14636.

Zhang Q, Cao G, 2011. Namostructured photoelectrodes for duesensitized solar cells[J]. Nano Today. 6(1):91-109.

# 附录一　川草2号老芒麦牧草生产技术规程 DB51/T 478—2005

## 前　言

本标准于2005年3月首次发布，2014年5月第一次修订。自本标准实施之日起，原标准DB51/T

480-2005同时废止。

本标准由四川省农业厅提出并归口。

本标准由四川省质量技术监督局批准发布。

本标准起草单位：四川省草原科学研究院。

本标准主要起草人：游明鸿、张玉、白史且、卞志高、李达旭、张昌兵、鄢家俊、吴婍、季晓菲、王丽焕、宾莉。

# 川草 2 号老芒麦牧草生产技术规程

1 范围

本标准规定了川草 2 号老芒麦牧草生产的术语和定义、生产条件、栽培技术要点、饲草利用等。

本标准适用于进行川草 2 号老芒麦牧草生产的单位和个人。

2 规范性引用文件

下列文件对于本文件的应用是必不可少的。凡是注日期的引用文件，仅所注日期的版本适用于本文件。凡是不注日期的引用文件，其最新版本(包括所有的修改单)适用于本文件。

GB 4285-1989 农药安全使用标准

GB 6142-2008 禾本科草种子质量分级

NY/T 1343-2007 草原划区轮牧技术规程

DB51/T 686-2007 牧草青干草调制技术

3 术语和定义

下列术语和定义适用于本标准。

3.1 川草 2 号老芒麦 Elymus sibiricus L.cv. Chuancao No. 2

川草 2 号老芒麦是以川西北高原红原县天然草地的野生老芒麦群体为育种原始材料，采用系统育种

方法选育出的穗系混合品种，1991 年通过全国牧草品种审定委员会审定，品种登记号：083。

4 生产条件

4.1 区域选择

选择海拔 2000m～4000m、年均降水量≥400mm、≥0℃积温达 1000℃～1800℃的川西高原温带、寒温带大陆性季风气候区。

4.2 地块选择

选择地势平坦、沥水、土层较厚、肥力中等、相对集中成片、交通方便的亚高山退化草甸草地、鼠害鼠荒地、撩荒地。

建植的割草地周围应安装围栏，建植的放牧草地在苗期或返青期最好也用围栏与外界隔离。

5 栽培技术要点

5.1 地面处理

5.1.1 人工草地

土地翻耕前，清除地面的石块等杂物，秋季深翻 15cm～20cm。翌年植物返青后用灭生型除草剂均匀喷洒地面，当所有植株明显出现药害后，用重耙纵横交错地把土地耙细。结合整地施腐熟有机肥 15000kg/hm$^2$～20000kg/hm$^2$ 或氮磷钾复合肥（15－15－

15) 150kg/hm$^2$～225kg/hm$^2$ 作基肥，然后用旋耕机把土壤耙细、耙平。除杂用药按照 GB 4285-1989 执行。

5.1.2　改良天然草地

一般用钉耙或重耙划破草地表土层，深度 5cm～10cm，或采用免耕播种机的开沟器在播种时直接疏松播种层土壤。对局部杂草较多的地块，耙地播种前半月选择晴天喷洒选择型除草剂清除阔叶杂草。除杂用药按照 GB 4285-1989 执行。

5.2　播种

5.2.1　种子质量

种子质量要求在三级(含)以上。具体按照 GB 6142－2008 执行。

5.2.2　播种时期

于5月中旬至6月进行春播。

5.2.3　播种方式

5.2.3.1　单播

条播或撒播，条播行距 30cm～40cm。

5.2.3.2　混播

与披碱草属的其他种以及早熟禾属、羊茅属等禾本科牧草或紫花苜蓿、红三叶等豆科牧草混播。与禾本科牧草混播时可直接混合撒播或条播；与豆科牧草混播时，先宽行(行距 60cm)条播紫花苜蓿、红三叶等豆科牧草，待豆科牧草定植后再每行中间条播川草2号老芒麦。

5.2.4　播种量

种子用价 100%时，单播人工草地条播播量 30kg/hm$^2$～37.5kg/hm$^2$，撒播播量 37.5kg/hm$^2$～45kg/hm$^2$，改良草地补播播量 15kg/hm$^2$～22.5kg/hm$^2$。禾豆混播时，禾本科以单播用量 70%～75%、豆科以单播用量 50%～60%；两种禾禾混播时，各以单播用量 70%用种。三种禾禾混播时，各以单播用量 50%用种。种子用价不足 100%时，可按实际用价调高。

5.2.5　播种深度

1cm～2cm。

5.3　田间管理

5.3.1　杂草防除

苗期和返青期加强杂草的防控。三叶期后视杂草情况，单一人工草地选用阔叶型除草剂防治地面阔叶杂草。除草剂按照 GB 4285-1989 执行。禾豆混播草地人工拔除毒杂草。

5.3.2　施肥

苗期可肥药混施，用量为尿素 5000g/hm$^2$～7500g/hm$^2$+28%苯磺唑酮可湿性粉剂 75g/hm$^2$ 或 75%苯磺隆干悬浮剂 27g/hm$^2$；分蘖-拔节期除杂后，视牧草生长情况追施尿素 75kg/hm$^2$～150kg/hm$^2$，牧草刈割后追施氮磷钾复合肥(15－15－15) 75kg/hm$^2$～150kg/hm$^2$。

5.3.3　病虫鼠害防治

若发现锈病、白粉病等病害和粘虫等虫害，选用国家规定的药物防治。具体按照 GB 4285-1989 执行。

鼠害严重时可采用人工捕杀或安装招鹰架。

6 饲草利用

可刈割鲜饲，或调制成青干草或青贮草料利用，亦可直接放牧利用。

6.1 刈割利用

花期刈割，留茬 6cm 左右。

调制青干草参照 DB51/T 686-2007 执行。

调制青贮料时，刈割后摊晒至水分含量 65%～75%时，切成 2cm～3cm 短节后加乳酸菌 0.5ml/kgFM，混合均匀后再装袋抽真空密封保存或装青贮桶密封保存，或直接裹包保存。

6.2 放牧利用

放牧利用按照 NY/T 1343-2007 的规定进行。

# 附录二　川草2号老芒麦种子生产技术规程
# DB51/T 1745—2014

## 前　言

本标准于2005年3月首次发布，2012年12月第一次修订。自本标准实施之日起，原标准DB51/

T479-2005同时废止。

本标准由四川省畜牧食品局提出并归口。

本标准由四川省质量技术监督局批准。

本标准起草单位：四川省草原科学研究院。

本标准主要起草人：游明鸿、张玉、白史且、李达旭、卞志高、张昌兵、鄢家俊、吴婍、肖冰雪、季晓菲、童琪、陈愉。

# 川草2号老芒麦种子生产技术规程

1 范围

本标准规定了川草2号老芒麦种子生产的适宜区域和地块、地块整理、播种、田间管理、收获、加工与贮藏等主要技术措施。

本标准适用于从事川草2号老芒麦种子生产的单位和个人。

2 规范性引用文件

下列文件对于本文件的应用是必不可少的。凡是注日期的引用文件，仅所注日期的版本适用于本文件。凡是不注日期的引用文件，其最新版本(包括所有的修改单)适用于本文件。

GB 4285-1989 农药安全使用标准

GB 6142-2008 禾本科草种子质量分级

NY/T 1210-2006 牧草与草坪草种子认证规程

NY/T 1235-2006 牧草与草坪草种子清选技术规程

NY/T 1237-2006 草原围栏建设技术规程

NY/T 1577-2007 草籽包装标准

3 术语和定义

下列术语和定义适用于本标准。

3.1 原种 Original seed

是用原原种繁殖而来的纯良种子，几乎完全保持该品种特定的遗传一致性和纯度，能进一步供繁殖良种使用的基本种子。

3.2 商品种子 Commercial seed

由原种生产的种子。

3.3 隔离带 Isolation belt

种子生产过程中防止基因混杂、机械混杂或牲畜践踏等设置的保护行、壕、沟、道路、空地、围栏等。

4 生产区域

选择海拔2500m～3600m、年均降水量500mm～800mm、≥0℃积温达1200℃～1800℃的川西北高原温带季风气候区。

5 地块选择及地块整理

5.1 地块选择

选择地面平坦开阔(坡度<10°)、通风良好、光照充足、土层较厚、肥力适中、杂草较少、便于隔离、交通方便、相对集中成片的地块，且该地块至少2年没种过该种的其他品种或近缘种。

5.2 地块整理

5.2.1 地面整理

土地翻耕前，清除地面的石块等杂物。在秋季深翻一遍，深度达20cm～25cm。翌年杂草返青后于晴朗天气喷洒灭生型除草剂，当所有植株枯黄死亡，用重耙纵横交错地把土地耙细。同时根据土壤具体情况，均匀施颗粒杀虫剂消除土壤中的害虫，施腐熟有机肥或复合肥作基肥，然后用旋耕机把土壤耙细、耙平。除杂、除虫等农药按照 GB 4285-1989 执行。

5.2.2 隔离带建设

种子田与同种的其他品种或亲缘关系相近的种或其他品种间的具体隔离距离按照 NY/ T1210-2006 的规定执行；防止牲畜践踏的围栏建设按照 NY/ T1237-2006 执行。

6 播种

6.1 种子要求

原种基地选择原原种作为种源，商品种子生产基地选择原种作为种源。具体指标按照 GB 6142-2008 执行。

6.2 种子处理

机械播种前对带芒的种子进行去芒处理。

6.3 播种时期 5 月中旬至 6 月中旬。

6.4 播种方式

撒播或条播，条播行距 50cm～60cm。

6.5 播种量

种子用价 100%时，撒播播量 15kg/hm$^2$～22.5kg/hm$^2$、条播播量 10.5kg/hm$^2$～15kg/hm$^2$。

6.6 播种深度

1cm～2cm。

7 田间管理

7.1 苗期管理

7.1.1 建植当年

出苗后缺苗率超过 10%的区域应及时补播。

7.1.2 后续使用年

植株返青后出现 10%以上的裸露地应及时补播；地表板结时用短齿耙或具有短齿的圆镇压器破除。

7.2 除杂去劣

视杂草情况，三叶期后采取人工拔除或喷洒阔叶除草剂进行化学防除。随时注意清除检疫性杂草，去杂去劣工作在开花期和成熟期进行，杂、劣、病株拔除运出田外。除草剂按照 GB 4285-1989 执行。

7.3 追肥

播种当年不追肥或追少量复合肥；翌年拔节期追施尿素 75kg/hm$^2$～150kg/hm$^2$，或视苗情于花期用尿素 750g/hm$^2$～1500g/hm$^2$、磷酸二氢钾 150g/hm$^2$～300g/hm$^2$、28%苯磺唑酮可湿性粉剂 75g/hm$^2$ 或 75%苯磺隆干悬浮剂 27g/hm$^2$，配成 2%～3%混合液进行叶面喷施；或地表施氮磷钾复合肥(15－15－15) 75kg/hm$^2$～120kg/hm$^2$，按春季施总量的 1/3，秋季施总量的 2/3。

7.4 病虫害防治

若有锈病、白粉病等病害和粘虫等虫害发生，选用国家规定的药物防治，具体按照

GB 4285-1989 执行。

8　种子收获

8.1　收种时期

60%～70%的种子呈暗灰色或褐色时，即可采收。即将穗夹在两手指间，轻轻拉动，多数穗上有 3～5 个小穗被拉掉时即可收获。宜在无雾、无露水的晴朗而干燥的时候进行。

8.2　收种方法

小面积可进行人工搓种；大面积需机械收种，机械在使用之前需进行彻底清理。

8.3　残茬处理

种子收获后的残茬应及时刈割，留茬 5cm～6cm，并清理出种子田。

9　种子加工与贮藏

9.1　种子干燥

收获的种子需及时干燥至含水量≤12%，可采用自然干燥或人工干燥。自然干燥是利用日光晾晒，人工干燥是利用干燥设备烘干或风干，人工干燥时种子出机温度应保持在30℃～40℃。

9.2　种子加工

干燥后的种子应进行清选、除芒，提高种子的净度。具体按照 NY/T 1235-2006 执行。

9.3　种子分级

加工清选后的种子需按照 GB 6142-2008 进行分级。

9.4　种子包装

加工后的种子按规定进行定额包装。具体按照 NY/T 1577-2007 执行。

9.5　种子贮藏

贮藏库要求防水、防鼠、防虫、防火、干燥、通风，库内要控制温度和湿度，并定期检查。

# 附录三　川草 2 号老芒麦转抗虫技术专利说明书

## 川草 2 号老芒麦转抗虫技术专利说明书摘要

### 说　明　书　摘　要

本发明提供了一种川草 2 号老芒麦转抗虫基因技术，按照本技术，以川草 2 号老芒麦成熟胚为外植体，进行了愈伤组织再生、农杆菌介导的抗虫基因转化及转基因植株的抗虫性研究，建立了高效的愈伤组织再生体系；进行了遗传转化条件的研究，获得的抗性愈伤组织以体细胞胚发生途径形成再生植株，经过分子鉴定和抗虫性实验，获得了抗虫转基因川草 2 号老芒麦植株。抗虫转基因川草 2 号老芒麦具有抗蝗虫特性，在我国草原畜牧业发展、防止草地沙化等方面有广阔的市场前景。

# 川草 2 号老芒麦转抗虫技术专利说明书

## 说 明 书

川草 2 号老芒麦转抗虫基因技术

### 技术领域

本发明专利涉及一种川草 2 号老芒麦(*Elymus sibiricus* L. cv.‘Chuancao No. 2’)抗虫转基因技术，属于农业生物技术领域或植物基因工程技术领域。

### 背景技术

牧草是草食动物的主要饲料来源，也是发展畜牧业的前提。但近年来，由于草地退化和荒漠化，再加上蝗灾的危害，致使川西北草地的生态环境更为恶化，严重地影响了我国西部地区畜牧业的发展。草原的过度开发利用和蝗灾，是草原生态系统恶化的主要因素。造成蝗虫危害的主要原因有以下几个方面：①环境因素：干旱有利于蝗虫的发生，荒漠化增加了蝗虫产卵繁殖场所。②天敌减少：化学防治大量杀伤了蝗虫天敌。③生态破坏：过度放牧，草原严重退化、沙化，导致生物多样性减低，蝗虫天敌种类、数量剧减。④技术局限：灭菌技术手段单一，抗虫品种缺乏。这些因素增加了对蝗虫危害控制的难度，而现在普遍采用的化学防治方法，只能治标不能治本，还会带来环境污染等诸多社会公害，因此寻求生物防治和培育抗虫植物就显得十分重要。目前，在抗虫基因工程中使用的抗虫基因有三大类：一是从微生物苏云金杆菌(*Bacillus thuringiensis*)分离出的杀虫结晶蛋白(insecticidal crystal protein，*ICP*)基因，简称 Bt 基因；二是从植物中分离出的蛋白酶抑制剂基因；三是植物外源凝集素基因(lectin gene)。其中，杀虫结晶蛋白基因和蛋白酶抑制剂基因应用得较为普遍。1985 年，Vasil 在国际草原学大会上第一次提出利用遗传转化技术将其他来源的特定基因导入牧草的可行性，为基因工程技术改良牧草，包括改善牧草营养品质，提高产量和利用率，增加牧草对逆境的适应能力，增强对各种虫害、病害的抗性等奠定了理论基础。

自 1983 年世界上第一例转基因烟草诞生以来，植物转基因研究和应用发展迅速。截至 1997 年，全世界转基因植物涉及至少 35 科的 200 多个种，涵盖了绝大多数主要经济作物、观赏植物、药用植物、蔬菜、果树和牧草。截至 1999 年，至少 30 个国家进行了总计 3 万次以上的转基因作物的田间试验，改良的经济性状有十多个：已有大豆、玉米、棉花、油菜、番茄、马铃薯、烟草、西葫芦和番木瓜等 9 种作物的转基因品种投入了商业化生产。1999 年，全球转基因作物的商业化种植面积达到 3990 万 $hm^2$，创造商业收入 21 亿～23 亿美元，比 1998 年分别增加 1210 万 $hm^2$ 和 5 亿～7 亿美元(James，1999)。2000 年，全球转基因作物品种商业化种植面积为 4420 万 $hm^2$，预计市场销售收入将达到 30 亿美元

(James，2000)。

目前，植物转基因已成为植物分子生物学研究的强有力的实验手段；更是基因克隆、功能基因组研究必不可少的实验工具。一大批外源目的基因得到分离和克隆，并被应用于转基因植物研究。以基因枪和农杆菌为主导的转化体系日臻完善。截至 2000 年年底，已有 50 多个种的植物得到转化并获得再生植株。

20 世纪 80 年代以来，我国的植物基因工程研究也发展很快，尤其是农业生物基因工程技术发展迅速。目前报道的转基因牧草主要有苜蓿、多年生黑麦草(*Lolium perenne* L.)、中华结缕草(*Zoysia sinica* Steud.)及草地早熟禾(*Poa pratensis* L.)等少数品种，而且研究主要集中在提高其抗逆性和品质的改良上，而利用转基因技术培育抗虫牧草品种，国内外的研究都比较少。

川草 2 号老芒麦(*Elymus sibiricus* L. cv.‘Chuancao No. 2’)是我国优良的多年生栽培牧草，对川西北高原寒温草甸环境有极强的适应性，并能在低热量条件下正常开花结实，是川西北牧区建设高产优质打贮草基地的主要栽培草种。但在推广过程中发现该优良牧草是蝗虫主要取食牧草。一般年份，因蝗虫危害减少 10%～20%。若遇蝗虫暴发，基本无收。故蝗虫危害严重，是推广应用后保持草场稳产高产的一大障碍，也是急待解决的技术难题。

本实验室克隆到一种类产碱假单胞菌(*Pseudomonas pseudoalcaligenes*)杀虫蛋白基因，命名为 *ppIP*(GenBank：DQ790644)，该基因在大肠杆菌中能够表达有活力的蛋白质，对蝗虫有很好的杀灭效果。该杀虫蛋白与苏云金杆菌伴孢晶体相比较，存在着显著的差异性，且不易被蝗虫体内蛋白酶降解，因此，类产碱假单胞菌杀虫蛋白是一种新的更为安全的细菌杀虫蛋白。而有关类产碱假单胞菌杀虫蛋白基因克隆及转基因植物的研究，国内外均未见报道。

利用基因工程培育和改良禾本科牧草品种是一种便捷和实用的途径，而且农杆菌转化技术已趋成熟，该方法具有操作简便、转化效率高、较少的插入拷贝数及整合机制相对简单等优点，被植物转基因工作者广泛推崇。但由于禾本科植物自身的特点，许多牧草植物组织培养和再生体系的建立和完善较为困难，而禾本科草的转基因操作和应用研究难度更大。针对于此，本研究对禾本科牧草的组织培养和植株再生进行了探索性研究，在此基础上，建立了老芒麦的农杆菌介导的遗传转化体系，以期为其转基因操作奠定良好的基础；同时，将类菌杀虫蛋白基因导入川草 2 号老芒麦，以提高其在病害环境中的生存能力，为畜牧业的发展提供保障。

## 发明内容

本发明涉及川草 2 号老芒麦转抗虫基因技术，抗虫转基因川草 2 号老芒麦(*Elymus sibiricus* L. cv.‘Chuancao No. 2’)新材料的创建。该杀虫蛋白基因来自类产碱假单孢菌(*Pseudomonas pseudoalcaligenes*)，该基因转入川草 2 号老芒麦基因组后，能够编码杀虫蛋白质，对直翅目蝗虫有致死作用。

蝗虫属直翅目(Orthoptera)蝗科(Locustidae)，是一种世界性的有害昆虫。在我国是全国性分布和危害。尤其以北方最为严重，在北方草原，以其“种类多、数量大、分布广、危害重”等特点成为草地第一害虫。仅北方草原和青藏高原草地，每年发生并危害的面积近 1000 万 $hm^2$，严重危害牧草生长，使草地产草量下降 30%～70%，造成巨大经济损失。蝗虫的危害还是导致草地退化、沙化、自然生态环境条件恶化等的重要因素之一。

1991 年，在重庆市歌乐山林场发现了许多黄脊竹蝗(*Ceracris kiangsu*)的自然病死虫，从虫尸内分离到一种病原菌，经回复感染原宿主，能引起原宿主致病并死亡，从虫尸体中分离到同样的病原菌，证明该病原菌为蝗虫自身的致病菌。经感染主要草地害虫的初步试验结果表明，该病原菌对多种草地蝗虫具有较高的感染力，5 天的致死率高达 90%以上，对草地的草原毛虫(*Gynephorap runergensis*)、黏虫(*Leucania separata*)也有一定的感染力。并对多种草地蝗虫有较强的感染力，该菌株经鉴定为类产碱假单胞菌(*Pseudomonas pseudoalcaligenes*)。

近年来对其杀虫致死机制、杀虫蛋白、安全性等方面进行了深入研究，证明该菌对蝗虫致病，是由于其代谢产生的一种杀虫蛋白所致。该蛋白质分子质量为 25 100Da，在国内外属首次报道。经研究表明该菌无芽孢，本身具有较强毒蛋白，故具有构建成为遗传工程菌广泛用于生物防治的潜力。

老芒麦(*Elymus sibiricus* L.)是我国优良的多年生栽培牧草，以刈割与放牧为主，也用于天然草原的补播改良。根据多年对不同地域老芒麦的系统观察，发现本地原产类型对川西北高原寒温草甸环境有极强的适应性，并能在低热量条件下正常开花结实。但也发现在本地域作为人工栽培的本地老芒麦存在的问题，如播种当年生长缓慢、盛产年产量低、一般利用 3～4 年等。针对这些存在问题，选育的优质品种川草 2 号老芒麦(*Elymus sibiricus* L. cv. ‘Chuancao No. 2’)系四川省草原研究所以阿坝本地老芒麦为原始材料，采用系统选择方法和规范的育种程序，经过 10 年的努力，选育成功的多年生禾草新品种，分别于 1990 年、1991 年经农业部全国牧草品种审定委员会评审通过，获《中国牧草品种合格证书》。川草 2 号老芒麦是适合川西北牧区建设高产优质打贮草基地的主要栽培草种。但该牧草蝗虫危害严重，是推广应用后保持草场稳产高产的一大障碍，也是急待解决的技术难题。

本发明的一个目的就是建立川草 2 号老芒麦转抗虫基因技术体系。

具体就是建立川草 2 号老芒麦愈伤组织再生系统，利用具有自主知识产权的类产碱假单胞菌杀虫蛋白基因，构建转化川草 2 号老芒麦愈伤组织的表达载体，然后对转化后愈伤组织进行抗性筛选和分化，再生出植株，从而创建抗蝗虫转基因川草 2 号老芒麦。

本发明所需的类产碱假单胞菌杀虫蛋白基因(*ppIP*)(GenBank：DQ790644)的克隆和类产碱假单胞菌杀虫蛋白的分离纯化及方法详见本实验室的另一专利——类产碱假单胞菌杀虫蛋白基因(授权号：ZL200310110908. X)。该 *ppIP* 能够在大肠杆菌中进行表达，其表达产物对直翅目昆虫有毒杀作用。该杀虫蛋白基因可以不经改造，利用全长的野生型基因或只用其 5′端 314～1078 核苷酸共 765bp 的毒性区序列，均可直接用于植物细胞核转化。同时对基因序列进行人工改造，并选择适宜的表达载体，可显著提高其表达量或杀虫效果。

本发明所需的表达载体是已知的，为一种双元载体 pCAMBIA2301G，购于澳大利亚 CAMBIA(Center for Application of Molecular Biology to International Agriculture)。在进行植物转化时，可将该基因插入到单子叶植物通用的质粒 pCAMBIA2301G 上，并在植物基因启动子的驱动下，其 T-DNA 可定点插入植物基因组中。

本发明的另一个目的是提供一种生产抗虫的转基因单子叶植株的方法，包括川草 2 号老芒麦愈伤组织再生系统的建立方法和杀虫蛋白基因转化单子叶植物的程序。

将外源基因导入植物的方法是已知的，可使用该方法将 *ppIP* 构建体插入植物宿主细胞，所述方法包括生物和物理植物转化法“将外源 DNA 导入植物的方法”，植物分子生物学和生物技术方法。选定的方法随宿主植物的不同而不同，包括化学转染法如磷酸钙，微生物指导的基因转移如农杆菌、电穿孔、显微注射、基因枪和 biolistic 轰击。但通过农杆菌介导，把 *ppIP* 转入单子叶植物，创建抗虫转基因川草 2 号老芒麦，这在国内外尚属首次。

单子叶植物遗传转化是否成功的关键之一就是建立其高效而稳定的愈伤组织再生系统。本发明通过选择适宜的外植体材料，优化影响川草 2 号老芒麦出愈和分化的各种参数，首次建立了高效而稳定的川草 2 号老芒麦愈伤组织再生系统，为其遗传转化提供了保障。

具体实施方式

下文将通过实施例对本发明做进一步说明，但实施例不以任何方式限制本发明。

实施例 1 川草 2 号老芒麦愈伤组织再生系统的建立

1.1 外植体准备

将成熟种子经过两次温水浸泡和阴干后，剥去外颖壳后，用 70%乙醇溶液浸泡 90s，再转入 0.1%升汞溶液浸泡 15min，中间摇动 2～3 次，用无菌水冲洗 3～4 次，接种在诱导培养基上。在培养基上生长 5d 后，取下胚轴(3～5mm)于诱导培养基上进行愈伤组织诱导。在培养基上生长 10d 后，取其幼叶(3～5mm)于诱导培养基上进行愈伤组织诱导。待长出愈伤组织后，接到继代培养基上培养。每 2 周继代一次。当愈伤组织形成大量结构致密、颗粒状、黄白色的胚性愈伤组织后，可将胚性愈伤组织转至分化培养基上。经过 6～8 周培养后，长出 1～2cm 的幼苗，再将其转移到生根培养基。待苗长大并长出根后经 2～3 天的温室炼苗后移植到土中。

愈伤组织的诱导和继代培养在黑暗中进行，愈伤组织的分化和幼苗生根培养的培养条件为 25～26℃，每日光照 12h，光强 2000lx。

1.2 愈伤组织诱导培养基的筛选

选用单子叶植物愈伤诱导常用的 MS、MSN6、N6 和 NB 四种基础培养基，在其愈伤组织诱导培养基上，分别接种 120 粒成熟的牧草种子，并设置 3 个重复，30 天后计数每种培养基的出愈数，计算其出愈率。4 种基本培养基配方及来源见下表：

**4 种基本培养基配方**

| 培养基 | 组 成 |
|---|---|
| MS 基础培养基 | MS 大量元素+MS 微量元素+MS 有机成分 |
| MSN6 基础培养基 | MS 大量元素+N6 微量元素+N6 有机成分 |
| N6 基础培养基 | N6 大量元素+N6 微量元素+N6 有机成分 |
| NB 基础培养基 | N6 大量元素＋B5 微量元素＋B5 有机成分 |

1.3 2，4-D浓度和不同外植体的选择

设置2mg/L、5mg/L、8mg/L和10mg/L四个不同的2，4-D浓度，在MS诱导培养基上，分别对牧草品种的成熟胚、幼叶和下胚轴进行愈伤组织诱导，以期对不同材料的愈伤诱导寻求一个较为适宜的激素浓度。

1.4 添加植物生长调节剂对愈伤组织诱导的影响

分别在MS诱导培养基上添加NAA、6-BA、激动素和ABA四种植物激素及酪蛋白有机物，设置3个重复，每个接种120粒外植体，培养20天后观察出愈情况，并计算出愈率，筛选适宜老芒麦和披碱草出愈的激素种类和有机物。实验结果表明，2，4-D和激动素是川草2号老芒麦愈伤组织再生的必需生长调节剂。单独使用2，4-D或其他的植物生长调节剂，川草2号老芒麦的出愈率极低或不出愈，并且难以分化。愈伤组织诱导的最佳激素组合为5.0mg/L 2，4-D和0.05mg/L激动素；而愈伤组织分化的最佳激素组合为1.5mg/L 2，4-D和0.1mg/L激动素。所以愈伤组织诱导的最适培养基为MS基础培养基并添加5.0mg/L 2，4-D和0.05mg/L激动素，出愈率可达到85.6%，而最适的分化培养基为1/2MS盐添加1.5mg/L 2，4-D和0.1mg/L激动素，约有54.3%的愈伤组织能分化出芽并生根。

1.5 光照对种子出愈率的影响

在MS诱导培养基上分别接种120枚牧草的成熟胚、幼叶和下胚轴，设置3个重复，分别在光下和黑暗两种条件下培养30天，观察外植体的出愈情况，根据出愈率确定外植体出愈的光照条件。

1.6 愈伤组织分化培养基的筛选

在MS、N6、MSN6和NB四种不同的基础培养基上，分别接种50粒质地基本一致的胚性愈伤组织，设置3个重复，在25～26℃，光强20001x条件下，每日光照12h，培养30天，观察愈伤组织的分化情况，选择适宜愈伤组织分化的培养基。

1.7 愈伤组织继代培养时间对其分化能力的影响

在愈伤组织易分化的培养基MS和MSN6培养基上，分别接种50粒质地基本一致的胚性愈伤组织，观察继代培养20天、40天、60天、80天和100天后，愈伤组织的分化情况，根据分化率来确定愈伤组织的继代时间。

1.8 植物生长调节剂对愈伤组织分化能力的影响

在MS分化培养基里分别添加不同浓度的NAA、激动素和NAA与激动素组合，观察每种组合愈伤组织的分化率，以确定添加物的种类和浓度。同时，研究减少蔗糖和MS浓度对老芒麦愈伤组织分化率的影响。

实验结果表明：①MS培养基有利于川草2号老芒麦愈伤组织的诱导和分化；②在MS培养基上添加2，4-D 5.0mg/L+酪蛋白600mg/L+激动素0.05mg/L，川草2号老芒麦成熟胚的出愈率可达到85%以上；③在1/2MS培养基上添加激动素0.1mg/L+2，4-D 1.5mg/L+IBA 0.5mg/L，其愈伤组织的分化率在50%以上；④暗培养有利于愈伤组织的诱导，光线则利于愈伤组织的分化；⑤质地紧密，颗粒状，黄色愈伤组织分化能力最强，而其他类型分化能力很弱甚至不分化；⑥在愈伤组织诱导和分化时，添加一定浓度的酪蛋白，可以有效地改善愈伤组织的质量；⑦在愈伤组织分化时，降低培养基中无机盐特别是钙离

子的浓度，可以促进愈伤组织的分化。

1.9 川草2号老芒麦组培体系的建立

经过筛选和优化，建立了川草2号老芒麦组培体系的最佳方案。

(1)愈伤组织诱导(暗培养40天)

培养基配方：MS+2，4-D 5.0mg/L+酪蛋白600mg/L+激动素0.05mg/L+3%蔗糖+1.0%琼脂，pH 5.8。

(2)愈伤组织继代培养(暗培养，每4周继代一次，共2次)

培养基配方：MS+2，4-D 5.0mg/L+酪蛋白600mg/L+激动素0.05mg/L+3%蔗糖+1.0%琼脂，pH 5.8。

(3)愈伤组织预分化(暗培养1周)

培养基配方：MS+激动素0.1mg/L+2，4-D 1.5mg/L+2%蔗糖+1%琼脂，pH 5.8。

(4)愈伤组织分化(26℃，2000lx，光照培养4周)

培养基配方：1/2MS+激动素0.1mg/L+2，4-D 1.5mg/L+IBA 0.5mg/L+2%蔗糖+1%琼脂，pH 5.8

(5)愈伤组织生根(26℃，2000lx，光照培养)

培养基的配方：1/2MS+NAA 2.0mg/L+2%蔗糖+1%琼脂，pH 5.8。

在此组培体系下，老芒麦成熟胚的出愈率可达到85%以上，分化率在50%以上，移栽成活率达到45%以上。

## 实施例2 川草2号老芒麦程序化转基因体系的建立

2.1 川草2号老芒麦转化载体pCAMBIA2301G-ppIP的构建

使用primer premier 5.0分别设计含有*Xba*Ⅰ和*Sac*Ⅱ的正向和反向引物，以含有杀虫蛋白基因(*ppIP*)的pUC18质粒[购于宝生物工程(大连)有限公司]为模板，probest™ DNA聚合酶，通过PCR高保真克隆出包含杀虫蛋白基因信号肽序列和UTR序列的目的片段。用核酸内切酶*Xba*Ⅰ和*Sac*Ⅱ对pCAMBIA2301G质粒载体和从PUC18-ppIP质粒(构建过程：使用*Bam*HⅠ和*Sac*Ⅰ对*ppIP*和pUC18进行双酶切，回收目的片段，加T4连接酶将*ppIP*连接到pUC18上，转化后筛选，获得PUC18- *ppIP*质粒。通过PCR扩增出*ppIP*片段并进行双酶切，电泳回收pCAMBIA2301G质粒载体约11kb片段和*ppIP*双酶切后的约900bp的片段。加T4连接酶，以约2∶1的比例加入双酶切后得到的*ppIP*片段和pCAMBIA2301G质粒载体，使连接体系内DNA量达到约10ng/μl，20℃连接4h以上，然后转化大肠杆菌，筛选有KM抗性的菌落，然后挑选抗KM的单菌落，提取质粒，通过双酶切和PCR来验证*ppIP*片段是否连接到pCAMBIA2301G质粒上。

2.2 农杆菌转化

2.2.1 大肠杆菌$CaCl_2$法感受态细胞的制备及转化

(1)大肠杆菌(*Esherichia coli*)DH5α感受态细胞的制备：LB平板上挑取DH5α单菌落，在2ml LB培养基中37℃培养过夜。取0.5ml培养物，加入50ml LB培养基中28℃继续培养至$OD_{600}$≈0.5。加入1.5ml离心管中，4℃离心收集菌体。用500μl 0.1mol/L冰$CaCl_2$重悬，冰浴30min后再离心，用200μl 0.1mol/L冰$CaCl_2$重悬，于0℃保存30min至24h后用于转化。

(2)大肠杆菌的转化：在 200μl 感受态细胞中加入 5～10μl 质粒，冰浴 30min 后，迅速放入 42℃水浴中热激 2min，迅速取出后 0℃放置 2min。然后加入 800μl LB，37℃培养 1h。最后离心 2min，将菌体涂布于 LB＋抗生素的平板上，37℃培养过夜。

2.2.2 农杆菌感受态细胞的制备和转化(王关林，等. 1999. 植物基因工程原理与技术. 北京：科学出版社).

(1)根癌农杆菌 (*Agrobacterium tumefaciens*)EHA105，感受态细胞的制备：根癌农杆菌菌液于 28℃培养至 $OD_{600}$≈0.5 时，4℃离心收集菌体，用 0.1mol/L 冰 $CaCl_2$ 重悬，冰浴 30min 后离心，用 0.1mol/L 冰 $CaCl_2$ 重悬后，于 0℃保存。

(2)冻融法转化根癌农杆菌：在 200μl 感受态细胞中加入 5～10μl 质粒，冰浴 30min 后，在液氮中速冻 1～2min，迅速取出，放入 37℃水浴中溶解。溶解完全后加入 800μl LB，28℃培养 3～5h。最后离心 2min，将菌体涂布于 LB＋利福平(40mg/L)+链霉素(25mg/L)+卡那霉素(75mg/L)平板上，28℃培养 2d。

2.3 通过愈伤组织转化川草二号老芒麦

2.3.1 潮霉素(Hn)有效筛选浓度的试验

设置 20mg/L、40mg/L、60mg/L 和 80mg/L 四个潮霉素浓度处理，每个处理接入 100 个左右长势旺的胚性愈伤组织。26.0℃暗培养 10d 后，观察愈伤组织生长情况，选择合适的潮霉素筛选浓度。实验结果显示，60mg/L 和 80mg/L 潮霉素浓度造成老芒麦愈伤组织迅速死亡，而细胞在死亡过程中会分泌大量的有毒次生代谢物质，因此在选择培养基上使用这个潮霉素浓度筛选转化细胞，势必造成转化细胞的生长受抑制，影响转化效率。20mg/L 潮霉素不能有效抑制老芒麦愈伤组织的生长，若用于抗性愈伤组织筛选，容易造成大量的非转化细胞的逃逸。而 40mg/L 潮霉素既能有效抑制愈伤组织的生长，又不至于造成细胞迅速死亡，是比较理想的筛选浓度。

2.3.2 愈伤组织生理状态与农杆菌侵染的关系

取两个不同状态的愈伤组织，即直接诱导 25 天的愈伤组织和继代 8 周的愈伤组织。经相同条件的预培养、共培养和抗性筛选，然后统计和比较两处理的抗性愈伤率，选择适合农杆菌侵染的愈伤组织生理状态。实验发现直接诱导产生的愈伤组织的质地较硬，块状，黄白色：而继代以后愈伤组织的质地较松散，颗粒状，黄色。取大小基本相同的两种愈伤，经相同条件的预培养、共培养和筛选培养。试验结果表明，继代培养的愈伤组织经转化后能获得更高的抗性愈伤率。

2.3.3 不同预培养和共培养培养基与农杆菌侵染的关系

设置 5 种不同的预培养和共培养培养基处理。经相同预培养和共培养时间、相同的农杆菌处理浓度和相同筛选培养基的条件培养后，通过统计和比较不同处理的抗性愈伤率，确定最适的预培养和共培养培养基。不同处理的抗性愈伤组织数和抗性愈伤率的结果见下表。

预培养与共培养培养基对抗性愈伤率的影响

| 培养基 | 抗性愈伤数 | 抗性愈伤数 | 抗性愈伤率/% |
|---|---|---|---|
| 1 | 100 | 26 | 26 |
| 2 | 100 | 31 | 31 |
| 3 | 100 | 62 | 62 |
| 4 | 100 | 68 | 68 |
| 5 | 100 | 71 | 71 |

注 1：培养基

1：MS+2，4-D 5.0mg/L+乙酰丁香酮 100μmol/L +2%蔗糖+1%葡萄糖+1.0%琼脂

2：1/2MS+2，4-D 5.0mg/L+乙酰丁香酮 100μmol/L +2%蔗糖+1%葡萄糖+1.0%琼脂

3：1/4MS+2，4-D 5.0mg/L+乙酰丁香酮 100μmol/L +2%蔗糖+1%葡萄糖+1.0%琼脂

4：1/4MS+乙酰丁香酮 100μmol/L +酪蛋白 600mg/L+2%蔗糖+1%葡萄糖+1.0%琼脂

5：AA+2，4-D 5.0mg/L+乙酰丁香酮 100μmol/L +2%蔗糖+1%葡萄糖+1.0%琼脂

注 2：培养基 pH：预培养培养基 pH 5.8，共培养培养基 pH 5.6

统计结果显示，不同的预培养和共培养培养基对农杆菌的侵染影响很大。随着培养基无机盐浓度的降低，抗性愈伤率逐渐增高，也即农杆菌的侵染力逐渐增强。培养基中添加氨基酸和短肽可提高抗性愈伤率，即提高农杆菌对愈伤组织的侵染能力。第 5 种培养基是常用于农杆菌悬浮的 AAM，从结果看，它与第 4 种培养基产生的抗性愈伤率差异不大。

2.3.4　农杆菌处理菌液浓度与其侵染力的关系。

用相同的悬浮培养基配制 0.5OD、1.0OD、1.5OD 和 2.0OD 四种农杆菌菌液浓度，分别处理预培养后的质地、大小和生理状态基本一致的愈伤组织。处理后，经相同的方法共培养和筛选，最后统计和比较不同处理的抗性愈伤率，确定农杆菌的最适使用浓度。

用接种环将 LB 培养基上生长 2 天后的农杆菌刮入 $MS_0$ 液体培养基，振荡培养 3～4h，用分光光度计 600nm 波长光测定，调至 0.5OD、1.0OD、1.5OD 和 2.0OD 四种菌液浓度。按前面介绍的方法侵染、共培养和筛选培养。两次筛选培养后，统计抗性愈伤数，结果显示，并不是农杆菌苗液浓度越高，则抗性愈伤率越高；而是 1.0OD 浓度的农杆菌苗液侵染愈伤组织才能获得最高的抗性愈伤率。

2.3.5　共培养温度与农杆菌侵染的关系

预培养后的愈伤组织，经相同的农杆菌苗液处理后，分别置于 15℃、19℃、23℃和 27℃四种温度条件下共培养。共培养后，经相同的方法和条件筛选，最后统计和比较不同处理的抗性愈伤率，确定最适的共培养温度。实验结果表明，19～23℃共培养温度条件下，农杆菌具有最高的侵染活性，产生最高的转化率。

2.3.6　程序化转基因体系的建立及其有效性的验证试验

根据各项参数优化试验的结果，建立模式化的农杆菌介导的牧草转基因操作体系，并严格按照这个操作程序进行 3 次重复实验，验证该实验程序的有效性和稳定性。

2.4　转化植物的分子检测

2.4.1　转基因植株基因组总 DNA 的提取、PCR 和 Southern blotting 分析

取 1～2g 新鲜叶片，采用 CTAB 法抽提待测植株的基因组 DNA。用 DNA 含量测定仪测定 DNA 浓度，用 TE 将各样品的 DNA 浓度调至 300ng/μl 和 30ng/μl 各一份，存于 4.0℃

备用。以插入了 *ppIP* 片段的质粒作阳性对照，非转化植株作阴性对照，通过 PCR 来验证试验材料的基因组 DNA 中是否转入了类产碱假单胞菌杀虫蛋白基因(*ppIP*)和潮霉素磷酸转移酶(*hpt II*)基因，操作方法见分子克隆实验指南。

通过 Southern 杂交分析验证 *ppIP* 基因是否转入目的植株。取 10μg 待测材料的基因组 DNA，用 *Hind*III消化；取 10μg 非转化植株的基因组 DNA，用同样的酶消化，作阴性对照；同时取 10pg 质粒 pCAMBIA2301G-ppIP 进行 *Eco*RV酶切，作为阳性对照。电泳检测酶切是否完全。在电压为 45V，胶浓度为 0.8%的琼脂糖凝胶中电泳 16～18h，然后转移到尼龙膜上。用扩增 *ppIP* 基因约 900bp 片段作为杂交探针的模板，采用 PCR 法对探针实行地高辛-dUTP[digoxigenin (DIG)-dUTP](PCR DIG Probe Synthesis Kit，Roche)标记。然后用(DIG)-dUTP 标记的 *ppIP* 基因探针与尼龙膜上的 DNA 片段进行杂交。

2.4.2 转基因植株 Northern 杂交分析

提取待测植株的总 RNA，事先采用乙醇沉淀法将 RNA 样品浓缩至 3μg/μl 以上。取 30μg RNA，加入甲醛、去离子甲酰胺、10×MOPS 和 DEPC 处理过的水，补足至 40μl，混匀后于 65℃变性 10min，冰上急冷，加入微量溴化乙锭和 6μl RNase-free 的上样 buffer，立即上样，在 1×MOPS 缓冲液中于 1v/cm 电泳，待溴酚蓝迁移至凝胶的一半距离时转膜。使用 Southern 杂交后收集并保存在−20℃的探针，与膜上的 RNA 杂交，检测待测植株是否有 *ppIP* 的转录产物。

2.4.4 转基因植株的抗虫性鉴定

取杀虫蛋白基因转化体(T1 代)的叶片饲喂竹蝗，4d 后统计幼虫死亡率。结果表明川草 2 号老芒麦杀虫蛋白基因转化体具有较高的抗虫性。此结果证明了本发明中的类产碱假单胞菌杀虫蛋白基因在川草 2 号老芒麦中能够高效表达，并且杀虫效果显著。

2.5 农杆菌介导的川草 2 号老芒麦转基因操作体系及体系效率的验证

根据以上的实验结果，建立操作程序如下：

(1)成熟胚去壳，70%乙醇溶液浸泡 1min，0.15%升汞溶液消毒 20min，无菌水洗 3～4 次，接种到诱导培养基上，26℃暗培养。

愈伤组织诱导培养基：MS+2，4-D 5.0mg/L+酪蛋白 600mg/L+激动素 0.05mg/L+3%蔗糖+1.0%琼脂，pH 5.8。

(2)诱导培养 40d 后，取活力强、颗粒状愈伤转入继代培养基继代培养。

愈伤组织继代培养基：MS+2，4-D 5.0mg/L+酪蛋白 600mg/L+激动素 0.05mg/L+3%蔗糖+1.0%琼脂，pH 5.8。

(3)取继代培养 8 周的愈伤颗粒，接入预培养培养基，26℃暗培养 4d。然后接入诱导培养。

愈伤组织预培养培养基：1/4MS+2，4-D 5.0mg/L+100μmol/L 乙酰丁香酮+2%蔗糖+1%葡萄糖+1.0%琼脂，pH 5.8。

(4)在预培养的第 3 天，用 LB(LB+1.5%琼脂)划线接种农杆菌菌株，28℃静置培养 2d 之后，将农杆菌全部刮入 $MS_0$ 液体培养基；28℃，200r/min 振荡培养 3～4h。分光光度计 600nm 波长光测定菌液浓度，调至 1.0OD。

(5)将预培养后的愈伤组织接入 100ml 桶形瓶，加入调制好的农杆菌苗液，浸泡 30min；

中间摇动数次。

(6) 倒去菌液，将愈伤置于灭菌滤纸上吸干表面菌液，接入共培养培养基，暗培养 3 天。

共培养培养基：1/4MS+乙酰丁香酮 100μmol/L +酪蛋白 600mg/L+2%蔗糖+1%葡萄糖+1.0%琼脂，pH 5.8。

(7) 将共培养后的愈伤用无菌水先快速摇动清洗 2 次；然后加入无菌水浸泡 10min，使愈伤组织内部的菌体游离出来；倒去洗液，再加入含 400mg/L 羧苄青霉素的无菌水浸泡 15min；倒干洗液，将愈伤置于灭菌滤纸上吸干，接入筛选培养基；26℃暗培养。每 2 周继代 1 次，共 2 次。

(8) 将筛选培养基的抗性愈伤组织接入预分化培养基，26℃暗培养 1 周。

预分化培养基：MS+激动素 0.1mg/L+2，4-D 1.5mg/L+头孢噻肟钠 200mg/L+羧苄青霉素纳 500mg/L+2%蔗糖+1%琼脂，pH 5.8。

(9) 将预分化培养 1 周的抗性愈伤组织转入分化培养基(改用三角瓶或平底试管)；25℃，2000lx 光照培养，再生转基因植株。

分化培养基：1/2MS+激动素 0.1mg/L+2，4-D 1.5mg/L+头孢噻肟钠 200mg/L+羧苄青霉素纳 500mg/L+IBA 0.5mg/L+潮霉素 40mg/L+2%蔗糖+1%琼脂，pH 5.8。

(10) 待小植株 3～5cm：转入生根培养基上发根。

生根培养基：1/2MS+NAA 2.0mg/L+潮霉素 40mg/L+头孢噻肟钠 200mg/L+羧苄青霉素纳 500mg/L+2%蔗糖+1%琼脂，pH 5.8。

(11) 将根系健壮的植株移入盆钵，凉棚过渡 3～5 天；然后移到自然条件下生长，直至成熟。

建立的这个经过优化的转基因体系，效率究竟如何？需要经过实验验证。实验设 3 个重复严格按上面操作程序，实验结果见下表。

**农杆菌介导的川草 2 号老芒麦基因转化系统的转化效率**

| 处理 | 愈伤数 | 抗性愈伤数 | 抗性愈伤率 | 分化绿苗的愈伤数 | 抗性愈伤的绿苗分化率 |
|---|---|---|---|---|---|
| I | 132 | 79 | 59.8% | 37 | 28.0% |
| II | 129 | 86 | 66.7% | 43 | 33.3% |
| III | 138 | 83 | 60.1% | 39 | 28.3% |
| 平均值 | 133 | 82.7 | 62.2% | 39.7 | 29.8% |

从实验的结果看，建立的川草 2 号老芒麦农杆菌介导的转基因体系具有很高的抗性愈伤率(最高达到 66.7%，平均为 62.2%)及很高的转化率(平均为 29.8%)，完全能满足实际工作的需要。

## 说 明 书 附 图

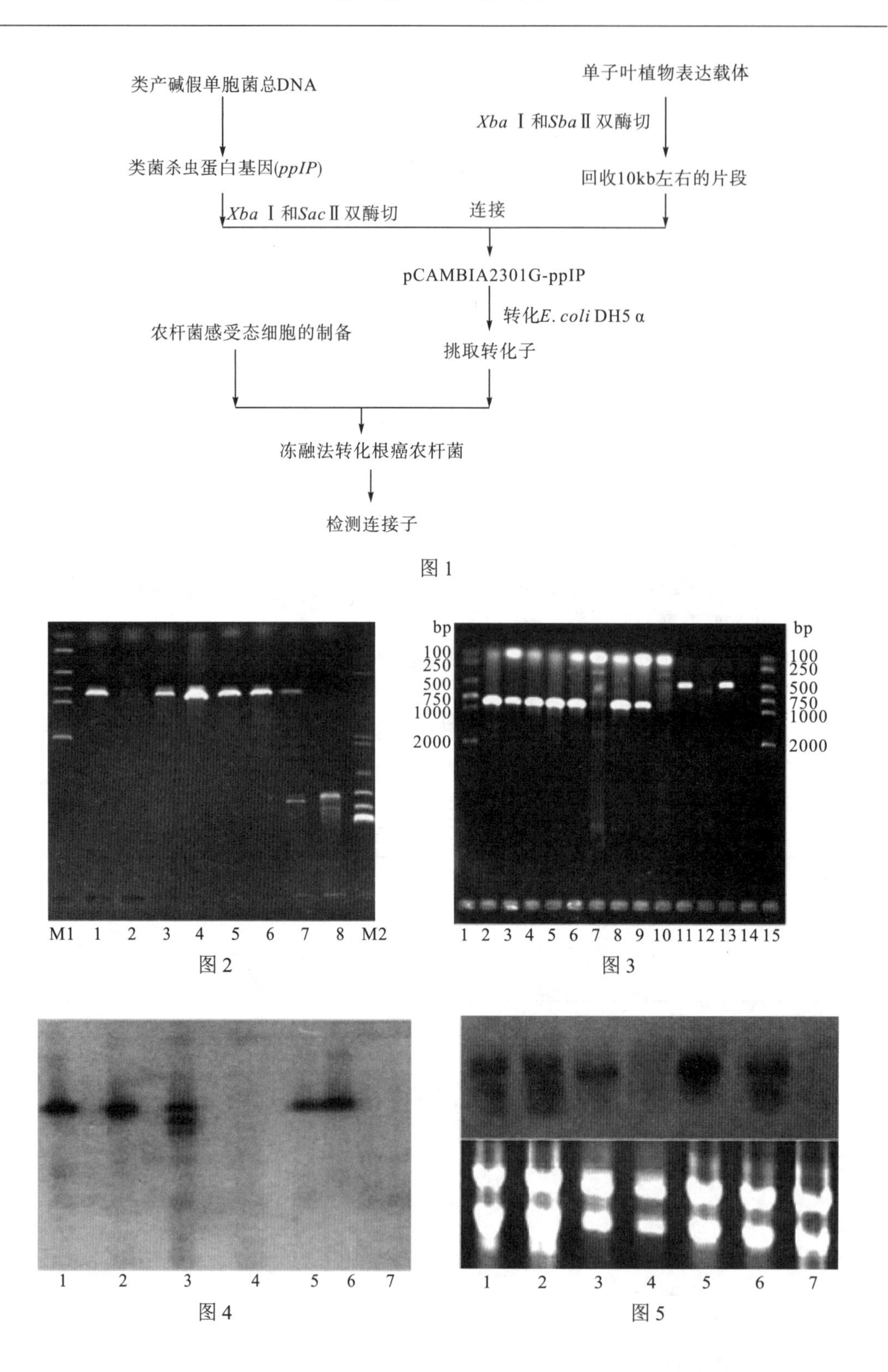


图 1

图 2

图 3

图 4

图 5

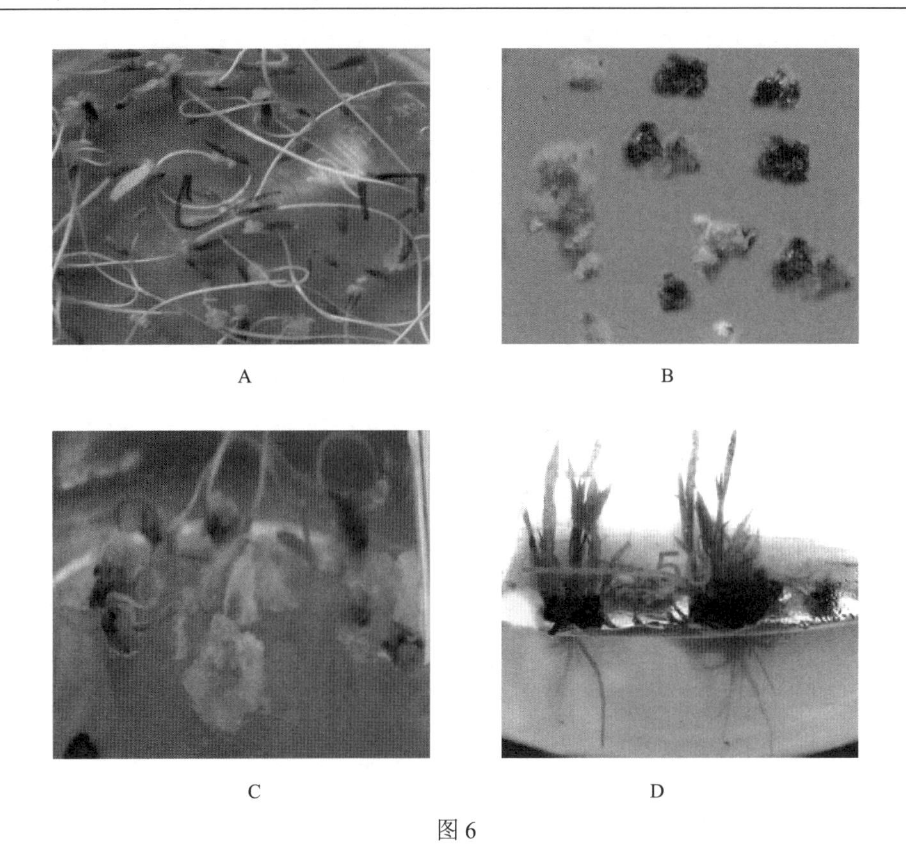


图 6

# 图 版

川西北高原

西藏

青海

甘肃

新疆

内蒙

河北

图I 老芒麦资源采集

森林边缘

亚高山草甸

峡谷灌丛

河边滩涂

图II 野生老芒麦生境

物候、叶量、穗色差异大的单株

不同灰度的材料（植株和穗被白粉）

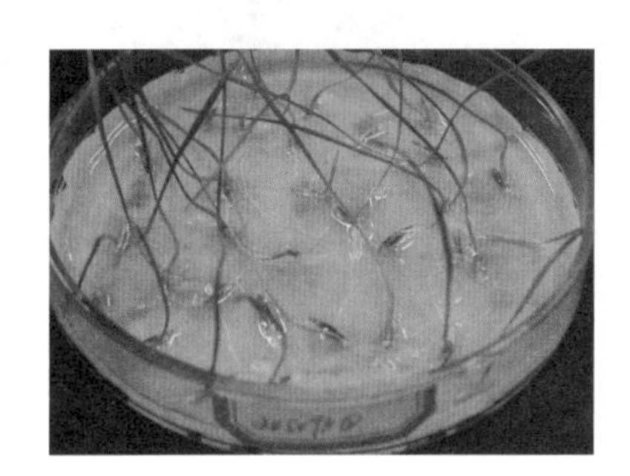

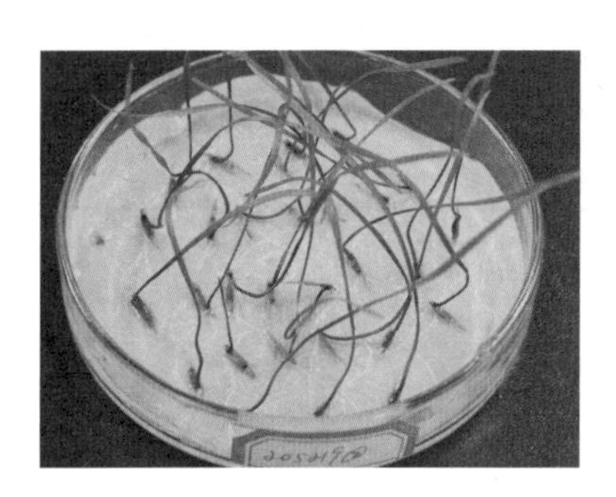

幼苗茎秆基部不同颜色的材料

不同株高的野生材料

不同穗色材料　　不同芒长材料

图 III　老芒麦形态多样性

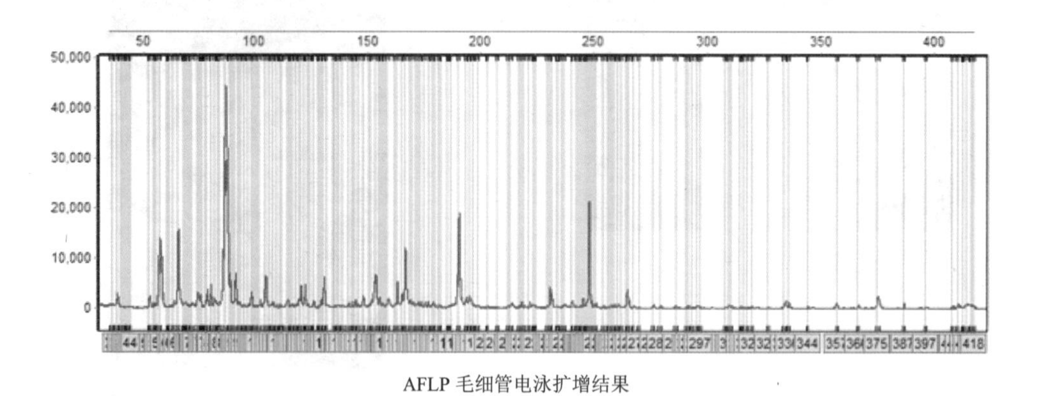


AFLP 毛细管电泳扩增结果

图 IV　老芒麦分子标记指纹图谱

川草 1 号老芒麦

川草 2 号老芒麦

麦洼老芒麦

雅砻江老芒麦

短芒老芒麦新品系

持青期长、分蘖多的老芒麦新品系

图Ⅴ　老芒麦新品种（系）

国家老芒麦良种繁育基地

高产老芒麦饲草料生产基地

川草 2 号老芒麦良种生产

抗灾保畜饲草料发放

优质裹包青贮产品生产与农牧民技术培训

在青藏高原退牧还草工程中大面积应用

图 VI　老芒麦新品种及配套技术示范推广